U0739590

本书获得国家国际科技合作专项(2012DFR808540)资助

● 侯建文 阳 光 曹 涛 贺 亮 等编著

刘付成　主审

深空探测
——小天体探测

Deepspace Exploration
—— Small Solar System Body Exploration

国防工业出版社

·北京·

内 容 简 介

本书首先对小天体进行了介绍，从小天体探测的目标出发，系统地介绍了小天体的分类及各自的物理环境，对各国的小天体探测活动进行了详细地介绍，包括探测任务整体概况、探测器系统总体设计、飞行历程以及探测成果等内容；然后介绍了未来小天体探测规划，包括小天体伴飞探测任务、小天体附着探测任务、小天体表面巡视与取样返回探测任务以及载人小天体探测任务；最后对未来小天体探测的特点进行了分析和预测。

本书可以作为航天爱好者的参考书，也可以作为航天器总体及有关专业的科技人员和高校师生的参考资料。

图书在版编目(CIP)数据

深空探测:小天体探测 / 侯建文等编著. —北京:
国防工业出版社，2016.7
ISBN 978 – 7 – 118 – 10352 – 6

Ⅰ. ①深… Ⅱ. ①侯… Ⅲ. ①外行星探测器 Ⅳ.
① V476

中国版本图书馆 CIP 数据核字(2016)第 122849 号

※

*国防工业出版社*出版发行
(北京市海淀区紫竹院南路23号　邮政编码100048)
国防工业出版社印刷厂印刷
新华书店经售

*

开本 710×1000　1/16　印张 20¼　字数 415 千字
2016 年 7 月第 1 版第 1 次印刷　印数 1—2000 册　　定价 98.00 元

(本书如有印装错误，我社负责调换)

国防书店:(010)88540777　　　发行邮购:(010)88540776
发行传真:(010)88540755　　　发行业务:(010)88540717

前言 PREFACE

"我们从何而来？"人类一直对浩瀚无垠的神秘宇宙充满了无限向往。当今世界，深空探测的发展水平已经成为民族创新能力、国家综合国力的重要标志之一。1957 年苏联发射了人类第一颗人造卫星，1960 年 3 月美国发射了人类第一个深空探测器——"先驱者"5 号。进入 21 世纪以来，美国、俄罗斯、欧洲空间局、日本以及印度相继制定了宏大的深空探测的长远规划和实施计划，一些深空探测项目已经成功实施，深空探测已经成为世界航天活动的主要发展方向之一。

根据第 26 届国际天文学联合会的最新标准，太阳系内的天体被归类为行星、矮行星以及太阳系小天体三类。一般将比行星小而又不属于矮行星的天体统称为小天体。小天体包括小行星、彗星、流星体。

按照在太阳系内的位置，小行星主要分为近地小行星、主带小行星、特洛伊小行星、柯伊伯带小行星、半人马小行星。

在进入太空旅行的年代之前，小行星即使在最大的望远镜下也只是一个针尖大小的光点，因此它们的形状和地形仍然是未知的奥秘。第一张真正的小行星特写镜头是由前往木星的太空船"伽利略"号在 1991 年飞掠过的 951 盖斯普拉（Gaspra），然后是 1993 年的 243 艾女星和它的卫星载克太（Dactyl）。截至 2015 年年底，共发射了 15 颗小天体探测器，其中，美国 8 颗、苏联 1 颗、欧洲空间局 2 颗、日本 4 颗。

本书由侯建文统稿，共分 11 章，具体如下：

第 1 章：由侯建文、阳光编写。介绍小天体的物理、气候和地质地貌特征，小行星的分类与命名,小天体探测的科学目标和工程目标,以及对小天体探测的过去、现在和未来。

第2章~5章:由曹涛、贺亮、冯建军、满超、郭彦余、吴猛编写。介绍小天体探测的过去和现在,其中:第2章介绍美国小天体探测的过去和现在;第3章介绍苏联小天体探测的过去和现在;第4章介绍欧洲小天体探测的过去和现在;第5章介绍日本小天体探测的过去和现在。

第6章~10章:由贺亮、曹涛、王卫华、周杰、刘宇、张少伟编写。介绍小天体探测的规划,其中:第6章从总体上概述小天体探测的路线规划图;第7章介绍未来小天体飞越与伴飞探测任务;第8章介绍未来小天体附着与取样探测任务;第9章介绍未来小天体捕获变轨探测任务;第10章介绍未来小天体载人探测任务。

结束语由侯建文编写。

全书由刘付成主审。

附录为各国小天体探测活动编年表。希望本书能够为各国小天体探测任务提供有力的借鉴和佐证,促进探测任务的圆满完成;并且能够对世界各国未来的深空探测发展战略的制定、小天体探测技术的发展发挥有力的支撑作用。

限于编者的水平,书中难免有不妥之处,恳请专家和读者批评指正。

编著者
2016 年 1 月

目录 Contents

概述

1.1 小天体概况

　　根据 2006 年 8 月 24 日第 26 届国际天文学联合会的最新标准,太阳系内的天体被归类为行星、矮行星以及太阳系小天体三类。一般将比行星小而又不属于矮行星的天体统称为小天体。小天体包括小行星、彗星、流星体。

　　太阳系中绕太阳旋转的比行星小比流星体大且没有大气活动的固体天体称为小行星。关于小行星和流星体的界定目前没有统一的标准,一般认为直径小于 50m(或 100m)的固体小天体是流星体。图 1 – 1 为 NEAR2001 年 2 月 24 日拍摄的爱神星(433Eros)近距离图像。

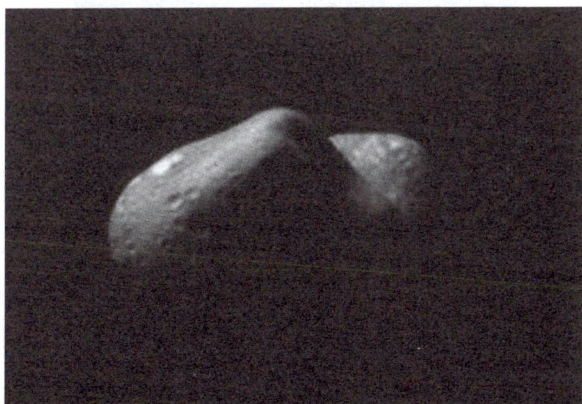

图 1 – 1　NEAR2001 年 2 月 24 日拍摄的爱神星(433Eros)近距离图像

彗星是形状不规则的天体,由冰冻的杂质、尘埃组成。彗星一般由彗头和彗尾组成,彗头包括彗核和彗发两部分,彗尾则是彗星靠近太阳时彗核物质被蒸发、膨胀、喷发而形成的。彗星的轨道一般为绕太阳的大椭圆轨道或以太阳为焦点的双曲线轨道。图1-2为2007年在澳大利亚拍摄的McNaught彗星(C/2006P1)。

图1-2 2007年在澳大利亚拍摄的McNaught彗星(C/2006 P1)

体积很小,不符合小行星或彗星标准的物体称为流星体。图1-3为2009年狮子座流星雨时拍摄的流星体。

图1-3 2009年狮子座流星雨时拍摄的流星体

通常所说的小天体探测是指小行星探测和彗星探测。由于流星体体积过小地面难以观察且探测价值低,因此目前国际上没有针对流星体的探测任务。

1.1.1 小行星概况

小行星是太阳系内类似行星环绕太阳运动,体积和质量比行星小得多的天体。

至今为止,在太阳系内已发现约 70 万颗小行星,但这可能仅是所有小行星中的一小部分。

皮亚齐于 1801 年在西西里岛发现了第一颗小行星,截至 2013 年 2 月 9 日,具有轨道数据的小行星共 604344 颗,获永久编号的小行星共 353926 颗,已命名的小行星共 17698 颗。图 1 - 4 为最大的两颗小行星——灶神星、谷神星与月球的对比。

图 1 - 4 灶神星、谷神星与月球对比

开始天文学家认为小行星是一颗在火星和木星之间的行星破裂而成的,但小行星带内的所有小行星的全部质量比月球的质量还要小。今天天文学家认为小行星是太阳系形成过程中没有形成行星的残留物质。木星在太阳系形成时的质量增长最快,它防止在今天小行星带地区另一颗行星的形成。小行星带地区的小行星的轨道受到木星干扰,它们不断碰撞和破碎。其他的物质被逐出它们的轨道与其他行星相撞。大的小行星在形成后由于铝的放射性同位素 ^{26}Al 的衰变而变热。重的元素(如镍和铁)在这种情况下向小行星的内部下沉,轻的元素(如硅)上浮,造成小行星内部物质的分离。因此,在此后的碰撞和破裂后所产生的新的小行星构成也不同。有些碎片落到地球上就成为陨石。

1.1.1.1 小行星的物理特性

了解小行星的物理参数不但能够建立较为精确的动力学模型,为探测器的轨道设计以及自主着陆导航提供参考,也能够对小行星乃至整个太阳系的起源进行推断。

由于大部分小行星离地球较远,体积较小,因此仅用地面望远镜很难得到类似大行星那样详细的物理参数。下面仅对小行星的大小、形状、质量、密度、自转、绝对星等、反照率和温度做简单介绍。

1) 大小和形状

小行星大小的变化范围很大,从上千千米到几百米,甚至更小,编号前 10 位的小行星大小与月球的比较如图 1 - 5 所示。

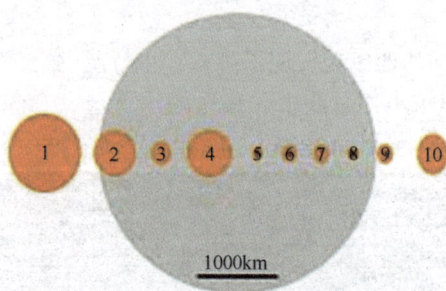

图 1 - 5　编号前 10 位的小行星大小与月球的比较

从整体上看,小行星的数目随其直径呈指数分布,但在 5 km 和 100 km 处存在两处峰值高于此分布,见表 1 - 1。

表 1 - 1　直径大于 D 的小行星数目

直径 D/km	0.1	0.3	0.5	1	3	5	10
数目 N	25000000	4000000	2000000	750000	200000	90000	10000
直径 D/km	30	50	100	200	300	500	900
数目 N	1100	600	200	30	5	3	1

体积最大的 4 颗小行星分别是 Ceres、Vesta、Pallas 和 Hygiea,与其相关的参数见表 1 - 2。

表 1 - 2　4 颗质量最大的小行星的参数

小行星	Ceres	Vesta	Pallas	Hygiea
半长径/AU	2.77	2.36	2.77	3.14
轨道倾角/(°)	10.6	7.1	34.8	3.8
偏心率	0.079	0.089	0.231	0.117
周期/年	4.6	3.63	4.62	5.56
尺度/km	975 ×975 ×909	578 ×560 ×458	580 ×555 ×500	530 ×407 ×370
质量/(10^{18}kg)	940	260	210	87
密度/(g · cm^{-3})	2.08	3.35	2.49	2.08
自转周期/h	9.07	5.34	7.81	27.6
黄赤交角/(°)	约3	29	约80	约60
表面温度/K	167	85 ~ 270	164	164

体积较大的小行星形状比较接近球形,但剩下的多数小行星形状都极不规则(图 1 - 6),这表明后者很可能是从一个较大的母体受到撞击碎裂出来或被自转分裂出来的。

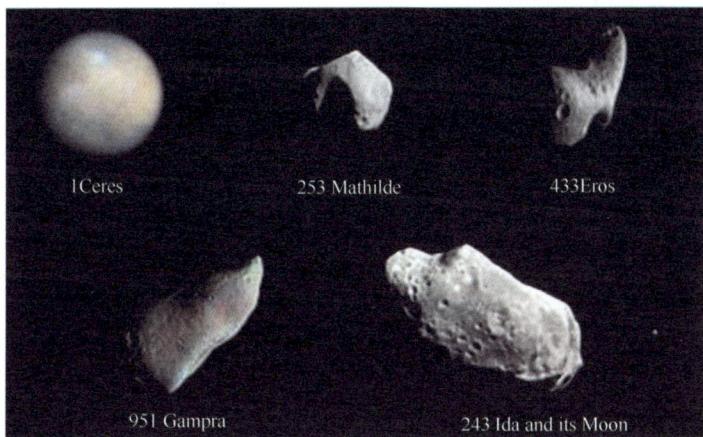

图 1 - 6　几颗已知形状的小行星

2）质量和密度

小行星的质量也同样难以测定。对于 3 颗最大的小行星,可以利用它们的引力摄动效应(包括快速飞越造成的摄动效应和轨道共振造成的累积摄动效应)间接推算出它们的质量。而对于一般的小行星,引力摄动效应很小,除非存在自然卫星或有探测器近距离飞越,才有可能用该方法来推算。

假定小行星为 $a \times b \times c$(直径)的三轴椭球体,通过某种方法得到了 a、b、c 的值,且密度估计为 ρ,则小行星的质量 $m = \dfrac{\pi abc\rho}{6}$。

小行星的质量很小,全部主带小行星的总质量仅为$(2.8 \sim 3.2) \times 10^{21}$ kg,分别为月球质量的 3.81% ~ 4.35% 和地球质量的 0.0469% ~ 0.0536%。其中质量最大的小行星 Ceres,其质量占全部小行星总质量的 1/3。若加上 Pallas、Vesta、Hygiea 的质量,那么 4 颗小行星的质量可达主带小行星总质量的 51%。主带小行星的数目分布随着质量的减少而迅速增加。

对于柯伊伯带(KBO),根据观测到的亮度分布,估计其总质量为地球质量的 10% ~ 20%,比主带小行星的总质量大 2 个量级。

若已知小行星的质量和体积,则可计算出其平均密度(表 1 -2)。有时也可以通过考察该小行星的光谱类型,估测出其大致密度。

3）自转

小行星的自转参数主要是指其自转周期和自转轴指向。如果通过观测获得了小行星的光变曲线,便可推测出该小行星的自转周期。通过对大量小行星自转周期和直径的研究,发现两者有明显的相关性。一般而言,直径小于 10km 的小行星比直径大于 10km 的小行星自转得更快(图 1 -7)。直径超过 200m 的小行星中最短的自转周期为 2.2h,这表明此类小行星构成可能比较松散,它们更像是由引力聚合在一起形成的巨大的碎石堆结构。

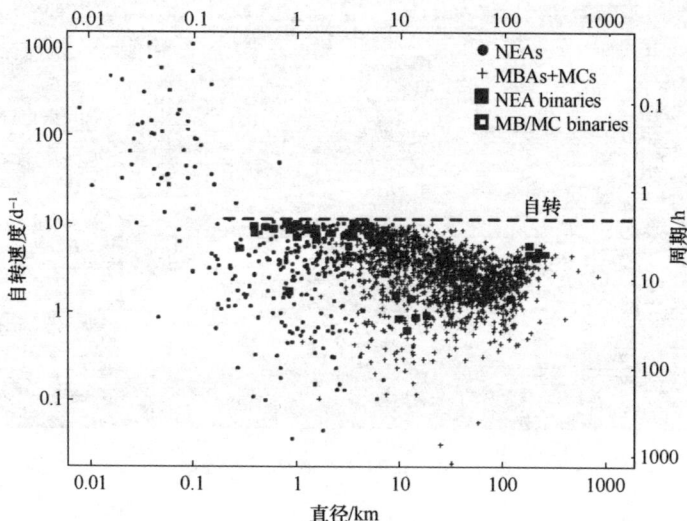

图 1 - 7　小行星自转周期随直径的分布

（虚线为小行星自转周期的估计极限值 2.2h）

若要描述小行星的自转轴指向,首先需要确定其北极,然后给出其在天球坐标系中的指向。通过对小行星自转轴矢量的统计后发现,小行星的自转轴指向近乎是随机分布。

4）绝对星等、反照率和温度

与大行星一样,小行星须靠反射太阳光才能够被地面的光学设备观测到,因此小行星的视亮度与其离太阳的距离、离地球的距离和相位角(星 - 日方向和星地方向的夹角)有关。常用视星等描述观测到的视亮度,用绝对星等描述小行星真实的反射光的能力。小行星(包括行星、彗星)的绝对星等与恒星、星系的绝对星等的定义不同,前者指小行星距离地球为 1AU 且相位角为 0°时呈现的视星等。通过一些简单的公式,可以将小行星的视星等和绝对星等进行换算,星等值越低,表明该小行星的亮度越大。大多数小行星的绝对星等为 11 ~ 19 等,平均值为 16 等(图 1 - 8 ~ 图 1 - 10)。

小行星的绝对星等不仅与其大小有关,还与其表面反照率有关。反照率有邦德反照率、几何反照率等。考虑小行星被太阳照射后,其反射或散射掉的能量与入射到小行星表面的总能量之比在所有频率范围的积分称为邦德反照率。相位角为 0°时的反射光与入射光通量之比称为几何反照率。反照率与小行星表面的物质结构、成分等有关。

小行星被太阳加热的效果使得其"傍晚"的半球比"早上"的半球温度高一些,其向外热辐射呈各向异性,从而产生两种分别对小行星的轨道和自转产生影响的效应,即 Yarkovski 效应和 YORP 效应。

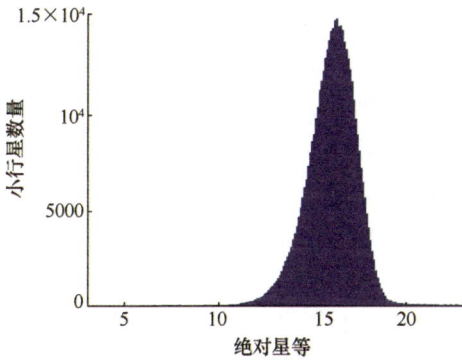

图 1-8 小行星数目随
绝对星等的分布(MPC)

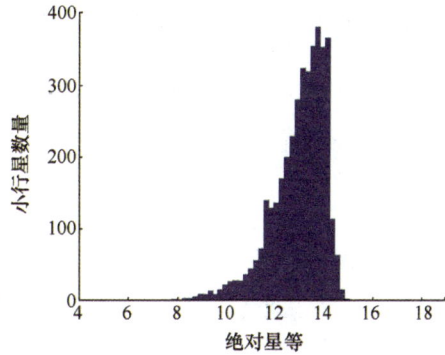

图 1-9 木星特洛伊小行星数目
随绝对星等的分布(MPC)

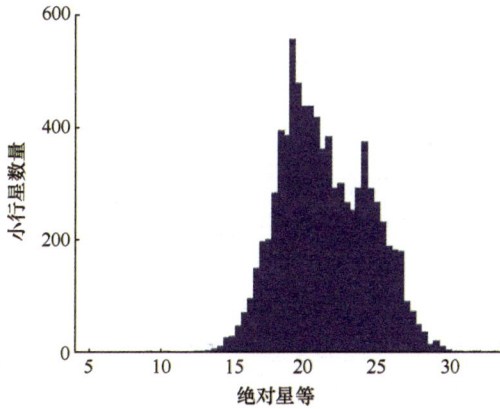

图 1-10 近地小行星数目随绝对星等的分布(MPC)

Yarkovski 效应是指天体由于各向异性的热辐射而获得动能的现象,如图 1-11 所示。各向异性的向外辐射对天体本身会产生一个微弱的反推力。

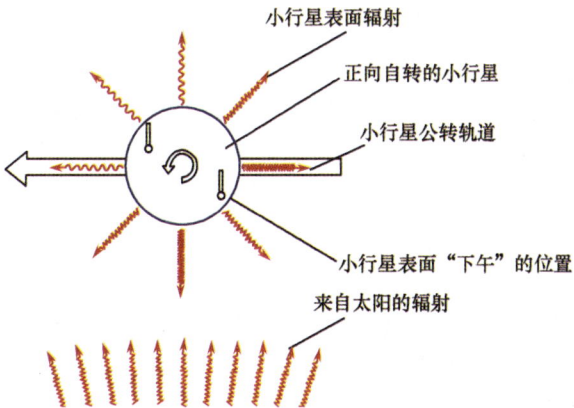

图 1-11 Yarkovski 效应示意图

与 Yarkovski 效应不同,YORP 效应影响的是小天体的自转。由于小行星表面辐射的光子呈现出各向异性,因此会对小行星本身产生力矩,从而改变其自转速率。此外,YORP 效应还能影响自转轴倾角和进动速率,从而形成小行星的自转—轨道共振。随着 YORP 效应的累积,小行星的自转速率也不断加快,在赤道附近的物质有可能从表面分离出去,从而形成小行星的卫星或小行星双星之一。在 2007 年,小行星(2000)PH$_5$ 和(1862)Apollo 的 YORP 效应被观测所确认。

5)表面环境

决定小行星形貌特征的因素有很多。对于一个自然天体来说,其自引力会促使它成为球形,而构成天体的物质本身又具有一定的强度去维持形状的不规则性。另外,吸积、撞击、自转或内部地质过程都会影响该天体的形貌。由于自引力一般会随着天体的体积增大而增大,因此越大的天体越圆。

迄今为止已有数颗小行星被空间探测器直接探测或飞越拍照,如 Gaspra 和 Ida(Galileo 探测器)、Braille(Deep Space 1 探测器,近地小行星)、Eros(NEAR 探测器,近地小行星)、Itokawa(Hayabusa 探测器,近地小行星)、Steins 和 Lutetia (Rosetta 探测器)。另外,还有 DAWN 探测器已发射升空,它将对小行星 Vesta 和 Ceres 进行直接探测。探测器的直接观测提供了小行星的详细信息,能够直观且准确地去认识和理解小行星。通过这些探测器拍摄的照片,可获得小行星比较典型的表面特征如下:

(1)表壤:越来越多的地面观测证据和空间直接探测表明,大多数小行星表面(至少部分表面)可能都存在一层表壤层。研究人员认为小行星风化层的形成主要是由于"空间风化",包括天体撞击、太阳风离子输入、物质溅射和微陨石轰击等。其中,太阳风离子输入和微陨石轰击影响最大,会使得小行星原始物质碎裂后产生大量大小不一、形态各异的碎屑和砂粒。另外,太阳辐照、太阳风和空间高能粒子都会导致小行星表面颗粒带电,在小行星表面至临近空间产生静电场,该静电力会使得小行星表面直径较小的颗粒悬浮于小行星表层上方的临近空间(该悬浮层也称为尘浮层,悬浮层有时(如夜间)在引力作用下又逐渐沉积至小行星表面从而形成表壤。

(2)鹅卵石:在许多小行星表面都会有类似于地球表面鹅卵石大小的石块存在,其大小为几十厘米,一般体积较小的小行星表面可能鹅卵石的分布更多一些。

(3)沟槽:有时出现在一些较大的小行星表面,形状类似于表面的弯曲沟槽(如 Gaspra、Phobos 等)。其形成原因尚无定论,研究认为可能是内层存在结构性裂缝导致。

(4)巨石:在大多数小行星(如 Eros、Phobos 等)表面都可能存在巨石,尤其是体积较小的小行星可能表面覆盖的石块比例更高(如 Itokawa)。这些石块大小从几米至几十米,甚至达上百米。

(5)陡坡和隆起:有一些小行星表面地形特征比较复杂,既有平原(该区域覆盖较细的土壤层),又有陡坡和隆起。这些结构的起因也尚不明确,有研究人员认为小行星表面隆起的原因可能是类似于月球、Phobos 或 Deimos 表面,是由于剧烈撞击后的抛射物在小行星表面聚结而成。另一种观点认为,这些复杂结构的形成可能是由于小行星母体碎裂后产生的一些碎片重新在该小行星上聚集而成。

(6)陨坑:由于到目前为止人类对 C 型的近地小行星进行过直接探测的机会较少,因而其表面特征和陨击坑的规律无法知晓。探测器近距离观测的小行星大多是表面受陨击且极不规则的。自形成至今所经历的无数次陨击事件,使得许多小行星的表面都不同程度地形成了表土层。从前面介绍的几颗已被直接探测的小行星照片来看,表面形貌极不规则,这与它们各自的形成和演化历程都相关。受限于目前地面的观测手段和观测目标本身的因素(小行星体积小难以分辨,且反照率低因而较暗),大部分小行星的形貌特征难以获取。

(7)特殊结构:由于形成原因和经历的演化历史各不相同,小行星表面除上述较为典型的特征之外,各自还有一些特殊的结构。例如:Eros 表面的马鞍形结构和碗状陨坑;Mathilde 表面的巨大陨击坑等。尽管研究显示 Itokawa 和 Eros 的化学成分与矿物组成大致相同,但其内部结构和表面特征完全不同。Itokawa 孔隙率约为 40% ,而 Eros 孔隙率约为 25% 。Eros 全球表面都存在类似于链式的"织布"结构,而 Itokawa 表面则几乎布满大小不一的石头。

从上述小行星表面的典型特征(1)~(6)来看,要想从某些甚至某类小行星去推测其他小行星的表面地形、地貌可能会有较大的不确定性,这种不确定性既反映了小行星本身的物质构成和内部结构,又反映了其形成之初的周围环境和形成之后的演化历史等。

6)已观测小行星的基本特征

1991 年,Galieo 飞越了 951 号小行星 Gaspra(S 型小行星,如图 1 – 12 所示),接近距离为 1600km,测得其自转周期为 7.04h,形状不规则,尺寸为 18.2km × 10.5km × 8.9km,平均半径为(6.1 ± 0.4)km,表面陨击坑较少。1993 年,又飞越了 243 号小行星 Ida(S 型小行星,如图 1 – 13 所示),接近距离 2400km,形状为 29.9km × 12.7km × 9.3km,平均半径为(15.7 ± 0.6)km,密度为(2.6 ± 0.5)g/cm^3,表面重力为 0.3 ~ 1.1cm/s^2,表面陨击坑较多,自转周期为 4.63h。探测活动还首次发现该小行星拥有自己的小卫星(Dactyl,如图 1 – 13 所示),形状为 1.6km × 1.4km × 1.2km,平均半径为 0.7km,轨道高度距离 Ida 中心约为 100km。

1996 年 2 月发射的会合 – 舒梅克号(NEAR)探测器,揭开了小行星深空探测的新纪元。NEAR 飞船在飞往 Eros 的途中顺访了 253 号小行星 Mathilde,这是人类首次近距离观测 C 型小行星。1997 年 6 月 27 日飞船在距该小行星 1212km 处飞过,测得其形状为 66km × 48km × 46km,表面黝黑且有大量陨击坑,多光谱成像观测发现表面被 4 个直径大于 20km 的陨击坑覆盖。近 60% 的表面没有发现颜色和反照率的变化,推测是该小行星上的富碳物质区域。Mathilde 表面的反照率

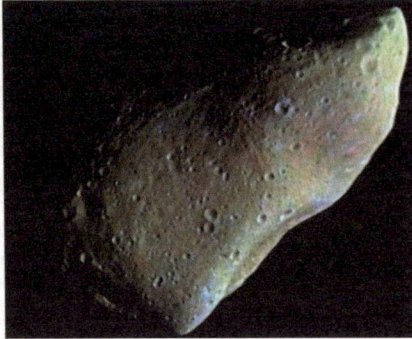

图 1 - 12　小行星 Gaspra
（S 型,可能富含橄榄石等矿物,由 Galileo
探测器飞越时拍摄。表面被证认的陨击
坑超过了 600 个）

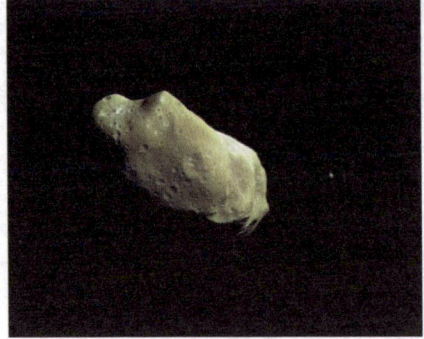

图 1 - 13　小行星 Ida 和卫星 Dactyl
（S 型,属于 Koronis 族,
由 Galileo 探测器飞越时拍摄）

与地球上收集到的 CM 群碳质球粒陨石密度的 1/2,可以预料其内部可能是多孔松散结构或含有水冰,如图 1 - 14 所示。Mathiled 的自转周期为 17.4 天,在已知小行星中列第三慢;Mathiled 没有卫星。

　　NEAR 飞船携带了 6 种探测仪器,于 2000 年 2 月飞抵 433 号近地小行星爱神星（433 Eros,如图 1 - 15 所示）。NEAR 在 12 个月的绕飞过程中,测量了 Eros 的大小、形状、质量、质量分布、重量、磁场、自转率、化学成分和主要矿物的全球分别特性。Eros 的自转周期为 5.27h,反照率为 0.16,形状为 34.4km × 11.2km × 11.2km,没有卫星,密度为 $(2.67 \pm 0.03)\ g/cm^3$,表面重力为 $0.23 \sim 0.56cm/s^2$,重量场很弱但足够飞船的绕飞;Eros 的一边是具有辉石成分的平面状表面,另一边

图 1 - 14　小行星 Mathilde
（C 型,表面反照率 0.043 ± 0.005,
由 NEAR 探测器飞越时拍摄）

图 1 - 15　小行星 Eros
（S 型,密度为 $(2.67 \pm 0.03)\ g/cm^3$,意味着
内部有 25% 左右的孔隙,由 NEAR 探测器
近距离拍摄。其表面坑洼不平,极不规则。
表面有宽度大约 10km 的马鞍形结构 Himeros,
还有一个直径约 5.3km 的碗形陨击坑 Psyche）

是以橄榄石为主的凸面,表面化学成分接近原始球粒陨石;Eros 有长 20km 的山脉状形状,密度较高,表明有陨击坑,2 个最大的陨击坑直径分别是 10km 和 6.5km,陨击坑数量较少。

1998 年 10 月,美国发射了"深空"1 号探测器,于 1999 年 7 月 28 日与布拉耶近地小行星擦肩而过,最近距离约 26m,测定布拉耶大小为 2.2km×1km。探测器上的红外频谱仪测得它是由火山物质组成的,与直径 500km、在火星和木星轨道之间运行的贝斯塔小行星一致。

1999 年 2 月发射的彗星探测器——星尘,于 2002 年 11 月飞越小行星 Anne-frank,距离大约为 3300km,发现了该小行的形状不规则(直径约为 8km)。

2003 年发射的"隼鸟"号,探测的目标天体是名叫糸川(Itokawa,编号 1998SF36,如图 1-16 所示)的 25143 号近地小行星,当其远日点距离超出火星轨道时,飞得距地球更近。它得名于日本已故火箭科学奠基人、"兰达"及"谬"火箭之父:糸川英夫博士。小行星 25143 是一颗会穿越火星轨道的 Apollo 小行星。在金石观测站的雷达影像呈现不规则的细长形,光谱特性为 S 型小行星,尺寸为 535m×294m×209m。

图 1-16 小行星 Itokawa

S 型,密度为(1.9±0.13)g/cm³,意味着内部有 40% 左右的孔隙,组成成分类似于 LL 类普通球粒状陨石,由 Hayabusa 探测器近距离拍摄。其表面没有明显的陨击坑(可能被撞击时引起的震动带动尘土将其逐渐遮盖),取而代之的是大量的砾石,有些砾石的尺寸达到了 50m。位于小行星末端的最大一块岩石达到了小行星尺寸的 1/10。Itokawa 表面有 80% 的面积十分粗糙且布满大小不一的砾石,而剩余 20% 的面积则是极为光滑。这些光滑的表面可能是毫米到厘米级大小的碎砂覆盖,没有大的砾石。

1.1.1.2 小行星的轨道特征

按照在太阳系内的位置,小行星主要分为近地小行星、主带小行星、特洛伊小行星、柯伊伯带小行星、半人马小行星。

1)近地小行星

近地小行星(Near-Earth Asteroids,NEA)是指轨道与地球轨道相交的小行星。这类小行星可能会带来撞击地球的危险。同时,它们也是相对容易使用探测器进行探测的天体。事实上,访问一些近地小行星所需的推进剂比访问月球还少。NASA 的 NEAR 号已经访问过爱神星,日本的"隼鸟"号也成功登陆糸川,并将糸川的表面物质样品带回地球。

目前已知的大于 4km 的近地小行星已有数百颗,可能还存在成千上万颗直径大于 1km 的近地小行星,估计超过 2000 颗。

天文学家预测这些近地小行星只能在轨道上存在 1000 万 ~ 1 亿年。它们要么最终与内行星碰撞,要么在接近行星时被甩出太阳系。该过程可能会消耗大量小行星,但似乎小行星仍然在不断补给。

根据 NASA 分类标准,近地小行星又可分为 Aten 型、Atiras 型、Apollo 型和 Amor 型,见表 1-3。其轨道对比如图 1-17 所示。

表 1-3　近地小行星分类

类别		描述	天文定义
近地小行星			$q < 1.3\,\mathrm{AU}$
NEA	Atiras	轨道完全在地球轨道之内的近地小行星(以 163693 Atiras 命名)	$a < 1.0\,\mathrm{AU}$ $q < 0.983\,\mathrm{AU}$
	Atens	穿越地球的 NEA,其半轴小于地球(以 2062Aten 命名)	$a < 1.0\,\mathrm{AU}$ $q > 0.983\,\mathrm{AU}$
	Apollos	穿越地球的 NEA,其半轴大于地球(以 1862Apollo 命名)	$a > 1.0\,\mathrm{AU}$ $q < 1.017\,\mathrm{AU}$
	Amors	与地球逼近的 NEA,轨道在地球轨道之外,火星轨道之内(以 1221Amor 命名)	$a > 1.0\,\mathrm{AU}$ $1.017 < q < 1.3\,\mathrm{AU}$
PHA		潜在危险小行星	$\mathrm{MOID} \leqslant 0.05\,\mathrm{AU}$ $H \leqslant 22.0$

注:P 为轨道周期;q 为近日点距离;a 为主半轴。数据源自 http//: neo. jpl. nasa. gov/stats

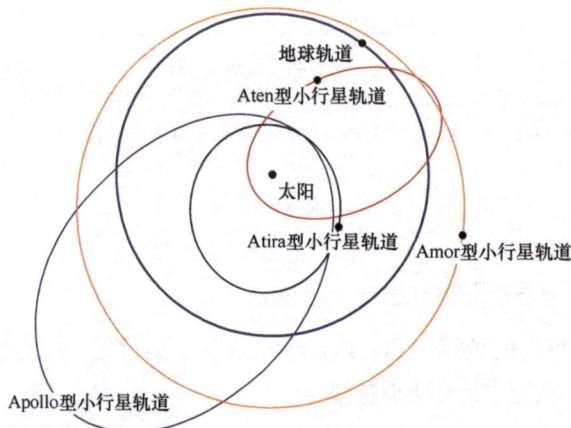

图 1-17　四类近地小行星的轨道对比

Aten 型小行星的平均轨道半径接近 1AU,而远日点大于地球的近日点 (0.983AU),它们经常位于地球轨道内,如图 1−18 所示。

Apollo 型小行星的平均轨道半径位于地球轨道外,近日点位于地球轨道内,如图 1−19 所示。

Amor 型小行星轨道位于地球和火星间,近日点位于地球轨道外,介于1.017 ～ 1.3AU 之间,如图 1−20 所示。Amor 型小行星经常穿越火星轨道但不会穿越地球轨道。科学家推测,火星的两个天然卫星火卫一和火卫二,有可能是被火星引力俘获的 Amor 型小行星。

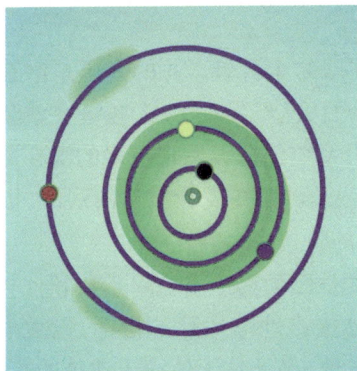

图 1−18　Aten 型小行星轨道范围　　　　图 1−19　Apollo 型小行星轨道范围

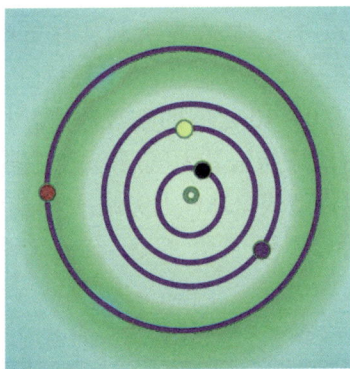

图 1−20　Amor 型小行星轨道范围

值得一提的是:Apollo 型小行星与 Aten 型小行星的轨道会穿越地球轨道,这使得它们可能产生撞击的威胁;而 Amor 型小行星不穿越地球轨道却可能距离地球非常近。

PHA 型小行星是指,近地小行星中,有可能是轨道接近地球的一颗小行星,其与地球发生撞击时会造成重大的影响。

当一颗小行星接近行星或卫星时,它将受到引力摄动的支配,改变它的轨道,从先前不具威胁的小行星改变成潜在威胁小行星。一颗小行星如果具备如下条件将会被认定为潜在威胁小行星：它的最小轨道交会距离（MOID）小于 0.5AU，直径不小于 150m。这样大小的天体撞击陆地，或撞击海洋引起史无前例的海啸，都足以导致人类居住的区域受到影响。平均每 1 万年会发生一次造成如此影响的事件。

由于大多数小行星的直径未能精确估计，因此，NASA 和 JPL 使用更实用的绝对星等来定义潜在威胁小行星。任何一颗绝对星等低于 22.0 等的小行星都被假设有足够大的尺寸，但这仍然只是一种尺度的粗略估计，原因是必须先假设它的反照率，而通常这也是未知的。为了这个目的，NASA 的近地天体计划假设反照率为 0.13。

2008 年 10 月，NASA 已统计到 982 颗潜在威胁小行星。总的太阳系潜在威胁小行星清单仍在不断地增长，截止到 2011 年 8 月，已经发现 1245 颗潜在威胁小行星。林肯近地小行星研究小组和卡特林那巡天系统仍持续发现更多的潜在威胁天体。每个发现都是通过不同方法的研究，包括光学、红外线和雷达的观测，以测量它们的特性，如大小、成分、自转状态和更精确的轨道。

用于分类小行星碰撞危险的两个主要尺度是巴勒莫撞击危险指数和杜林危险指数。杜林危险指数是一套用作衡量近地天体撞击地球风险的指标，包括小行星和彗星。它结合撞击概率和破坏力形成一个数值，来评估天体撞击地球的严重性。

杜林危险指数由美国麻省理工学院的地球科学系教授 Richard P. Binzel 提出，其第一版称为"近地天体危险指数"，于 1995 年在联合国一个会议中首次公开，其后在多个会议中发表。1999 年 6 月，在意大利杜林市举行的国际近地天体会议中，他发表了其更新版本，并全体投票通过，该指数被命名为杜林危险指数。

杜林危险指数使用介乎 0～10 之间的整数数值。其中："0"代表其撞击地球的机会微乎其微，或在撞击地球前给其大气层摩擦燃烧殆尽；"10"代表该物体撞击地球的机会十分大，并足以造成全球性大灾难。

杜林危险指数也用白色、绿色、黄色、橙色、红色 5 种颜色去代表不同的级数，见表 1-4。

表 1-4　杜林危险指数

危险指数	标识颜色及含义	详细解释
0	白色：无危险	该天体撞击地球的机会率为零，或者撞击的危险微乎其微，可以当作为零。也会用于在撞及地球前烧毁的天体，如流星群，极少引起破坏的小陨石
1	绿色：正常	天文学家例行地发现近地天体，并预测该天体不会对地球构成不寻常的危险。现行的计算显示，撞击的机会极低，不需要引起公众的注意或关注。在绝大多数情况下，进一步的望远镜观测会将危险指数再评为零级

（续）

危险指数	标识颜色及含义	详细解释
2	黄色:需注意	发现近地物体(随着进一步的搜寻,类似的发现可能会越来越多),而该物体会接近地球,但不会异常地过于接近。虽然有关发现需要天文学家的注意,但由于撞击的可能性非常低,因此并不需要引起公众的注意或关注。在绝大多数情况下,进一步的望远镜观测会将危险指数再评为零级
3		发现近地物体,需要天文学家注意。现行计算显示会有 1% 或以上的可能性造成小范围的冲撞损毁。在绝大多数情况下,进一步的望远镜观测会将危险指数再评为零级。如果该天体 10 年内会靠近地球,应通知公众和有关部门
4		发现近地物体,需要天文学家注意。现行计算显示会有 1% 或以上的可能性造成区域性的冲撞损毁。在绝大多数情况下,进一步的望远镜观测会将危险指数再评为零级。如果该天体 10 年内会靠近地球,应通知公众和有关部门
5	橙色:威胁	有近地物体接近,可能会带来区域性的严重破坏,但未能确定是否必然发生。天文学家需要极度关注,并判断是否会发生撞击。如果该天体 10 年内可能撞击地球,各国政府可被授权采取紧急应对计划
6		有大型近地物体接近,可能会带来全球性的灾难性破坏,但未能确定是否必然发生。天文学家需要极度关注,并判断是否会发生撞击。如果该天体 30 年内可能撞击地球,各国政府可被授权采取紧急应对计划
7		有大型近地物体非常接近地球,在 1 个世纪内可能会带来前所未有的全球灾难,但未能确定是否必然发生。如果该威胁出现在未来 1 个世纪内,国际的紧急应对计划将会被授权,特别是利用重点观测尽快获得令人信服的证据,确定撞击是否会发生
8	红色:肯定发生撞击	天体撞击将会发生,若撞击在陆地,将会对局部地区造成毁坏;若物体撞落近岸地区,可能会引发海啸。此等撞击平均每隔 50 年至数千年发生 1 次
9		天体撞击将会发生,若撞击在陆地,将会对大面积地区造成毁坏;若撞落海洋,可能会引发大海啸。此等撞击平均每隔 1 ~ 10 万年发生一次
10		天体撞击将会发生,无论撞击陆地或海洋,均会造成全球气候大灾难,并威胁现有文明。此等撞击平均每 10 万年或以上发生 1 次

2）主带小行星

主带小行星是位于火星与木星之间、距太阳 2 ~ 4AU 的小行星,如图 1 - 21 所示。在这一区域内存在着一个小行星带,已编号的 120437 颗小行星中,有 98.5% 是在这里被发现的。小行星带是小行星最密集的区域,估计多达 50 万颗,所以这个区域称为主小行星带(图1-21),简称主带。

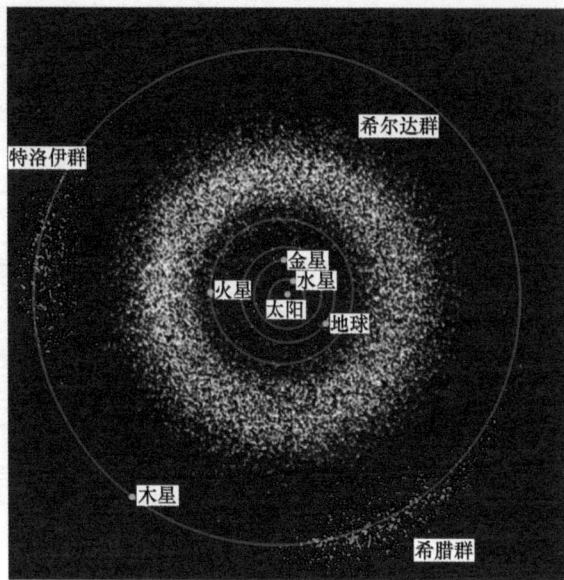

图1-21　主小行星带

据科学家分析,小行星带由原始太阳星云中的一群星子——比行星微小的行星前身——形成。木星的重力阻碍了这些星子形成行星,并造成许多星子相互间高能量的碰撞,于是清扫了这一区域,造成许多残骸和碎片。小行星绕太阳公转的轨道,继续受到木星的摄动,形成了与木星的轨道共振。在这些轨道距离(柯克伍德空隙)上的小行星很快被扫进其他轨道。

主带内最大的3颗小行星是智神星、婚神星和灶神星,平均直径均超过400km;在主带中只有一颗矮行星——谷神星,直径约为950km;其余的小行星都不大,有些甚至只有尘埃那样大。小行星带的物质非常稀薄,已经有多个探测器平安地通过而未发生意外。

尽管是群聚之处,小行星带仍然非常空旷。如果不是刻意地选定目标,探测器穿越小行星带时,在广漠的太空中仍会一无所见。尽管如此,目前还是知道数以万计的小行星,而总数可能高达数百万颗或更多颗,这取决于如何界定小行星尺寸的下限。在红外线波段的巡天观测显示,直径1km以上的小行星为700000~1700000颗,还可能更多。

在主带内,直径大于100km的小行星超过200颗。在小行星带内最大的天体是谷神星,也是带内唯一的矮行星。小行星带的总质量为$(3.0 \sim 3.6) \times 10^{21}$kg,仅有地球卫星月球质量的4%左右,而谷神星就占了其中的1/3;12颗最大的小行星则占有主带内1/2的质量。图1-22示出了主带内12颗最大的小行星与其余所有主带小行星的质量对比。

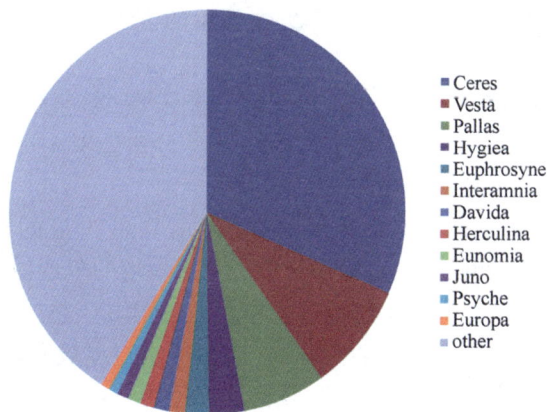

图 1 - 22　主带内 12 颗最大的小行星与其余所有主带小行星的质量对比

　　小行星带的质量中心在轨道半径 2.8AU 处,在主带内主要的小行星离心率都小于 0.4,而且轨道倾角小于 30°,峰值出现在离心率 0.07 左右、倾角 4°之内的区间内。因此,典型的小行星轨道是接近圆形且"躺"在黄道面的附近,只有少数的小行星才有高离心率和远离黄道面之外。

　　就所有小行星的半长轴而论,在主带会出现引人注目的空隙(图 1 - 23)。在这些半径上,小行星的平均轨道周期与木星的轨道周期呈现整数比,这样与气体巨星平均运动共振的结果,足以造成小行星轨道要素的改变。实际的效果是,在这些空隙位置上的小行星会被推入半长轴更大或更小的不同轨道内。不过,因为小行星的轨道通常是椭圆形的,还是有许多小行星会穿越这些空隙,因而在实际的空间密度上,在这些空隙的小行星并不会比邻近的地区为低。

1.1 小天体概况

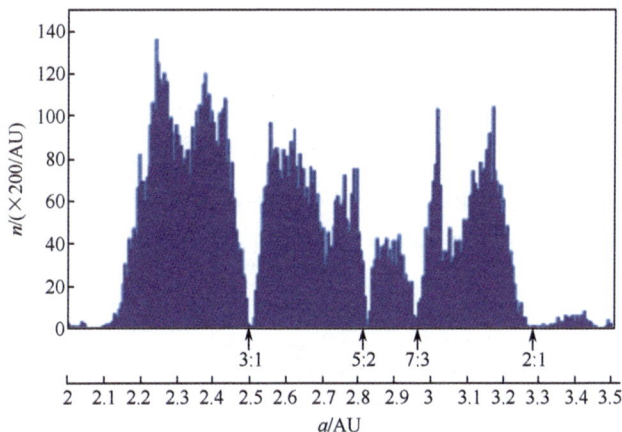

图 1 - 23　在小行星带核心的半长轴分布(箭头指的是柯克伍德空隙)

　　柯克伍德空隙与木星的平均运动共振为 3∶1、5∶2、7∶3 和 2∶1。也就是说在 3∶1 的柯克伍德空隙处的小行星在木星公转 1 圈时,会绕太阳公转 3 圈。在其他轨道共振较低的位置上,能找到的小行星也比邻近的区域少(如8:3共振小行星的半长轴为2.71AU)。

柯克伍德空隙明显地将小行星带分割成三个区域:第一区是4:1(2.06AU)和3:1(2.5AU)的空隙;第二区接续第一区的终点至5:2(2.82AU)的共振空隙;第三区由第二区的外侧一直到2:1(3.28AU)的共振空隙。

主带也明显地被分成内、外区带:内区带由靠近火星的区域一直到3:1(2.5AU)共振的空隙,外区带一直延伸到接近木星轨道的附近(也有些人以2:1共振空隙做为内外区带的分界,或是分成内、中、外三区)。

提到主带有时会局限于核心的范围内,即大的小行星被发现的区域。这个区域在4:1和2:1的柯克伍德空隙之间,即轨道半径为2.06~3.27AU,离心率约小于0.33,轨道倾角不超过20°。这块"核心"区域大约拥有太阳系内93.4%的小行星。

绝大多数小行星的绝对星等为11~19等,中间值是16等。在比较上,谷神星的绝对星等为3.32,是非常高的。小行星带内的温度随着与太阳的距离而变,尘埃粒子的典型温度在2.2AU处是200K,到了3.2AU处会降低至165K。然而,因为自转的缘故,朝向太阳暴露在太阳辐射的表面和背向太阳面对背景星空的表面,温度会有显著差异。

在主带的小行星约1/3属于不同家族的成员。同一家族的小行星来自同一个母体的碎片,共享相似的轨道要素,如半长轴、离心率、轨道倾角,以及相似的光谱。由这些轨道元素的图形显示,在主带中的小行星集中成几个家族,有20~30个集团可以确定是小行星族,并且可能有共同的起源。小行星族可以借光谱的特征进行辨认。较小的小行星集团称为组或群。

在主带内著名的小行星族有花神星族、司法星族、鸦女星族、曙神星族和司理星族(依半长轴排序)。最大的小行星族是以灶神星为主的灶神星族(谷神星属于Gefion族的闯入者),可能由形成灶神星上陨石坑的撞击造成,且HED陨石也可能是在这次撞击中形成的。在主带内找到三条明显的尘埃带,它们与曙神星、鸦女星、司理星有相似的轨道倾角,可能也属于这些家族。

著名的小行星家族独特的倾角对应于偏心率及轨道半长轴图如图1-24和图1-25所示。

3) 特洛伊小行星

特洛伊小行星是与木星共用轨道、一起绕着太阳运行的一大群小行星。从固定在木星上的坐标系统来看,它们是在拉格朗日点中稳定的两个点,分别位于木星轨道前方(L4)和后方(L5)60°的位置上。

依据原有定义,特洛伊小行星的轨道半长轴为5.05~5.40AU,并且在两个拉格朗日点的一段弧形区域内。这个定义现在也适用在其他天体(如火星、海王星)的相似情况下,而在这些情形下会标示出主要的天体。

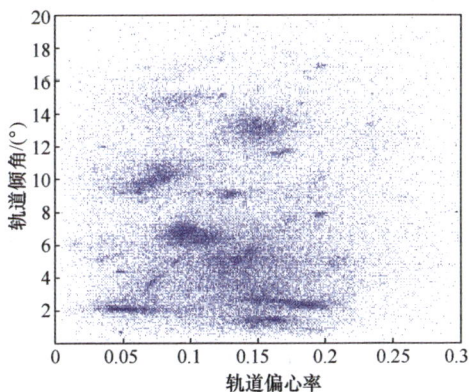

图 1-24　著名的小行星家族独特的
倾角对应于偏心率图

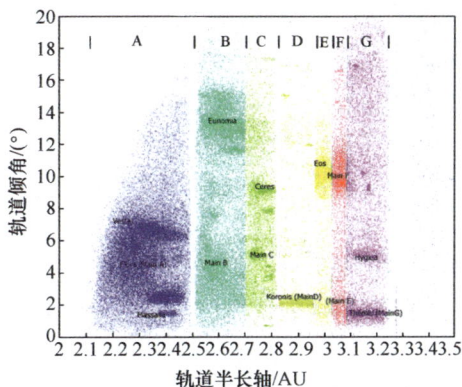

图 1-25　著名的小行星家族独特的
倾角对应于轨道半长轴图

1904 年,巴纳德(Edward Emerson Barnard)首先观察到特洛伊小行星,但当时没有人注意到他的观测,而认为他观测到的是土星的卫星土卫九,因为当时两者在天空中的距离只有两弧分角,或者只是一颗恒星。直到特洛伊小行星(12126)1999 RM11 在 1999 年再度被发现与确认轨道之后,巴纳德的观测才受到重视。在 1906 年 2 月,德国天文学家马克斯·沃夫(Max Wolf)发现一颗位于太阳—木星的拉格朗日点 L4 上的小行星,后来以荷马在神话故事伊利亚特的的英雄阿基里斯命名为 588 阿基里斯,在几个月内呈现异常的轨道运动,并且不久之后,许多其他小行星也在这个点的附近被发现(包括太阳—木星系统的另一个拉格朗日点 L5)。

截止到 2007 年 9 月,已经确认的特洛伊小行星有 2239 颗,其中,1192 颗在 L4 点,1047 颗在 L5 点。1999 年 10 月,有 177 颗被赋予数字的编号;2004 年 7 月,有 877 颗被编号;2005 年 8 月,有 1826 颗被编号;2006 年 6 月,有 2049 颗被编号。另外,还有 6 颗在海王星的轨道上,4 颗在火星轨道上。目前已发现的最大的特洛伊小行星是 624 赫克特(Hektor),测量得到的尺寸为长 370km、宽 195km。

在 L4 点,特洛伊小行星以伊利亚特剧中的希腊英雄人物命名,所以也称为希腊群或以阿基里斯为代表称为阿基里斯群;在 L5 点,特洛伊小行星以特洛伊的英雄命名,代表人物则是普特洛克罗斯,所以也称为特洛伊群或普特洛克勒斯群。

由于伊利亚特剧中特洛伊战争的人物被用于特洛伊群小行星的命名,而最初特洛伊又仅用于称呼与木星分享轨道的小行星,所以当在火星与海王星的拉格朗日点都有小行星被发现后,这些特洛伊小行星就必须称为火星特洛伊或海王星特洛伊。另外,在土星的卫星中也发现了两组特洛伊卫星:一组为土卫十三(Telesto)、土卫三(Tethys)、土卫十四(Calypso),另一组为土卫十二(Helene)、土卫四(Dione)、土卫三十四(Polydeuces)。

海王星特洛伊是与海王星有着相同的轨道与周期的小行星,截止到 2007 年 3

月已发现了6颗,即2001 QR322、2004 UP10、2005 TN53、2005 TO74、2006 RJ103和2007 RW10,它们的位置在海王星轨道的L4拉格朗日点上,在海王星前方60°的细长弧形区域。

4)柯伊伯带小行星

柯伊伯带是太阳系在海王星轨道(距离太阳约30AU)外侧的黄道面附近、天体密集的中空圆盘状区域。柯伊伯带的假说最初由爱尔兰裔天文学家伦纳德提出,10年后由另一位天文学家柯伊伯再度提出。

柯伊伯带的位置处于距离太阳40~50AU低倾角的轨道上。该处过去一直被认为空无一物,是太阳系的尽头所在,但事实上,这里布满直径为数千米到上千千米的冰封物体。如果按照行星形成的吸积理论来解释,柯伊伯带天体是在绕日运动的过程中发生碰撞,互相吸引,最后黏附成大小不一的天体。

柯伊伯带是人们所知的太阳系边界,是太阳系大多数彗星的来源地。自冥王星被发现,就有天文学家认为冥王星应排除在太阳系的行星之外,而由于冥王星的大小和柯伊伯带内大的小行星大小相近,20世纪末更有主张该归入柯伊伯带小行星的行列中;而冥王星的卫星则应被当作其伴星。2006年8月,国际天文学联合会已经将冥王星、谷神星与阋神星归入新分类的矮行星。

柯伊伯带的复杂结构和起源仍是不清楚的,因此天文学家在等待泛星计划望远镜巡天的结果,这将揭露更多目前不知道的柯伊伯带天体,并在测量后对它们有更多的了解。

柯伊伯带包含许多微星,它们是来自环绕着太阳的原行星盘碎片,由于它们未能结合成行星,因而形成较小的天体,最大的直径都小于3000km。外行星和柯伊伯常的模拟如图1-26所示。

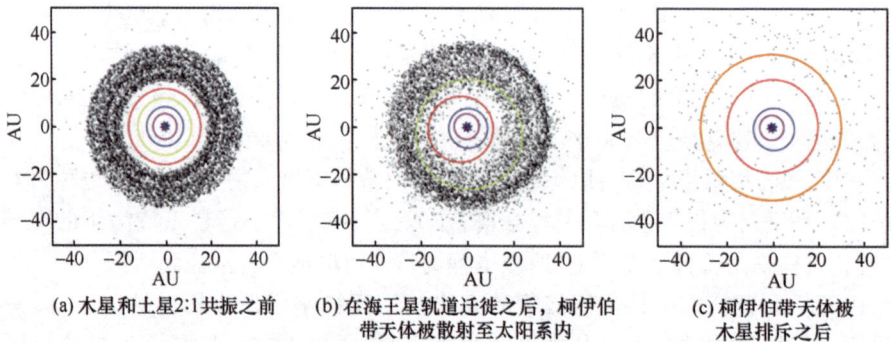

(a) 木星和土星2:1共振之前　　(b) 在海王星轨道迁徙之后,柯伊伯　　(c) 柯伊伯带天体被
　　　　　　　　　　　　　　带天体被散射至太阳系内　　　　　木星排斥之后

图1-26　外行星和柯伊伯带的模拟

近代的计算机模拟显示柯伊伯带受木星和海王星的影响极大,同时认为即使天王星或海王星不是在土星之外的原处形成的(只有少许物质存在于这些地区,如此大的天体不可能在该处形成)。换言之,这些行星应在离木星较近的地区形

成,但在太阳系早期演化的期间被抛到外面。1984 年,费南德兹和叶永烜的研究认为,行星被抛射天体的角动量交换可以造成行星的迁徙。轨道的迁徙到达木星和土星形成 2∶1 共振的确切位置:木星绕太阳运转 2 圈,土星正好绕太阳 1 圈。引力共振所产生的拉力最终打乱了天王星和海王星的轨道,造成它们的位置交换,而使海王星向外移动到原始的柯伊伯带。当海王星向外迁徙时,它激发和散射了许多外海王星天体进入更高倾角和更大离心率的轨道。然而,目前的模型仍然不能说明许多分布上的特征,有待科学家进一步研究。

　　最完整的范围,包括远离中心最外侧的区域,柯伊伯带从 30AU 伸展到 55AU。然而一般认为,主要的部分只是从 39.5AU 的 2∶3 共振区域延展到 48AU 的 1∶2 共振区域。柯伊伯带非常薄,主要集中在黄道平面上下 10° 的范围内,但还有许多天体散布在更宽广的空间内。总之,它不像带状而更像花托或甜甜圈(多福饼)。而且,这意味着柯伊伯带对黄道平面有 1.86° 的倾斜。

　　在 42~48AU,虽然海王星的引力影响已经微不足道,而且天体可以几乎不受影响地存在着,这个区域就是传统的柯伊伯带,并且目前观测到的柯伊伯带天体有 2/3 在这里。因为 1992 QB1 是近代第一个被发现的柯伊伯带天体,所以它被当成这类天体的原型,在柯伊伯带天体的分类上称为类 QB1 天体。

　　传统的柯伊伯带是两种不同族群的综合体:第一类是"dynamically cold"的族群,比较像行星(轨道接近圆形),轨道离心率小于 0.1,相对于黄道的倾角低于 10°(它们的轨道平面贴近黄道面,没有太大的倾斜);第二类是"dynamically hot"的族群,轨道有较大的倾斜(达 30°)。两类有这样的名称并不是因为温度的差异,而是以微小的气体做比喻,当它们变热时,会增加它们的相对速度。这两种族群不仅轨道不同,而且组成也不同,冷的族群颜色比热的族群红,暗示它们在不同的环境形成。热的族群在靠近木星的地区形成,然后被气体巨星抛出。另一方面,冷的族群可能是海王星在向外迁徙时清扫出来的,但无论是较近或较远,相信是在比较靠近目前所在的位置形成的。柯伊伯带及共振天体如图 1-27 所示。

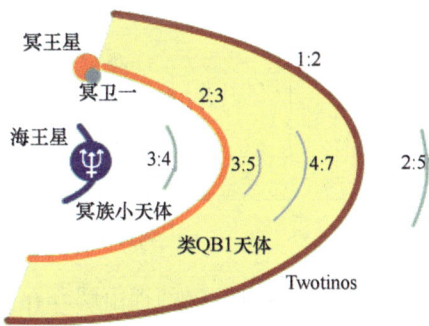

图 1-27　柯伊伯带及共振天体

　　由于存在轨道共振,海王星对柯伊伯带的结构产生了重大的作用。在与太阳系年龄比较的时标上,海王星的引力使在某些轨道上的天体不稳定,不是将它们送入内太阳系内,就是逐入离散盘或星际空间内,这在柯伊伯带内制造出一些与小行星带内的柯克伍德空隙相似的空白区域。例如,在距离 40~42AU,没有天体能稳定地存在于这个区间内。无论何时,在这个区间内被观测到的天体都是最近才进入并且会被移出到其他空间。

当一个天体的轨道周期与海王星有明确的比率时(这种情况称为平均运动共振),如它们的相对基线是适当的,可能被锁定在与海王星同步的运动,以避免受到摄动而使轨道变得不稳定。如果天体在这种正确的轨道上,如海王星每绕太阳3圈该天体便会绕行2圈,则每当它回到原来的位置时,海王星总比它多运行了半条轨道的距离(因为这时海王星在轨道上绕行了1.5圈)。这就是2:3(或3:2)的轨道共振,这种轨道特征的半长轴约为39.4AU,而已知的2:3共振天体,包括冥王星和它的卫星在内,已经超过200颗,这个家族的成员统归类为冥族小天体。许多冥族小天体包括冥王星都会穿越过海王星的轨道,但因为共振的缘故永远不会与海王星碰撞。有一些,像是欧伩尔和伊克西翁的大小,已经大到可以列入类冥矮行星的等级。冥族小天体有高的轨道离心率,因此它们当初原本不应该在现在的位置上,而是因为海王星的轨道迁徙被转换到这里。1:2共振(每当海王星转1圈,它才完成1/2圈)的轨道半长轴相当于47.7AU,但数量很少,这个族群有时称为Twotino。较小的共振族群还有3:4、3:5、4:7和2:5。海王星也有特洛伊小行星,它们位于轨道前方和后方的L4、L5的重力稳定点上,与海王星1:1共振。海王星特洛伊在它们的轨道上是稳定的,但与被海王星捕获有所不同,它们是沿着轨道形成的。类QB1天体、冥族小天体和邻近散射天体的分布如图1-28所示。

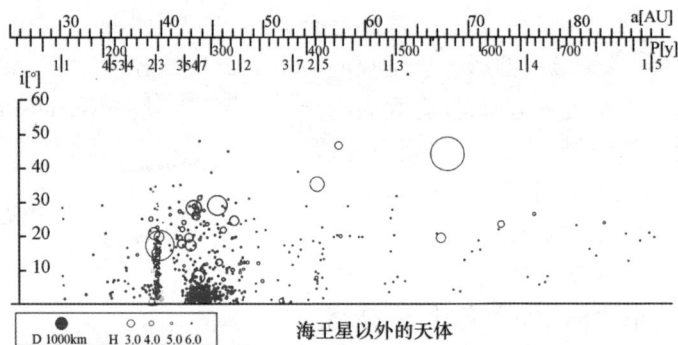

图1-28 类QB1天体、冥族小天体和邻近散射天体的分布

另外,还没有明确的理由解释在半长轴小于39AU的距离内缺乏共振的天体。当前被接受的假说是在海王星迁移时被驱离了,因为这个区域在迁移中是轨道不稳定的地区,因此在这里的任何天体不是被扫清就是被重力抛出去。

5) 半人马小行星

半人马小行星被归类为轨道不稳定的小行星,并以神话中半人马族的神祇命名。之所以选择这样的名称,是因为它们的行为一半像小行星,另一半像彗星。半人马小行星的轨道会穿越1颗或数颗气体巨星的轨道,并且有数百万年的动力学生命期。

第一颗类似半人马小行星的天体是在1920年发现的小行星944(Hidalgo),但是在1977年发现凯龙之前,它们并未被认为是一个新的族群。已知最大的半人马小行星是 1997 年发现的女凯龙星，直径达 260km，大小如同主带中的一颗中等大小的小行星。

没有半人马小行星被拍摄过近照，但有证据显示在 2004 年被卡西尼号拍下特写镜头的费贝可能是被土星捕获的半人马小行星。另外，哈勃太空望远镜也已经获得一些飞龙星表面特征的信息。

目前，已有凯龙、厄开克洛斯（Echeclus）和 166P/尼特（NEAT）3 颗半人马小行星被发现有彗星状的彗发活动，因此凯龙和厄开克洛斯既归属于小行星也归属于彗星。其他的半人马小行星，如 Okyrhoe，被怀疑有类似彗星的活动。任何一颗受到摄动而接近太阳至足够的距离内时，都可被预期会成为彗星。

半人马小行星并没有稳定的轨道且最后会被巨大行星移出太阳系。广义的半人马小行星定义为一个环绕太阳的小天体，轨道穿越木星和海王星之间的一颗或多颗行星轨道。由于在这一地区的轨道长期看来是不稳定的，即使像 2000 GM137 和 2001 XZ255 目前并未穿越任何行星轨道的半人马小行星，也会因为摄动逐渐改变轨道，直到它们的轨道与一颗或多颗大行星的轨道交会。

然而，不同的机构有不同的标准进行各种天体的分类，基本上都是建立在它们的轨道要素上。小行星中心（MPC）定义半人马小行星是近日点在木星轨道之外，而轨道半长轴比海王星短的天体。JPL 定义半人马小行星是半长轴介于木星和海王星之间的天体（5.5 AU < a' < 30.1AU）。

图 1-29 呈现所有已知轨道的半人马小行星与行星轨道间的关系。对选定的天体，轨道的离心率以红色的线段来呈现（范围从近日点至远日点）。

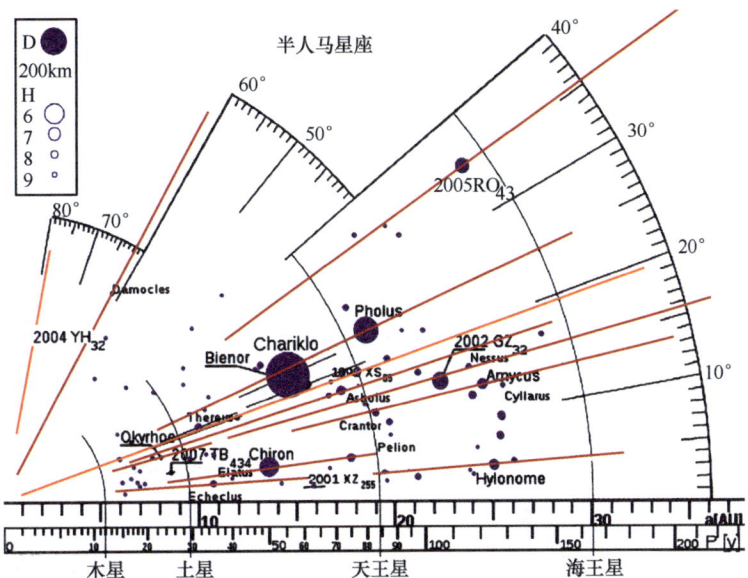

图 1-29 轨道已知的半人马小行星

半人马小行星的特征之一是轨道离心率散布的范围很广,从离心率很高的人龙星、飞龙星、Amicus、毒龙星,到接近圆形的女凯龙星 Chariklo 和穿越土星轨道的小行星,即 Thereus、Okyrhoe。

由于半人马小行星穿越巨大行星的轨道,又未受轨道共振的保护,因此它们的轨道时间尺度为 $10^6 \sim 10^7$ 年,例如,Amycus 有与天王星接近 3∶4 共振的不稳定轨道。对它们的轨道动力学研究显示,半人马小行星的轨道可能是从柯伊伯带转换成短周期的木星族彗星的中继轨道。这些可能来自受到摄动的柯伊伯带天体,因为受到重力的交互作用而横越过海王星的轨道,然后成为半人马小行星,但是它们的轨道是混沌的,当半人马小行星接近一颗或多颗行星时,轨道的演变相对来说是迅速的。有些半人马小行星会演变成跨越木星轨道,届时它们的近日点可能会深入内太阳系,如果它们显现出彗星的活动,就可以归属于木星族彗星,而被重新分类为彗星。半人马小行星的结局也可能与太阳或行星碰撞,也可能因为接近行星特别是木星而被弹出太阳系。

半人马小行星斑驳的颜色令人费解,对任何简单的表面组成模型都是一种挑战。在图 1-30 中,色指数是经由蓝色(B)、可见光(V),也就是黄-绿色和红色(R)滤光镜测得的视星等。图 1-30 显示了所有已知的半人马小行星在色指数上的差异(颜色被强调)。作为参考的两颗卫星 Trlton 和 Phoebe,还有行星的火星,也呈现在图 1-30 中(以黄色标帜指示,但大小未依照比例)。

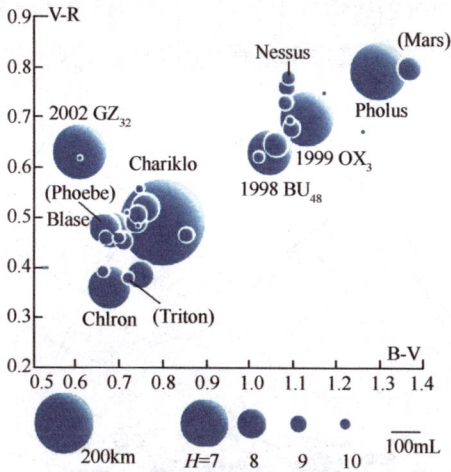

图 1-30 半人马小行星的颜色分布

半人马小行星可以分为两类:非常红,如人龙星;蓝色,如凯龙星。有很多理论解释颜色上的差异,但它们大致可以分成两个类别:一类理论认为颜色的差异是因为它们的起源不同,或组成不同;另一类理论认为颜色的差异是因为辐射或彗星的活动造成太空风化在程度上的不同,使反射的表面不同。

人龙星在地表可能含有红色的有机化合物,而凯龙星因为周期性的彗星活动使冰暴露出来,色指数呈现蓝/灰色,被作为第二种类别的例子。活动和颜色之间的关联性并不确定,但是活跃的半人马小行星的色指数从蓝色(凯龙星)跨越到红色(166P/NEAT,尼特星)。

1.1.1.3 小行星的光谱特征

小行星光谱分类依据是小行星的颜色、光谱形态,有时参考反照率的分类法。这些类型被认为是对应于小行星的表面成分。对于内部没有差异的小天体,表面和内部的组成可以视为相同;而大的天体,如谷神星和灶神星,已知道内部构造。

现行的分类始于 Clark R. Chapman、David Morrison 和 Ben Zellner 在 1975 年划分的 3 种类型:C——黑暗的碳物质;S——岩石(硅)物体;U——不属于 C 或 S。

此分类已被扩充,内容更为明确。目前存在多种光谱类型分类法,但都尽力保留彼此间相互的一致性。也有少数的小行星可以被分于不同的类型中,这取决于分类方法。每种方法使用不同的标准,常用的两种分类法是托连光谱分类法和 SMASS 光谱分类法。

1) 托连光谱分类法

托连光谱分类法是 David J. Tholen 在 1984 年率先提出的,已经使用 20 多年。这种分类法开发了广泛的光谱(0.31 ~ 1.06μm),在 20 世纪 80 年代的 8 色小行星巡天(Eight – Color Asteroid Survey,ECAS)不仅观察其中的 8 种颜色,还结合了反照率的测量,以 978 颗小行星建立起原始的模型。

这项方案包含 14 种分类,其中 3 类较广泛并可再细分为一些较小的分类。它们列在下面并以最大的成员作为例子:

(1) C – 群为暗的含碳天体,包括以下的次分类:
- B – 型(智神星);
- F – 型(704 英特利亚);
- G – 型(谷神星);
- C – 型(10 健神星),其余的标准的 C – 型小行星,这一群大约包含 75% 的一般小行星。

(2) S – 群(15 司法星、婚神星)是以硅(石质)为主的小行星,一般的小行星大约有 17% 属于此类。

(3) X – 群:
- M – 型(16 灵神星) 是金属为主的小行星 也是第三类型的小行星;
- E – 型(44 侍神星、55 祸女星) 与 M – 型小行星不同,多数有高反照率;
- P – 型(259 理神星、190 怯女星、324 斑贝格星) 与 M – 型小行星不同,多数有低反照率。

其余的小类型如下:
- A – 型(446 Aeternitas);

- D - 型(624 赫克托星);
- T - 型(96 辉神星);
- Q - 型(1862 阿波罗);
- R - 型(349 Dembowska);
- V - 型(灶神星)。

小行星有时标示为两种的类型,如 CG,这是因为有些小行星具有多种光谱类型的特征。

2) SMASS 光谱分类法

SMASS 分类法是 Schelte J. Bus 和 Richard P. Binzel 依据"主带小行星光谱巡天"(SMASS)的结果,以 1447 颗小行星的光谱为基础在 2002 年提出的。这项统计调查得到比 ECAS 更高分辨率的光谱,可以分析出更多不同的狭窄谱线特征。此外,也观察了一些小范围的波长(0.44~0.92μm),但是没有考虑反照率。尽管提供了不同的信息,SMASS 分类法仍试图将托连分类法纳入其中,将小行星分为如下的 24 种类型。大部分小行星依然在 C、S 和 X 这三种广泛的分类中,一些不寻常的小行星被分类在较小的类别中。

(1) C - 群含碳的小行星,包括:
- B - 型　与托连分类法的 B - 型小行星和 F - 型小行星有很大程度上的重叠;
- C - 型　不属于 B - 型的,大部分标准的含碳小行星;
- Cg、Ch、Cgh - 型　有些是和托连分类法的 G - 型小行星相关;
- Cb - 型　在 C - 型和 B - 型之间的过渡型。

(2) S - 群,以硅(石质)为主的小行星,包括:
- A - 型;
- Q - 型;
- R - 型;
- K - 型,以诀女星和曙神星为代表的新类型;
- L - 型,以欣女星为例的新类型;
- S - 型,最标准的 S - 群;
- Sa - 型、Sq - 型、Sr - 型、Sk - 型和 Sl - 型　在 S - 型和其他各型之间过渡的类型。

(3) X - 群,大部分的金属小行星,包括:
- X - 型,最标准的 X - 群,含有托连分类法中的 M - 型、E - 型或 P - 型;
- Xe - 型、Xc - 型和 Xk - 型,在普通的 X - 型和其他文字所代表的各型之间的过渡型;
- T - 型;
- D - 型;

- Ld－型,比 L－型更极端的新光谱形态;
- O－型,以 Boznemcová 为例的新形态;
- V－型。

大量的小行星被分类在 Q－型、R－型和 V－型,而在托连分类法中只是一种类型。在 Bus 和 Binzel 的 SMASS 分类法中,一颗小行星只会被分类到其中一个特定的分类中。

有几颗近地小行星的光谱明显不属于 SMASS 分类的任何一种类型。因为这几颗小行星在主带小行星中罕见,因此未被侦测到,并且它们的表面可能是较原始且未曾改变过,或与和其他不常见矿物混合的结果。

3）小行星光谱特征

（1）C－型小行星。

C－型小行星是 C－群小行星中最典型的一种类型(图 1－31)。在托连分类法中,C－型与另三种为数不少的含碳小行星类型组合成一个大的族群——C－群,包括 B－型、C－型、F－型、G－型。在 SMASS 分类法中,广义的 C－群包括:B－型,相当于托连分类法的 B－型和 F－型;C－型,是 C－群中光谱最典型的小行星;Cg－型和 Cgh－型相当于托连分类法的 G－型;Ch－型是在 $0.7\mu m$ 周围有吸收特征的;Cb－型是 SMASS 分类法中介于 B－型和 C－型之间过渡的形式。

（a）　　　　　　　　　　（b）

图 1－31　C－型小行星陨石

C－型小行星是含碳的小行星,是最普通的小行星,约占已知小行星的75%,并且在2.7AU 之外的小行星带所占的比例更高,并且以这种小行星为主。C－型小行星在实际上的比例可能还要更高,因为除 D－型外,C－型小行星更深入主带外缘,并且比其他类型的小行星更为暗淡。

C－型小行星的光谱与碳质球粒陨石(CI 和 CM 型)非常相似,除不含氢、氦和挥发物之外,其化学组成几乎与太阳、原始的太阳星云一样,也有水合(含水的)矿物。

C－型小行星有异常低的反照率,典型为 $0.03\sim0.10$。通常,为数不少的 S－型小行星在冲的时候用双筒望远镜就可以看见,但即使最大的 C－型小行星仍需要小的天文望远镜才能看见。班堡可能是最明亮的 C - 型小行星,但是它有极大的离心率,这意味着它达到最大星等的时间非常短。

C - 型小行星的光谱包含在低于 $0.5\mu m$ 的紫外线波长上有中等强度的吸收,而在较长的波长上没有明显的特征但是有轻微的红化。在 $3\mu m$ 的波长附近有水吸收的特征,这表明在矿物内有水。

(2) S - 型小行星。

S - 型小行星是 S - 群小行星中最典型的一种类型。在 SMASS 分类,几种常见的硅质小行星被一起归类在 S - 群之下,SMASS 包括 A - 型、K - 型、L - 型、Q - 型、R - 型、S - 型、Sa - 型、Sk - 型、Sl - 型、Sq - 型和 Sr - 型。整个 S - 群的小行星光谱与碳质的 C - 群截然不同,并且有金属谱线的几乎都属于主要 X - 群。

S - 型小行星组成以硅质为主,是在 C - 型小行星之后第二大的族群,约有 17% 的小行星属于这个族群。S - 型是亮度中等(反照率为 $0.10 \sim 0.22$),主要成分是铁、镁和硅。它们主要分布在主带的内侧,距离日心约 2.2AU,在中心区距离约 3AU 处也很常见,但在外侧很罕见。最大的一颗 S - 型小行星是司法星(最长处的宽度约为300km),接下来依序是婚神星、海后星、大力神星和虹神星。这些最大的 S - 型小行星在冲的时候可以使用双筒望远镜看见,最亮的虹神星亮度通常都比 +7.0 亮,除反射异常的灶神星外,这比任何的小行星都亮。

S - 型小行星的光谱在短于 $0.7\mu m$ 处有中度的陡降,并且在 $1\mu m$ 和 $2\mu m$ 有中度的吸收。$1\mu m$ 的吸收显示与硅酸盐(石质矿物)有关,在以 $0.63\mu m$ 为中心处也有较浅但宽阔的吸收。这些小行星的成分与多种石陨石类似,并且有相似的光谱特征。

(3) X - 群小行星。

X - 群小行星是几种光谱非常类似,但有不同成分的族群。

在托连分类的 X - 群包含 E - 型、M - 型、P - 型。由于在这个系统内以反照率区分上述几种类型是非常困难的,所以有些 X - 群小行星没有反照率的资料,贞女星就是一个例子。

E - 型小行星是表面被认为有顽火辉石和无粒陨石的小行星,主带中的匈牙利族小行星中占了很大部分的比率,主带的其他区极为罕见。E - 型小行星有高反照率(0.3 或更大),与较普通的 M - 型小行星有明显的区别。它们的光谱没有特征,只是平坦的红化。

M - 型小行星由铁 - 镍构成,或许混有少量的石头。亮度偏低(反照率为 $0.1 \sim 0.2$)。被认为是分化过的小行星被撞击后核心的碎片,且是铁陨石的来源。M - 型的光谱是平坦和偏红的,并且缺乏明显的特征。M - 型小行星是常见的第三大小行星类型。也有些 M - 型小行星的组成是不清楚的,许多 M - 型小行星与金属构成的模式不符合。

P - 型小行星具有低反照率和极少红化特征的电磁频谱,其成分中有着丰富的硅酸盐、碳和无水的硅酸盐,其内部可能有冰。P - 型小行星是太阳系内最黑暗的天体,反照率为 0.2 ~ 0.7。P - 型小行星的反射光谱反映出它们的组成分为 31% 的 CI 和 49% 的 CM 群碳质球粒陨石(碳粒陨石),加上 20% 塔吉什湖陨石,然后经历过热变质和太空风化。P - 型小行星分布的尖峰在轨道距离 4AU 之处。

SMASS 分类不使用反照率,但是有几个光谱类型在电磁频谱的基础上特征显著。SMASS 分类法中,X - 群包含 X - 型、Xe - 型、Xc - 型和 Xk - 型小行星。

（4）A - 型小行星。

A - 型小行星在小行星主带内侧相对较为罕见,有着强烈的 $1\mu m$ 橄榄石特征和截止在 $0.7\mu m$ 非常偏红的光谱。A - 型小行星非常罕见,截止到 2005 年只发现了 17 颗。

（5）D - 型小行星。

D - 型小行星有非常低的反照率和无特征的浅红色电磁频谱。其成分中富含有机硅酸盐、碳和无水硅酸盐,内部还可能有水冰。发现的 D - 型小行星主要分布在小行星带的外侧和更外面的区域,如阿达拉(Atala)、阿基里斯(Achilles)、霍克得(Hektor)和希达高(Hidalgo)。

耐斯模型认为 D - 型小行星是被捕获的柯伊伯带天体。在 1992 年,Larry A. Lebofsky 发现主带的 D - 型小行星 Irmintraud 光谱在 $3\mu m$ 的特征。此特征被认为是表面有水存在的暗示,并表明 D - 型小行星更有可能是经过改变的状态,而不是不变的或原始的状态。

（6）T - 型小行星。

T - 型小行星是在主带内侧极为罕见的一种类型,其亮度较暗且成分不明,没有特征的光谱有中度的红化,还有中度的吸收特性在 $0.85\mu m$ 处突然截止。到目前为止,尚未发现与此型有直接关联的陨石。它们被认为是无水的,并且与 P - 型或 D - 型有关联,但也可能是 C - 型的高度变化型。见神星是此类型的一个例子。

（7）Q - 型小行星。

Q - 型小行星相对来说在主带内侧是较少见的一种,在 $1\mu m$ 的波段上有着宽广与强烈的橄榄石和辉石的特征,并且光谱的斜率显示有金属的存在。它的吸收特征在 $0.7\mu m$ 截止,并且光谱一般介于 V - 型和 S - 型之间。

Q - 型小行星的光谱比其他类型的小行星与陨石中的普通球粒陨石更为相似(H - 型、L - 型和 LL - 型)。这导致科学家们猜测它们的含量丰富,但只有少数小行星有这种特征。Q - 型小行星的例子有阿波罗和 Bacchus,以及尚未赋予编号的 1991 BN 和 1997 US9。

（8）R - 型小行星。

R - 型小行星亮度中等,相对来说在小行星主带内侧是不常见的,它的光谱介于 V - 型小行星和 A - 型小行星之间。它的光谱为 $1 \sim 2\mu m$,显示含有不同的橄榄石和辉石的性质,可能还有斜长石和截止在 $0.7\mu m$ 非常偏红的光谱。

红外线天文卫星任务将灶神星、高卢星、Asporina、Dembowska、Dulcinea 和 Bethgea 归类为 R - 型,但重新分类时将灶神星当成 V - 型的原型是值得商榷的。

（9） V - 型小行星。

V - 型小行星或灶神星型是与灶神星(此型中体积最大的小行星)有着相似光谱的小行星。

V - 型小行星大部分成员的轨道元素类似于灶神星,不是足以成为灶神星族的成员,就是有着相似的离心率和轨道倾角,但是半长轴在 2.18AU 和 3∶1 柯克伍德空隙的 2.50AU。这表示大部分或全部的成员都来自灶神星外壳被撞击的碎片,也可能是历史上某个时刻一次很大的单一撞击事件造成的。在灶神星南半球的巨大撞击坑是此一撞击事件的主要候选场所。

V - 型小行星也是由岩石、铁和普通球粒陨石组成,与之类似但更普通的 S - 型比较是中等的亮度。这种较为罕见的小行星类型包含的辉石比 S - 型更多。

可见光波长光谱为 V - 型的小行星(包括灶神星本身)的光谱类似于玄武岩无球粒陨石 HED 陨石。

J - 型曾被认为是在 $1\mu m$ 有着特别强吸收带的小行星,类似于古铜无球陨石,可能是从灶神星地壳深处衍生的。

V - 型小行星绝大多数是灶神星家族的成员,并且跟随灶神星。它们有些是穿越火星轨道的小行星(如 9969 Braille),还有一些是近地小行星(如 Nyx)。

V - 型小行星也有一些离散型的集团,散布在灶神星族的邻近地区,但不是灶神星族的成员。

1.1.2 小行星的命名

小行星的名字由两个部分组成:前面一部分是永久编号;后面一部分是名字。每颗被证实的小行星先会获得一个永久编号,发现者可以为这颗小行星建议一个名字。这个名字要由国际天文联会批准才被正式采纳,原因是小行星的命名有一定的常规。因此,有些小行星没有名字,尤其在永久编号上万的小行星。假如小行星的轨道能精确地确定,它的发现即被证实。在此之前,它有一个临时编号,由发现年份和两个字母组成,如 2004 DW。

第一颗小行星是皮亚齐于 1801 年在西西里岛上发现的,他给这颗星起名为谷神·费迪南星。前一部分是以西西里岛的保护神谷神命名的,后一部分是以那波利国王费迪南四世命名的。但各国学者们对此不满意,因此将第二部分去掉了,所以第一颗小行星的正式名称是小行星 1 号谷神星。

此后发现的小行星都是按这个传统以罗马或希腊的神来命名的,如智神星、灶神星、义神星等。

但随着越来越多的小行星被发现,最后古典神话的名字都用完。因此后来的小行星以发现者的夫人的名字、历史人物或其他重要人物、城市、地点、童话人物名字或其他神话里的神来命名。例如,216 艳后星是依据埃及女王克丽欧佩特拉命名的,2001 爱因斯坦是以阿尔伯特·爱因斯坦命名的,17744 福斯特是依据女演员莱蒂·福斯特命名的,小行星 1773 是按格林童话中的一个侏儒命名的,145523 鹿林是以中央大学在台湾鹿林山的发现地点鹿林天文台为名等。截至 2011 年 5 月 21 日,已计算出轨道(即获临时编号)的小行星共 969626 颗,获永久编号的小行星共 279722 颗,已命名的小行星共 16528 颗。

与中国有关的小行星介绍如下。

第一颗以中国人名命名的小行星:1802 张衡(Zhang Heng)。

发现者:紫金山天文台。

第一颗以中国县名命名的小行星:3611 大埔(DaBu)。

发现者:紫金山天文台。

第一颗以台湾人名字命名的小行星:2240 菜(Tsai)。

发现者:哈佛大学天文台。

第一颗以中国飞船名字命名的小行星:8256 神舟。

发现者:紫金山天文台。

为表扬香港中学生陈易希在发明上的成就命名的小行星:20780 陈易希(Chanyikhei)星。

发现者:LINEAR 小组。

为表扬香港中学生陈嘉键在发明上的成就命名的小行星:23165 陈嘉键(Chankakin)星。

发现者:美国麻省理工学院林肯实验室。

为表扬建国中学学生陈泓任在美国英特尔国际科技展览会上的成就命名的小行星:23279 陈泓任(ChenHungjen)星。

发现者:美国麻省理工学院林肯实验室。

1. 特殊命名的小行星

特殊命名的小行星见表 1-5。

一·一　小天体概况

表 1-5　特殊命名的小行星

永久编号	中文命名	国际命名	发现日期	发现地点	发现者	备注
139	瑞华	Juewa	1874 年 10 月 10 日	北京	J. C. Watson	第一颗在中国地域发现的小行星
150	女娲	Nuwa	1875 年 10 月 18 日	安娜堡	J. C. Watson	中国神话中炼石补天的女神
1125	中华	China	1957 年 10 月 30 日	南京	紫金山天文台	原为小行星 3789,后因失去联系被另一颗轨道类似的小行星取代

永久编号	中文命名	国际命名	发现日期	发现地点	发现者	备注
3789	中国	Zhongguo	1928 年 10 月 25 日	威廉斯湾	张钰哲	第一颗中国人发现的小行星
4047	嫦娥	Chang'E	1964 年 10 月 8 日	南京	紫金山天文台	探月工程代号
8256	神舟	Shenzhou	1981 年 10 月 25 日	南京	紫金山天文台	载人飞船代号
8992	宽容	Magnanimity	1980 年 10 月 14 日	南京	紫金山天文台	纪念 9.11 罹难者
14147	温岭曙光	Wenlingshuguang	1998 年 9 月 23 日	兴隆	施密特 CCD 小行星项目组	照在中国大陆的第一缕曙光
18639	奥运志愿者	Aoyunzhiyuanzhe	1998 年 3 月 5 日	兴隆	施密特 CCD 小行星项目组	北京奥运会志愿者
21313	岫岩玉	Xiuyanyu	1996 年 12 月 10 日	兴隆	施密特 CCD 小行星项目组	辽宁鞍山岫岩满族自治县特产
23408	北京奥运	Beijingaoyun	1977 年 10 月 12 日	南京	紫金山天文台	"同一个世界,同一个梦想"
32605	露西	Lucy	2001 年 8 月 23 日	沙漠之鹰	杨光宇	320 万年古化石名称
8870	马铃薯	Patato	2001 年 9 月 17 日	沙漠之鹰	杨光宇	国际马铃薯年
88878	博文约礼	Bowenyueli	2001 年 9 月 25 日	沙漠之鹰	杨光宇	香港中文大学校训
151997	羊蹄甲属	Bauhinia	2004 年 5 月 11 日	沙漠之鹰	杨光宇	洋紫荆的属,香港区花
161715	汶川	Wenchuan	2006 年 6 月 23 日	鹿林	叶泉志 杨庭彰	纪念汶川大地震罹难者
175586	邹族	Tsou	2006 年 10 月 15 日	鹿林	叶泉志 林启生	邹族,台湾原住民

2. 地区命名的小行星

地区命名的小行星见表 1-6。

表 1-6 地区命名的小行星

地区	永久编号	中文命名	国际命名	发现日期	发现地点	发现者
华北地区	2045	北京	Peking	1964 年 10 月 8 日	南京	紫金山天文台
	2209	天津	Tianjin	1978 年 10 月 28 日	南京	紫金山天文台
	2355	内蒙古	Nei Monggol	1978 年 10 月 30 日	南京	紫金山天文台
	2505	河北	Hebei	1975 年 10 月 31 日	南京	紫金山天文台
	2514	太原	Taiyuan	1964 年 10 月 8 日	南京	紫金山天文台
	2778	唐山	Tangshan	1979 年 12 月 14 日	南京	紫金山天文台
	3481	香炉峰	Xianglupeak	1975 年 11 月 2 日	兴隆	北京天文台
	72030	呼和浩特	Hohhot	2000 年 12 月 23 日	沙漠之鹰	杨光宇
华东地区	2077	江苏	Kiangsu	1974 年 12 月 18 日	南京	紫金山天文台
	2078	南京	Nanking	1975 年 1 月 12 日	南京	紫金山天文台
	2162	安徽	Anhui	1966 年 1 月 30 日	南京	紫金山天文台
	2184	福建	Fujian	1964 年 10 月 9 日	南京	紫金山天文台
	2197	上海	Shanghai	1965 年 12 月 30 日	南京	紫金山天文台
	2510	山东	Shandong	1979 年 10 月 10 日	南京	紫金山天文台
	2617	江西	Jiangxi	1975 年 11 月 26 日	南京	紫金山天文台
	2631	浙江	Zhejiang	1980 年 10 月 7 日	南京	紫金山天文台
	2719	苏州	Suzhou	1965 年 9 月 22 日	南京	紫金山天文台
	3051	南通	Nantong	1974 年 12 月 19 日	南京	紫金山天文台
	3221	常熟	Changshu	1981 年 12 月 2 日	南京	紫金山天文台
	3335	泉州	Quanzhou	1966 年 1 月 1 日	南京	紫金山天文台
	3494	紫金山	Purple Mountain	1980 年 12 月 7 日	南京	紫金山天文台
	3502	黄埔	Huangpu	1964 年 10 月 9 日	南京	紫金山天文台
	3543	宁波	Ningbo	1964 年 11 月 11 日	南京	紫金山天文台
	3729	扬州	Yangzhou	1983 年 11 月 1 日	南京	紫金山天文台
	4360	盱眙	Xuyi	1978 年 10 月 29 日	南京	紫金山天文台
	4925	舟山	Zhoushan	1981 年 12 月 3 日	南京	紫金山天文台
	5384	长江村	Changjiangcun	1957 年 11 月 11 日	南京	张家祥
	10877	江南天池	Jiangnan Tianchi	1996 年 10 月 16 日	那智胜浦	清水义定、浦田武
	12418	铜陵	Tongling	1995 年 10 月 23 日	兴隆	施密特 CCD 小行星项目组
	79316	黄山	Huangshan	1996 年 4 月 18 日	兴隆	施密特 CCD 小行星项目组
	207931	威海	Weihai	2008 年 12 月 24 日	威海	山东大学

地区	永久编号	中文命名	国际命名	发现日期	发现地点	发现者
中南地区	2085	河南	Henan	1965 年 12 月 20	南京	紫金山天文台
	2185	广东	Guangdong	1962 年 11 月 20 日	南京	紫金山天文台
	2425	深圳	Shenzhen	1975 年 3 月 17 日	南京	紫金山天文台
	2547	湖北	Hubei	1964 年 10 月 9 日	南京	紫金山天文台
	2592	湖南	Hunan	1966 年 1 月 30 日	南京	紫金山天文台
	2655	广西	Guangxi	1974 年 12 月 14 日	南京	紫金山天文台
	2789	佛山	Foshan	1956 年 12 月 6 日	南京	紫金山天文台
	2903	珠海	Zhuhai	1981 年 10 月 23 日	南京	紫金山天文台
	3024	海南	Hainan	1981 年 10 月 23 日	南京	紫金山天文台
	3048	广州	Guangzhou	1964 年 10 月 8 日	南京	紫金山天文台
	3139	汕头	Shantou	1980 年 11 月 11 日	南京	紫金山天文台
	3206	武汉	Wuhan	1980 年 11 月 13 日	南京	紫金山天文台
	3239	梅州	Meizhou	1978 年 10 月 29 日	南京	紫金山天文台
	3340	银海	Yinhai	1979 年 10 月 12 日	南京	紫金山天文台
	3476	东莞	Dongguan	1978 年 10 月 28 日	南京	紫金山天文台
	3509	三水	Sanshui	1978 年 10 月 28 日	南京	紫金山天文台
	3611	大埔	Dabu	1981 年 12 月 20 日	南京	紫金山天文台
	3746	河源	Heyuan	1964 年 10 月 8 日	南京	紫金山天文台
	4776	鹿邑	Luyi	1975 年 11 月 3 日	美国	哈佛大学
	5217	潮州	Chaozhou	1966 年 2 月 13 日	南京	紫金山天文台
	9092	南阳	Nanyang	1995 年 11 月 4 日	兴隆	施密特 CCD 小行星项目组
	9668	天涯海角	Tianyahaijiao	1997 年 6 月 3 日	兴隆	施密特 CCD 小行星项目组
	19258	巩义	Gongyi	1995 年 3 月 24 日	兴隆	施密特 CCD 小行星项目组
	35366	开封	Kaifeng	1997 年 10 月 18 日	兴隆	施密特 CCD 小行星项目组
	79418	张家界	Zhangjiajie	1997 年 6 月 3 日	兴隆	施密特 CCD 小行星项目组
	216343	文昌	Wenchang	2007 年 11 月 28 日	鹿林	叶泉志、林宏钦
西南地区	2215	四川	Sichuan	1964 年 11 月 12 日	南京	紫金山天文台
	2230	云南	Yunnan	1978 年 10 月 29 日	南京	紫金山天文台
	2344	西藏	Xizang	1979 年 9 月 27 日	南京	紫金山天文台
	2632	贵州	Guizhou	1980 年 11 月 6 日	南京	紫金山天文台
	2743	成都	Chengdu	1965 年 11 月 21 日	南京	紫金山天文台
	3011	重庆	Chongqing	1978 年 11 月 26 日	南京	紫金山天文台

（续）

地区	永久编号	中文命名	国际命名	发现日期	发现地点	发现者
西南地区	3650	昆明	Kunming	1978 年 10 月 30 日	南京	紫金山天文台
	7859	拉萨	Lhasa	1979 年 10 月 19 日	克里特	安东尼·马寇斯
	14656	丽江	Lijiang	1998 年 12 月 29 日	兴隆	施密特 CCD 小行星项目组
	31196	玉龙	Yulong	1997 年 12 月 24 日	兴隆	施密特 CCD 小行星项目组
	58418	泸沽湖	Luguhu	1996 年 1 月 26 日	兴隆	施密特 CCD 小行星项目组
	175633	姚安	Yaoan	2007 年 10 月 9 日	盱眙	PMO NEO Survey Program
西北地区	2255	青海	Qinghai	1977 年 11 月 3 日	南京	紫金山天文台
	2263	陕西	Shanxi	1978 年 10 月 30 日	南京	紫金山天文台
	2336	新疆	Xinjiang	1975 年 11 月 26 日	南京	紫金山天文台
	2387	西安	Xi'an	1975 年 3 月 17 日	南京	紫金山天文台
	2515	甘肃	Gansu	1964 年 10 月 9 日	南京	紫金山天文台
	2539	宁夏	Ningxia	1964 年 10 月 8 日	南京	紫金山天文台
	2693	延安	Yan'an	1977 年 11 月 3 日	南京	紫金山天文台
	2729	乌鲁木齐	Urumqi	1979 年 10 月 18 日	南京	紫金山天文台
	3613	昆仑	Kunlun	1982 年 11 月 10 日	南京	紫金山天文台
	4273	敦煌	Dunhuang	1964 年 10 月 9 日	南京	紫金山天文台
	48799	塔什库尔干	Tashikuergan	1997 年 10 月 8 日	兴隆	施密特 CCD 小行星项目组
	80801	伊吾	Yiwu	2000 年 2 月 8 日	基特峰	太空监测
东北	2380	黑龙江	Heilongjiang	1965 年 9 月 18 日	南京	紫金山天文台
	2398	吉林	Jilin	1965 年 10 月 24 日	南京	紫金山天文台
	2503	辽宁	Liaoning	1965 年 10 月 16 日	南京	紫金山天文台
	3136	鞍山	Anshan	1981 年 11 月 18 日	南京	紫金山天文台
	2851	哈尔滨	Harbin	1978 年 10 月 30 日	南京	紫金山天文台
	3187	大连	Dalian	1977 年 10 月 10 日	南京	紫金山天文台
	7485	长春	Changchun	1994 年 12 月 4 日	爱子	小石川正弘
	23686	松原	Songyuan	1997 年 5 月 8 日	兴隆	施密特 CCD 小行星项目组
港澳	3297	香港	Hong Kong	1978 年 11 月 26 日	南京	紫金山天文台
	8423	澳门	Macao	1997 年 1 月 11 日	兴隆	施密特 CCD 小行星项目组
台湾	2169	台湾	Taiwan	1964 年 11 月 9 日	南京	紫金山天文台
	145523	鹿林	Lulin	2006 年 3 月 7 日	鹿林	林宏钦、叶泉志
	147918	嘉义	Chiayi	2006 年 10 月 25 日	鹿林	叶泉志、林宏钦
	160493	南头	Nantou	2007 年 2 月 6 日	鹿林	叶泉志、林宏钦

1.1 小天体概况

地区	永久编号	中文命名	国际命名	发现日期	发现地点	发现者
台湾	185216	归仁	Gueiren	2006年10月14日	鹿林	叶泉志、林启生
	185546	玉山	Yushan	2007年12月28日	鹿林	叶泉志、林启生
	185636	小林	Shiao Lin	2008年2月27日	鹿林	叶泉志、林启生
	187514	台南	Tainan	2006年10月15日	鹿林	林启生、叶泉志
	210030	桃园	Taoyuan	2006年6月24日	鹿林	杨庭彰、叶泉志
	210035	中坜	Jungli	2006年7月18日	鹿林	林宏钦、叶泉志
	215080	高雄	Kaohsiung	2009年3月20日	鹿林	蔡元生、林启生
	246643	苗栗	Miaoli	2008年12月18日	鹿林	萧翔耀、叶泉志
	300892	台中	Taichung	2008年1月28日	鹿林	林启生、叶泉志

3. 华人名人

华人名人命名的小行星见表 1-7。

表 1-7 华人名人命名的小行星

永久编号	命名	国际命名	发现日期	发现地点	发现者	备注
1802	张衡	Zhang Heng	1964年10月9日	南京	紫金山天文台	东汉天文学家
1888	祖冲之	Zu Chong-zhi	1964年11月9日	南京	紫金山天文台	南北朝天文学家
1972	一行	Yi Xing	1964年11月9日	南京	紫金山天文台	唐朝天文学家
2012	郭守敬	Guo Shou-jing	1964年10月9日	南京	紫金山天文台	元朝天文学家
2027	沈括	Shen Guo	1964年11月9日	南京	紫金山天文台	北宋天文学家
7145	林则徐	Linzexu	1996年6月7日	兴隆	施密特CCD小行星项目组	清末政治家
7853	孔子	Confucius	1973年9月29日	帕洛马	C. J. van Houten, I. van Houten-Groeneveld, T. Gehrels	东周春秋思想家、儒家思想宗师、"至圣先师"
7854	老子	Laotse	1977年10月17日	帕洛马	C. J. van Houten, I. van Houten-Groeneveld, T. Gehrels	东周春秋思想家、道家思想宗师
12620	司马迁	Simaqian	1960年9月24日	帕洛马	C. J. van Houten, I. van Houten-Groeneveld, T. Gehrels	西汉历史学家

（续）

永久编号	命名	国际命名	发现日期	发现地点	发现者	备注
16757	落下闳	Luoxiahong	1996 年 9 月 18 日	兴隆	施密特 CCD 小行星项目组	西汉天文学家
28242	明安图	Mingantu	1999 年 1 月 6 日	兴隆	施密特 CCD 小行星项目组	清朝天文学家、数学家
110288	李白	Libai	2001 年 9 月 23 日	沙漠之鹰	杨光宇	唐朝诗人
110289	杜甫	Dufu	2001 年 9 月 23 日	沙漠之鹰	杨光宇	唐朝诗人
145588	苏东坡	Sudongpo	2006 年 8 月 15 日	鹿林	叶泉志、林启生	宋朝词人

1.1.3 彗星概况

彗星,俗称扫把星,是由冰构成的太阳系小天体(SSSB),当它向太阳接近时,会被加热并且开始释气,展示出可见的大气层,也就是彗发,有时有彗尾。这些现象是由太阳辐射和太阳风共同对彗核作用造成的。彗核由松散的冰、尘埃和小岩石构成,大小从数百米(P/2007 R5)至数十千米(海尔博普彗星)不等。从太空拍摄在轨道上的洛弗乔伊彗星如图1-32所示。

彗星的轨道周期范围也很大,为几年到几百万年。短周期彗星来自超越至海王星轨道之外的古柏带,或是与离散盘有所关联。长周期彗星起源于欧特云,是在古柏带外面伸展至最近恒星1/2距离上由冰冻天体构成的球壳。长周期彗星受路过恒星和银河潮汐的引力摄动而直接朝向太阳前进。双曲线轨道的彗星在进入内太阳系之前曾沿着双曲线轨迹被抛射至星际空间,只会穿越太阳系一次。来自太阳系外在银河系内的彗星曾经被检测到。

彗星与小行星的区别在于,存在包围彗核的大气层,它未受到引力的约束而扩散。这些大气层有一部分是彗发(在中央包围着彗核的大气层),其他的则是彗尾(受到来自

图1-32　从太空拍摄在轨道上的洛弗乔伊彗星(Comet Lovejoy)

太阳的太阳风等离子和光压作用,从彗发被剥离的气体、尘埃和带电粒子,通常呈线性延展的部分)。然而,熄火彗星因为已经接近太阳许多次,几乎失去了所有可挥发的气体和尘埃,所以显得类似于小的小行星。小行星与彗星有着不同的起源,是在木星轨道内侧形成的,而不是在太阳系的外侧。主带彗星和活跃的半人马小行星的发现,使小行星和彗星之间的差异变得模糊不清。

截至 2013 年 7 月,已经知道的彗星有 4894 颗,其中大约有 1500 颗克鲁兹族彗星和大约 484 颗短周期彗星,而且数量还在稳定地增加。然而,这只是潜在彗星族群中微不足道的数量:估计在外太阳系的储藏所内类似的彗星体数量可能达到 1×10^6 颗。尽管大多数的彗星是暗淡和不引人注目的,但平均每年有 1 颗裸眼可见的彗星,其中特别明亮的称为大彗星。

2014 年 1 月 22 日,ESA 科学家的报告首次明确地指出,在矮行星谷神星,也是小行星带中最大的天体,有水汽存在。这项检测是通过赫歇尔太空望远镜使用远红外线技术完成的。此发现出人意料,因为彗星不是小行星,才会产生这种典型的"喷流萌芽和羽流"。正如一位科学家所说:"彗星和小行星之间的区别是越来越模糊了"。

1.1.3.1 彗星的物理特性

彗星由彗核、彗发和彗尾组成。彗核和彗发构成彗头。哈勃太空望远镜在艾桑彗星通过近日点前不久拍到的影像如图 1-33 所示。

曾经观察过的彗核直径超过 30km,但确定大小很困难。P/2007 R5 的彗核直径为 $100 \sim 200m$。从已知的彗星估计,彗核的平均密度约为 $0.6g/cm^3$,彗核的低质量使彗核不会因为重力呈球形,其外形是不规则的。图 1-34 为威德 2 号彗星的彗核。

图 1-33　哈勃太空望远镜在艾桑彗星
通过近日点前不久拍到的影像

图 1-34　威德 2 号彗星的彗核

约 6% 的近地小行星被认为是熄火彗星,彗核已不再释放出气体,包括(14827) Hypnos(睡神星)和(3552) Don Quixote(堂吉诃德)。

围绕彗星的尘埃和气体形成巨大且稀薄的大气层,称为彗发。彗发受到太阳风和太阳的辐射压导致背向太阳的巨大尾巴,称为彗尾。哈勃太空望远镜 2014 年 3 月 11 日拍摄的靠近火星的赛丁泉彗星如图 1-35 所示。

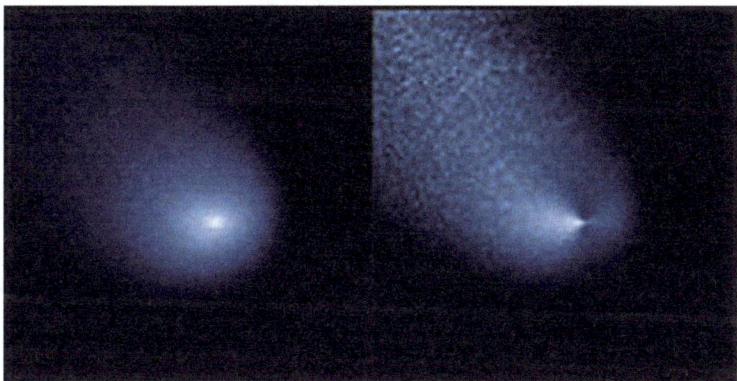

图 1-35　哈勃太空望远镜 2014 年 3 月 11 日拍摄的靠近火星的
赛丁泉彗星(Comet Siding Spring)

彗发通常都由 H_2O 和尘埃构成,其中 90% 是当彗星距离太阳 3~4AU 就从彗核挥发出来的水。H_2O 的母分子主要是通过光解和很多规模较小的光电离,还有太阳风扮演光化学的小角色而被摧毁(分解)。较大的粉尘粒子沿着彗星轨道的路径留下,而更小的粒子被光压推入彗星的尾巴。

虽然固体的彗核直径一般小于 60km,但彗发直径可能有数千千米或数百万千米,有时比太阳还大。例如,17P/霍姆斯彗星在 2007 年 10 月爆发之后大约 1 个月的短时间,巨大的大气层就比太阳还大;1811 年大彗星的彗发与太阳直径相当。但即使彗发再大,在它跨越火星,距离太阳约 1.5AU 时,其大小就会衰减。在这个距离,太阳风已经足够强大,可以将气体和尘埃吹离彗发,使尾巴增大。

当一颗彗星穿越内太阳系时,彗发和尾巴都会被太阳照亮而看得见,尘埃直接反射阳光,而气体因为离子化而发光。大多数的彗星暗淡,没有望远镜依然看不见,但每几十年总会有亮到肉眼看见的彗星。偶尔会遇到彗星突然爆发出大量的气体和尘埃,这时彗发的大小会增加一段时期。在 2007 年,17P/霍姆斯彗星就发生过这种现象,如图 1-36 所示。

1996 年,彗星辐射出 X 射线,使天文学家大为吃惊,因为 X 射线通常与高温天体相关联。X 射线是彗星与太阳风的交互作用生成的:当高度电离的太阳风离子飞过彗星的大气层时,它们与彗星大气层中的原子和分子撞击,会从它们获得一个或多个电子,这个过程称为电荷交换。这种交换或转让一个电子给太阳风中的离子让离子去激发回到基态,导致辐射出 X 射线和远紫外线光子。

在太阳系的外缘,彗星依然在冰冻和不活跃的状态时,由于体积很小,很难甚至无法从地球上观测到。哈勃太空望远镜的观测报告提出,在古柏带内存在不活跃的彗核,但是这些检测不仅受到质疑,而且无法独立验证。当彗星接近太阳系的内侧时,太阳辐射造成彗核内部挥发性物质蒸发,并且从核心向外喷出,同时带走一些尘埃粒子。

气体和尘埃流会形成不同指向、自己独特的彗尾。尘埃形成弯曲的尾巴被抛在轨道的后方,通常称为第二型彗尾。同时,离子尾或第一型彗尾总是指向背向太阳的地方,由于它们受到太阳风的作用远比尘埃更强烈,因此是沿着磁场线而不是沿着轨道的轨迹。在某些场合,如当地球穿越彗星的轨道平面和从侧面看见彗星,可能会看见与彗尾指向相反的尘埃尾,称为彗翎或反尾(在环绕太阳彗星前方的彗尾,与尾端的彗尾共线)。尘埃尾、反尾和离子层的关联性如图 1–37 所示。

图 1–36 2007 年的霍姆斯彗星
(17P/霍姆斯彗星),蓝色的离子尾在右边

图 1–37 尘埃尾、反尾和
离子尾的关联性

观察彗翎在太阳风的发现上意义深远。离子尾是彗发的微粒被太阳紫外线辐射电离后形成的。一旦粒子被电离,它们获得净正电核,并反过来在彗星附近引发诱导磁层。彗星和诱导磁层形成障碍,阻止太阳风粒子向外流动。彗星的轨道速度和太阳风的速度都是超声速,在彗星运动和太阳风流动方向的前缘形成弓形激波。在这些弓形激波,大量的彗星离子(称为拾取离子)被凝聚和集中,并且加载太阳风的磁场和等离子,这样的场线"披盖"在彗星的周围形成了离子尾。

如果离子尾的负载已足够,则磁场线会在那个点挤在一起,沿着离子尾的某个距离发生磁重连,导致"尾断离事件"。这种现象已被观测到多次,例如,2007 年 4 月 20 日,当恩克彗星通过日冕抛射的物质时,其离子尾完全地被截断。日地关系天文台已观测到这次事件。

2013 年,欧洲空间局的科学家报告金星的电离层向外扩张的方式类似于彗星在类似条件下形成的离子尾。

加热不均匀导致新生成的气体能够"打破"彗星核心表面比较脆弱的点,像一个间歇泉。这些气体和尘埃的流动会引起彗核的自旋,并使彗核分裂。

1.1.3.2 彗星的轨道特征

大多数彗星是细长椭圆轨道的太阳系小天体,其轨道只有一小部分接近太阳,大部分在深远的太阳系外缘。彗星通常以轨道周期的长短来分类:轨道周期越长,椭圆越细长。

1)短周期彗星

短周期彗星是指周期短于200年的彗星。其轨道通常在黄道的上下,并且运行方向与行星相同。轨道的远日点通常在外行星的区域(木星和超越其外的区域),如哈雷彗星的远日点就在海王星之外不远处。彗星轨道的远日点靠近哪一颗行星,它就是该行星的彗星"家庭",家庭成员是被行星捕获到周期较短轨道上的长周期彗星。典型短周期彗星轨道如图1-38所示。

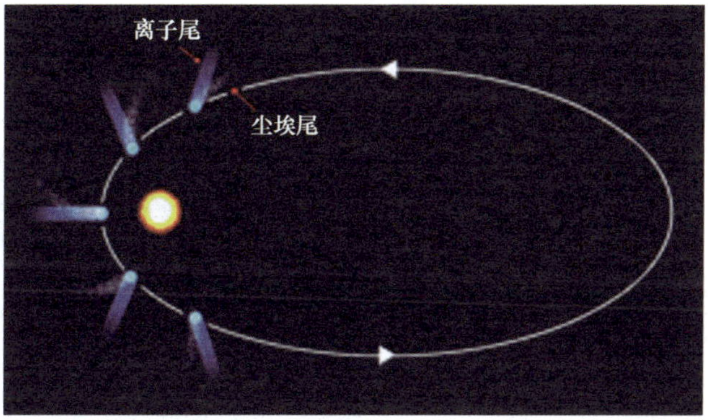

图1-38 典型短周期彗星轨道

周期最短,而且轨道不会抵达木星轨道的彗星称为恩克型彗星。短周期彗星中,周期短于20年、低倾角不超过30°的彗星称为木星族彗星。类似哈雷彗星,轨道周期为20~200年、轨道倾角为0°~90°的彗星称为哈雷族彗星。截至2013年,只有72颗哈雷族彗星被观测过,木星族彗星则有大约470颗。

近年来发现的主带彗星形成一个独立的类别,轨道在小行星带内且接近圆形。因为其椭圆轨道经常会带它们接近巨大的行星,所以彗星会受到进一步的重力扰动。短周期彗星的远日点有趋近于气体巨星轨道半径的趋势。显然,来自欧特云的彗星在接近巨大行星时,经常受到这些行星强烈的影响。木星是最大的扰动源,因为它的质量是其他行星质量总和的2倍。这些扰动可以将长周期轨道转变成短周期轨道。

基于其轨道特征:短周期彗星起源于半人马和古柏带/离散盘,即在海王星外侧的盘状区域;而长周期彗星的来源是更遥远的球形欧特云(以提出存在假想球壳的荷兰天文学家杨·亨德里克·欧特的名字命名)。一般认为,在以太阳为中心、大致呈球形的遥远地区内,圆形轨道上存在许多类似彗星的天体。偶尔,外侧行星的影响力(通常是古柏带的天体)或邻近的恒星(通常是对欧特云的天体)将天体中的一颗抛入椭圆形轨道,并带向太阳成为可见的彗星。不同于回归的短周期彗星,没有观测资料建立它们的轨道,通过这个机制产生的新彗星,其外观是不可预知的。

2) 长周期彗星

长周期彗星有较高的离心率轨道和 200 年至数千乃至百万年的周期,在近日点附近时,离心率大于 1 并不意味着这颗彗星逃离太阳系,如图 1-39 所示。例如,麦克诺得彗星在 2007 年 1 月(历元)接近近日点时的日心吻切轨道离心率为1.000019,但是它受太阳引力约束,周期约为 92600 年,因为在它远离太阳之后离心率已降至 1 以下。长周期彗星将来的轨道需要在它远离行星所在的区域以后,再以太阳系的中心计算吻切轨道的历元才能确定。依据定义,长周期彗星依然受太阳引力约束,这些彗星在接近主要的行星时可能会被弹出太阳系,因此无须考虑原本的"周期"是否正确。长周期彗星的轨道会带它们进入远离外行星的远日点,而且轨道平面也不需要"躺"在黄道面附近。像威斯特彗星和 C/1999 F1 这些长周期彗星在质心坐标系的拱点距离接近 70000AU,轨道周期约为 600 万年。C/2012 F6(Lemmon)彗星和 C/2011 L4 泛星彗星如图 1-40 所示。

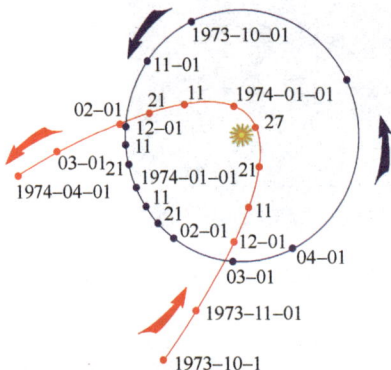

图 1-39 柯侯德彗星(Kohoutek Comet,红色)和地球(蓝色)的轨道

图 1-40 C/2012 F6 (Lemmon)彗星和 C/2011 L4 泛星彗星

单次出现或非周期彗星类似长周期彗星,这是因为它们在进入内太阳系接近近日点时,都有抛物线或略呈双曲线的轨迹。但这可能是巨大行星的摄动导致它们的轨道发生改变。单次出现或有抛物线或双曲线吻切的彗星,会使它们在接近太阳一次之后就永远地离开太阳系。太阳的希尔球是一个不稳定的球体,最大的范围可达 230000 AU (1.1 秒差距(3.6 l.y.))。只有少数的数百颗彗星在接近近日点的附近时曾被观测到双曲线轨道($e > 1$),在使用无摄动的日心二体最佳拟合时才认为它们会逃出太阳系。

已经观测过的彗星,离心率没有明显大于1,所以没有证据指出有起源于太阳系外的彗星。C/1980 E1 彗星在 1982 年通过近日点之前的周期约为 710 万年,但是它在 1980 年与木星遭遇而被加速,成为已知彗星中离心率最大的,为 1.057。预测不会再返回内太阳系的彗星包括 C/1980 E1、C/2000 U5、C/2001 Q4(NEAT)、C/2009 R1、C/1956 R1 和 C/2007 F1(LONEOS)。

有些机构使用周期彗星术语,泛指轨道有周期性的彗星(包括所有的短周期彗星和长周期彗星);而其他人使用时仅意味着短周期彗星。同样的,虽然无周期彗星字面的意义是与"仅出现一次的彗星"是相同的,但有些人的意思是所有在有生之年不能看见第二次的彗星(包括周期在 200 年以上的长周期彗星)。

早期观测显示,有几颗彗星的轨迹是双曲线轨道彗星(无周期彗星),但都未超过由于木星摄动而被加速的范围。如果彗星充斥在星际空间内,其移动速度应与邻近太阳的恒星有着相同数量级(数十千米每秒)。如果这样的天体进入太阳系,其轨道能量特殊且为正值,才可以真正地观测到这些具有双曲线轨道。粗略的计算显示,每世纪应该有 4 颗双曲线轨道的彗星进入木星轨道的内侧,并有着 1 等或 2 等的星等。

1.1.3.3 彗星的命名规则

在过去的两个世纪,彗星的命名有几个不同的规则。在通过有系统的命名约定之前,存在许多不同的命名方法。在 20 世纪之前,大多数彗星只简单地依据出现时间命名,特别是明亮的大彗星只提及年份,如 1680 年大彗星(C/1680 V1,Kirch's Comet)、1882 年 9 月大彗星(C/1882 R1)和 1910 年 1 月大彗星(1910 年白昼大彗星)。

爱德蒙·哈雷表明,1531 年、1607 年和 1682 年的彗星是同一颗,并且成功地预测它在 1759 年回归,这颗彗星称为哈雷彗星。相同的,第二颗恩克彗星和第三颗比拉彗星也是以计算它们轨道的天文学家的名字,而不是以最初发现者的名字命名。之后,周期彗星以发现者的名字命名,但只有一次。随后出现的彗星以通过近日点的年份命名。

在 20 世纪初期,以发现者的名字命名变得非常普遍,并且迄今依然如此,一颗彗星可以使用三位独立发现者的名字。近年来,许多彗星是由许多天文学家组织的大型团队机构发现的,就以这个机构的名称命名,如 Comet IRAS - Araki - Alcock 是红外线天文卫星(IRAS)和业余天文学家玄一荒木与乔治·阿卡克各自独立发现的。在过去,当多颗彗星由同一个人、独力的团队或团队发现时,会在彗星的名称后附加上数字(限定周期彗星),用来区别这些彗星,如舒梅克 - 列维 1-9。现在,因为一些组织发现的彗星数量众多,使得这样的命名变得不切实际,也未能试图确保每颗彗星有唯一的名称。取而代之的是,使用系统化的彗星型号,以避免混淆。

直到 1994 年,先给予彗星临时名称,即以发现的年份配合发现的顺序加上一个小写的英文字母。例如,1969 i(班尼特彗星)是1969年发现的第9颗彗星。一旦观测到这颗彗星通过近日点,并且确定了它的轨道,就根据它通过近日点的年份和顺序的罗马数字给予永久性的名称(编号通常是该年结束后两年才能编好),所以彗星1969 i就成为彗星1970 Ⅱ(它是1970年通过近日点的第二颗彗星)。又如,舒梅克·利维九号彗星的名称分别为1993e和1994 X。

但越来越多的彗星被发现,而且有些是在通过近日点之后才被发现,使这套系统显得不切实际。于是国际天文学联合会在1994年推出新的彗星命名系统。从1995年开始,彗星在一年中以每半个月为单位使用一个字母和数字来指示发现的顺序(这个系统与用于小行星的类似)。例如,在2006年2月下半月发现的第4颗彗星,命名为2006 D4。此外,还添加前缀字母来显示彗星的性质:

(1) P/:标示为周期彗星(目地是定义任何周期短于200年的彗星,或确认已经观测通过近日点超过一次以上的彗星);P前面再加上周期彗星总表编号。哈雷彗星(图1-41)——第一颗被确认周期的彗星,在系统内的名称是1P/1682 Q1。

(2) C/:标示无周期的彗星或周期超过200年的彗星。例如,海尔博普彗星(图1-42)的名称为C/1995 O1。

图1-41　1986年拍摄的哈雷彗星

图1-42　1997年3月29日在克罗地亚的帕辛拍摄的海尔博普彗星

(3) X/:标示没有可靠的轨道元素可以计算的彗星(一般来说是历史上的彗星)。

(4) D/:标示不再回归或已经消失、分裂或失踪的彗星。

(5) A/:标示被错误归类为彗星,但其实是小行星的天体。

最初被当成小行星命名的彗星,在确认后仍然维持原有的名称,但会加上前缀字母,如P/2004 EW38(Catalina - LINEAR)。

在太阳系内,既是彗星又是小行星的天体已经有5颗:95P/开朗=2060开朗;107P/威尔逊-哈灵顿=4015威尔逊-哈灵顿;133P/Elst - Pizarro=7968 Elst - Pizarro;174P/Echeclus=60558厄开克洛斯;176P/LINEAR=118401LINEAR。

如果彗星破碎分裂成数个彗核,则在编号后加上 − A、− B 以区分每个彗核。如彗星被观测到回归时,则在 P/(或 D/)前加上一个由 IAU 小行星中心给定的序号,以避免该彗星回归时重新标记。例如,哈雷彗星标记:1P/1682 Q1 = 1P/1910 A2 = 1P/1982 U1 = 1P/Halley = 哈雷彗星。

1.1.4 流星体概况

流星体是太阳系内颗粒状的碎片,其尺度可以小至沙尘、大至巨砾。更大的是小行星,更小的是星际尘埃。国际天文学联合会给出流星体的定义是:运行在行星际空间的固体颗粒,体积比小行星小但比原子或分子还大。英国的皇家天文学会则提出较明确的定义:流星体是直径介于 $100\mu m \sim 10m$ 之间的固态天体。近地天体的分类上,则在定义中纳入直径达到 $50m$ 的天体。

流星体进入地球(或其他行星)的大气层之后,在路径上发光并被看见的阶段称为流星,如图 1 − 43 所示。来自相同的方向并在一段时间内相继出现的许多流星称为流星雨。流星体、流星、陨石都是太阳系的碎屑,只是在不同状态下有不同的名称,并且在流星的阶段还会产生离子尾、流星尘或发出声音与留下烟尘的痕迹。

图 1 − 43 地面观测的流星体

1.1.4.1 流星体的物理特性

许多的流星体来自小行星彼此之间撞击后形成的碎片。虽然,彗星离开之后残留的彗尾物质通常会形成流星雨,但也有些最终会因为散射而进入其他的轨道成为散乱的流星体。其他已经知道的来源还有月球和火星,有些陨石已经被证实是来自这些天体的。

流星在可见光区域的颜色显示不同的特性,取决于流星体的化学成分和它通过大气层的速度。从 Atacama 大型毫米波天线阵基地拍摄的流星体如图 1 − 44 所

图 1-44 从 Atacama 大型毫米波天线阵基地拍摄的流星体

示。流星体的表层剥离和电离辐射出的颜色随着表层的矿物质而改变,如橙/黄色(钠)、黄色(铁)、蓝/绿色(铜)、紫色(钾)和红色(硅酸盐)。

1.1.4.2 流星体的轨道特征

流星体和小行星都在太阳附近循着轨道运行,但轨道有很大的差异。有许多流星体可能是彗星留在轨道上的碎屑,因此有着相似的轨道并汇聚成流而成为流星雨;还有其他的流星体不与任何天体有关,相互间也没有关联(虽然它们的轨道也必须与地球或其他的行星轨道交会)。经过地球轨道附近的流星体,最大速度约为 42km/s,而地球在轨道上的速度为 29.5km/s,因此与地球遭遇的流星体最高速度约为 72km/s,但这只会发生在与地球逆向而行的流星体。约有 50% 的流星体会在白天(或接近白天)与地球碰撞,成为昼间流星而难以见到。因此,多数的流星特别是亮度较低的流星,是在晚间天空亮度较低时被观察到的。流星被观察到的高度通常为 60~120km。

已有足够数量的流星被观测过,有许多是被大众观测到,也有许多是很意外地被观测到,但通过接踵而来的流星和陨石已足以计算出轨道的细节。这些流星来自主带小行星附近。

1992 年 10 月 9 日坠落的皮克斯基尔陨石,至少被 16 架独立的摄影机拍摄到。皮克斯基尔流星的目视观测报告显示这是一颗火球,在世界时 23:48(±1min)始于西维吉尼亚州,从东北方向发出绿光与声音,估计最大亮度达 -13 等,发出火球亮度的飞行时间超过 40s,飞越路径为 700~800km。

因为在纽约的皮克斯基尔(北纬 41.28°,西经 81.92°)发现了这颗重达 12.4kg 的陨石,因此称为皮克斯基尔陨石。之后被鉴识为 H6 单相碎屑的角砾岩陨石。录影显示还有几颗陨石散落在皮克启邻近。

1.2 小天体探测的目标

小天体探测的目标(表1-8):①科学目标,扩大对目标天体的认知范围;②工程目标,增强载人深空探测技术能力;③行星保护,减少小行星撞击地球的风险。

表1-8 小天体探测的目标

目标	描 述
科学目标	获取近地天体位置和数量信息; 获取物理和化学特征信息; 获取小天体矿物学、材料科学信息,并加以应用; 获取样本; 探索人类的活动
工程目标	系统:防辐射,闭环环境控制和生命保障,电源,就地资源利用(ISRU),通信。 操作:自主操作,飞行训练。 航天员系统:生理特征,辐射,心理特征
行星保护	减少对地球撞击的危险

1.2.1 科学目标

近地天体是动态变化的群体,由太阳系最早期的材料构成。通过人类探索任务,可以选择具有科研意义的地点进行研究,并解决具体的科研问题。为此,人们针对近地天体表面、结构以及物理和化学属性进行了大量的探讨。上述信息非常有助于设计合适的工具和仪器,以便在近地天体科研工作过程中使用或安放它们。在研究近地天体表面特征时,需要分析其矿物学、材料科学以及可能的利用价值。

对于科研团体而言,另一个具有重要意义的目标是:在近地天体采集和筛选多种样本,并将其送回到地球。

有如下与研究近地天体特征相关的具体独立科研目标:

(1)确定近地天体群体的物理和化学属性:

① 测量小行星在各种光照条件下的表面特征;

② 研究宇宙生物学与地球生命演化的关系;

③ 安放观测仪器;

④ 研究近地天体的内部结构/孔隙度;

⑤ 研究表面、近表面特征和尘土。

(2)小天体矿物学、材料科学和利用价值:

① 了解外太空材料和元素;

② 研究人类如何才能使用小天体材料,以便采集小天体材料并将其用于太空勘探参照类似陨星研究近地天体的矿物学/成分。

（3）采样：

① 现场采集价值较高的样本；

② 研究表岩屑属性（如细颗粒、碎石、卵石）和颗粒结构。

③ 确定表面变化/演化情况并描述其特征。

研究近地天体的特征，对于识别和确定潜在的近地天体威胁具有重要意义。通过开展以研究近地天体特征为目标的人类活动，不仅可以获得科研团体所需要的重要物理和地球物理信息，而且有助于世界各国采取措施减轻近地天体对地球的威胁。具体来说，通过载人任务探索近地天体的内部结构分析其成分（是整体结构还是碎石堆），描述表面热和电属性，测量整体物理属性（重量、形状、密度、孔隙度、自旋、强度），描述表面机械属性（运动碰撞的动量乘数、缓慢推动技术的连接方法），并确定影响近地天体重力场的系数。上述活动都是行星保护的重要内容。

（4）人类活动和就地资源利用。近地天体因为具有微重力环境，所以很难在目标表面保持稳定。它们的内部结构也有很大差异：有的是整体结构；有的是松散的碎石堆。因为存在上述特征以及其他一些特点，所以在近地天体表面的运动难度较大。采取什么样的连接措施（锚固、结网等）才合适，取决于目标近地天体的特征。另外，只有了解近地天体的特征，才能量化和启动针对近地天体资源的原位资源利用与勘探。根据近地天体的成分，它们可以用作推进剂，或用作制造工艺或屏蔽装置的原材料。

1）研究小行星的形成机理

太阳系形成于45亿年前，形成过程：首先，慢速旋转的气态星云由于自引力而塌缩；其后，星云中心逐渐冷却而发生凝结且其自转速度加快而变得愈发扁平；最后，原始太阳在星云中心生成，且周围伴有一旋转的气态星周盘。星子假说进而指出，当行星盘冷却后，微米大小的岩石和冰状混合凝结颗粒落在盘中央的平面上，进而固态小颗粒经过相互碰撞从很薄的尘埃层生长为千米级的行星子，接着行星子之间发生大规模的相互碰撞而形成数千千米级行星胚胎，最后由行星胚胎形成大行星。剩余未曾发生吸积的行星子即构成太阳系的小行星和彗星。

目前已发现的小行星有十几万颗，绝大多数位于火星和木星轨道之间，距离太阳约3AU。根据提丢斯-波得定则，在这个位置附近应存在一个大行星，轨道半长径为2.8AU。众多的小行星是否由一颗大行星原子破裂而成，也是当今行星科学研究的一个重要课题。

2）探索太阳系的成因和演化历史

除了少数月球和火星陨石，绝大多数陨石来自小行星的碎片。80%的陨石是原始球粒陨石，自形成以来没有变质，其平均化学成分与太阳大气组成非常相似，是原始太阳星云分馏凝聚的产物，代表太阳系最原始的物质组成；其余的陨石是无球粒分异陨石，其化学成分变化很大，从玄武质石陨石到铁陨石，是太阳系早期小行星内部岩浆熔融分异的产物。充分认识这些陨石的特性以及在太阳系形成过程中的作用,必须首先了解陨石的来源和陨石母体的特性。但目前还不能确定陨石来自哪些小行星,甚至不能确定陨石来自什么类型的小行星。

太空探测器对小行星的近距离和零距离观测有望能提供新的线索。直接采集小行星样品开展就位分析,将极大地丰富人们对陨石和小行星天文观测数据的理解,能够帮助人们建立陨石和小行星之间的直接联系。

3)寻找新的太阳系原始物质

目前,全世界已收集到3万多块各种类型的陨石,大多可能来自 S-型、C-型和 M-型小行星。但还有很多类型的小行星(如 T、D、O、Ld 型等),与其相映的物质却不在陨石之列。这些类型的小行星物质的化学成分和矿物组成有什么特性,是否代表太阳系的原始物质,又是否经历水变和热变质作用的影响,对这类小行星的深空探测有望能解答上述问题提供新的线索。

4)分析有机成分为地球生命起源提供证据

一般认为,生命的形成以及生命的起源需要碳基分子、水冰等物质和能量。由于某些近地天体含有碳基分子和水,它们与地球的碰撞是生命起源的关键因素。在地球存在的初期,由于小行星和彗星对其进行剧烈的撞击导致地球表面的温度太高,因此有机分子和水无法存在。通常认为,地球上的生命开始于晚期剧烈轰炸期结束之时。因此,生命开始产生的窗口时间很短,地球自身无法提供足够多的碳基分子和水,促使生命迅速形成。答案可能是彗星和小行星与地球相撞后将大量富含碳基分子和水的物质运送到地球表面。

氨基酸是地球生物圈的重要组成单元。早在一个多世纪以前,Pasteur 发现地球上的生命大都唯一地选择具有左旋手性的氨基酸,这为探索生命的起源奠定了重要基础。一种理论认为,生命起源于无手性的有机分子,而生物在长期的演化过程中有选择性地利用了特定手性的有机分子。另一种理论认为,在生命起源以前,地球上已存在大量左旋手性的有机分子,生命是从这些有机物中发展和演化而成的。然而在早期的地球环境下发生的化学反应却不能产生适量的具有左旋手性的有机分子。于是,有人认为组成生命的有机分子(如氨基酸)是由陨石、彗星和宇宙尘埃带入地球的,为地球布下了生命的种子。通过小行星或者彗星的深空探测,将有助于回答这些基本的科学问题。

1.2.2 工程目标

该目标涉及 150 多项内容,这些目标主要可以归为系统功能、操作功能、与人类健康相关的功能三类。如何证明外太空人类探索系统的可靠性和实用性,是重要的一个方面。我们需要证明相关系统能够着陆或连接到近地天体,保持稳定,并在近地天体上开展工作。人类的近地天体任务还需要实用、可靠的系统、方法和技术,为航天员的健康提供良好的保障。小天体探测的工程目标见表 1-9。

表 1-9　小天体探测的工程目标

类别	工程目标
系统功能	① 开发进行外太空旅行所需的可靠系统； ② 开发和测试外太空任务所需的架构、操作功能和系统； ③ 证明长期的自治航天员操作功能； ④ 证明人类在外太空飞行的能力； ⑤ 开发用于太阳系勘探的优化人类和机器人系统
操作	① 研究近地天体材料资源在未来用于机器人和人类勘探活动的潜力； ② 证明通过航天员主导的决策过程实现临近操作的能力； ③ 证明通过锚固技术与近地天体牢固相连的能力，并了解如何在近地天体表面进行操控； ④ 证明临近操作和着陆能力； ⑤ 证明实时选择着陆点的能力； ⑥ 开发、研究和证明人类/机器人同步操作能力； ⑦ 证明采集和加工矿产资源的能力； ⑧ 有可能建设就地资源利用推进剂生产基地； ⑨ 在接近自由落体环境的无空气表面进行操作的能力
人体健康/研究	① 为没有二次补给的长期任务开发和测试再生型生命维持系统； ② 了解长期任务所涉及的人类因素； ③ 分析人类承受辐射、隔离和封闭状态的能力以及骨骼和肌肉的损耗

1）试验和开发航空航天新技术

小天体的重力场很弱，深空探测器的设计要求与探月器和火星飞船有很多不同之处。目前，全世界对小天体的探测工作还处于初级阶段，有很多技术是开创性的，有待于进一步试验和完善。比如，小天体探测器的自主导航系统、动力系统和通信系统，技术要求很高，航天工业将面临新的挑战。我国的小天体深空探测计划将在多天体交会轨道的设计，探测器的自主导航、制导和控制技术，微引力小天体附着技术以及探测器的自主管理技术等方面进行试验和开发。

2）小天体防御技术

减轻近地天体对地球威胁（行星保护）相关的载人任务目标有 100 多项。行星保护的主要目标是尽早评估潜在威胁，确定减轻威胁的方案，并证明未来使近地天体偏转的能力。为降低对地球的威胁，在载人任务中，采集样本以及确定精确的轨道也是重要目标。

在行星保护准备工作中，除实际的近地天体偏转操作（很可能由机器人完成）外，航天员也承担着重要的角色。与上述目标相关的具体活动包括：

（1）测试偏转方法（如重力牵引、运动碰撞、其他慢速推/拉方法）。

（2）测试未来偏转任务可以采用的移动技术。

（3）在合适的近地天体内部安放科研工具包，或者进行观测偏转演示。

（4）开发和完善在近地天体表面锚固与安放仪器的方法及技术。

（5）测试有效、安全的临近操作和锚固技术。

（6）证明在近地天体上进行复杂操作的能力。

（7）对近地天体表面和内部结构进行表面地质及民事工程研究，研究活跃地震结构。

（8）分析在偏转技术中利用原位资源的潜力。

（9）安放导航转发器，以便将来能够确定精确的轨道。

（10）采集大量的近地天体样本，为偏转工程研究提供支持。

（11）观测激光和太阳能集中器对近地天体表面材料的影响。

（12）通过开展旨在减轻近地天体对地球威胁的载人任务，为科研和人类太空飞行团体提供重要的信息，推动先进的行星保护技术的发展。

在地球的演化过程中曾多次发生地球生物大规模的灭绝事件，6500 万年前的白垩纪——第三纪灭绝事件，使当时地球上包括恐龙在内的大部分生物灭亡。据考证，恐龙灭绝的主要原因是一颗直径 10 ~ 14km 的小行星与地球发生了碰撞。

从地球以及其他行星表面的陨石坑来看，小行星撞击地球已经成为不争的事实，如图 1 – 45 所示。据估计，直径在 50m 以上的小天体可能对人类生存造成影响。1908 年，在西伯利亚通古斯卡地区，一颗直径 50 ~ 70m 的小行星进入地球大气层后发生爆炸，造成了大面积森林方向性的倒塌，发生的概率约为每 1000 年 1 次。直径约 1km 的小天体撞击地球的概率为每 50 万年 1 次，5km 级大小的小天体撞击地球的概率约为每 1 亿年 1 次。

(a)   (b)

图 1 – 45　小行星撞击地球瞬间模拟图与美国 Barringer 陨石坑

为了避免小行星撞击地球事件的再次发生，天文学家通过地面观测的手段对小行星的轨道进行预测，必要时发布警报。但小行星的数量众多，且其自转速率、自转轴的指向、密度、形状、磁场强度都会对小行星的轨道演化产生影响。仅通过地面天文观测很难准确测定这些物理参数。只有通过深空探测器的近距离探测，才能全面准确地了解这些小行星的特征，及时预测未来小行星碰撞地球的时机。

1.3　小天体探测的过去概述

1760 年,有人猜测太阳系内的行星离太阳的距离构成一个简单的数位系列,按这个系列在火星和木星之间有一个空隙,这两颗行星之间也应该有一颗行星。18 世纪末,有许多人开始寻找这颗未被发现的行星。著名的提丢斯 – 波得定则就是其中一例。当时欧洲的天文学家们组织了世界上第一次国际性的科研专案,在哥达天文台的领导下全天被分为 24 个区,欧洲的天文学家们有系统地在这 24 个区内搜索这颗被称为"幽灵"的行星,但这个专案没有任何成果。

1801 年 1 月 1 日晚,朱塞普·皮亚齐在西西里岛上巴勒莫的天文台内在金牛座里发现了一颗在星图上找不到的星。皮亚齐本人并没有参加寻找"幽灵"的项目,但他听说了这个项目,他怀疑自己找到了"幽灵",因此在此后数日内继续观察这颗星,并将发现报告给哥达天文台,但一开始称找到了一颗彗星。此后皮亚齐生病了,无法继续他的观察。而他的发现报告用了很长时间才到达哥达,此时那颗星已经向太阳方向运动,无法再被找到了。

高斯此时发明了一种计算行星和彗星轨道的方法,用这种方法只需要几个位置点就可以计算出一颗天体的轨道。高斯读了皮亚齐的发现后就将这颗天体的位置计算出来送往哥达。奥伯斯于 1801 年 12 月 31 日晚重新发现了这颗星。后来它获得了谷神星这个名字。1802 年奥伯斯又发现了另一颗天体,并将它命名为智神星。1803 年婚神星、1807 年灶神星被发现。1845 年,第五颗小行星义神星被发现。此后,许多小行星陆续被发现。到 1890 年为止已发现约 300 颗小行星。

1890 年,摄影术进入天文学,使天文学快速发展。此前要发现一颗小行星天文学家必须长时间记录每颗可疑的星的位置,比较它们与周围星位置之间的变化。但在摄影底片上一颗相对于恒星运动的小行星在底片上拉出一条线,很容易就可确定。而且随着底片感光度的增强它们很快就比人眼要灵敏,即使比较暗的小行星也可以发现。摄影术的引入使得被发现的小行星的数量增长巨大。1990 年引入 CCD 摄影技术,加上计算机分析电子摄影技术的完善使得更多小行星在很短时间里被发现。今天已知的小行星的数量约达 70 万颗。

确定一颗小行星轨道后,天文学家可以根据对它的亮度和反照率进行分析,从而估计其大小。为了分析一颗小行星的反照率,天文学家既使用可见光也使用红外线的测量。但这种方法比较不可靠,由于每颗小行星的表面结构和成分不同,因此对反照率的分析的错误往往比较大。

比较精确的资料可以使用雷达观测来取得。天文学家使用射电望远镜作为高功率的发生器向小行星投射强无线电波。通过测量反射波到达的速度可以计算出小行星的距离。对其他资料(衍射资料)的分析可以推导出小行星的形状和大小。此外,观测小行星掩星也可以比较精确地推算小行星的大小。

1.4　小天体探测的现在概述

在进入太空旅行的年代之前,小行星即使在最大的望远镜下也只是一个针尖大小的光点,因此它们的形状和地形仍然是未知的。

第一次获得小行星的特写镜头是 1971 年"水手"9 号拍摄到的福布斯和戴摩斯照片,这两个小天体虽然都是火星的卫星,但可能是被火星捕获的小行星。这些图像显示出多数的小行星不规则,像马铃薯的形状。之后的航海家计划从气体巨星获得了更多小卫星的影像。

第一张真正的小行星特写镜头是由前往木星的太空船"伽利略"号在 1991 年飞掠过的 951 盖斯普拉(图 1-46),然后是 1993 年的 243 艾女星和他的卫星载克太(Dactyl)。

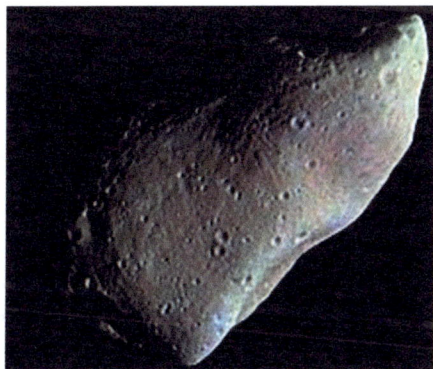

图 1-46　"伽利略"号在 1991 年飞掠过的小行星 951
盖斯普拉(Gaspra)时拍摄的照片

第一个专门探测小行星的太空计划是会合-舒梅克号,他在前往 433 爱神星的途中,于 1997 年拍摄了 253 玛秀德(Mathilde),在完成了轨道环绕探测之后,在 2001 年成功地降落在爱神星上。

曾经被太空船在其他目地的航程中简略拜访过的小行星还有 9969 布雷尔(Braille)("深空"1 号于 1999 年)和安妮法兰克(Annefrank)("星尘"号于 2002 年)。在 2005 年 9 月,日本的太空船"隼鸟"号抵达 25143 糸川做了详细的探测,并且携带一些样品回地球。"隼鸟"号的任务曾遇到一些困难,包括三个飞轮坏了两个,使他很难维持对向太阳的方向收集太阳能。接下来的小行星探测计划是欧洲空间局的罗塞塔号(2004 年发射升空),在 2008 年和 2010 年分别探测了 2867 Šteins 和 21 鲁特西亚。

在 2007 年美国国家航空航天局发射了"黎明"号太空船,已于 2011 年环绕了谷神星,将于 2015 年环绕灶神星,还可能延长任务去探测智神星。

1.5 小天体探测的未来概述

早期的小行星探测主要是在实施其他大型空间探测任务时,顺便对小行星进行观测,如 Galileo 计划等。专用小行星的低空绕小行星勘探任务最近十几年才开展,目前已发展到实现小行星表面软着陆和采集样品返回。未来小行星已经被建议作为未来的地球资源来使用,作为罕见原料的采矿场,或是太空休憩站的修建材料。从地球发射是很笨重和昂贵的材料,未来或许能直接从设在小行星上的太空工厂直接制造和开采。

小行星未来的探测方式将从单目标小行星探测发展为多目标小行星探测,从对表面进行简单的拍照观测,发展为多波段探测、磁场、引力场测量、成分分析、着陆探测、物质取样等,从无人探测向载人探测发展。世界各国针对未来小天体探测也提出了各自的规划:

(1)美国制订了小行星取样的 OSIRIS – Rex 任务,该任务作为新疆界计划的第三个项目,目的探测小行星环境,为载人小行星任务探路。洛克希德·马丁公司提出了普利茅斯岩石(Plymouth Rock)计划,计划将搭载两名航天员乘坐猎户座载人飞船飞往近地小行星(NEA),整个飞行任务往返用时 6 个月。美国的小行星偏转研究中心(ADRC)也致力于研究面向小行星的载人任务方案,提出了阿波菲斯载人小行星登陆计划。另外,美国还创新性地提出了小行星捕获任务,目的是将小行星拖到高月球轨道,方便航天员登陆。

(2)日本宇宙航空研究开发机构长期规划中,计划通过实现下一代行星际空间导航技术、月球探测技术,获得行星着陆和行星表面移动技术,并灵活而有效地应用这些技术完成以对木星型行星和未知小行星探测为中心,利用太阳、行星环境的多点观测等,直逼解开太阳系生成过程之谜的研究工作。日本的第二颗小行星探测器——"隼鸟"2 号于 2014 年升空,目标是小行星 1999JU3,该项目进一步提升日本在该领域的技术优势。

(3)欧洲空间局的小行星采样任务——"马可波罗"(Marco Polo)太空探测计划,将在 2017 年前后实施。探测器将登陆地球附近一颗小行星,并取回泥土和碎石样本。欧洲空间局(ESA)的另一个关注点是小天体的防御技术的发展,欧洲空间局发起了"堂吉诃德"小行星防卫计划,目标在于测试太空飞行器是否能够成功阻击小行星撞击地球。该任务仍处于计划阶段并暂定于 2015 年实施。

(4)中国未来小行星探测器研制充分体现了个性与共性的有机结合、技术创新、整体规划技术衔接总体设计思想,不断推动和带动中国航天新技术的创新与进步。预计 2017 年发射首个小行星探测器,对小行星实现伴飞和附着探测。未来,中国还将发射小行星取样返回探测器,实现对 4 亿 km 以外的主带小行星的伴飞与取样返回探测。

2

美国的小行星探测任务

2.1 "伽利略"号探测器

2.1.1 概述

　　"伽利略"号探测器是 NASA 第一个探测木星及其卫星的无人探测器,由亚特兰蒂斯号航天飞机和 STS-34 运载火箭于 1989 年 10 月送入太空,发射质量约 2717kg。它先后飞掠了金星、地球、小行星 951 Gaspra 和小行星 243 Ida,在飞越 Ida 时发现了首个属于小行星的卫星——Ida 的卫星,并命名为 Dacty1(载克太)。在 1994 年的彗星撞木星天文奇观中,"伽利略"号探测器观测了苏梅克·利维 9 号彗星的碎片撞入木星的过程(地球上的望远镜要等待木星自转来观测其阴影)。

　　"伽利略"号探测器是有史以来第一个利用进入器对木星大气层进行直接探测(图 2-1),第一个从木星轨道对木星系进行了长期观测,第一个发现 Shoemaker-Levy 9 彗星撞击木星的直接观测者,第一个发现并经过小行星 Gaspra 和 Ida 的探测器。探测发现 Europa、Ganyemde 和 Callisto 上有地下盐水层存在的证据,并记录了 Io 上异常水平的火山活动。

　　"伽利略计划"由美国国家航空航天局空间科学办公室主管,由加州理工学院下属的喷气推进行实验室负责具体管理。喷气推进行实验室设计和建造了伽利略,并具体实施这一计划。

　　美国国家航空航天局总部的巴里·格尔德扎赫博士担任"伽利略项目"经理,丹尼斯·博甘博士担任项目科学家。

　　在喷气推进实验室,项目经理的职位先后由约翰·卡萨尼、理查德·塞菲尔斯

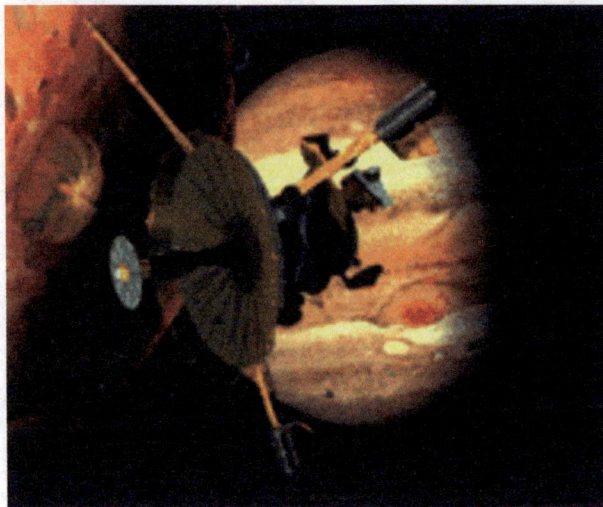

图2-1 "伽利略"号探测器

基、比尔·奥尼尔、鲍勃·米切尔、吉姆·埃里克森博士和艾琳·泰里格担任,现任项目经理是克劳迪·J. 亚历山大博士。托伦斯·约翰逊五世担任项目科学家。位于加州莫菲特场的美国国家航空航天局艾姆斯研究中心负责降落式探测器的管理,该探测器由加州埃尔塞贡多的休斯飞机公司建造。探测器管理经理的职位先后由乔伊·斯皮尔朗斯、本尼·琴恩和马赛史·密斯担任。探测器科学家由理查德·E·扬格博士担任。

来自美国、英国、德国、法国、加拿大和瑞典的100多名科学家参加了"伽利略"系列实验。

2.1.2 探测对象和科学目标

"伽利略"号探测器是NASA第一个探测木星及其卫星的无人探测器,先后飞掠了金星、地球、小行星951 Gaspra(表2-1)和小行星243 Ida(表2-2)及其卫星Dacty1。

表2-1 Gaspra轨道参数(历元2011年2月8日)

轨道参数	取 值	轨道参数	取 值
远日点/AU	2.59293	轨道倾角/(°)	4.10165
近日点/AU	1.82660	平近点角/(°)	119.11238
半长轴/AU	2.20977	升交点黄经/(°)	253.17382
偏心率	0.17340	近日点幅角/(°)	22.84997
公转周期/年	3.28742		

表 2 - 2   Ida 轨道参数(历元 2011 年 2 月 8 日)

轨道参数	取　值	轨道参数	取　值
远日点/AU	2.98050	轨道倾角/(°)	1.13268
近日点/AU	2.74097	平近点角/(°)	320.48600
半长轴/AU	2.86073	升交点黄经/(°)	324.07409
偏心率	0.04187	近日点幅角/(°)	72.99636
公转周期/年	4.84229		

2.1.3　探测器设计

2.1.3.1　总体设计

　　"伽利略"号探测器的轨道器发射时质量为 2223kg,从低增益天线的顶部到降落式探测器底部的测量高度为 5.3m,"伽利略"号探测器构型如图 2 - 2、图 2 - 3 所示。轨道器采用创新的"双旋"设计。大多数探测器是通过围绕一个主轴或维持一个固定的空间方向(相对于太阳和另一颗恒星)来保持飞行过程中的稳定性。作为第一个双自旋行星航天器,"伽利略"号探测器成为集这些技术之大成者。旋转部分的转速约为 3r/min,非旋转部分为照相机和其他远程传感器提供一个固定方向。旋转侧上的星体扫描仪决定方向和自旋速率;非旋转侧上的陀螺仪为测量和导向仪器提供稳定的基础平台。

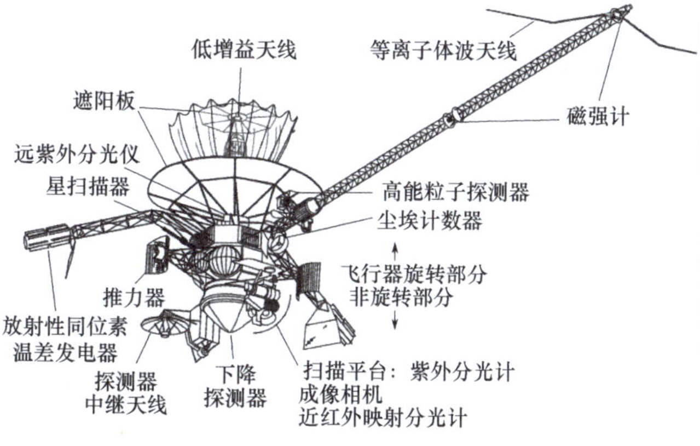

图 2 - 2　"伽利略"号探测器总体构型

图 2 - 3　"伽利略"号探测器实物

　　电源、推进舱和大多数计算机和电子控制安装在旋转部分。安装在旋转部分的两个低增益天线在地球—金星—地球飞行期间提供通信支持。一个天线指向太阳,另一个天线安装在可展开臂上指向下方。向上天线承担通信负载,而向下天线则被重新折起没有再次启用计划。

　　"伽利略"号探测器携带的降落探测器的质量为339kg。探测器受到减速舱的减速作用和保护,减速舱由减速伞和后遮流板组成,其作用是在探测器进入大气层时防止摩擦产生热量。减速伞内部是降落舱和2.5m(8英尺)降落伞。降落舱内装有1台无线电发射机和7台科学仪器。这些设备用于测量温度、压力、减速、大气成分、云、颗粒、光波和木星辐射带的高能粒子。

2.1.3.2　推进系统

　　推进系统包括一个400N的主发动机和12个10N推力器、燃料、储箱、增压舱和关联铅管。10N推力器每6个为一组分别安装在2个2m的横杆上。推进系统的燃料包括925kg的甲基肼和四氧化二氮,另有7kg压缩氦装在两个单独的压缩舱内。

　　推进系统由德国的梅塞施米特-伯尔克-布洛姆公司开发和建造,由联邦德国(作为美国国家航空航天局"伽利略计划"的主要国际合作伙伴)DASA研发和生产。

2.1.3.3　测控数传系统

　　"伽利略"号探测器通信系统采用S和X双波段设计,主要包括四部分硬件子系统,分别为射频子系统(RFS)、调制解调子系统(MDS)、S/X双波段天线子系统(SXA)和X波段到S波段变频器(XSDC)。"伽利略"号探测器测控数传系统组成见表2-3,原理如图2-4所示。

表2-3　"伽利略"号探测器测控数传系统组成

项　　目	数量	备　　注
S波段接收机	2	—
S波段激励器	2	—
X波段激励器	2	—
超稳定振荡器	1	—
S波段行波管放大器	2	—
X波段行波管放大器	2	—
单向差分测距(DOR)发生器	1	—
调制解调器	2	—
高增益天线(HGA)	1	S、X双波段,口径4.8m
低增益天线	2	S波段
X波段到S波段下变频器	1	—

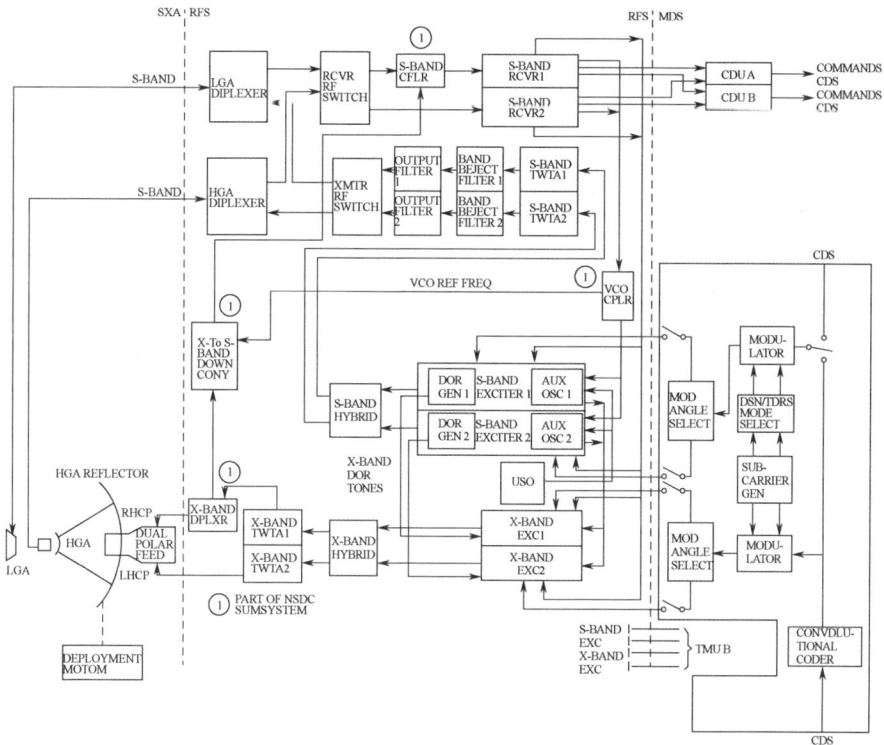

图 2 - 4 "伽利略"号探测器测控数传系统原理

2.1 "伽利略"号探测器

　　测控数传系统的主要功能包括:上行链路载波跟踪和下行链路载波生成;指令检测;遥测编码和调制;与深空网通信等。

　　1)上行链路

　　上行链路载波可以不调制,或者单独调制指令副载波或测距副载波,下或者同时调制指令副载波和测距副载波。

　　星载接收机捕获上行载波,一旦发现该载波就对器进行锁相跟踪。射频子系统 S 波段接收机和指令检测单元接收来自 S 波段或 X 波段上行载波,并解调得到的制冷波形送指令子系统中的硬件指令解码器。

　　2)下行链路

　　下行链路载波可以是未调制单载波,或者单独调制遥测副载波或测距副载波,或者同时调制指令副载波和测距副载波。

　　射频子系统的激励器和功率放大器组成发射机。不管是否有上行载波,射频子系统均能产生和传输 S 波段下行载波或 X 波段下行载波或者两者同时传输。有 S 波段或有 X 波段上行载波时,射频子系统可以利用上行载波产生相互相关的下行链路 S 波段和 X 波段载波信号。基于工作模式,下行链路 S 波段和 X 波段载波信号与上行载波信号相干或非相干。

调制解调器的遥测调制单元和射频子系统的 S 波段激励器与 X 波段激励器处理遥测"低速率"与"高速率"数据比特流,相位调制下行载波形成调制遥测副载波。

3）测量数据

"伽利略"号探测器使用的测量数据包括双向或单向多普勒、双向测距以及 DOR。

天线子系统由一个高增益天线和两个低增益天线(LGA - 1 和 LGA - 2)组成,两个 LGA 工作在 S 波段。HGA 可以工作在 S 和 X 双波段。地面可以通过实时或指令序列配置在 HGA、LGA - 1 或 LGA - 2 上接收和发射 S 波段信号,但在给定时间段,接收和发射必须使用 S 波段的同一个天线。S 波段天线是右旋圆极化。

S 波段天线工作在 2115MHz 额定上行频率和 2295MHz 额定下行频率。HGA 的主反射面直径为 4.8m,有 S 和 X 双波段两个独立的馈线系统。X 波段和 S 波段的轴向与 LGA - 1 轴向对齐,该方向为 - Z 轴方向,与 LGA - 2 轴向相反。LGA - 2 只用在飞越金星的特殊时间段。

发射初期的巡航飞行阶段,探测器采用 LGA 的 S 波段信号与地面站进行通信。HGA 天线在探测器第二次飞离地球,探测器与太阳的距离保持大于 0.9AU 时,天线展开。HGA 天线展开后,原计划利用 X 波段的下行数据速率为 134.4kb/s。

原计划 HGA 展开后,在 HGA 能指向地球时,使用 HGA(S 波段上行,X 波段下行)通信,在机动器间或 HGA 不能指向地球的其他时间,用一个 LGA(S 波段既可上行又可下行)。

由于 HGA 在轨展开失败,"伽利略"号探测器飞行过程只用 LGA 的 S 波段上行和下行链路,地面采用最大口径 70m 的天线。

2.1.3.4 电源系统

考虑到木星到太阳的距离,供电需采用至少 $65m^2$ 的太阳帆板,当时的技术限制对供电造成了很大的瓶颈。最终方案采用两台放射性同位素热发电器(RTG),RTG 通过钚 - 238 的放射性衰变向探测器供电,其衰变产生的热通过固态 Seebeck 效应转变为供探测器使用的电能。该方案可以在空间低温和高辐射(如木星瓷器圈)的影响下依然提供可靠、高效的电能。

每一个 GPHS - RTG,由 5m 的长杆安装,装载 7.8kg 钚 - 238。每个 RTG 包括 18 个独立的热源模块,每个模块装有四个二氧化钚球,以陶瓷材料隔绝。模块可以在运载火箭爆炸或着火、陆地或水上大气再入等情况下依然正常。外部石墨盖隔绝了可能发生的再入时结构、推力和腐蚀环境变化。RTG 在发射时产生 570W 功率,之后的电力输出以每个月 0.6W 的速率降低,在"伽利略器"到达木星时为 493W。

在"伽利略"号探测器即将发射时,反核团体考虑再三认为"伽利略"号探测器的 RTG 会对公共安全造成无法承受的风险,并向法院申请禁令禁止"伽利略"号探测器的发射。RTG 已在小行星探索中无灾害地使用很多年:美国发射的林肯 8 号和林肯 9 号试验卫星比"伽利略"号探测器所携带的钚还多 7%,两个""旅行者"号"探测器每个携带了等同于"伽利略"号探测器 80% 质量的钚。然而,1978 年加拿大发射的核动力卫星 Cosmos954 的爆炸,以及 1986 年"挑战者号"探测器事故提高了公众对航天器爆炸失败的警觉性。此外,没有 RTG 曾在地球轨道近距离高速掠过,而"伽利略"号探测器的金星—地球—地球引力借力飞行需要如此,因此它很可能会在地球大气泄漏钚。"伽利略"号探测器任务的强有力支持者科学家 Carl Sagan 在 1989 年指出:"两者的论点都非谬论。"

在"挑战者号"探测器事故后,有研究考虑增加防护但最终未被采纳,因为这样的设计增加了任务的总风险(比如,若发生在轨故障,额外的防护会导致地面影响)。

2.1.3.5　有效载荷

"伽利略"号探测器的旋转部分除安装主天线、电源、推进模块、计算机和控制元件外,还携带用于磁场和带电粒子研究的仪器,包括:安装在一个 11m 长横杆上的磁力感应器(以尽量减少探测器的电子设备造成的干扰);1 台用于探测中低带电颗粒的等离子体探测器和 1 台用于这些粒子产生的电磁波的等离体波探测器;1 台高能粒子探测器,1 台宇宙和木星星尘探测器;1 台与紫线光谱仪相连的极远紫外探测器和 1 台用于评估探测器在飞行途中遇到的危险带电粒子环境的重离子测量仪。

探测器的非旋转部分携带一些需要保持稳定的仪器,包括摄像系统、用于大气多光谱成像和表面化学分析的近红外绘图光谱仪、用于气体研究的紫外线光谱仪以及用于辐射和反射能量测量的仪器。摄像系统获得了木星的卫星图像,分辨率是美国国家航空航天局的"旅行者"号探测器拍摄的最高质量图像的 20 ~ 1000 倍,这种摄像系统的 CCD 比以前航天器摄像机的灵敏度更高,能够检测到更广阔的色彩带。"伽利略"号探测器的非旋转部分还携带有一个碟形天线,可以捕捉降落式探测器在进入木星大气层时发送的信号。

2.1.4　飞行过程

"伽利略"号探测器先后探访了金星、地球、小行星、彗星,最后到达木星开展探测活动。1990 年 2 月,探测器以 16000km 的高度飞越金星,完成第一次借力飞行。1990 年 12 月和 1992 年 12 月,"伽利略"号探测器两次通过地球借力,飞向木星。2003 年 9 月,"伽利略"号探测器直接撞击木星,并在冲入木星的厚密大气层时烧毁。图 2 – 5 是"伽利略"号探测器的飞行轨迹。

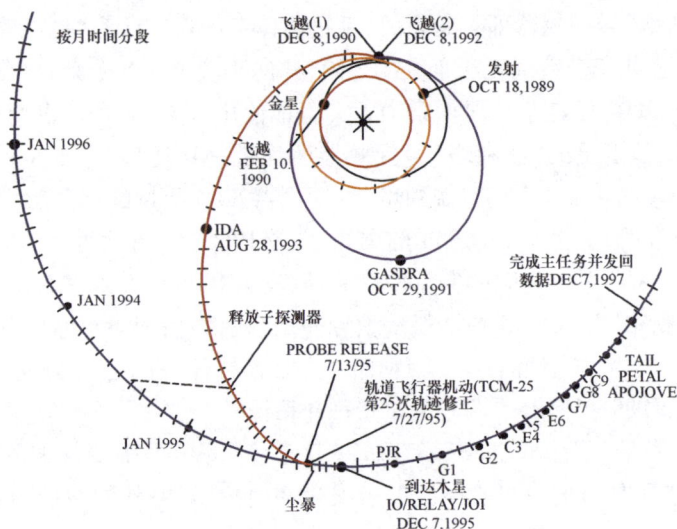

图 2-5 "伽利略"号探测器的飞行轨迹

2.1.4.1 金星/地球借力飞行

1990 年 2 月 10 日,在以 16000km 的高度飞越金星之后,探测器于 1990 年 12 月 8 日以 960km 的高度完成第一次地球借力。1992 年 12 月 8 日,探测器返回以 303km 的高度进行第二次地球借力,飞向木星。

2.1.4.2 飞越小行星 915 盖斯普拉 Gaspra

1991 年 10 月 29 日,"伽利略"号探测器飞越了 S 类小行星——951 Gaspra (图 2-6),成为历史上第一个飞越小行星的航天器。飞越距离仅 1601km,相对速

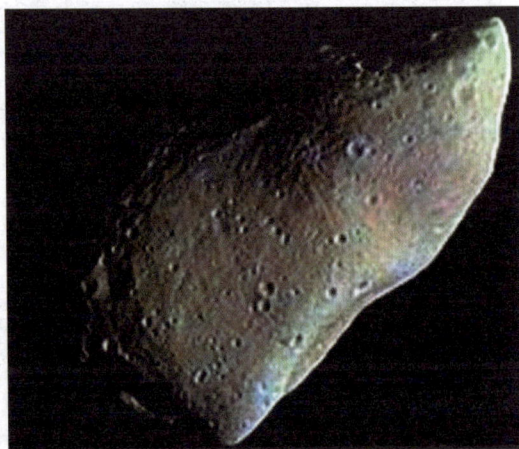

图 2-6 小行星 951 Gaspra

度为 8km/s。Gaspra 小行星是一个表面有坑凹、地形复杂的不规则星体,尺寸大约为 20km×12km×11km,表面覆盖一层类似于"风化土壤"的物质,可能存在磁场。

2.1.4.3 飞越小行星 243 艾女星 Ida

1993 年 8 月,"伽利略"号探测器飞越 S 类小行星——243 Ida(图 2 – 7)。Ida 的尺寸约为 55km×20km×24km,平均半径为(15.7 ± 0.6)km,体积密度为(2.6 ± 0.5)g/cm^3,表面重力为 0.3 ~ 1.1cm/s^2,表面陨击坑较多,自转周期为 4.63h,探测器飞越过程中,科学家发现 Ida 拥有自己的卫星,成为第一个拥有自然卫星的小行星。该卫星取名为 Dacty1,形状为 1.6km×1.4km×1.2km,平均半径为 0.7km,轨道高度距离 Ida 中心约为 100km。

图 2 – 7 小行星 243 Ida

2.1.4.4 彗星事件

1993 年 3 月 9 日,"伽利略"号探测器科学家团队小组和其他天文学家发现了 Shoemaker – Levy9 彗星。这颗彗星围绕木星飞行,并于 1994 年 7 月冲入木星的大气层撞毁。当时"伽利略"号探测器正在接近木星,是唯一能够直接观测到木星的撞击区域的观测平台。

2.1.4.5 到达木星

1995 年 7 月 13 日,"伽利略"号探测器携带的着陆器被释放并开始为期 5 个月的自由落体式降落。

1995 年 12 月 7 日,"伽利略"号探测器仍在接近木星,轨道器经过了木星的两个卫星 Europa 和 Io。"伽利略"号探测器以大约 33000km 的高度经过 Europa,以大约 900km 的高度经过 Io。在离开 Io 后大约 4h,轨道器到达与木星距离最近的位置。

2.1.4.6 扩展任务

"伽利略"号探测器的主要任务于 1997 年 12 月结束。此后又进行了三次任务延期,因为探测器还能继续返回有价值的科学观测数据。

为期两年的欧洲伽利略计划进行了 8 次近距离 Europa 交会,以便对此卫星进行密集观测,另外,4 次近距离经过 Callisto,2 次近距离经过 Io。第一次任务延期更加可靠地证明液态水的存在,而且表明液态水仍可能存在于 Europa 的冰层表面之下。由于"伽利略"号探测器非常接近 Europa,因此它可以观测到校车大小的表面特征。在这次任务延期中,"伽利略"号探测器返回了木星大气层中的雷暴数据。在接近木星时,探测器受到了木星辐射带的严重辐射,因此没有对木星的 4 颗主要卫星中最近的 1 颗卫星 Io 进行观测,而是在经过 Europa 时才对 Io 进行观测。当"伽利略"号探测器接近 Io 时,工程师们通宵达旦地工作,想办法抵消船载计算机受到的辐射作用。"伽利略"号探测器让科学家们首次观测到了 Io 上强烈的火山活动,并且拍摄到了火山猛烈火爆发的图像。

第二次任务延期(伽利略千年任务)于 2000 年获得过批准,后来又经过了进一步延期,以获取更多的观测数据,并在 2003 年将探测器送入一个受控的木星大气层撞击轨道。在伽俐略千年任务期间,"伽利略"号探测器又多次经过木星的所有 4 颗主要卫星。当美国国家航空航天局的 Saturnbound 卡西尼号探测器于 2000 年 12 月经过木星时,"伽利略"号探测器仍然工作良好,这给科学探测工作带来了极大便利。"伽利略"号探测器和卡西尼所进行的观测与测量互相补充,为研究木星的巨大磁层和该系统的其他部分提供依据,而这是单一航天器无法完成的。在此期间,"伽利略"号探测器成为第一个进行星际观测的行星际航天器。2001 年,"伽利略"号探测器飞越 Io 的北极和南极,为确定该卫星是否有自己的磁场提供了有用的数据。

2002 年 11 月,"伽利略"号探测器进行了一次最接近木星的变轨飞行,它经过木卫五 Amalthea,后者的大小不到 Io 的 1/10。科学家利用"伽利略"号探测器的无线电信号测量来估计 Amalthea 的质量和木卫五密度。他们对"伽利略"号探测器在飞越木星的蛛网环时收集到的数据进行了研究,从而对木星的磁力和周围的带电粒子有了新的理解。"伽利略"号探测器还首次对磁层的最核心区域和辐射带进行了取样,木星的辐射带与地球的范艾伦辐射带很相似。

"伽利略"号探测器的最后一次轨道飞行是一个拉长的远木轨道飞行。2003 年 9 月,探测器将返回进行直接撞击,并在冲入木星的厚密大气层时烧毁。

2.1.5　探测成果

"伽利略计划"的重大科学发现成果包括:

(1) 着陆器测量到木星的大气成分,并发现它们的相对浓度不同于太阳,说明木星在太阳星云中形成之后经历了演化。

(2) 木星的大气层有很多大型雷雨,集中在赤道上方和下方的特定区域,在这些区域经常有高强度的暴风。虽然闪电的出现频率比地球低,但是它们的放电强度比地球闪电高 1000 倍。"伽利略"号探测器还首次发现了木星大气层中的氨云,它们仅能由大气层较低地区带来的物质形成,也就是说,它们始终是"新"云。

(3)观测结果有力地支持了 Europa 卫星冰层表面以下存在大量的液态水。

(4)"伽利略"号探测器的磁场数据显示,不仅 Europa 的表面冰层以下有一个液体盐水层,而且在 Ganymede 和 Callistor 卫星表面以下更深的位置也存在这样的盐水层。

(5)Europa、Io 和 Ganymede 都有金属内核。这3颗卫星的演化过程使得密集元素能够分离出来,并沉入这些卫星的中心。另外,更遥远的卫星 Callisto 的成分更均匀,表明它的演化过程不同于其他3颗卫星。

(6)Europa、Ganymede 和 Callisto 探测数据显示它们都有一个表面束缚外大气层,这个很薄的大气层的主要成分是带电离子气体和围绕卫星的中性气体,它们松散结合于表面。

(7)Ganymede 像地球一样产生磁场。

(8)"伽利略"号探测器对卫星表面进行了观测,揭示了许多现象,例如,Europa 表面延绵数百英里的长形循环裂缝,这些裂缝是由表面的持续升温和开裂造成,如图2-8所示。

(9)Io 的火山活动频率可能是地球100倍。成像和频谱分析表明,Io 上的大多数火山喷发物质都包含液体硅酸盐(含有硅氧化合物)。这些熔岩的温度对于其他物质(如硫磺等)来说过高,

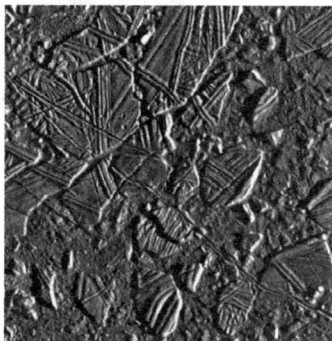

图2-8 "伽利略"号探测器在飞行期间拍摄到的木卫 Europa 上的冰架(1997年2月20日)

事实上,它们的温度远高过地球上的大多数火山喷发。这些热熔岩的成分可能更类似于地球上超过30亿年前的火山喷发物质。

(10)"伽利略"号探测器对 Io 火山活动形成的复杂等离子体环境进行了分析。

(11)"伽利略"号探测器是第一个长时间停留木星大气器并观测其结构和进行大气动力学研究的航天器。虽然表面上存在一些相似之处,但是木星的大气动力学还是与地球磁层存在很大的不同。

2.2 会合-舒梅克号探测器

2.2.1 概述

会合-舒梅克(NEAR-Shoemaker)号探测器是第一颗专门探测小行星的航天器,由应用物理实验室(Applied Physics Laboratory, APL)为 NASA 对近地小行星 Eros 以低轨执行1年以上的探测任务而设计。该探测器于1996年2月18日在卡

纳维拉尔角肯尼迪航天中心,由 Delta - 7925 - 8 运载火箭送入太空。它在飞往小行星 433 爱神的途中顺访了小行星 253Mathilde 梅西尔德星,并于 2001 年 2 月完成了整个探测计划。

这艘探测器最先叫做近地小行星交会探测器(Near Earth Asteroid Rendezvous, NEAR),如图 2 -9 所示。2000 年 3 月,为了纪念天文学家尤金·舒梅克(Eugene M. Shoemaker,于 1997 年的一场交通事故中不幸遇难),NASA 把这艘探测器改名为会合 - 舒梅克号。会合 - 舒梅克号首次对近地小行星进行了系统的科研探索,完成了人类史上第一次降落于小行星的壮举。

图 2 -9   会合 - 舒梅克号探测器

会合 - 舒梅克号探测器主要的任务是对 Eros 的整体参数、组成成分、矿物质、形态、内部质量分布以及磁场进行探测。次要的任务包括探测风化特性、与太阳风的相互作用、由尘土或气体表征的目前可能的活动以及其小行星旋转状态。这些探测数据将有助于研究小行星的通用特性、发现小行星与陨星以及彗星的关系以及在早期太阳系中的状态。无线电科学设备利用 NEAR 跟踪系统对小行星的引力场进行估计。

2.2.2   探测对象和科学目标

会合 - 舒梅克号探测器的总体目标是与爱神星交会,并进入近地爱神星的轨道,以将近 1 年的时间绕小行星爱神,传回爱神星内部构造、组成、矿物学、质量分布及磁场等数据;研究风化层的特性、爱神星与太阳风的相互作用、爱神星表面可能出现的地质活动(如尘埃或气体)及爱神星的自转状态。

爱神星编号 433,是 1898 年 8 月 13 日由德国天文学家古斯塔夫·韦特发现并命名的,在诸多近地小行星中被天文学家观测的最多的一颗,如图 2 - 10 所示,其轨道参数见表 2 - 4。

图 2 - 10 爱神星

表 2 - 4 爱神星轨道参数

轨道参数	取值	轨道参数	取值
远日点/AU	1.78295	轨道倾角/(°)	10.82949
近日点/AU	1.13311	平近点角/(°)	180.61874
半长轴/AU	1.45803	升交点黄经/(°)	304.36506
偏心率	0.22285	近日点幅角/(°)	123.10314
公转周期/年	1.76191		

爱神星 Eros 是 S 型小行星,尺寸为 33km × 13km × 33km,质量为 7.2×10^{15} kg,密度为 2.4g/cm^3,重力为 0.0059m/s^2,自转周期为 0.3195 天,逃逸速度为 10.3m/s,反照率为 0.16,绝对星等为 11.16 等。爱神星上的温度白天可达 100℃,夜间又会降至 -150℃。

2.2.3 总体设计

航天器构型如图 2 - 11 所示。NEAR 的构型由前后铝制蜂窝状板面与 8 块铝制蜂窝状侧板连接。1 个固定的 X 波段天线和 4 块固定的太阳帆板安装在后方面板的外侧。前方面板内侧和后方面板内侧之间安装的是航天器的电子设备。磁力计安装在高增益天线的顶部。其他设备安装在后方面板的外侧,指向通信方向。

航天器内部包含推进舱。推进舱位于质心平面内,包含推进剂储箱、11 个单组元推力器(分为 6 个不同的独立单元)以及 450N 的双组元推力器。推进舱的安装位置需要满足在当双组元燃耗过程中,航天器的质心位于 450N 推力器推力矢量上。

由于航天器机械结构的简单化和高可靠性,固定安装的高增益天线、太阳帆板、有效载荷腾出了部分空间进行其他任务的设计。航天器的转动惯量为闭环控

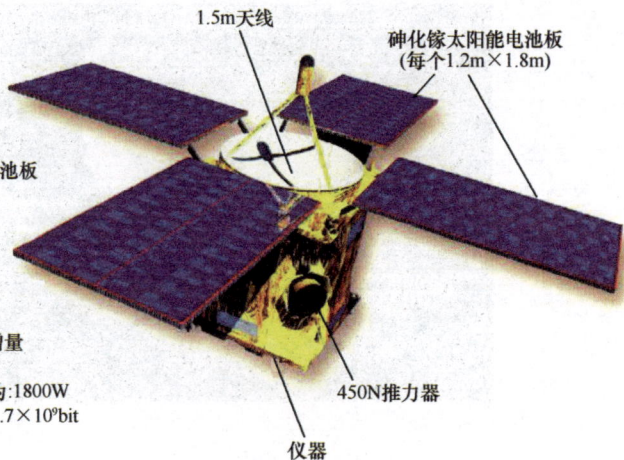

- 三轴稳定
- 总重量:805kg
  - 推进剂:320kg
  - 实验设备:60kg
- 科学载荷
  - 多谱段成像仪
  - 砷化镓太阳能电池板
  - 近红外分光计
  - X射线分光计
  - γ射线分光计
  - 激光高度计
  - 磁强计
- 双组元推进系统
  - ΔV可提供速度增量
- 太阳能帆板功率:
- 在1.00AU距离处为:1800W
- 两台固态存储器:1.7×10^9bit

1.5m天线

砷化镓太阳能电池板
(每个1.2m×1.8m)

450N推力器

仪器

图2-11　航天器构型

制,使得执行任务期间控制系统能够维持航天器的指向。由于电力系统能量100%是由太阳能提供的,所以450N推力器的安装位置需要满足在所有的大速度增量施加期间太阳帆板指向太阳。科学观测和高速率下传不能同时进行。

表2-5列出了航天器质量分配。电源系统的质量是根据航天器位于远日点时满足系统需求而设计的,满足该条件可以使得航天器在执行科学任务的过程中有足够的能源提供给有效载荷进行工作。

表2-5　航天器质量分配

子系统	质量/kg	子系统	质量/kg
有效载荷	56.0	导线	39.2
推进剂	85.1	热系统	18.0
推力器	33.1	次级结构	19.0
电源系统	71.3	主要结构	78.0
通信系统	24.9	干质量	447.2
导航控制系统	33.9	推进剂和受压物质	325.5
数据处理系统	18.7	总质量	802.7

系统结构如图2-12所示。航天器设计为分布式结构,子系统不共享公用硬件设备。子系统中有7个处理器:1个用于命令数据处理子系统,2个用于导航控制子系统,4个控制有效载荷。制导、导航与控制子系统的处理器采用 Honeywell 1750A,其他的处理器全部为 Harris RTX2010。处理器之间采用标准1553总线作为数据接口,其优点为建立了系统冗余和容错性、灵活的软件定义接口、与一些商业部件的兼容性、减少连接电缆。

Power amplifier
中增益天线
Diplexer
高增益天线
RF switch assembly
Diplexer
低增益天线
Power amplifier
X-band transponder
X-band transponder
Command/telemetry processor
Power switch
Solid-state recorders
Command/telemetry processor
指令与数据管理总线
Attitude interface unit
Propulsion subsystem
Reaction wheels
Sun sensors
Inertial measurement unit
Star camera
Flight computers
制导与控制1553数据总线
NLR
NIS/MAG data processor unit
MAG
NIS
MSI data processor unit
MSI
GRS/XRS data processor unit
GRS/XRS
Shunts
Power system electronics
28±6V直流总线
9-A·h NiCd battery
A

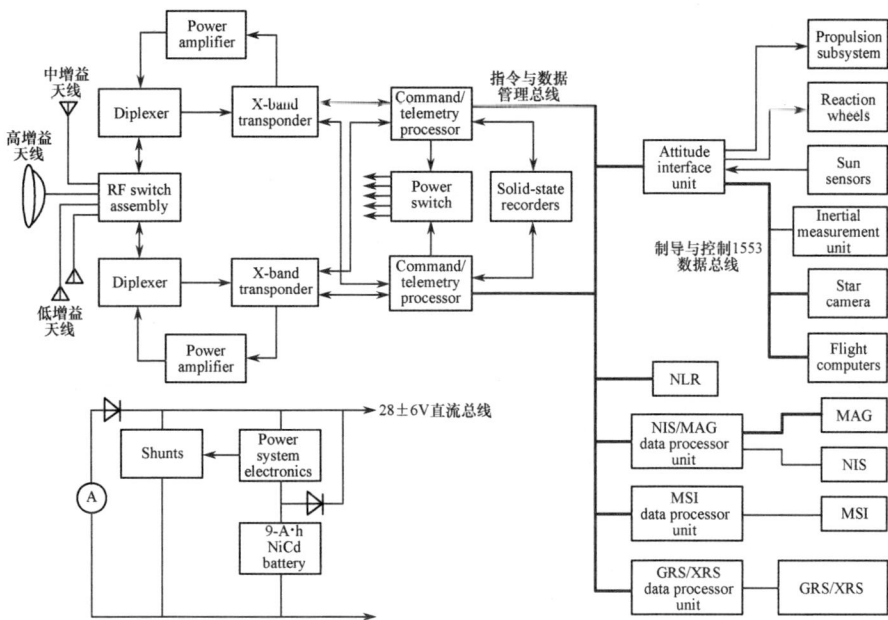

图 2-12　系统结构

2.2.3.1　制导、导航与控制系统

制导、导航与控制（GNC）子系统由一套进行姿态确定的敏感器、姿态修正的执行机构以及提供持续闭环姿态控制的处理器组成。在运行模式下，将姿态控制到指令指向场景。在安全模式下，导航控制子系统控制航天器使太阳帆板指向太阳，以获得最大能量，并尽可能使地球位于中增益天线模式下，从而建立与地通信。导航控制子系统也会控制推力器进行速度机动。导航控制子系统必须对一些自身内部错误模式进行识别，并采取自主行为对错误模式进行纠正。

导航控制敏感器包括 5 个数字式太阳敏感器（Digital Solar Attitude Detectors，DSAD）、1 个星敏感器（Star Tracker，ST）、1 个惯性测量单元（Inertial Measurement Unit，IMU）。惯性测量单元包括用于角速率确定的半球谐振陀螺和用于测量速度改变量的加速度计。这是第一次在航天任务中使用半球谐振陀螺。姿态子系统应当提供 $50\mu rad$ 的三轴确定精度、$1.7mrad$ 的三轴指向精度以及 $50\mu rad$ 有效载荷视线稳定度。

虽然导航控制敏感器没有故障冗余，但是通过内部冗余和功能冗余获得系统的鲁棒性。惯性测量单元是内部冗余部件，它包含 2 个电源和处理单元、4 个陀螺和 4 个加速度计（其中的任意 3 个完全可以对三轴速率/加速度进行测量）。在一个冗余部件失效的情况下，惯性测量单元会自动重新配置。星敏感器和 DSAD 是功能冗余：这两个部件都会提供绝对的惯性参考基准。由于 DSAD 只能求解一个惯性参考矢量,所以,在工作模式下,DSAD不能替代星敏感器,但是它可以与陀螺速率信息使航天器处于安全模式。

执行机构包括4个反作用飞轮、11个小推力单组元推力器以及1个大推力双组元推力器。只利用反作用飞轮就可以控制航天器达到所有的正常姿态模式。4个反作用飞轮安装为3个正交1个斜装,其中任何3个反作用飞轮可以进行三轴控制,所以单独的1个反作用飞轮失效后不会影响其功能。单组元推力器用于卸载系统的动量,从而保持航天器在处于飞轮控制的范围内。由于速度机动过程中推力器产生的力矩超过了反作用轮控制的范围,所以推力器需要对航天器的姿态进行控制。

在姿态接口单元和飞行计算机中包含执行姿态控制、确定姿态和导航功能的软件。飞行计算机是采用1750A的9MHz处理器,带有512KB的RAM,具有1.7 MIP性能。姿态接口单元是采用RTX2010的6 MHz处理器,用C语言编程,它与所有传感器和执行器都有接口。飞行计算机负责控制标准条件下的探测器,而姿态接口单元则可以在没有飞行计算机帮助的情况下执行重要的安全恢复功能。除对软件运行进行内部检查外,还配备硬件监视定时器,并由命令和远程测量处理器检查正常功能。

姿态控制主要以反作用飞轮作为执行机构,采用四元数反馈控制完成大部分的姿态动作,喷气推力器负责角动量的卸载和轨道机动,采用bang-bang最小时间机动方式;采用敏感器元件有速率陀螺、太阳敏感器和星敏感器,主要采用速率陀螺和星敏感,联合定姿作为其姿态确定方法。

2.2.3.2 数据管理系统

数据管理子系统带有冗余命令和远程测量处理器、冗余固态记录器、控制探测器继电器的功率切换单元以及与其他处理器控制系统通信的冗余1553标准总线接口。冗余组件彼此间交叉捆绑,并在远程通信子系统的冗余上行链之间交叉捆绑。命令和数据处理子系统的功能包括命令管理、远程测量管理和自主操作。

命令功能对来自两个命令接收器的交叉捆绑输入进行操作,其传输速率为125b/s(标准模式)或7.8b/s(应急速率)。上行链路命令的格式符合空间数据系统咨询委员会标准,并且冗余命令和数据处理子系统每侧都有一个单独的虚拟通道。命令可以通过实时方式执行,也可以存储起来以后执行。既可以在规定的任务时间点触发执行存储的命令,也可以在检测到必须进行自动修复的探测器故障后触发。

远程测量功能从内部管理接口、专用串行接口、1553总线的远程终端以及指令和数据处理内部事件历史缓冲器采集工程状态与科研数据。这些数据根据需要打包,它们打包到传送帧,以便进行记录或实时下行链路传输。记录的数据会被回读,打包到传送帧,并根据命令送入到下行链路。记录器回放数据可以与下行链路的实时数据交错,数据可以记录在一个冗余固态记录器上,而另外一个记录器则被回读。

在整个任务过程中,可以在 8 种速率中选择下行链路数据速率,以满足下行链路功能要求。除最高的下行链路速率外,对于其他速率,记录器容量都超过了下行链路容量,因而带宽受下行链路的限制。命令和数据处理子系统控制采集实时系统数据的速率,以满足下行链路速率要求,而将数据送到记录器的速率则由子系统来控制。在 1553 总线上的每个远程终端都可以请求命令、数据处理子系统每秒采集和记录最多 5536 位的数据。这种功能允许探测器操作人员非常灵活地控制每个仪表使用的带宽。

每个固态记录器包含 5.12 亿位以上的存储信息。在巡航模式下当探测器与地面站失去联系时,可以使用它们进行数据存储内部管理,在小行星科研操作过程中,它们用来记录科研数据。

数据管理子系统的自治功能完全通过使用激活命令宏的规则来实现。这些规则将任何内部管理数据(模拟、继电器计数器、来自 1553 远程终端的数字数据)与指示错误操作的限值或量程进行比较。每个规则最多可以对两个内部管理项目进行单独的比较,并对结果进行"与""或"操作。每个规则都与一个计数器相关联,在采取措施之前,检测到的状态存在时间必须至少等于规则计时器有效的时间。在某个规则检测到必须纠正的一个状态之后,会执行一个命令,以便纠正该状态,使探测器恢复安全。命令和数据处理子系统带有一组默认规则和命令宏,它们在处理器复位的时候载入。在整个任务过程中,可以删除或更改任何规则,可以添加新规则,也可以修改命令宏以满足变化的条件。

2.2.3.3 推进系统

会合 - 舒梅克号探测器的推进分系统由自锁阀、推进剂贮箱、推力器、压力传感器、温度传感器、管路连接件、支架及电缆等构成,如图 2 - 13 所示。

会合 - 舒梅克号探测器采用双组元与单组元结合的化学推进系统,配置 1 台 450N 的轨控推力器,4 台 21N 姿控推力器及 7 台 3.5N 的姿控推力器。其中,3.5N 姿控推力器的冲量为 0.2N·s,21N 姿控推力器的冲量为 0.7N·s。

单组元推进器分布在 6 个助推器舱中,分别安装在探测器前端和尾端。单组元推进剂的位置是选定的,以确保在损失任何一个助推器的情况下都不会影响性能。在所有方向上至少都能获得 10mm/s 的 ΔV 增量。使用 3.5 N 姿控推力器可以获得 0.2N·s 冲量,使用 21N 姿控推力器可以获得 0.7N·s 冲量。

推进系统带有 109kg NTO 氧化剂和 209kg 联氨,它们装在 2 个氧化剂和 3 个燃料罐中。氧化剂罐配有内置推进管理设备,借助下落点火的力量供应无气体的推进剂。燃料罐使用弹性隔膜实现正向的无气体推进。在大规模点火过程中,通过设置开启和关闭相关推进剂罐自锁阀的时间来实现质心控制。这种定时是从地

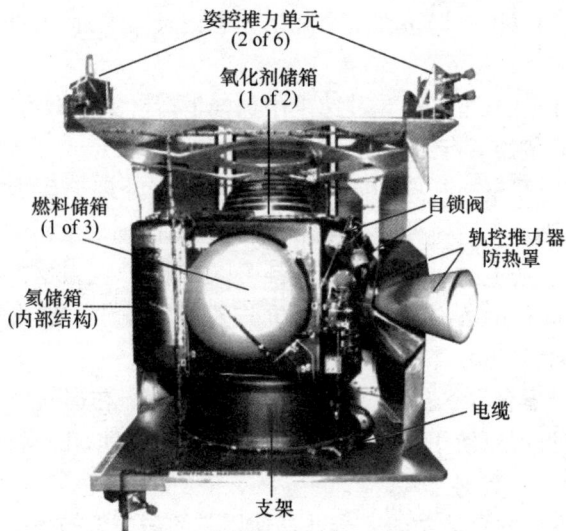

图 2 – 13　探测器推进系统

面通过预编程操作完成的。

加压过程通过 1 个公用调压氦气系统来实现。通过 1 个高压自锁阀和 1 组冗余调压器将高压氦气与氧化剂、燃料分离开。在发射时,氦气压力为 21380kPa。推进剂罐的调节压力为 1655kPa。通过 5 个止回阀和 1 个氧化剂挤压自锁阀来隔离推进剂蒸气。另外,公用挤压线路的温度始终比物料罐高,这样可以最大限度减少公用挤压系统的氧化剂冷凝。

2.2.3.4　电源系统

电源系统带有 4 个 1.8m × 1.2m 的砷化镓太阳能电池板(图 2 – 14)、1 个 9A·h 的超级镍镉电池以及电源系统电子设备。电源系统是直接的能量传输系统。当太阳能阵列功率足以为载荷供电并提供电池充电动力时,探测器的总线电压会调节到 (33.5 ± 0.5)V 的水平。当电池放电时,总线会随电池电压而变化。

会合 – 舒梅克号探测器采用太阳桨的构型,单块基板(共有 4 块)直接与卫星本体相连,成为卫星上的独立部件,在卫星入轨后,4 块基板各自展开并锁定在卫星本体之外。基板尺寸为 1220mm × 1590mm,基板由厚约 14mm 的铝蜂窝板组成。NEAR 探测器太阳翼的解锁通过火工切割器完成,4 块基板通过类似钢丝绳的绳索捆绑固定在一起,该方式可以降低火工切割器的数量,减少单点失效。

在刚投入使用时,太阳能阵列可以在距离太阳 1AU 的情况下产生 1880W 的能量。在远日点(2.17AU),太阳能阵列功率预计为 400W。太阳能电池投入使用时的平均效率为 18.5%。太阳能电池板采用了合适的规格,能够提供暖操作期间维持电池充电所需的总线电压,并在低照明期间为载荷提供足够的动力。太阳能

图 2 - 14　会合 - 舒梅克号探测器的太阳能电池板

阵列提供的动力受会合 - 舒梅克号探测器与太阳距离以及日光入射角影响。在任何阶段,所有标准载荷至少有 5% 的裕度,在紧急恢复期间,关键载荷至少有 20% 的裕度。表 2 - 6 列出了探测器动力载荷。

表 2 - 6　探测器动力载荷　　　　　　　　　　单位:W

子系统	巡航	小行星	子系统	巡航	小行星
仪表	0	93	推进	76	76
动力	10	10	探测器加热器	0	40
远程通信	61	61	仪表操作加热器	0	40
GNC	70	70	总功率	313	452
数据处理	25	31	—	—	—

　　每个太阳能电池板共有 5 组太阳能电池,每组都通过非耗散数字分流器独自分流。根据可用的太阳能阵列功率和探测器载荷需求顺序开启与关闭数字分流器,从而进行粗略的太阳能阵列功率控制和总线调压调节。通过六级线性顺序全耗散分流器来实现精细的太阳能阵列功率控制。当功率变化导致超出线性分流器限值时,会激活数字分流器。分流顺序是设计好的,以最大限度减少对磁力计的磁干扰。

　　电池是休斯公司的 9A·h 22 单元超级镍镉电池。电池单元由 Eagle Picher 公司制造。超级镍镉电池推荐的存储模式为在低温下保持全充电状态,并采用缓慢充电,这符合本次任务的要求。预计仅在发射阶段会使用电池,其他阶段保持缓慢充电,以便提供备用电源。通过一个备用充电器给电池充电,可以通过命令选择两种电池充电水平,固定的 C/75 慢速充电或者预先选定的温度补偿电压限值。在飞行期间,电池温度预计会保持在 0～10℃。按照计划,在飞行过程不重新调节电池。

电源系统电子设备包含调节动力总线、控制电池充电、控制过量功率分流以及与会合－舒梅克号交换命令和远程测量信息所需的电子设备。所有电子设备都采用冗余功能。

2.2.3.5　热控系统

会合－舒梅克号探测器整个的设计思想是尽可能精简,采用灵活可变(对于组合辐射器、隔热装置和加热器)的热控设计方案,以合适的涂层、辐射器和多层隔热组件等被动热控方式为主,以电加热器等主动热控方式为辅。电子设备均安装于探测器内部,通过探测器底板的向外辐射散热以减少温度梯度,在不使用百页窗的情况下尽可能保持散热量的稳定。

采用主动控制的电加热器保持激光测高仪在巡航段和探测段的温度,推进系统也使用加热器以防止在管路、储箱和推进器内的推进剂冷冻。450N 的双组元推力器通过低热导率的机械连接件和多层隔热组件与探测器隔热。采用恒温控制加热器保持阀门和喷射器在非工作期间的温度。在双组元推力器喷气时,关闭双组元推力器上加热器以节省电能。

蓄电池与探测器之间采取隔热设计,保持蓄电池在恒定电流的涓流充电状态下的温度稳定,并配置了一组仅在紧急情况下使用的电加热器,这种设计方案是为了减小蓄电池散热面面积和电加热功率。

2.2.3.6　测控数传系统

探测器测控数传分系统采用 X 波段,可以同时发送遥测数据,接收控制指令,并提供多普勒和测距跟踪信息。

会合－舒梅克号探测器测控数传分系统组成见表 2－7,其原理如图 2－15所示。

表 2－7　会合－舒梅克号探测器测控数传分系统组成

组　成	数　量	备　　注
通信频率	X 波段	
高增益收发天线	1	固定安装,下行增益 40dBi
低增益收发天线	1	微带天线,下行轴向增益 6dBi
低增益发射天线	1	
中增益发射天线	1	微带阵列天线, 扇形波束,9°×40°, 增益 18.8dBi

（续）

组成	数量	备注
深空应答机	2	基于卡西尼号修改
遥控检测单元	2	
遥测调制单元	2	
固态放大器	2	输出功率5W
上行速率	正常模式:125b/s 应急模式:7.8125b/s	
下行码率	9.9b/s、 39.4b/s、 1.1kb/s、 2.9kb/s、 4.4kb/s、 8.8kb/s、 17.6kb/s、26.5kb/s	

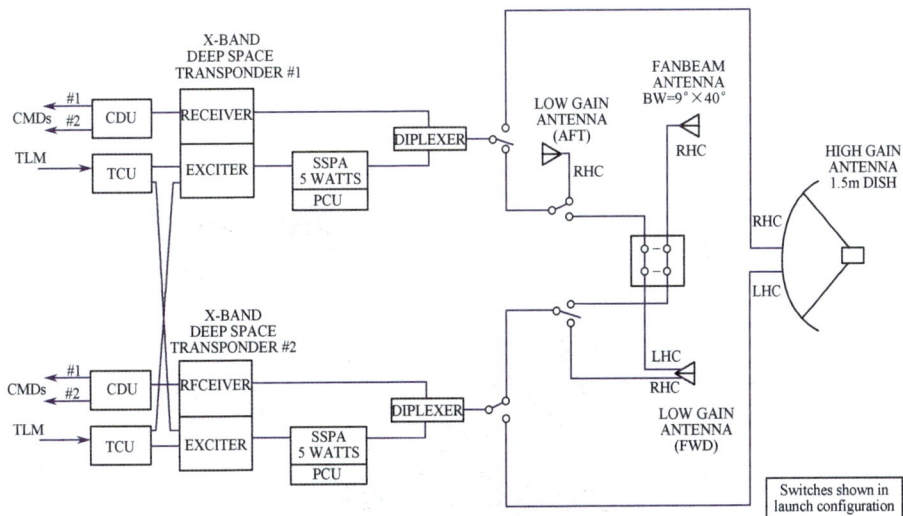

图2-15　会合-舒梅克号探测器测控数传分系统原理

　　测控数传分系统下行链路硬件采用输出功率为5W的固态功率放大器。支持两种卷积码:码率1/2、$K=7$的卷积码以及码率1/6、$K=15$的卷积码。在发射时以及巡航阶段深空网能够支持1/6码率之前,始终使用码率1/2的卷积码。1/6码率则作为整个小行星交会阶段的基本码率。两种码率的卷积码数据都用一个里德所罗门8位(255,233)块码来进行级联。

　　探测器任务实施过程中,探测器采用8种下行链路数据传输速率:9.9b/s、39.4b/s、1.1kb/s、2.9kb/s、4.4kb/s、8.8kb/s、17.6kb/s和26.5kb/s。选定的速率取决于下行链路编码方案、DSN设备情况、探测器到地球的距离以及太阳——会合-舒梅克号——地球的几何角度。

探测器配置4副X波段天线,分别是1副1.5m口径的高增益天线,1副中增益天线和2副低增益天线。

探测器飞行过程中绝大部分时间SPE角小于40°,因此高增益天线采用固定安装方式,作为主天线,对地定向,仍能保证帆板有较小的光照角。

发射初期2个月和探测器飞越地球的短暂时间,SPE角大于40°,探测器采用低增益天线和中增益天线对地通信,保证帆板光照角维持在40°以内。低增益天线安装在探测器的对天和对地面,通过微波网络连接到应答机,实现全向覆盖。当器地距离在0.1AU的范围内时,低增益天线可以实现良好的覆盖。任务过程中,当器地矢量超出低增益天线覆盖范围,使用中等增益天线。中增益天线同时作为应急天线,宽波束特性更容易对地定向。

2.2.3.7 载荷

在探测器上装载的仪表设备包括多光谱成像仪、近红外光谱仪、三轴磁力计、X射线/γ射线光谱仪以及激光测距仪,如图2-16所示。另外,还将使用射频子系统全相干转发器进行无线电科研工作,它将根据常规探测器远程测量结果测量双向多普勒数据。

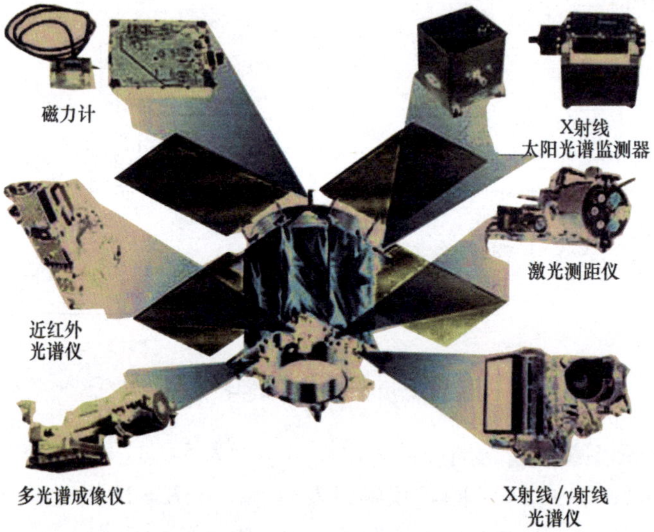

图2-16 会合-舒梅克号探测器科学载荷

1) 多光谱成像仪

多光谱成像仪(MSI)提供小行星表面的可见光图像。它带有$f/3.4$抗辐射、折射光学部件和一个涵盖450~1100nm波长的8位滤光轮。2.9°×2.25°的视场(FOV)分成了537像素×244像素(161μrad×95μrad),在距离最近的情况下可以提供 4m 的分辨率。CCD 是带有电子快门(10ms～1s)和抗邻近像素溢出功能的帧传输单元。在每像素 12 位的情况下,未经压缩的图像为 1.6Mbit。如果固态记录器采用专用的高速链路,则可以保持 1 Hz 的图像速度。通过命令以及自动曝光控制选择各种形式的数据压缩。如果采用后面的这些方案或在两次成像之间更换滤光器,则会降低成像速度。

2)近红外光谱仪

近红外光谱仪(NIS)覆盖 0.8～2.6μm 共 62 段的光谱范围。通过将光谱分散到被动冷却的锗和铟镓砷直线阵列检测器上,可以实现上述光谱范围。NIS 采用 1s 的积分时间,可以提供 1Hz 频率的光谱。借助一维扫描镜,可以使用 MSI 瞄准 NIS 的视场,或者以 0.2°的步长扫描 90°以上。使用三位狭缝光阑装置,可以得到两个视场 0.76°×0.76° 及 0.38°×0.76°。入口狭缝光阑可以一起关闭,以便进行黑暗计数测量。NIS 还带有一个漫反射金制飞行校准目标,可以正确定位探测器和扫描镜,从而将日光反射到光谱仪中。

3)三轴磁力计

三轴磁力计是用三轴磁通量门磁力计来测量从直流到 10 Hz 的小行星磁场。传感器安装在高增益天线馈线上,而电子设备则安装会合–舒梅克号探测器号顶上。传感器有 8 个可选的灵敏度,全量程输出为 4～65536nT。在内部对磁场进行 20 Hz 采样,并将信号转换为 16 位数字输出。信号可以通过数字方式进行低通过滤并重新采样,以降低输出带宽。任何单轴的输出都可以在 1～10Hz 之间进行带通,并在远程测量信息中报告。磁力计有一个内部校准线圈,可以通过命令操作。

4)X 射线/γ 射线光谱仪

X 射线/γ 射线光谱仪(XGRS)实际上是两个仪表。X 射线光谱仪使用 3 个气体填充的比例计数器来测量在小行星上通过太阳耀斑激励的 X 射线荧光:这 3 个计数器中有 1 个不带滤光器,1 个带有镁滤光器,还有 1 个带有铝滤光器。在探测器顶上安装了两个背朝小行星表面的太阳监控器。其中,一个太阳监控器也是气体填充的比例计数器,另一个则是一种新技术开发产品——内部带有热电冷却器的高分辨率固态硅检测器。气体填充的比例计数器能量分辨率约为 1 keV 半峰全宽(FWHM)。高分辨率固态太阳监测器的分辨率约为 2 倍。通过上升时间鉴别方法来过滤掉宇宙射线、高能粒子和其他背景噪声源。通量至少为 10kHz。对此仪表,在飞行过程中可以使用一个 Fe–55 校准源进行校准。

5)激光测距仪

激光测距仪(NLR)是直接检测单脉冲测距仪。该激光器在仪表 50km 最大量程下的最大发散度为 300mrad(1rad = 10^{-2} Gy)。在测试中测量的分辨率高于 0.5m。重复速率可选择 1/8Hz、1Hz、2Hz 和 8Hz(2s 脉冲)之间选择。

2.2.4 飞行过程

2.2.4.1 发射

1996 年 2 月 17 日,在佛罗里达卡纳维拉尔角的东部试验场,由 Delta – 7925 – 8 运载火箭将会合 – 舒梅克号探测器发射升空,如图 2 – 17 所示。这是第一次利用如此小的火箭发射行星际探测器。所需的发射能量(C_3)约为 26.0km^2/s^2,所允许的航天器的质量为 805kg。

大约发射后 20min,会合 – 舒梅克号探测器与第三级火箭分离,此时控制探测器姿态的责任从运载火箭转移到会合 – 舒梅克号探测器的 GNC 子系统,同时减慢旋转速度,然后展开太阳能电池板。

图 2 – 18 为会合 – 舒梅克号探测器的发射轨迹。会合 – 舒梅克号探测器一离开地影区域,光学观测数据和从澳大利亚堪培拉得到的早期跟踪数据显示不需要执行紧急修正机动。第一次轨道机动可以至少等待一周。即使会合 – 舒梅克号探测器的入轨误差大到 300m/s 也有应急策略使其完成主要的科学目标,幸运的是,没有实施该策略的必要。

图 2–17 1996 年 2 月发射
会合 – 舒梅克号探测器

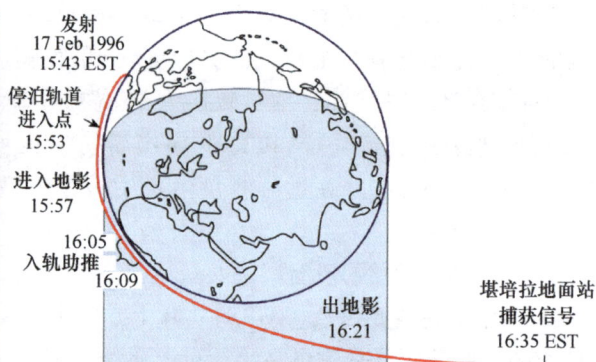

发射
17 Feb 1996
15:43 EST
停泊轨道
进入点
15:53
进入地影
15:57
16:05
入轨助推
16:09
出地影
16:21
堪培拉地面站
捕获信号
16:35 EST

图 2–18 会合 – 舒梅克号
探测器发射轨迹

2.2.4.2 巡航

会合 – 舒梅克号探测器离开地球轨道后,进入第一部分的巡航阶段(图 2 – 19)。大部分的巡航阶段飞行器处于"休眠"状态,但在飞越梅西尔德星的前几天会结束休眠状态。

会合 – 舒梅克号探测器发射之后,需要进行 5 次中途修正(Trajectory Correction Maneuvers,TCM)使其飞越 Mathilde 如表 2 – 8 所列。

TCM – 1 消除了大部分的发射入轨误差。但是由于推力器没有飞行校准,所以施加的 TCM – 1 比期望值增大了 10% 。TCM – 2 达到了更高的精度,TCM – 2 是

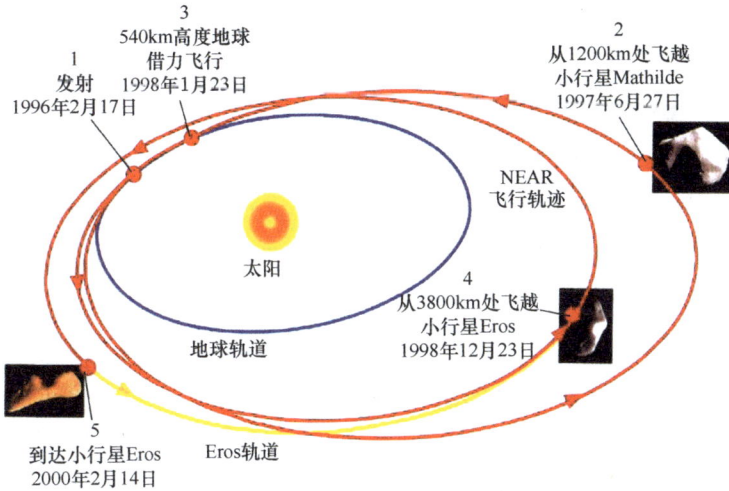

图 2-19　会合-舒梅克号探测器巡航阶段的飞行轨迹

表 2-8　Mathilde B 平面参数

	B - T	B - R	距离/km		1996 年 7 月
			Mathilde	目标点	27 日 UTC
发射	-252527.0	+832105.0	869580.0	870733	1512:56.4
TCM-1	+23306.0	-78554.0	81938.0	80784.0	1400:27.3
TCM-2	-2265.0	+1438.0	2683.0	3487.0	1255:49.2
TCM-4	+152.9	-1199.8	1209.5	137.0	1256:00.9
TCM-5	-94.5	-1206.0	1209.7	110.6	1255:52.2
飞越	-100.0	-1221.5	1255.6	117.9	1255:56.7
σ	±5.7	±6.8	±6.8	±6.8	±3.6

注:目标点 B - T = +15.9,B - R = -1199.0,即距离 Mathilde 中心为 1200.0km

由两个不同的推力器相隔 0.5h 施加而到达。TCM-3 和 TCM-4 是由不同推力器施加的,两次机动相隔 23 天从而在两次机动之间获得足够的跟踪数据。图 2-20 为会合-舒梅克号探测器轨迹在黄道面的投影,图中列出了所有的 TCM 和 OCM(为进入 Eros 轨道之后的机动)。春分点位于该惯性视图中的右侧,所以 9 月 23 日时地球位于太阳的正右方,12 月 21 日时地球位于太阳的正上方。在与 Mathilde 交会前的 12h 之前计划施加 TCM-6,当会合-舒梅克号探测器的光学导航图像显示交会点与目标点已经相当靠近时取消了该次机动。由此产生的未受扰动的围绕 Mathilde 交会轨迹对该小行星进行了更精确的质量探测。

　　1997 年 6 月 27 日 12:56 UTC,如图 2-21 所示,会合-舒梅克号在 1200km 的距离处飞越 C 类小行星梅西尔德星(Mathilde),当时的速度为 9.93km/s,并传回一些

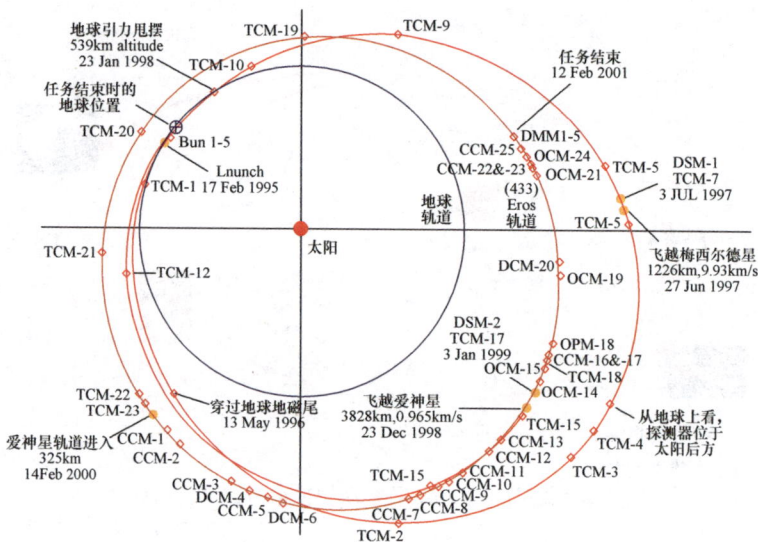

图2-20 会合-舒梅克号探测器日心轨迹及中途修正

影像和其他测量数据。这次飞越探测贡献了500张照片,涵盖梅西尔德星60%的表面(Williams 等,2001),并根据重力数据计算出梅西尔德星的大小与质量(Yeomans 等,1997)。这是人类第一次对 C 类小行星进行了近距离拍摄。

1997 年 7 月 3 日,即飞越 Mathilde 6 天之后,NEAR 的 LVA 发动机工作约 11min,完成了第一次确定性机动 DSM-1,即 TCM-7。这次由加速度计引导的机动近乎完美,其机动大小为 269m/s。近地小行星交会的速度以 -279m/s 的速度增加,而近日

图2-21 飞越 253Mathilde 时拍摄的图片

点则从 0.99 AU 降低至 0.95 AU。这次机动将 NEAR 推进了 1998 年 1 月飞越地球的轨迹。为了防止一些错误情况以及 7 月 3 日的轨道机动施加失败,准备了 2 个月后施加的 DSM-1 应急策略,然而该应急策略完全没必要实施。会合-舒梅克号 Shoemaker 截止到 1997 年 7 月已经执行的机动见表2-9。

表2-9 NEAR Shoemaker 截止到 1997 年 7 月已经执行的机动

事件	执行日期	$\Delta V/(\text{m/s})$	ΔV 误差/%
消旋机动	1996 年 2 月 17 日	0.07	N/A
卸载机动	1996 年 2 月 24 日	0.12	N/A
中途修正机动1	1996 年 3 月 2 日	9.40	9.79
中途修正机动2A	1996 年 9 月 13 日	2.12	2.54

（续）

事件	执行日期	ΔV/(m/s)	ΔV 误差/%
中途修正机动 2B	1996 年 9 月 13 日	0.15	8.78
中途修正机动 3	1997 年 1 月 6 日	0.06	1.57
中途修正机动 4	1997 年 1 月 29 日	0.02	1.82
中途修正机动 5	1997 年 6 月 18 日	0.62	1.59
中途修正机动 7(深空机动)	1997 年 7 月 3 日	269.31	0.04

1998 年 1 月 23 日 7:23 UTC,会合 - 舒梅克号探测器靠近地球,借助地球引力改变轨道,距地球最近为 540km,改变轨道倾角由 0.5°增加到 10.2°,得到缓慢接近爱神星所需的最佳几何角度,远日点由 2.17AU 降低为 1.77AU,更接近爱神星。

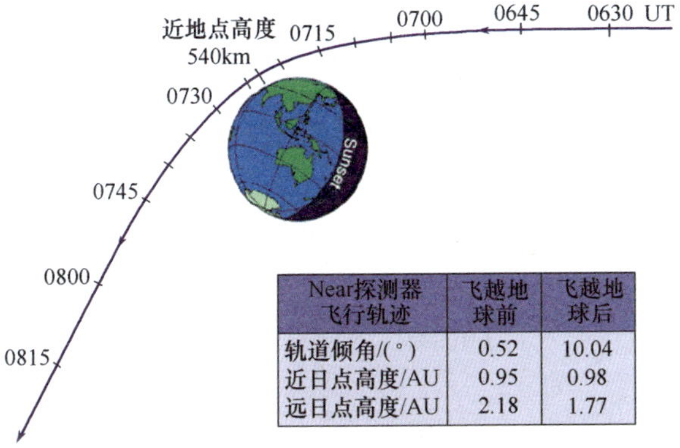

Near探测器飞行轨迹	飞越地球前	飞越地球后
轨道倾角/(°)	0.52	10.04
近日点高度/AU	0.95	0.98
远日点高度/AU	2.18	1.77

图 2 - 22　1998 年 1 月 23 日会合 - 舒梅克号探测器地球借力飞行

会合 - 舒梅克号探测器于 1998 年 12 月 20 日至 1999 年 1 月 10 执行 4 次机动,从而降低航天器的速度,提高速度精度与 Eros 交会。由于系统故障,交会机动(RND - 1)执行失败,速度机动能力损失 96m/s,损失燃料 29kg。1998 年 12 月 23 日会合 - 舒梅克号探测器以 965m/s 的速度快速飞越了爱神星,接近距离为 3827km,最高的分辨率为 400m,这已经足够可以对小行星表面的起伏状态进行判断,能够对 Eros 的大小和形状进行测量,这是对近地小行星第一次进行近距离观测。

针对出现的问题,对会合 - 舒梅克号飞行轨迹进行了重新规划。最终决定在 1999 年 1 月 3 日执行机动,使会合 - 舒梅克号探测器在 2000 年 2 月再次与 Eros 交会,给会合 - 舒梅克号探测器足够的时间在 4 月降低到 100km 以下的轨道。

2.2.4.3　捕获

2000 年 2 月上旬,会合 - 舒梅克号探测器以 20m/s 的相对速度接近 Eros。2 月 2 日执行了首次机动,其大小为 9.5m/s。会合 - 舒梅克号探测器接近 Eros 的设计任务是,会合 - 舒梅克号探测器在太阳与 Eros 连线时,以与 Eros200km

的距离和 10m/s 的相对速度飞越 Eros,这时可以以近 0°的相位角利用红外光谱仪对 Eros 进行大量的观测(0°相位角是红外光谱仪的理想测量条件)。会合‐舒梅克号探测器经过太阳—Eros 连线(会合‐舒梅克号探测器在太阳—Eros 连线时称为零相位飞越)10h 之后,会合‐舒梅克号探测器到达所需的轨道面,该轨道面垂直于太阳方向,距离 Eros 约 330km,在此时执行 10m/s 的轨道插入机动(OIM)。

在 2 月 2 日的机动失败之后,分别于 2 月 3 日和 2 月 8 日成功执行了两次机动(TCM‐22 和 TCM‐23),从而维持计划序列和零相位飞越,如图 2‐23 所示。2 月 3 日,会合‐舒梅克号探测器交会爱神星的轨道调整完成,相对爱神星的速度由 19.3m/s 减缓至 8.1m/s。2000 年 2 月 8 日再次调整轨道,相对速度略为增加至 9.9m/s。

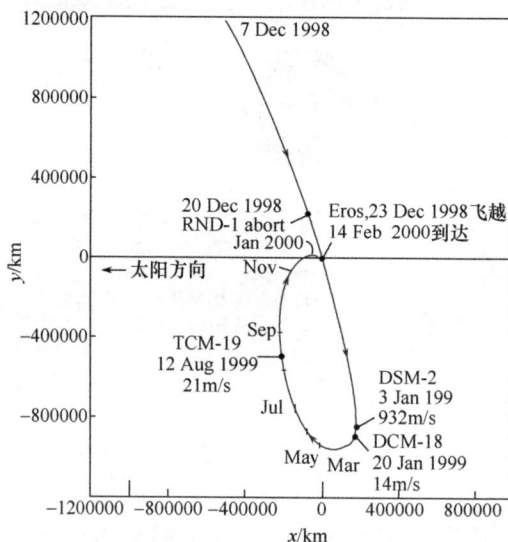

图 2‐23 会合‐舒梅克号探测器的 U 型返回 Eros 轨迹

2000 年 2 月 14 日 15:33UTC,会合‐舒梅克号探测器进入 321km×366km 的轨道绕行爱神星。

2.2.4.4 环绕和着陆

2000 年 7 月 14 日,舒梅克号进入 35km 的圆形极地轨道,停留 10 天,于 9 月 5 日回到 100km 的轨道(图 2‐24)。2000 年 10 月 26 日,近地小行星交会再次调整轨道,在距离爱神星表面 5.3km 的位置掠过。

舒梅克号在移动到 200km 的圆形轨道后,接着将轨道从接近极地的顺行轨道移动到靠近赤道的逆行轨道。2000 年 12 月 13 日,会合‐舒梅克号探测器回到 35km 的低圆形轨道。

2001 年 1 月 24 日,会合 – 舒梅克号探测器开始一系列的近距离(5~6km)飞掠爱神星的表面,并在 1 月 28 日以 2~3km 的距离通过该小行星,如图 2–25 所示。

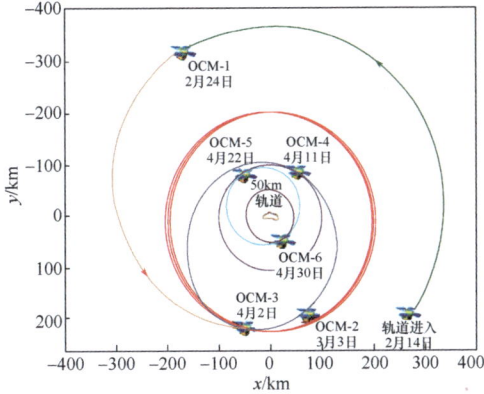

图 2–24 会合 – 舒梅克号探测器
环绕 Eros 的轨道

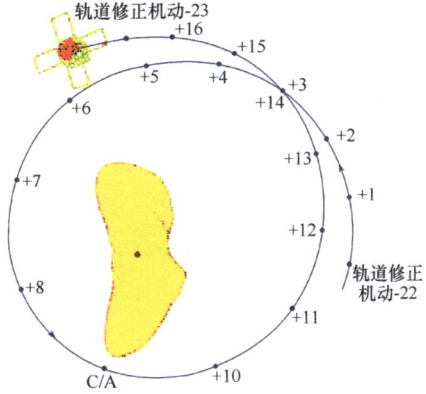

图 2–25 会合 – 舒梅克号探测器
近距离飞越 Eros

会合 – 舒梅克号探测器任务的最初设计并没有附着探测任务,是预定探测完成之后的延期任务,2001 年 2 月 12 日,科学家操纵会合 – 舒梅克号探测器缓缓降落到爱神星南部一个鞍形特征的地区(图 2–26),采用了一种开环控制策略,即四次制动抵消 NEAR 的接触速度(图 2–27)。

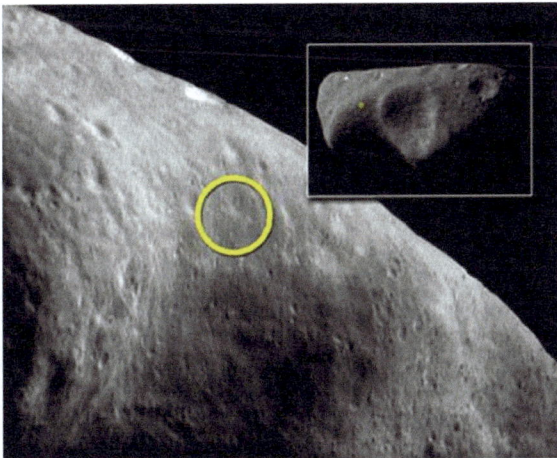

图 2–26 会合 – 舒梅克号探测器的降落点

10:31:31 会合 – 舒梅克号探测器开始离轨机动,脱离 36km 圆形环绕轨道,点火持续时间为 0.25min,速度增量为 2.54m/s,效率为 100%;14:16:29 会合 – 舒梅克号探测器开始第一次制动减速,持续时间为 2.52min,速度增量为 8.06m/s,效率为 81%;

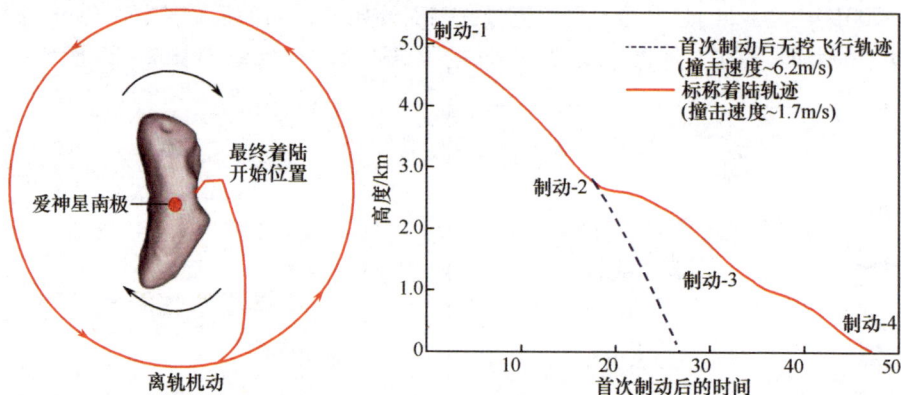

图 2-27 会合-舒梅克号探测器最终着陆轨道

14:31:53 会合-舒梅克号探测器开始第二次制动减速,持续时间为 5.41min,速度增量为 4.89m/s,效率为 74%;

14:47:50 会合-舒梅克号探测器开始第三次制动减速,持续时间为 6.57min,速度增量为 5.57m/s,效率为 77%;

14:58:55 会合-舒梅克号探测器开始第四次制动减速,持续时间为 2.93min,速度增量为 2.26m/s,效率为 77%;

15:01:51 会合-舒梅克号探测器与 Eros 表面接触,垂直接触速度为 1.5～1.8m/s。

成功着陆,是指会合-舒梅克号探测器没有被撞碎或弹回——降落在爱神星的表面,降落后它的一些仪器甚至还能工作。但它的高性能天线无法指向地球,只能通过另外的天线接收慢得很的数据。会合-舒梅克号探测器在向爱神星表面降落的过程中发回了从 1500m 下降到 120m 高度时拍摄的照片(图 2-28),是会合-舒梅克号探测器所拍摄的最后一张爱神星表面图,图(b)的下半部分是传输信号中断造成的。

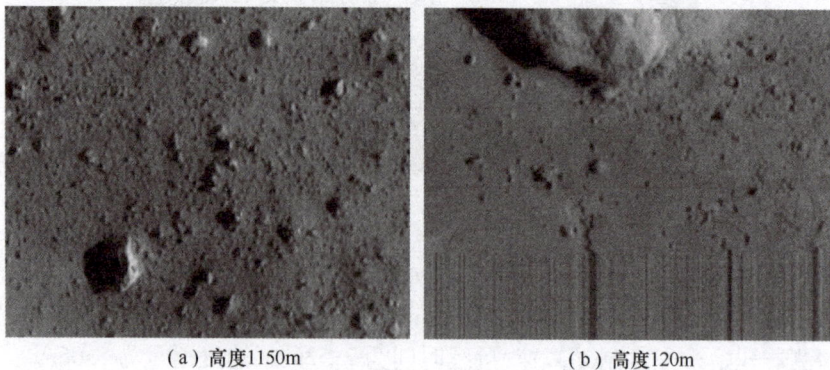

(a) 高度1150m　　　　　　　　(b) 高度120m

图 2-28 爱神星的表面

2001 年 2 月 28 日，美国东部时间晚 7 时接收到会合－舒梅克号探测器发出的最后一个资料信号。

2.2.5　探测成果

会合－舒梅克号探测器在飞往爱神星的途中顺访了梅西尔德星小行星，这是人类首次近距离观测 C 类小行星。1997 年 6 月 27 日会合－舒梅克号探测器在距梅西尔德星 1212km 处飞过，测得其形状为 66km×48km×46km，表面黝黑且有大量陨击坑，多光谱成像观测发现其表面被 4 个直径大于 20km 的陨击坑覆盖。近 60% 的表面没有发现颜色和反照率的变化，推测是梅西尔德星上的富碳物质区域。梅西尔德星表面的反照率与地球上收集到的 CM 群碳质球粒陨石密度的 1/2，可以预料其内部可能是多孔松散结构或者含有水冰。梅西尔德星的自转周期为 17.4 天，在已知小行星中列第三慢；梅西尔德星没有卫星。

会合－舒梅克号探测器 2000 年 2 月飞抵爱神星。会合－舒梅克号探测器在 12 个月的绕飞过程中，测量了爱神星的大小、形状、质量、质量分布、重量、磁场、自转率、化学成分和主要矿物的全球分布特性。爱神星的自转周期是 5.27h（图 2-29），反照率为 0.16，形状为 34.4km×11.2km×11.2km，没有卫星，密度为 $(2.67±0.03)$ g/cm^3，表面重力为 0.23 ~ 0.56cm/s^2，重力场很弱但足够飞船的绕飞（Zuber，2000）；爱神星的一边是具有辉石成分的平面状表面，另一边是以橄榄石为主的凸面，表面化学成分接近原始球粒陨石；爱神星有长 20km 的山脉状形状，密度较高，表明有陨击坑，2 个最大的陨击坑直径分别是 10km 和 6.5km，表明陨击坑数量较少。

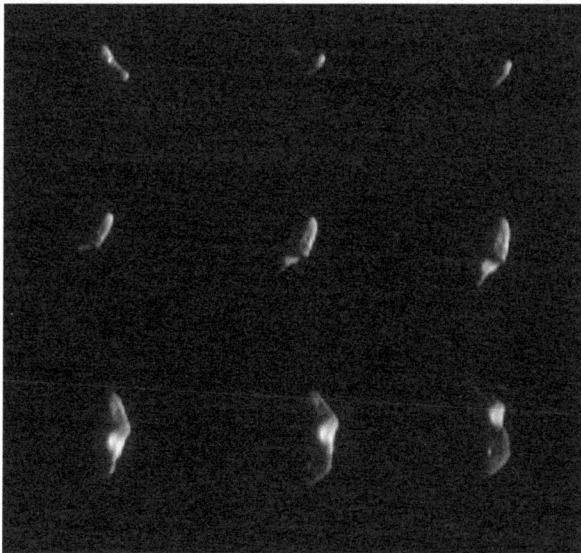

图 2-29　爱神星的自转状态

2.3 "深空"1号探测器

2.3.1 概述

"深空"1号(Deep Space 1)探测器是NASA为到来的新世纪的千年庆典推出的一种低价位的探测器(图2-30),主要任务是考察新开发的推进器动力和导航系统方面的新技术应用情况,同时担负探测小天体的任务。

"深空"1号探测器于1998年10月发射,1999年7月飞越近地小行星布雷尔(Braille),最近距离不超过15km,是迄今人类发射的探测器中飞越太阳系里小行星距离最近的一次。

该探测器采用电推进技术,在正常工作模式下,使用电推进推力器(IPS)控制探测器的两个轴,使用基于肼的反作用控制系统(RCS)控制另一个轴。采用太阳敏感器、星敏感器和速率陀螺确定姿态。当星敏感器故障时,采用小型综合相机(MICAS)作为替代。

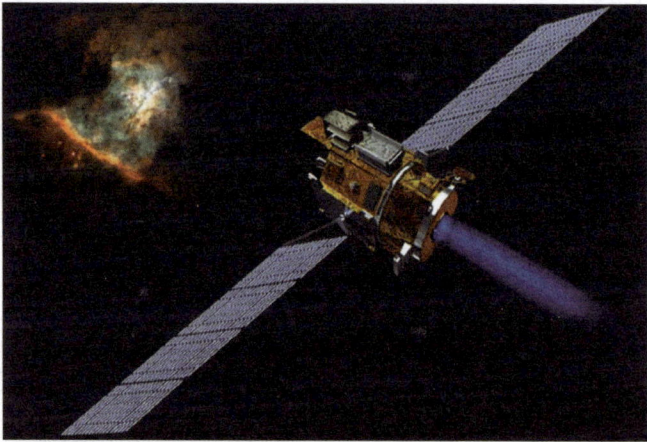

图2-30 "深空"1号探测器

2.3.2 探测对象和科学目标

"深空"1号探测器与其说是科学航天器,倒不如说是技术开发航天器,因为它的主要任务是在月球以外的深空实验12项可能用于未来科学计划的新型技术,主要包括电推进、深空自主管理和先进载荷等技术。这也是它被命名为"深空"1号探测器的原因。其中两项新技术在发射后12h生效:太阳聚光器的功能是用圆柱体透光镜将阳光集中到3600块太阳能电池上;另一项是深空应答机。

另外,自主导航和回转离子发动机的试验是"深空"1号探测器最大的亮点,回转离子发动机工作原理:撞击氙原子中的电子,使之由氙原子核中被剥离出来成为等离子的氙原子,用电极加速使之形成速度达到 28km/s 的迅猛喷射流,这种喷射的反作用力使探测器加速;由于可提供几乎连续的推力,因此其效率是传统火箭的 10 倍以上。这是一项前景十分看好的新型火箭技术。

"深空"1 号探测器的探测目标有 Braille 小行星(图 2 – 31)、Borrelly 彗星、Wilson – Harington 小行星。Braille 轨道参数见表 2 – 10。

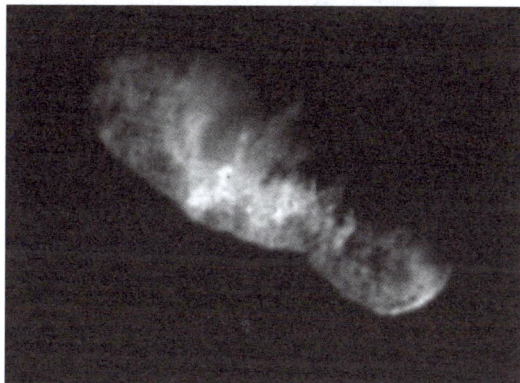

图 2 – 31　Braille 小行星

表 2 – 10　Braille 轨道参数(历元 2011 年 2 月 8 日)

轨道参数	取值	轨道参数	取值
远日点/AU	3.35581	轨道倾角/(°)	28.88575
近日点/AU	1.33550	平近点角/(°)	282.88643
半长轴/AU	2.34566	升交点黄经/(°)	242.05494
偏心率	0.43065	近日点幅角/(°)	237.76855
公转周期/年	3.59527	—	—

"深空"1 号探测器于 1998 年 10 月 24 日发射,1999 年 7 月 29 日飞越小行星 Braille。

2.3.3　总体设计

"深空"1 号探测器基于 SA – 200HP 卫星平台研制,发射质量为 486.3kg,干质量为 373.7kg,使用的化学燃料肼的质量为 31.1kg,离子推进剂氙气按质量计为 81.5kg。探测器长 2.1m、宽 1.7m、高 2.5m,基本结构如图 2 – 32 所示。

"深空"1 号探测器主要包括高增益天线(HGA)、低增益天线(LGA)、化学推进器(RCS)、离子发动机(IPS)以及微型图像相机和分光计(MICAS)。其中离子推进器以及微型图像相机和分光计是其最主要的实验项目的单机组成(表 2 – 11)。

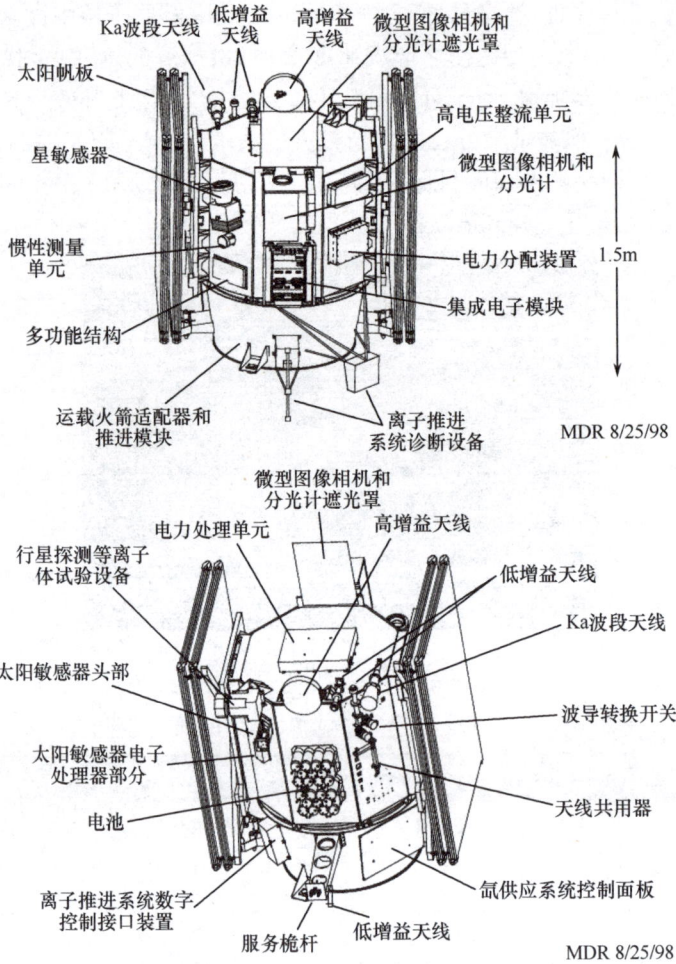

图2-32 "深空"1号探测器结构

表2-11 "深空"1号探测器基本情况

尺寸	长2.1m,宽1.7m(帆板折叠)、11.8m(帆板展开),高2.5m
质量	发射质量486.3kg,干质量373.7kg
太阳能阵列功率	2500W(1AU)
主推进系统	离子电推进系统,干质量48kg,推进剂氙气81.5kg,采用1台NSTAR离子推力器
姿控推进系统	落压式单组元化学推进系统,干质量9.6kg,增压气体0.01kg,推进剂肼31.1kg,采用8台MR-103C单组元推力器
推力矢量调节机构	两轴调整范围±5°

2.3.3.1 离子推进

"深空"1号探测器离子推力器采用了 NASA 格林研究中心研制的 NSTAR 离子推力器(图2-33)。NSTAR 离子推力器栅极直径为30cm,质量为8.33kg,工作模式共有16个调节级别,功率为0.5~2.3kW,推力为20~92mN,比冲为1900~3100s,总效率为47%~63%,工作时间超过8000h。仅消耗工质(氙气)73kg,共为探测器提供了约4km/s的速度增量。

离子发动机是"深空"1号探测器的主推进系统,由休斯电子动力分公司负责研制,其名称为航宇局太阳能技术试验发动机,简称 NSTAR,发动机及其相关电子设备总质量约为48kg。

离子发动机在最大输入功率为2.5kW时,其喷气速度可达30km/s,氙气流为3mg/s,比冲可达3100s,产生的推力为92mN。不过发动机产生的实际推力略小于上述值,原因是太阳电池阵提供的电力达不到2.5kW。

"深空"1号探测器共携带81.5kg的氙气,其密度同液态水相仿。氙气很容易电离,且比铯和汞等推进剂的负面影响小。它的节流装置可调6挡,最低的一挡可使推力降至20mN(电能为0.5kW),此时的比冲为1900s。"深空"1号探测器所携带的81.5kg的氙气在半节流状态可工作15个月以上。

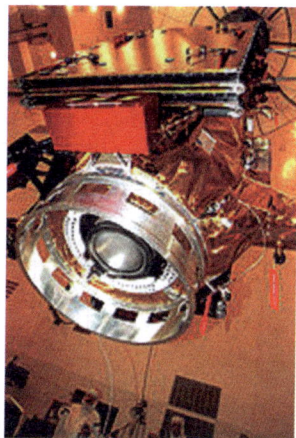

图2-33 "深空"1号探测器的电推进系统

"深空"1号探测器离子电推进系统由1台30cm离子推力器、1台电源处理单(PPU)、1套氙气供给子系统(XFS)和1台数字控制与接口单元(DCIU)组成,如图2-34所示。离子推力器在 XFS 输送的氙气和 PPU 提供的电压、电流条件支持下工作,XFS 和 PPU 在 DCIU 控制下工作,同时 DCIU 接收和执行卫星计算机的指令,并将离子电推进系统的遥测数据传送给卫星数据系统。为了与不同太阳距离条件下太阳帆板输出功率的大小相匹配,离子推力器的工作功率范围设计为525~2300W,在这个功率范围内设计了16个独立的推进剂流率设定点(工作点),使推力器在功率变化时能匹配工作,标记为 TH0~TH15,每一个 TH 又被分为7个功率等级,共有112个工作点。推力器设计的功率范围为0.5~2.3kW,推力为20~92m·N,比冲为1950~3100s,寿命初期效率为42%~0.62%,设计寿命为8000h,消耗推进剂为83kg,提供冲量为 2.65×10^6 N·s。XFS 设计为以超临界状态储存83kg氙气,并以3%流率控制精度供应推进剂,PPU 设计为直接从80~160V 直流的太阳阵输入供应合适推力器工作的电流和电压,DCIU 用于数据获取、控制和通信。

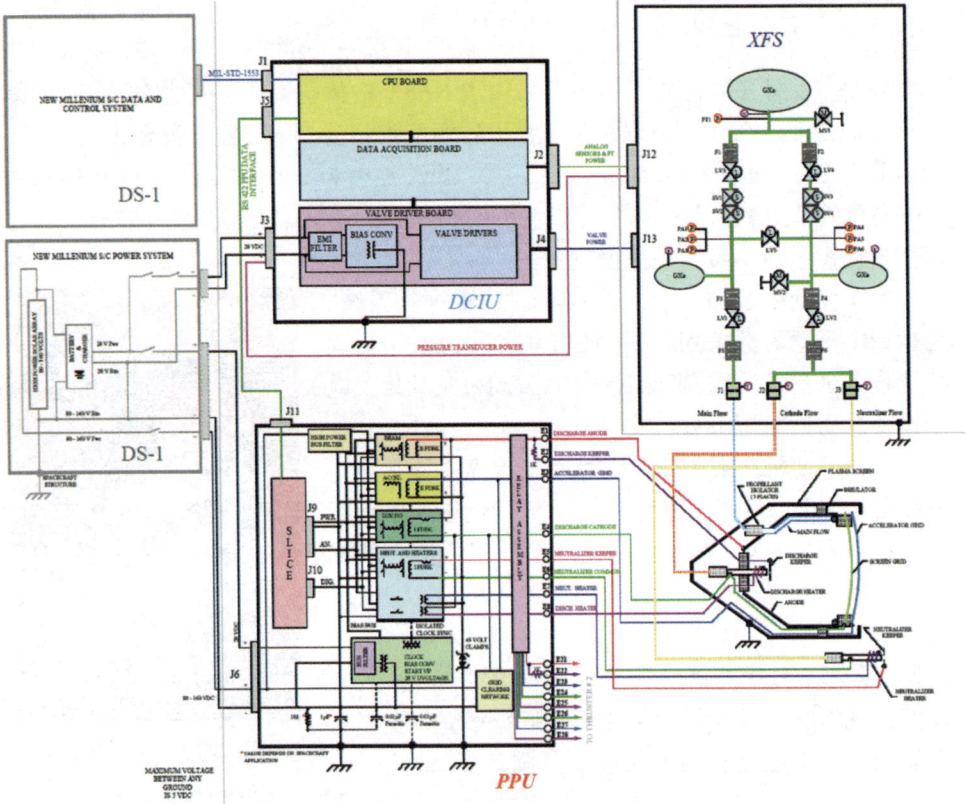

图 2 – 34　离子电推进子系统的组成

离子电推进系统在"深空"1 号探测器上的布局如图 2 – 35 所示。离子推力器安装航天器 – Z 面上。

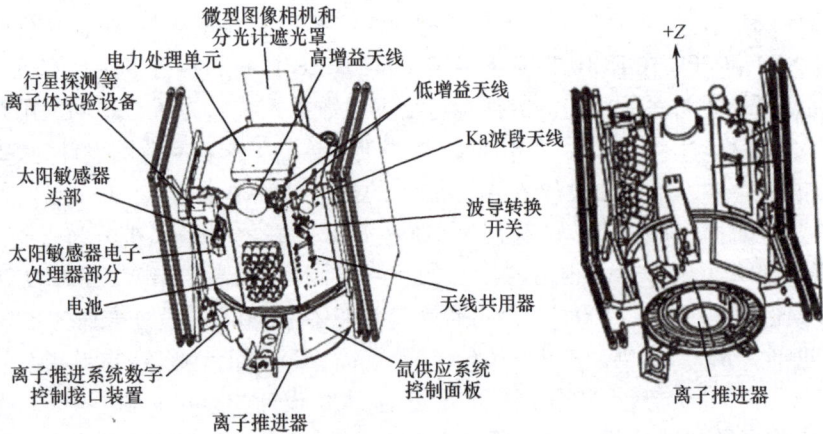

图 2 – 35　离子电推进系统布局

其轴线与航天器的 $-Z$ 轴重合。推力器体身位于一个罩壳内。推力器没有采取主动温控措施,但是在推力器高功率工作和航天器与太阳距离在 1AU 内时,推力器工作期间不允许太阳在推力器轴线上的照射角小于 30°。为了使 PPU 产生的热量通过辐射有效地散发出去,它被安装在航天器的 $+Z$ 面的表面,辐冷器也安装在此面上。该面在 80℃ 时,能够辐射 235W 的热量,在 0℃ 时,能够辐射 85W 的热量。PPU 热控范围为 $-5 \sim 50℃$,不工作时的温度有 70W 和 100W 的加热器组合进行温控。

2.3.3.2　自主导航

由于"深空"1 号探测器上的可见光相机位置不当,飞越过程中并没有拍到小行星布雷尔的可见光照片。"深空"1 号探测器利用自主导航系统并通过星上相机对布雷尔进行光学跟踪,并沿着距目标最近 15km 的飞越路线飞行。布雷尔最先被探测到的时间是飞越前 1.5 天,由于它非常暗弱,星上软件无法识别,所以是在地面上对相机的图像进行分析后才找到它的。自主导航系统探测到目标的时间是飞越前 18h,比原定时间要晚,原因是布雷尔比预想的要暗弱,而星上相机又没有预想的灵敏。正常情况下,技术人员估计光学导航系统所能达到的相对于该小行星的轨道精度为 $3km(1\sigma)$,但由于图片资料较少,实际精度可能没有达到这一水平。

遥测数据表明,自主导航系统最后一次探测到布雷尔的时间是飞越前 75min。飞越前 28min 时由 CMOS 可见光相机拍摄的下一幅照片中就没有了布雷尔的身影。此后拍摄的 23 张可见光照片上也没有发现它。飞越后,"深空"1 号探测器用 15min 的时间进行了一次 180° 的复杂的转弯,以对布雷尔的背面进行拍照。

2.3.3.3　电源系统

"深空"1 号探测器使用了太阳聚能阵,以满足离子推进系统高功率需求。该太阳聚能阵采用折射线性元件技术,使用圆柱形的硅菲涅耳透镜把太阳光聚集在三结砷化镓电池片上,电池片平均效率约为 22%,呈管状排列。包括透镜的光效率在内,总的有效放大倍数达 7.14。实际上太阳电池阵覆盖区域较小,可以降低电池总成本,而且减少了电池片受到的辐射剂量。三结砷化镓电池在 $400 \sim 850nm$ 谱段效率较高,电池阵寿命初期在距离太阳 1AU 处可产生 2.6kW 的功率,每个阵包括 4 块板。"深空"1 号探测器是第一个依靠太阳聚能阵供电的航天器,也是第一次携带多带隙电池飞行。

2.3.3.4　测控数传系统

"深空"1 号探测器通信系统采用 19 通道 X 波段(上行 7.168GHz,下行 8.422GHz)链路。小型深空应答机由 X 波段接收机、指令检测和遥测调制功能单元、X 波段与 Ka 波段激励器组成,其中 X 波段与 Ka 波段固态放大器提供 X 波段的 12W 发射功率,Ka 波段的 2.2W 发射功率。

Ka 波段下行也工作在 19 通道(32.156GHz),Ka 波段相位与 X 波段下行载波相位相关。与 X 波段工作方式一样,Ka 波段载波可以以单载波、遥测信号调制或者测距信号调制工作方式工作。

"深空"1 号探测器有 4 个 X 波段天线,其中高增益天线上/下行波束宽度分别为 ±4° 和 ±4.5°,3 个低增益天线指向不同的航天器安装轴,其上/下行波束宽度均为 ±35°。通过波导传输开关的控制,X 波段上/下行链路总是工作在同一天线。通过 Ka 波段喇叭天线发射 Ka 波段下行链路信号,Ka 波段喇叭天线的半功率波束宽度为 ±3.5°。

"深空"1 号探测器测控数传系统配置 1 副 X 波段高增益收发天线、3 副 X 波段低增益收发天线、1 副 Ka 波段喇叭天线,配置 1 台深空应答机、1 台固态功率放大器。表 2-12 给出了"深空"1 号探测器测控数传系统的主要配置。

表 2-12 "深空"1 号探测器测控数传系统的主要配置

项目	数量	备注
HGA	1(收/发)	—
LGA	3(收/发)	安装与 ±Z 面和 +X 面
KHA	1 发	Ka 波段喇叭天线
Ka 波段固态放大器	1	—
X 波段固态放大器	1	—
深空应答机	1	—
Ka 波段激励器	1	—
X 波段激励器	1	—
码率	125b/s(上行码率) 2100b/s(下行码率)	—
Ka 波段试验设备	1 套	—

图 2-36 为"深空"1 号探测器测控数传系统原理。

1) 小型化深空应答机

小型化深空应答机(SDST)是"深空"1 号探测器试验的三大技术之一(图 2-37),与地面系统配合可以为航天器与任务控制中心提供控制、遥测和通信功能。SDST 将接收机、命令检测、遥测调制、转发测距信道、信号发生器和控制功能等部分集成到总质量 3kg 的盒子内。SDST 上行链路工作在 X 波段,下行链路工作在 X/Ka 波段。SDST 也可基于无线电导航用途工作于相干和非相干两种方式。

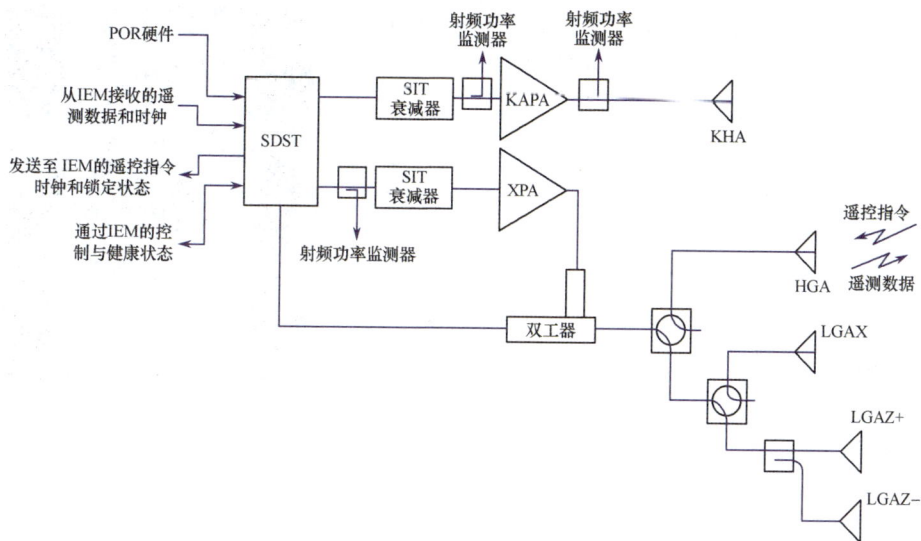

图 2 - 36   "深空"1 号探测器测控数传系统原理

SDST 主要完成如下功能:

（1）上行链路接收:

① 接收解调 X 波段上行链路载波;

② AGC 功能,用于接收功率控制;

③ 接收解调遥控副载波。

（2）下行链路发射功能:

① 以辅助振荡器或超稳定振荡器生成非相干下行载波;

② 完成下行遥测链路的卷积编码和副载波调制;

图 2 - 37   小型化深空应答机 SDST

③ 完成遥测副载波或遥测信号对 X 波段和 Ka 波段载波信号的调制;

④ 为 X 波段或 Ka 波段提高独立的调制度控制功能。

（3）无线电测量:

① 生成两路下行链路载波,该信号与上行信号相关;

② 解调上行链路测距信号,并重新调制与下行载波信号;

③ 为下行链路提高单向差分(DOR)侧音信号。

（4）SDST 自身性能监视和与航天器控制系统的数据接口。

SDST 技术在"深空"1 号探测器中成功应用,后续发射的奥德赛和"海盗"均使用了 SDST。

2）Ka 波段固态功率放大器

Ka 波段固态功率放大器(KaPA)是深空航天器中功率最大的 Ka 波段固态放

2.3 "深空"1 号探测器

大器,如图2-38所示。KaPA工作在32GHz,质量为0.7kg,KaPA放大来自SDST激励器的Ka波段信号至2.2W,效率为13%。

作为技术验证的一部分,"深空"1号探测器在发射后两个月内第一次成功演示验证了KaPA的性能。

3) 信标试验

信标监视技术可以在无下行链路遥测的情况下了解航天器工作状态,并通过信标监视技术向地面系统提供所需的按计划进行的下行遥测、上行遥控工作期中断信息。

图2-38 Ka波段固态功率放大器

信标系统的主要优势在于:当深空网因应付其他任务而使得地面测控资源缺乏时,在不同地点建设和部署仅有侧音检测能力的小型测控站即可以完成任务,由此可以减少经费投入。侧音检测不需要锁相接收机,在低速数据接收时需要的总能量也比遥测接收时小得多。图2-39为"深空"1号探测器信标监视系统组成。

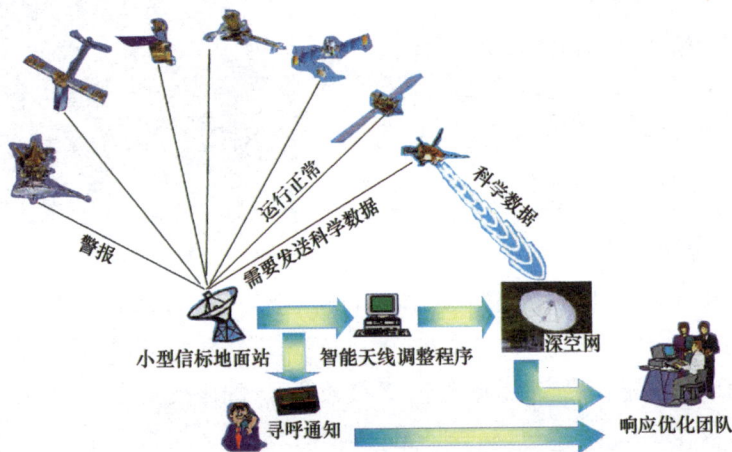

图2-39 "深空"1号探测器信标监视系统组成

配置信标监视系统的航天器信标监测系统主要完成的功能:分析工程遥测数据,确定航天器的健康状态,将航天器的健康状态归纳为少数几个监视状态中的一个(也称为信标状态或侧音状态),将当前监视状态映射为一个适当的监视信号,将监视信号发送到地面。地面系统包括一套新的监测站和一台相应的计算机,在每个深空站均有8m天线的信标接收系统。

4) 天线安装与性能

X波段HGA、LGAX和Ka波段喇叭天线最大增益方向平行与X轴,LGAZ-和

LGAZ + 的最大增益方向平行于 Z 轴,LGAZ + 指向 + Z 方向,LGAZ − 指向 − Z 方向。"深空" 1 号探测器定向指向,是 + X 轴指向地球,使 HGA、LGAX、KHA 有最佳链路性能。LGAZ − 为左旋圆极化天线,其他为右旋圆极化天线。

探测器天线布局如图 2 – 32 所示。X 波段上行方向图和下行方向图相视,波束稍宽。

5) 测控数传系统主要工作模式

(1) 发射段。发射时使用 LGAZ 天线,LGAZ − 对地张角较小,发射 1 天后 LGAZ − 将以 20°张角对地指向。LGA 大范围对地指向可以为上行链路提供遥控能力,为下行链路提供遥测能力。发射时解码前的指令速率为 125b/s。下行副载波为 25kHz、调制指数为 40°并采用(7,1/2)卷积编码时,下行链路数据速率为 2100b/s。初始捕获段,SDST 被设置为相关模式,开启 X 波段测距信道。发射 1 天后,上行链路速率被控制为 2000b/s,同时发射前激活小序列存储载荷,从而将下行链路数据速率调整为 19908b/s,遥测副载波频率为 375kHz,遥测通信调制指数为 65.8°。

(2) 安全模式。安全模式通常发生在有效载荷失效,保护软件检测到某些问题并需要地面进行干预的情况下。

根据不同故障,"深空" 1 号探测器的原载荷设备的 + X 轴对日定向或对地定向方式。从 1999 年发生的故障之后,安全模式下 + X 轴设置为对日定向,且使航天器绕 + X 轴旋转,转动速度为 1 周/h。系统故障保护软件配置 SDST、XPA 和天线,获得最佳遥控性能以及地面站最佳遥测接收性能。2001 年 3 月后的大多数安全模式下通信配置为非相关模式、指令速率为 7.8125b/s、遥测速率为 40b/s、遥测副载波频率为 25kHz、卷积编码为(7,1/2),测距关闭,Ka 波段下行链路关闭,与发射模式类似。设备配置与当时的器地距离和日器地夹角相关。

(3) 悬停过境(HGA 指向地球,高码率通信)。探测器停止其他任务活动,调整姿态使 HGA 对地,提高对地通信能力。悬停过境按计划实施,大约为每周 1 次,期间下传自上次悬停过境后积累的遥测数据,上传新的指令序列、提供测距和多普勒数据。

在过境开始之前,探测器通过推进系统使 + X 轴对"恒星"指向,由于 + X 轴可能偏离地球,"深空" 1 号探测器与地面有时不能保证最基本的通信。悬停过程是 + X 轴指向地球的过程,通过有效载荷算法控制探测器指向姿态而完成。跟踪开始之前,探测器对地指向推进过程停止,单使 + X 轴以对地指向为参考向地球靠近,同时选择高增益天线,重新启动 IPS 推进,开启 X 波段下行链路。当下行传输遥测数据数据量较少时,测距过程可以均匀分布与整个过境过程;当下行遥测数据量较大时,测距可以在几个过境内完成。悬停结束前 1 ~ 2h,探测器恢复到推进姿态,IPS 重新启动,并且下行链路关闭。

(4) 周中过境(IPS 操作的推进姿态)。周中过境与悬停过境交替进行。周中过境通常安排在 1 周之中的前几天进行。在周中过境期间,以 IPS 推进模式根据敏感器信息调整探测器三轴指向。在主要任务期间的某一天选用 LGAX 天线或 LGAZ 天线中的某一个天线对地,由该天线提高最佳的通信支持服务。对大多数扩展任务和超扩展任务,最好使用 LGAX 天线,一维 + X 轴与地球之间的夹角达 $0° \sim 50°$。

根据悬停过境期间预报的地面站跟踪弧段,选用 3 个低增益天线中的 1 个支持器地通信。采用相关工作模式,提供双向多普勒数据,以此判断推进过程是否按计划进行。

2.3.3.5 载荷

"深空"1 号探测器是一颗以技术试验为主的深空探测器,试验内容共有 12 项,用来验证未来低成本空间科学项目所需的技术,主要包括电推进、大功率聚光太阳阵、自主星载导航、小型深空转发器、Ka 波段固态功放、信标监视器控制、自主遥控装置、低功率电子器件、电源激励和切换模块、多功能结构、两个轻型的科学仪器包以及一些无线电通信和微电子设备。在两年的任务期内,将对采用这些技术的有效载荷进行细致的测试,以评估其性能。尽管"深空"1 号探测器的主旨是技术验证,但同时为研究太阳系科学提供了一个重要机会。在巡航和交会小行星阶段,将利用两个有待验证的科学仪器包、一个集成式红外/紫外/可视工具包和一个等离子物理工具包收集科学数据。此外,为了帮助量化探测器上和近太空环境中电推进系统工作效率而采用的一套场和粒子敏感器将用于与等离子体测量互补的科学测量中。

微型图像相机和分光计(Miniature imaging Camera and Spectrometer,MICAS)是"深空"1 号探测器自主导航系统的关键敏感器,技术参数见表 2 - 13。

表 2 - 13　MICS 技术参数

敏感器	覆盖范围/μm	光谱分辨率/nm	视场/(°)	像元数	像元间隔/μrad
CCD	0.5 ~ 1	—	0.76	1024×1024	13
APS(CMOS)	0.5 ~ 1	—	0.26	256×256	18
紫外分光计	80 ~ 18	2.1			316
红外分光计	1.2 ~ 2.4	12			53

MICAS 有两个可视频道,一个相当于标准的 CCD 探测仪,另一个是相当小的 APS(Active Pixel Sensor),每一个都与焦距为 677mm 的望远镜链接。自主导航系统主要使用 CCD 探测仪,但在相遇小行星前的最后 30min,由于 CCD 的图像已过饱和,导航系统必须使用 APS。MICAS 有获得高质量小行星图像和背景恒星的能力。

2.3.4 飞行过程

"深空"1 号探测器于 1998 年 10 月发射,1999 年 7 月飞越近地小行星布雷尔

（Braille），最近距离约 15km。2001 年 9 月飞越彗星 Borrelly 并传回照片。"深空"
1 号探测器的飞行轨迹如图 2-40 所示。

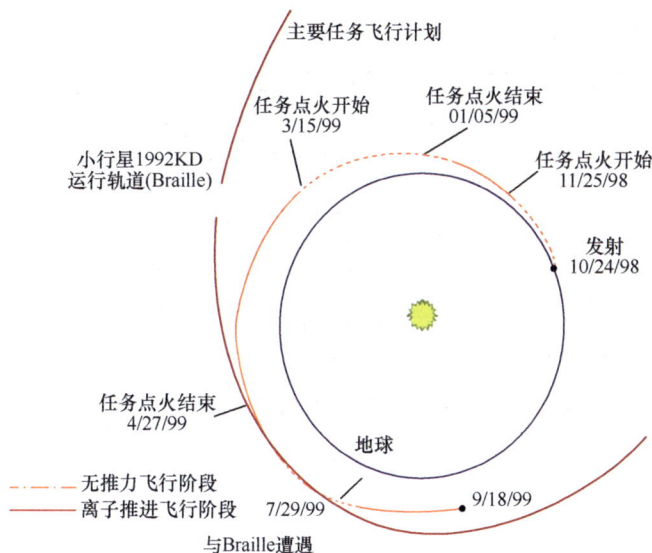

主要任务飞行计划

任务点火开始
3/15/99

任务点火结束
01/05/99

任务点火开始
11/25/98

小行星1992KD
运行轨道(Braille)

发射
10/24/98

任务点火结束
4/27/99

地球

----- 无推力飞行阶段
—— 离子推进飞行阶段

7/29/99　　　　　9/18/99

与Braille遭遇

图 2-40　"深空"1 号探测器飞行轨迹

2.3.4.1　发射阶段

1998 年 10 月 24 日 20 时 08 分（北京时间），从卡纳维拉尔角肯尼迪航天中心，用德尔它 II 型运载火箭发射升空，成功发射后的第 23 天，即 1998 年 11 月 16 日，位于加利福尼亚州帕洛马山天文台的 5m 反射望远镜，拍摄到"深空"1 号探测器。当时它位于双子座方向、距离地球 370 万 km，并正以 1.7km/s 的速度远离地球。

在此过程中，主要由地面进行测控导航。

2.3.4.2　巡航阶段

在巡航段主要以地面无线电导航为主，期间对自主导航控制系统进行验证分析，并对自主导航参数文件修正，以备在相遇阶段进行自主定轨，并对轨道进行修正。

"深空"1 号探测器的导航系统总体方案如图 2-41 所示。

该系统分为实时处理链路（NavRT）和非实时计算链路（NavMain）两大子系统。NavRT 的作用是为姿控系统提供实时星历信息，获取姿控系统以及离子推进系统信息并转换成导航格式转发给自主导航系统。

1）无线电导航

美国深空探测器无线电测控主要依赖深空网（DSN），"深空"1 号探测器的测

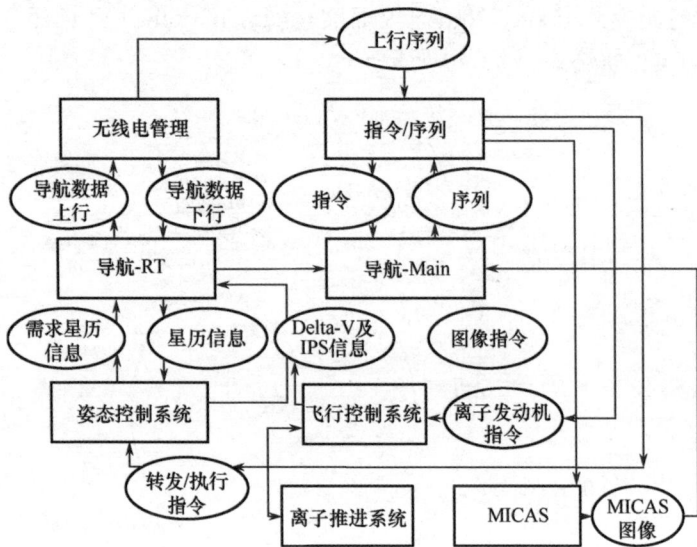

图 2-41 导航系统总体方案

控主要由传统的多普勒测速和测距组成,还有 DDOR(主要应用在相遇阶段)。地面与星上通信主要通过一副高增益天线和几副低增益天线。

2)光学导航

"深空"1号探测器自主导航与传统导航区别(图 2-42):自主导航主要通过星载导航敏感器(MICAS)进行图像采集,然后进行自主定轨。

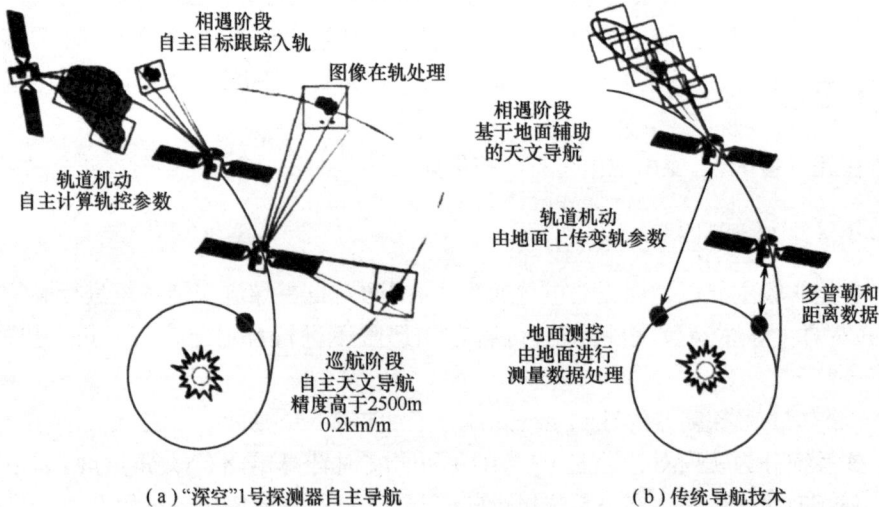

(a)"深空"1号探测器自主导航   (b)传统导航技术

图 2-42   "深空"1号探测器自主导航与传统导航

自主导航主要文件见表 2-14。

表 2 – 14　自主导航主要文件

文件说明	文件大小/kB	文件更新频率		位置
		地面控制	星上自主控制	
Star Catalog	2200	1/mission	无	可擦除只读存储器
Planetary Ephemeris	92	1/mission	无	可擦除只读存储器
TCM Params	5	4/year	无	可擦除只读存储器
Encounter(RSEN)Params	0.3	于小行星遭遇时进行 2 次	无	可擦除只读存储器
Encounter Star Catalog	0.1	于小行星遭遇时进行 2 次	无	可擦除只读存储器
FrankenKenny Params	0.7	于小行星遭遇时进行 2 次	无	可擦除只读存储器
CCD Camera Params	0.6	2/year	无	可擦除只读存储器
APS Camera Params	3	于小行星遭遇时进行 1 次	无	可擦除只读存储器
Beacon Ephemeris File	2	2/year	无	可擦除只读存储器
Mass Profile	56	4/year	无	可擦除只读存储器
Picture plan	20	4/year	无	可擦除只读存储器
Control Params	20	4/year	无	可擦除只读存储器
Photo – Op Params	4	2/year	无	可擦除只读存储器
IPSbum Params	0.4	2/year	无	可擦除只读存储器
Nongrav Params	0.2	2/year	无	可擦除只读存储器
Imageproc Params	0.3	2/year	无	可擦除只读存储器
File of Filenames	1.5	4/year	1/month	可擦除只读存储器
Maneuver	33	4/year	每周	可擦除只读存储器
OD	10	2/year	每周	可擦除只读存储器
Spacecraft Ephemeris	12	1/year	每周	可擦除只读存储器
OpNav	1000	无	每周	随机存取存储器
Nongrav History	40	无	每天几次	可擦除只读存储器

3）导航精度

图 2 – 43、图 2 – 44 展示了不同飞行阶段地面进行轨道确定精度。

发射之前测试的相机精度为一个像素。但是在空间发生严重的失真，因此有必要在星上进行校正（通过拍摄星光），这个过程发生在 1999 年 3 月 5 日，并且 MICAS 团队在 3 月 11 日进行了校正。

在 1999 年 3 月 1 日至 6 月 1 日，轨道确定连续进行。3 月中旬轨道精度下降到 10000km。由于姿态推力的影响导航精度在 3 月底下降到 13000km。尽管如

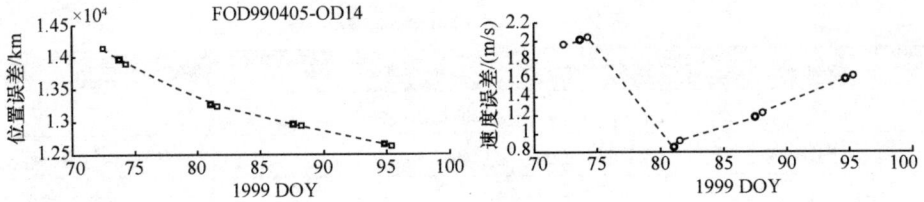

图 2 - 43　飞行阶段地面进行轨道确定精度（1999 年 4 月 5 号）

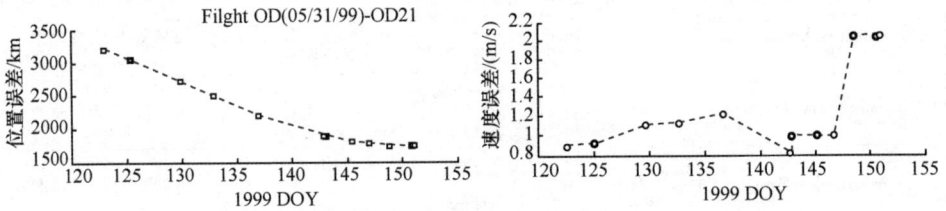

图 2 - 44　飞行阶段地面进行轨道确定精度（1999 年 5 月 31 号）

此,速度精度还是精确到 1.5m/s。这个高精度的速度确定和低精度的位置确定不相容,表示这个系统偏差在于天体的测定。它在这个时间确定是由于对相机指向模型的不准确,随后在上载过程中对参数进行了修正。

经过 1999 年 4 月中旬(之后没有光亮的小行星和合适的轨道性能与几何弱化),这个导航精度改良到 6000km 和 4m/s。在 4 月末,已经改良到 4000km 和 4m/s。4 月末 5 月初轨道确定精度已经达到 2000km,这个不可靠的数据已经逐渐趋于 OD 文件中的数据。速度误差稳定为 4.7m/s。在 5 月末,图像处理掉 74%,轨道确定性能优化到 1700km 和 2m/s,这是因为进行了参数优化与选择好的小行星与恒星,以及密集延迟数据设置。

在 1999 年 5 月上载了新的飞行软件,这个轨道确定精度开始明显优化。这个新的软件包括相机几何畸变模型优化,增加观测质量。新的图像滤波降低散射光的影响,大大增加观测数量。

开始使用新的软件并没有太大的惊喜,不管怎么样。这个轨道确定方案随后在 1999 年 6 月 16 日,下降到 3500km 和 1.7m/s,6 月 20 日下降到 2130km 和 0.9m/s,大于原来的误差 2000。

1999 年 6 月末新的误差的勒让德多项式校正模型的地面处理和上载标准数据是不正确的。经过修正后重新上注,效果显而易见:6 月 29 日,轨道确定精度优于 662km 和 0.58m/s;7 月 2 日,轨道确定精度优于 904km 和 0.3m/s。

2.3.4.3　接近相遇段

在 1999 年 7 月 16 日,无线电轨道确定的确定方案精度为 658km 和 0.34m/s,18 日方案精度为 669km 和 0.32m/s。

最后经过地面数据处理分析定轨可以达到如图 2 - 45 所示精度。

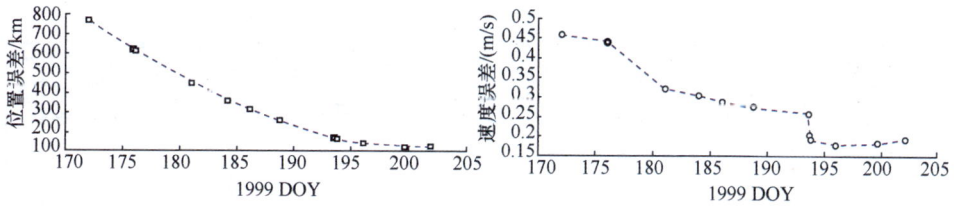

图 2-45　飞行中地面处理定轨(1999 年 7 月 21 日)

轨道机动示意图如图 2-46 所示。

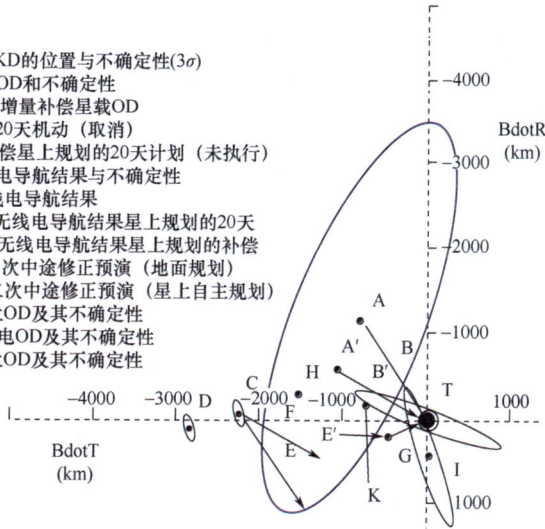

图例

T：小行星1992KD的位置与不确定性(3σ)
A：7月6日星载OD和不确定性
A'：7月6日速度增量补偿星载OD
B：星上规划的20天机动（取消）
B'：速度增量补偿星上规划的20天计划（未执行）
C：7月6日无线电导航结果与不确定性
D：7月13日无线电导航结果
E：基于7月6日无线电导航结果星上规划的20天
E'：基于7月6日无线电导航结果星上规划的补偿
F：7月13日第一次中途修正预演（地面规划）
G：7月13日第二次中途修正预演（星上自主规划）
H：7月13日星上OD及其不确定性
I：7月13日无线电OD及其不确定性
K：7月15日星上OD及其不确定性

图 2-46　通用 B 平面约束在相遇前 20 天和 10 天轨道机动(1999 年 7 月 5 日)

相遇前 5 天的轨道机动方案如图 2-47 所示。相遇时导航行为见表 2-15。

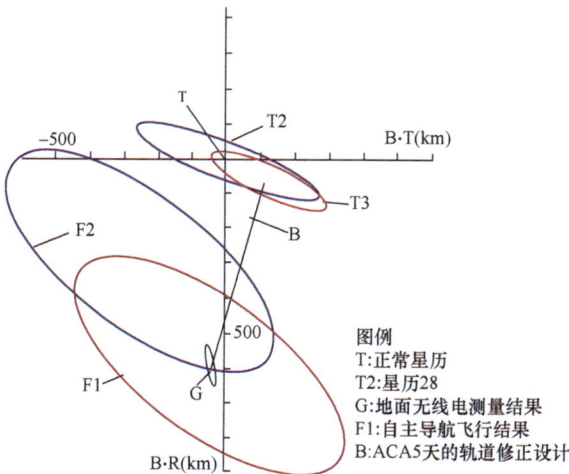

图例
T:正常星历
T2:星历28
G:地面无线电测量结果
F1:自主导航飞行结果
B:ACA5天的轨道修正设计

图 2-47　相遇前 5 天的轨道机动方案

表 2-15 相遇时导航行为

相对遭遇时刻的相对时间	持续时间	活 动	序列号
-2 天 3h	180min	RCS TCM（"Minus 2 Day"）	AN300
-2 天 0h	910min	Photo Op/OD/ManPlan	AN301
-1 天 21h	240min	High Cain on Earth Telecom Track	
-1 天 17h	210min	PhotoOp/OD/ManPlan	AN301
-1 天 14h	240min	High Gain on Earth Telecom Track	
-1 天 10h	210min	PhotoOp/OD/ManPlan（OD and Maneurver Planning for -1d TCM）	AN301
-1 天 3h	180min	RCS TCM（"Minus 1 Day"）	AN302
-1 天 0h	90min	PhotoOp/OD/ManPlan（OD and Maneuver Planning for -18h TCM）	AN303
-23.0h	210min	High Cain on Earth Telecom Track	
-19.5h	90min	RCS TCM（"Minus -18h Hour"）	AN304
-18.0h	90min	PhotoOp/OD/ManPlan（OD and Maneuver Planning for -12h TCM）	AN303
-17.0h	210min	High Caim on Earth Telecom Track	
-13.5h	90min	RCS TCM（"Minus -12h Hour"）	AN305
-12h	90min	PhotoOp/OD/ManPlan（OD and Maneuver Planning for -6h TCM）	AN303
-11h	270min	High Gain on Earth Telecom Track（Last Ground Intervention Opportunity）	
-6.5h	90min	RCS TCM（"Minus -6h Hour"）	AN306
-5.0h	75min	PhotoOp/OD/RSEN Init	AN307
-5.0h	Continuing	Low Gain Track,S/C on Target	
-3.5h	90min	RCS TCM（"Minus -3h Hour"）	AN308
-2.0h	30min	PhotoOp/OD（10m P.O.. 20m OD）	AN309
-1h 30min	90min	Encounter Sequence	SEQ50
-1h 30min	10min	PhotoOp	Do.
-1h 15min	10min	PhotoOp	Do.

（续）

相对遭遇时刻的 相对时间	持续时间	活　动	序列号
−55min	25min	OD	Do.
−27min	27min	RSEN	Do.
−5min	2.5min	1st Close Approach Sequence	SEQ51
−2.5min	1.5min	2nd Close Approach Sequence	SEQ52
−90s	65s	3rd Close Approach Sequence	SEQ53
−25s	25s	4th Close Approach Sequence	SEQ54

相遇前 1 天轨道确定精度如图 2 −48 所示。

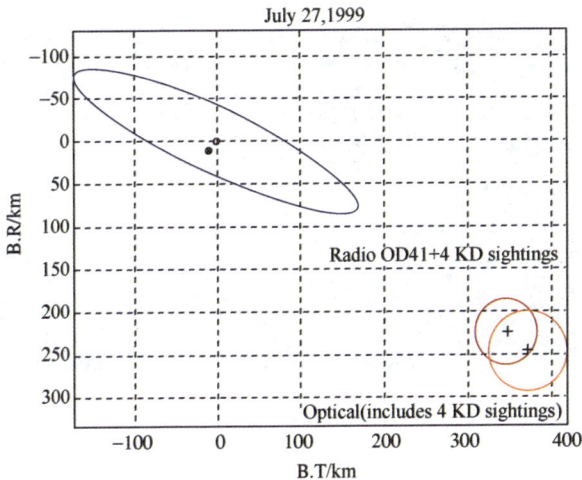

图 2 −48　相遇前 1 天轨道确定精度

2.3.5　探测成果

　　"深空"1 号探测器飞行任务提供了大量对技术验证有用的数据,这些技术验证对实现 NASA 未来的空间地球科学任务的设想非常重要。实际上,由于做了许多在空间任务中使用这些技术所需的工作,这些技术已经取得了重要进展,这大大激励了技术小组使它们对在一般技术开发和方案任务研究中不易出现的问题有了难得的领会。此外,航天器、飞行任务和地面工程小组已经开始领会到将这些新技术应用到设计中的意义。因此,现在已经意识到尽快在航天器上采取这些新技术的好处。而了解这一情况的用户,以前一直寻求在这些新技术中获利,据目前获知的"深空"1 号探测器工作结果看,面临的风险会更低,花费会更少。真正执行这次飞行任务的目的在于,为将来的项目提供更多的报告经验。

2.4.1 概述

"星尘"号(Stardust)探测器是美国发射的彗星探测器,用于探测怀尔德-2号(wild2)彗星。"星尘"号探测器于1999年2月7日在卡纳维拉尔角发射升空,探访彗星怀尔德-2号(图2-49),途中飞越名为安妮法兰克的小行星,并于2006年1月15号将返回舱送回地球。主探测器继续飞行至坦普尔1号彗星进行考察(该彗星成为首颗人类重复造访的彗星),后因耗尽燃料于2011年3月24日关闭发射器。"星尘"号探测器探测之旅历时7年,成为首次采集到星际尘埃和彗星物质的人造探测器,在航天史上留下浓墨重彩的一页。

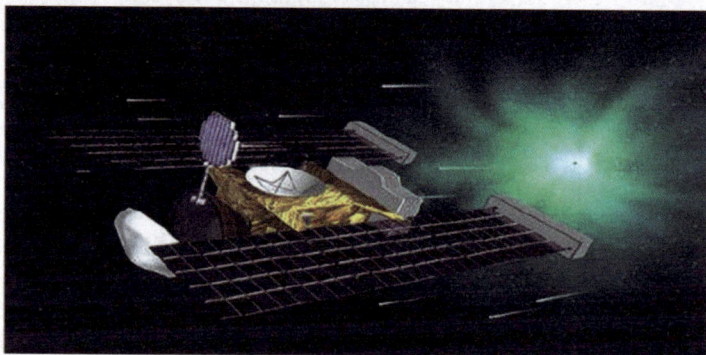

图2-49 "星尘"号探测器与怀尔德-2号彗星相会

为了赶上怀尔德-2号彗星,"星尘"号探测器进行了一系列地球重力借力飞行:它先是由火箭送到一条初始轨道,而后借助发动机的一次点火工作,被推入一条巨大的太阳轨道。探测器共绕太阳转3圈,并在回到地球旁边时借助地球引力为自己加速。第1圈用2年时间,"星尘"号探测器2001年1月15日飞掠地球,最接近时刻刚好在好望角的东南,距地球表面约为5950km,运动速度为36050km/h。地球提供重力助推,产生加速度,将"星尘"号探测器送到2004年1月与怀尔德-2号彗星会合的轨道。第2和第3圈各用2.5年时间。2003年6月,探测器上的发动机点火,使探测器转向与怀尔德-2号交会所要求的方向。2004年1月1日,"星尘"号探测器以6.1km/s的相对速度与该彗星交会。

2006年1月15日,"星尘"号探测器结束了历时7年、跨越46亿km的太空旅程,质量达46kg的返回舱携带着彗星微粒和星际尘埃样本安全返回地球。返回舱进入大气层的速度为46444km/h,是声速的45倍,这是迄今人造物体的最高速度。高速摩擦所产生的返回舱表面温度达3000℃,但在降落伞的帮助下返回舱仅以16km/h的速度触地,在地面反弹了3次后停稳。唯一破损是返回舱前部隔热层的小部分脱落,返回舱及其内舱基本安然无恙。

2.4.2 探测对象和科学目标

人类已发现了许多非常有名的彗星,如哈雷彗星、海尔－波普彗星、海科塔克彗星等,与这些彗星相比,"星尘"号探测器考察的怀尔德－2号彗星(图2－50)只能算是新闯入太阳系的无名之辈。1974年,这颗彗星运行轨道突然发生了变化,差一点就撞在木星上,这个现象的最后结果是:木星巨大的引力改变了它的运行轨道,使它成了离太阳最近的一颗彗星(图2－51)。1978年1月6日,当这个彗星飞近地球时,天文爱好者保罗怀尔德发现了这颗光谱波长只有1.21Å的彗星,由于它接近地球时的亮度较低,以致人类用肉眼是观测不到它的。

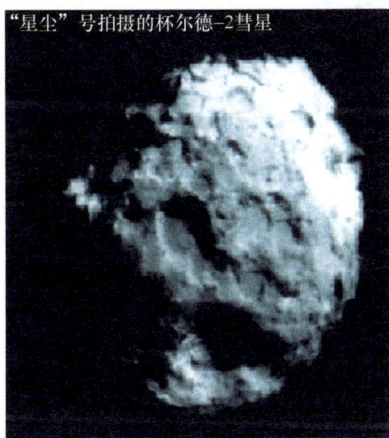

"星尘"号拍摄的怀尔德-2彗星

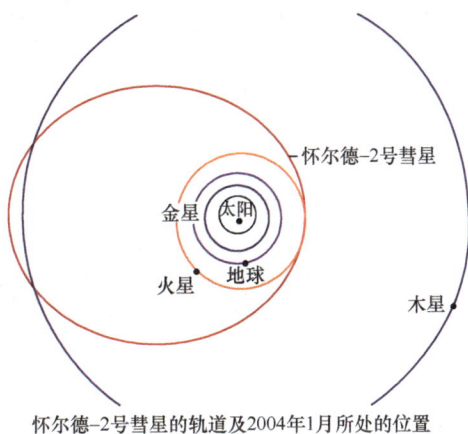

怀尔德-2号彗星的轨道及2004年1月所处的位置

图2－50 "星尘"号拍摄的
怀尔德－2号彗星

图2－51 怀尔德－2号彗星飞行轨迹

"星尘"号探测器要选择这样一颗很难观测到的彗星作为研究对象有两个主要原因:

其一,怀尔德－2号彗星是太阳系的新面孔。在1974年几乎与木星相撞前,怀尔德－2号彗星一直逗留在寒冷的外太空。当它改变了轨道接近太阳时,彗星上面的大量物质就会蒸发到宇宙空间,任何彗星绕行太阳100次之后,彗星上绝大多数可蒸发的物质将消耗殆尽,不会再产生令人叹为观止的彗尾。由于"星尘"号追上怀尔德－2号彗星时,它才第5次绕行太阳,所以蒸发出的尘埃和气体非常"新鲜",而哈雷彗星已经第100次绕行太阳,可供蒸发的物质已经不多了。

其二,怀尔德－2号彗星目前正处于最合适的时间和位置。科学家们可以让"星尘"号探测器以21887km/h的相对低速飞越彗星,从而使探测器上的样品捕捉仪光学部件免遭被彗星尘埃摧毁。

"星尘"号探测器飞越的安妮·法兰克小行星编号为5535(表2－16),是一颗位于小行星主带内侧的奥古斯塔族小行星,光谱类型为S型。它是在1942年由德国天文学家卡尔·雷恩缪斯发现,但一直没有命名,直到 1995 年才以死在纳粹德国集中营的犹太人、著名的安妮日记作者安妮·法兰克命名,如图 2-52 所示。

表 2-16   小行星 5535 的轨道参数

轨道参数	取值	轨道参数	取值
远日点/AU	2.35332	轨道倾角/(°)	4.24618
近日点/AU	2.07211	平近点角/(°)	19.84601
半长轴/AU	2.21271	升交点黄经/(°)	120.66701
偏心率	0.06355	近日点幅角/(°)	130.19111
公转周期/年	3.29399	—	—

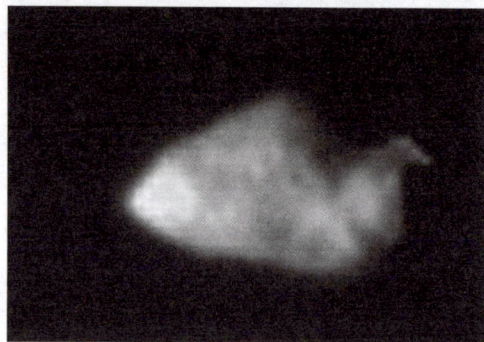

图 2-52   2002 年"星尘"号拍下的安妮·法兰克星

"星尘"号探测器与这颗小行星的最近距离只有 3079km。"星尘"号探测器拍摄的照片显示安妮·法兰克星的尺寸为 6.6km×5.0km×3.4km,是之前估计的 2 倍,形状像一个三棱镜,表面有几个明显的陨石坑。根据照片计算出其反射率为 0.18~0.24,绝对星等为 14.2 等。对安妮·法兰克的初步分析显示,它有可能是一颗相接双星,这个结构使其形成三棱镜形状。但这个解释并不是唯一的,对于它的形状也有其他可能的解释。后来地面对安妮·法兰克星进行光变曲线观测,试图计算出它的自转周期。最后得出的结果是安妮·法兰克星的自转周期可能为 0.5 天、0.63 天或 0.95 天,其中,0.63 天和观测数据最为拟合。

2.4.3   总体设计

"星尘"号探测器的设计制造是由位于科罗拉多州丹佛市的洛克希德·马丁公司完成的。美国国家航空航天局喷气推进实验室、艾姆斯研究中心和约翰逊航天中心为飞船提供了部分飞航仪器和装置。德国马克斯·普朗克研究院(MPI)提供了实时尘埃成分分析仪。

"星尘"号探测器采用由洛克希德·马丁公司开发的空间探测平台(图 2-53,图 2-54),主结构高 1.7m、宽 0.66m、长 0.66m,返回舱直径 0.8m、高 0.5m。结构面

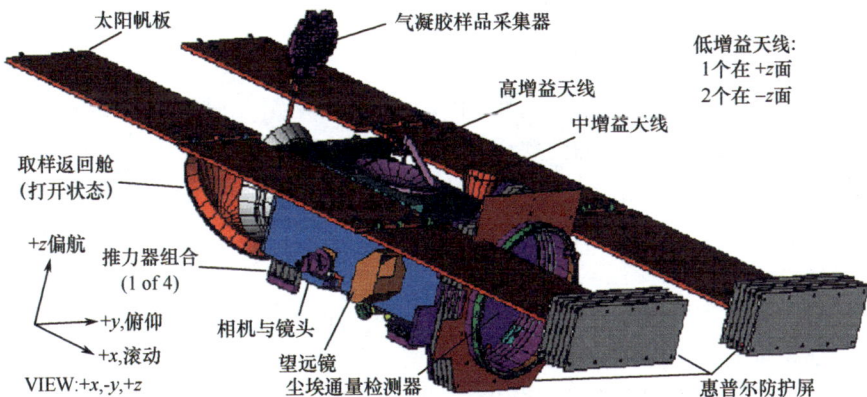

图 2 - 53   "星尘"号探测器结构

板采用铝蜂窝夹芯材料,外层为石墨纤维和多氰酸盐面板。探测器发射质量为
385kg,其中探测器主体 254kg,返回舱 46kg,推进剂 85kg。探测器的太阳电池阵能提
供 170~800W 的功率。

  "星尘"号探测器采用了惠普尔防护屏,使探测器与彗星相遇而受到彗星粒子的
撞击时不容易被损坏。该防护系统能够防护尺寸达 1cm 的岩石块的撞击,它包括两
个设在探测器前面的缓冲板,一个保护太阳电池阵,另一个保护探测器主体结构。

  "星尘"号探测器的采样返回舱是钝锥形结构(图 2 - 55),总质量为 45.7kg,
包括热防护层、背板、收集器、减速伞系统和电子系统,返回舱内部的密封舱设备有
彗星尘埃收集器,由几个铰链式机械装置来控制密封舱的打开和关闭,密封舱外形
包有防护材料,保护样品在再入时不受热损伤。

图 2 - 54   "星尘"号
  探测器实体

图 2 - 55   "星尘"号探测器回收舱

2.4.3.1 姿态控制和推进系统

探测器为三轴姿态稳定方案,采用 8 个 4.41N 单组元肼推进器和 8 个 1N 推力器控制姿态,必要时较小的变轨机动也由它们执行。探测器发射时加注的燃料为 80kg。飞行器的位置信息由星敏感器的 FSW 姿态估计、一个惯性测量元件和两个太阳敏感器给出。

"星尘"号探测器装有 8 个 1 磅力(1 磅力 = 4.448N)推力和 8 个 0.2 磅力推力的德尔它 5 型火箭推进器,采用单组分超纯肼(N_2H_4)燃料,每个一组共 4 组,用于姿态控制和轨道变更操作。在所有任务阶段,均采用三轴稳定。姿态确定主要是通过星光导航照相机加惯性测量装置,主要为陀螺和加速度计,并装有模拟式太阳光传感器作为备份。

"星尘"号探测器的推进器布局分为 4 组,每组有两个 1 磅力推力的推进器和两个 0.2 磅力推力的推进器,其中 1 磅力推力的推进器负责所有的轨道机动和大的姿态转弯和回转,0.2 磅力的推进器负责三轴的姿态稳定和小的姿态转弯。其结构如图 2 - 56 所示。

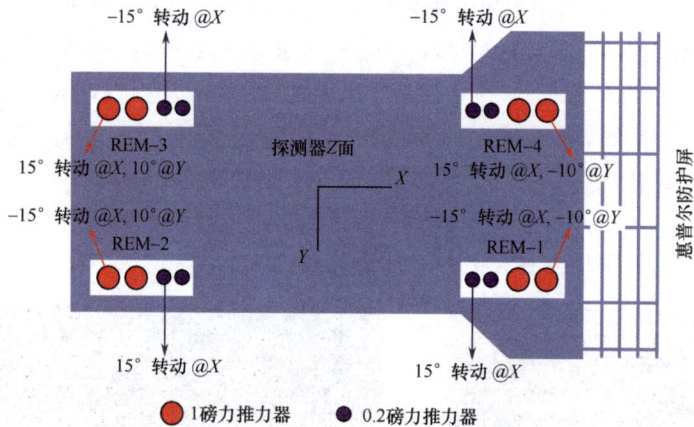

图 2 - 56 推进器结构

2.4.3.2 通信系统

"星尘"号探测器的通信设备采用为卡西尼号飞船开发的 X 波段深空转发器,还有 1 个 15W 的无线电频率固体功率放大器、1 副 0.6m 直径抛物面形高增益发射/接收天线、1 副中增益发射天线和 3 副低增益接收天线。与地球之间主要由深空网络连接。

2.4.3.3 电源系统

飞船主体结构左、右各有两个由特殊硅太阳能电池制成的太阳能电池帆板,面积为 6.6m^2，平均功率为 330W。飞船发射升空后，太阳能电池帆板立即展开，帆板提供了一个独一无二的方法根据距离太阳的远近来切换阵列。另外，飞船上还有一个 16A·h 的镍氢(N_iII_2)蓄电池，即使当飞船位于距离太阳相当于离地球至太阳 3 倍远的地方，也能为"星尘"号探测器提供足够的电力。太阳帆板前端有防护罩，防止探测器在怀尔德 - 2 号彗影中飞行时彗星尘埃对其表面的损坏。

2.4.3.4 计算机

飞船的指令与数据处理系统采用 32 位 RAD6000 中央处理器，为所有飞船分系统包括载荷提供计算能力。飞船仪器和各分系统通过电子卡和 RS - 422 数据总线连接到指令与数据处理系统。固态存储芯片可存储 128Mbit 数据，其中大约 20% 用于飞船的内部程序，余下的空间用于存储科学程序和飞船仪器获取的图像及数据。系统软件采用嵌入式 VxWorks 开发。

2.4.3.5 载荷

"星尘"号探测器不大，所能携带的科学载荷有限，仅有导航相机、气凝胶样品采集器、彗星与星际尘埃分析仪、惠普尔尘埃罩和尘埃通量检测器。

1）导航相机

导航相机（NC）主要用于飞越彗星时定位彗核，当然也能够拍摄彗星的高分辨率图片。导航相机是一个机械子系统，用于光学指导飞船接近彗星。这样飞船就能以适当的距离穿越彗星并能足够的接近彗核，确保收集足够的尘埃。相机与普通相机相似，具有收集科学数据的功能，这些数据包括接近或远离彗核时不同角度拍摄的广角高分辨率彩色图片。这些图片用于构建彗核的三维立体地图，以更好地理解它的起源、地貌，有利于研究彗核矿物多样性分布，还能提供核旋转状态的信息。

导航照相机由美国芝加哥大学光学仪器实验室根据"旅行者"号飞船广角光学仪器的硬件设计而重新研制的，快门和滤镜等直接采用"旅行者"号和"伽利略"号飞船的仪器部件，CCD 装置则采用卡西尼号飞船的科学成像系统（ISS）的器件，如图 2 - 57 所示。相机的焦距为 200mm，口径为 f/3.5，拍摄光谱范围为 380 ~ 1100nm，视场为 3.5°×3.5°，曝光时间为 5ms ~ 20s。相机由飞船指令与数据处理系统直接控制，图像传输率为 300KB/s。

相机上装有一个新开发的扫描镜机械装置和潜望镜装置，可以改变相机的视角，并保护相机免遭彗核尘埃粒子的伤害。相机配有不同的滤镜，在接近和远离气体尘埃彗尾时，可提供彗发气体成分和尘埃运动方面的信息。

2）气凝胶样品采集器

彗星和星际尘埃由超低密度气凝胶收集（图 2 - 58），超过 1000cm^2 的采集面积可收集各种粒子类型（彗星尘埃和星际尘埃）。

当飞船穿过彗星时，被捕获的粒子冲击速度为 6100m/s，大于步枪子弹发射速

图 2 - 57 "星尘"号导航相机

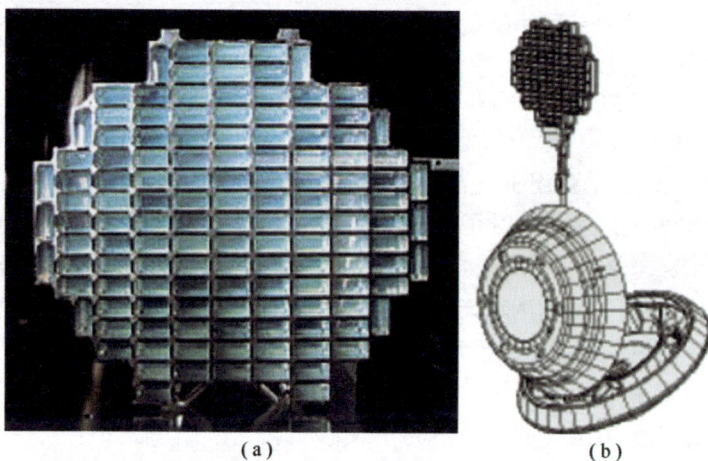

（a）   （b）

图 2 - 58 带有气凝胶块的尘埃收集器

度的 9 倍。尽管捕获的粒子比一粒沙还小，但高速捕获还是能改变它们的外形和化学结构，或完全被汽化。

为了收集时不破坏它们，采集器使用了硅基固体材料，它有海绵那样的多孔结构，99.8% 的空间被真空填充，如果这种材料被空气填充，它几乎能在空气中飘浮。气凝胶密度只有玻璃的千分之一，当颗粒撞上气凝胶，它就被埋在材料里面，画出比自己长 200 倍的胡萝卜形的轨迹，在此期间减速停止就像飞机跑道上滑行制动减速一样。因为气凝胶几乎透明，又叫做"蓝烟"，科学家利用这些轨迹寻找微小的颗粒。

"星尘"号探测器的彗星尘埃收集器长和宽约 45cm，正方面各由 $24cm^3$ 及 $8cm^3$ 两种大小的 132 块特殊气凝胶组成，这种气凝胶为最轻的固体，由二氧化硅提炼,密度较玻璃低很多,体内99.8%是空隙,如海绵体一般,它可以有效攫取直径1~100μm、速度比子弹快20~40倍的星尘粒子,同时不改变它们的形状和化学结构。

气溶胶保存在样品返回舱(Sample Return Capsule,SRC),在返回大气层时由主船体释放,使用降落伞减速降落,剩余部分将重新点火,进入绕太阳轨道。

3) 彗星和星际尘埃分析仪

彗星和星际尘埃分析仪(CIDA)是一个质谱仪(图2–59),可以测定与银碰撞板相遇的单个尘埃颗粒的成分。星尘上的CIDA的作用是,当尘埃遇到"星尘"号探测器时,截取和实时完成尘埃的成分分析。

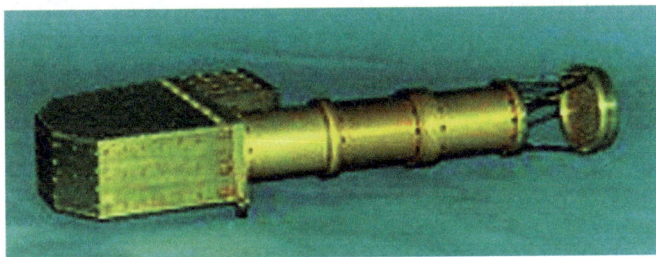

图2–59 彗星和星际尘埃分析仪

CIDA根据比较飞行时间的差异分离离子的质量。装置的工作原理:当尘埃颗粒碰撞上靶点,离子通过电场被提取出来。通过靶点的极性,正、负离子很容易被分开。被分离的离子穿过装置,被反射到反射器,探测器就安装在这里。重离子需要更多时间穿越这个装置,因此通过离子飞行时间可以计算出离子质量。这个CIDA和安装在Giotto和织女星计划探测飞船是相同的装置。它由入口、靶点、提取器、飞行之间质谱仪和离子检测器组成。

负责CIDA的合作研究者,德国慕尼黑马克斯·普朗克学院宇宙物理学研究所的Jochen Kissel研制了此装置。电子硬件设计由德国施韦钦根的von Hoerner & Sulger有限公司完成。CIDA的软件由芬兰气象研究院开发。

4) 尘埃罩和监控器

惠普尔罩用于保护飞船在彗发里高速运动时免于遭受颗粒碰撞,尘埃罩是能阻止颗粒撞上的复合面板。3个覆盖层保护主船体,另外2个用来保护太阳能电池板。复合捕获器吸收所有粒度直径小于1cm的颗粒,保护主船体安全。

尘埃通量检测设备(DFM)安装在惠普尔尘埃罩前端,监测环境中微粒的通量和大小的分布。尘埃通量检测设备由芝加哥大学的Tony Tuzzalino负责研制,是用于探测只有几微米的微粒高灵敏度装置。它基于非常特别的极化塑料(PVDF),当被高速微粒碰撞或穿透时能产生电子脉冲。由传感单元(Sensor Unit,SU)、电子箱(Electronics Box,EB)和安装在星尘飞船上的声敏元件组成。SU被安装在惠普尔罩,EB则装在飞船外壳内部。

2.4.4 飞行过程

"星尘"号探测器的飞行过程和状态(图2-60)按时间顺序罗列如下:

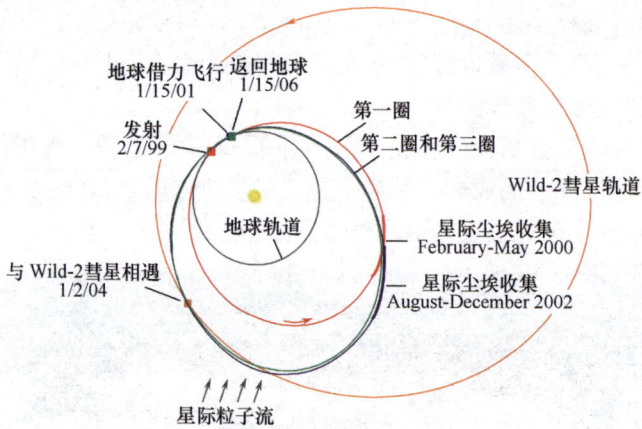

图2-60 "星尘"号探测器轨道

- 1999年2月7日发射升空。
- 2000年3—5月和2002年7—12月,部分气凝胶收集器进行星际尘埃采集。
- 2002年11月2日从约3100km处飞掠安妮·法兰克小行星5535,并拍摄图片。
- 2004年1月2日飞越维尔特二号彗星,飞越彗星时从彗发收集到彗星尘埃样品,拍摄了详细的冰质彗核图片。
- 2006年1月15日约凌晨5:10 EST(10:10 UTC),"星尘"号返回舱在犹他州大盐湖沙漠着陆,着陆的确切地点位于北纬40°21.9′、西经113°31.25′。返回舱的速度达12.9km/s,是进入大气层时速度最快的人造飞行器。
- 2011年2月15日,主探测器继续飞行至坦普尔一号彗星进行考察。
- 2011年3月24日,关闭发射器。

2.4.4.1 发射阶段

1999年2月7日,"星尘"号探测器由德尔它-2号火箭发射升空。整个发射过程经历了三个阶段:①德尔它-2号火箭携带"星尘"号探测器起飞,进入185km的停泊轨道;②在停泊轨道滑行约0.5h;③德尔它-2号火箭上面级点火,把"星尘"号探测器送离地球轨道。

为了使飞船与彗星相遇时两者的相对速度尽可能降低,"星尘"号探测器采用了较轻型的运载火箭发射,因此飞行速度较慢。这样的好处:一是节省了约800万美元发射费用;二是可以延长采集星际尘埃的时间。在整个任务期间,"星尘"号探测器平均飞行速度为 78000km/h。

2.4.4.2 巡航阶段

为了追上怀尔德 –2 号彗星,"星尘"号探测器采用了一系列借助地球引力飞行的方法,飞船绕太阳共飞行 3 圈,每次在回到地球附近时借助地球引力为自己加速。第一圈飞行从 1999 年 2 月至 2000 年 1 月,共用两年时间,如图 2 –61 所示。

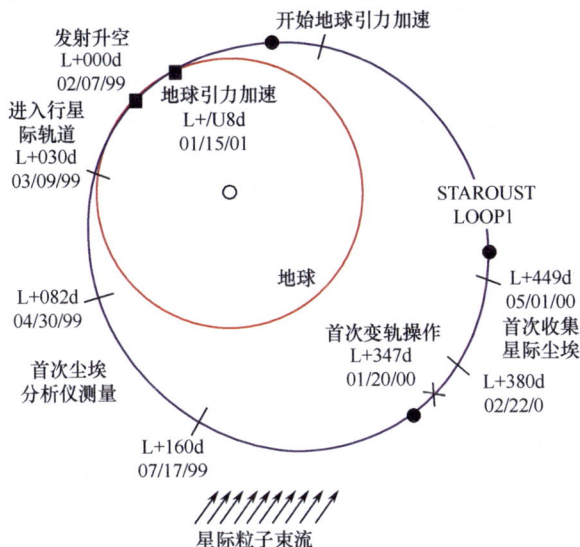

图 2 –61 "星尘"号探测器第一圈飞行轨道

1999 年 4 月 30 日至 7 月 17 日,飞船首次启用尘埃分析仪进行星际尘埃粒子测量。2000 年 1 月 20 日,即在飞行 347 天时,"星尘"号探测器到达远日点,探测器上的德尔它 –5 型小型火箭推进器点火,进行了第一次变轨操作,将飞船速度由原先的 160m/s 增加为 171m/s。2 月 22 日至 5 月 1 日,首次收集到相对速度高达 30km/s 的星际尘埃粒子。11 月 16 日,飞船回到地球附近,借助引力加速。2001 年 1 月 15 日,即在飞行 708 天时,从离地 5964km 处飞过,然后开始第二圈飞行。

第二圈飞行轨道半径增大,已经可与怀尔德 –2 号彗星的轨道相交。2001 年 3 月 16 日至 6 月 16 日,"星尘"号探测器进行了第二次尘埃分析器测量。

2002 年 1 月 18 日,即在飞行 1076 天时,飞船进行了第二次变轨操作,8 月 5 日至 12 月 9 日,第二次收集星际尘埃粒子。2002 年 11 月 2 日,即在飞行 1363 天时,"星尘"号探测器路遇 5535 号小行星安妮·法兰克。这颗小行星大小约 6km,是主小行星带的成员,轨道位于火星和木星之间。"星尘"号探测器在距离该小行星约 3000km 时拍摄了它的照片如图 2 –62 所示。由于距离较远,照片分辨率较低,无法看清这颗小行星的表面特征,但获知这颗小行星比原先预计的更大而且更暗。

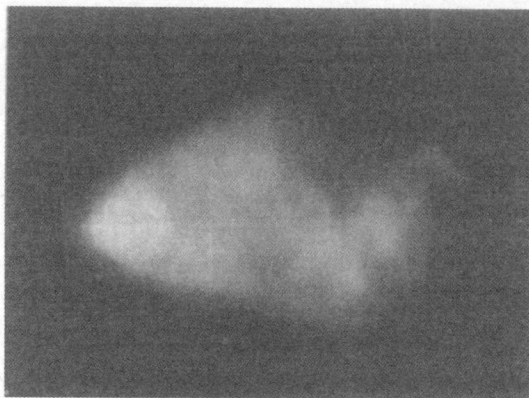

图 2-62 "星尘"号探测器拍摄的 Anne Frank 小行星

2003 年 6 月 17 日,飞船进行了第三次变轨操作,使其转向与怀尔德-2 号彗星交会所要求的方向。同年 7 月 22 日,即在飞行 1626 天时,"星尘"号探测器开始第三圈飞行。这次飞行和第二圈一样,各用 2.5 年时间(图 2-63 和图 2-64 所示)。

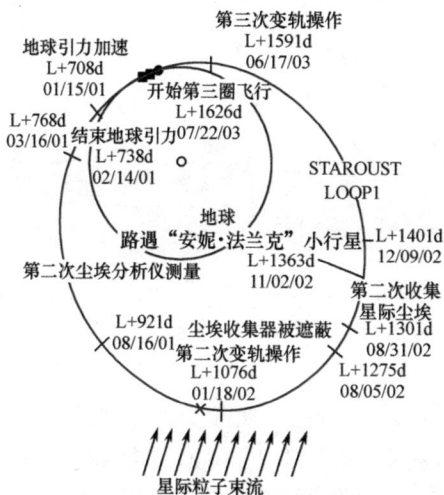

图 2-63 "星尘"号探测器
第二圈飞行轨道

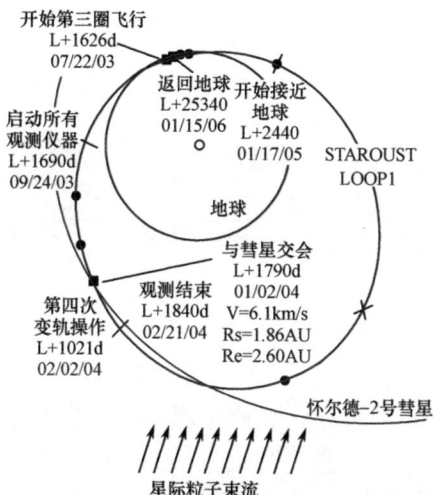

图 2-64 "星尘"号探测器
第三圈飞行轨道

2.4.4.3 飞越阶段

"星尘"号探测器要与怀尔德-2 号彗星交会并不是简单的任务。通常,对于行星及其卫星或较大的小行星,科学家们能通过计算准确地知道它们任何时刻所在的位置。但彗星是小得多的天体,它们的运行轨迹不仅由引力确定,还与彗核冰的蒸发速度有关,而蒸发速度又取决于彗核的成分和此时彗星离开太阳的距离。所以,与怀尔德-2 号交会时飞船的具体速度、方向、姿态等要待飞到彗星近前,根据所观测到的精确数据进行计算,然后对"星尘"号的轨道进行修正,控制飞船在目标旁边"擦肩而过";稍有不慎,不是飞船一头撞向彗核,就是距离彗核过远,达不到最佳效果。

根据飞船科学家们的计划,"星尘"号探测器与怀尔德－2号彗星交会期间共分为包括远方交会、靠近交会、密近交会、最近交会和"交会之后五个时间段,在不同的时间段安排进行各种飞船探测活动。

远方交会是从2003年11月至2004年1月1日,即从飞船距最近交会时刻(定为E日)之前50天到之前一天这段时间。此时怀尔德－2号彗星首次进入"星尘"号上导航照相机的视野,飞船开始每周两次对彗星进行拍照,并利用拍摄的照片进行光学导航,确定"星尘"号的准确方位及其轨道坐标。

当飞船离彗星还有30天的路程时,导航照相机开始改为每天拍摄一次怀尔德－2号彗星的图像,此时获得彗发的较清晰图像,每像素分辨率为32km。当飞船离彗星只剩下10天的路程时,照相机变为每天拍摄三次。在交会前第9天,飞船打开气溶胶尘埃收集器,彗星与星际尘埃分析仪也做好准备,开始收集尘埃。当飞船离彗星还有最后3天路程时,导航照相机改为每小时拍摄一次。

靠近交会是从2004年1月1日,即从飞船距最近交会时刻前一天到交会前5h这段时间。此时,随着飞船距彗星越来越近,彗发的明亮图像开始充满照相机的镜头,但怀尔德－2号彗星的彗核仍然只有针尖大小,成像的焦点开始放在彗发中更精细的细节上,照片的分辨率从每像素32km增至6.5km。

密近交会为飞船距最近交会时刻前5h到前6min这段时间,这是此次任务的一个关键时期(图2－65)。当离怀尔德－2号彗星还有最后5h路程时,此时距彗核约10万km,飞船根据导航照相机拍摄的照片最后确定自己的准确方位及轨道坐标,连续进行了6次轨道修正,在太阳一侧70°相位角方向接近彗星,从稍高于彗星轨道平面的角度开始进入怀尔德－2号彗星的彗发部分。穿越直径为20万km的彗发共需要花费近10h的时间。

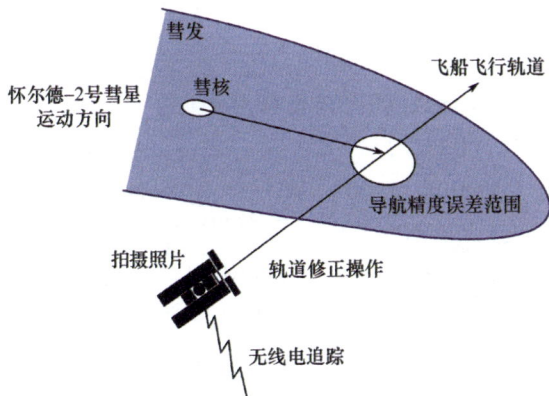

图2－65 "星尘"号与彗星交会

在最近交会前30min时,尘埃流量监测仪开始启动。飞船沿着飞行轴线方向轻微自转;计算机在不断下达指令,根据飞行位置不断调整镜头指向,以保证彗星一直处于导航照相机的视野内。飞船上的尘埃防护装置和收集器都已竖起,对准从彗核处喷出的尘埃束流。飞船通信系统将彗星与星际尘埃分析仪和导航照相机获取的数据与图像经压缩后实时发往远在3.89亿km之外的地球,数据量大约200Mbit。而在地球上,拥有70m直径天线的深空网(DSN)地面站一直连续不停地追踪着飞船的行动,直到这一任务阶段结束。

最近交会是从飞船距最近交会时刻前4min到交会后4min这短短的8min时间,"星尘"号以6.1km/s的相对速度从怀尔德-2号身旁飞过,速度比出膛的子弹快6倍,离彗核最近距离不到240km。由于怀尔德-2号此时距离太阳较远,彗核喷发物质并不活跃,因此"星尘"号在如此近的距离飞掠彗星相对比较安全。

在最近交会前大约2min时,导航照相机面对镜头中越来越大的彗核,开始每10s拍摄一幅图像,相机总共拍摄了72幅高清晰度的黑白照片。此时已进入彗星尘埃最多的区域,彗星与星际尘埃分析仪共记录了约1万个尘埃粒子撞击事件。为了防备飞船的天线被越来越浓厚的尘埃颗粒所损坏,造成数据遗失,飞船通信系统停止向地球发送数据和图像,所有拍摄的照片都存储在飞船计算机的存储器中。

2004年1月2日,美国东部时间当日下午2时40分(北京时间1月3日早晨3时40分)左右,监测结果显示"星尘"号安然无恙地飞越怀尔德-2号彗星,随着交会过程的结束,飞船逐渐远离彗星而去,开始了交会之后阶段,即从交会之后4min至50天这段时间。气溶胶尘埃收集器完成了使命,又重新自动向下折叠收藏进位于飞船尾部的样品返回舱中。飞船计算机对各分系统和仪器重新进行检查,确定是否因尘埃粒子撞击而出现故障。高增益天线恢复了工作,以15800b/s的传输率继续向地球发送600Mbit的彗核图像数据、100Mbit的彗星与星际尘埃分析仪数据和16Mbit的尘埃流量监测仪数据,发送这些数据大约需要30h。2004年2月2日,星尘再次进行了轨道机动,此后,便踏上需要花费2年时光的回家旅程。

2.4.4.4 返回阶段

"星尘"号返回舱返回地球的过程大致分为接近地球、进入地球大气层、降落和地面回收四个阶段。

在预定返回地球前90天、前60天和前13天,"星尘"号将分别进行变轨操作,将飞行轨道逐渐转向接近地球的方向。

在离地球还有46天路程时,地球已开始出现在导航照相机的视野中,飞船开始每周两次光学导航,每次4h。在离地球还有27天路程时,开始每日一次的光学导航,每次4h。在离地球还有14天路程时,开始每日16h的光学导航。随着飞船不断接近地球,地面人员开始做好迎接"星尘"号飞船的准备,对飞船的无线电跟踪增加至每天8h。

2006 年 1 月 14 日，"星尘"号出现在地面望远镜的视野里，此时距离预定返回舱进入地球大气层的时间还有整整 24h。"星尘"号根据自身的导航定位信息和地面观测人员的精确测量结果，将进行两次最后的轨道修正，为返回舱进入地球大气层寻找到最佳的位置和角度。

在预定进入地球大气层前 8h，飞船将做最后一次导航定位，确认自己的轨道高度和位置，此时"星尘"号接近地球的速度约为 6.4km/s，轨道倾角为 205.7°，允许偏差 11.1°，距地面高度约为 125km。

在重返大气层前 4h，"星尘"号飞船开始调整飞行姿态，机首向上翘起，机腹向前，尾部向下。

2006 年 1 月 15 日，美国东部时间凌晨 3 时，"星尘"号计算机最后一次确认飞船姿态后，将开始启动返回舱中的电子计时与程序装置，关闭飞船提供给返回舱的加热器电源，然后释放与返回舱相连的机械装置，"星尘"号与返回舱逐渐脱离；随后，"星尘"号飞船再次进行变轨操作，与返回舱分道扬镳，加快速度，从地球上空飘然而去。

随后质量达 46kg 的返回舱携带着彗星微粒和星际尘埃样本安全返回地球（图 2 - 66），完好地带回了人类首次从彗星采集的样本。

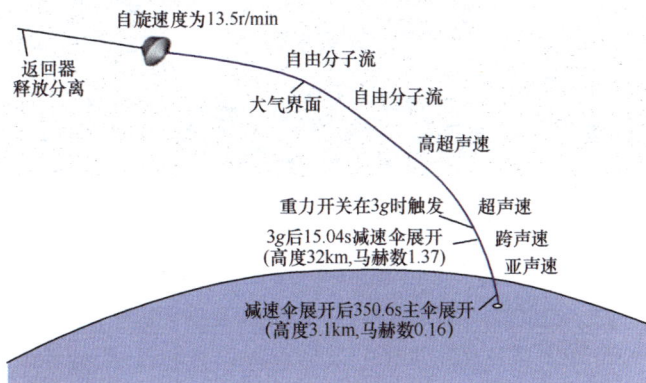

图 2 - 66 "星尘"号返回舱返回

2.4.5 探测成果

"星尘"号探测器将样品返回地球之后，美国国家航空航天局科学家对采集到的样品进行了分析，发现彗星尘埃物质是在不同时期、不同空间位置形成的，形成的条件也各不相同。科学家还发现样品中有某种有机复合物，美国国家航空航天局天体生物学研究所负责人卡尔皮尔彻指出，"星尘"号探测器的发现证明太空中不乏构建生命的关键物质，生命不仅极有可能在地球以外存在，而且还可能大量存在，构成人类的关键元素可能最初也是在宇宙空间中形成的，然后才由流星或彗星带到地球。同理，其他星球也有可能以同样的方式孕育生命。

2.5 "新视野"号探测器

2.5.1 概述

"新视野"(New Horizons)号探测器(图 2 – 67)是美国国家航空航天局(NASA)的一项探测计划,主要目的是对冥王星、冥卫一以及两颗冥王星卫星等柯伊伯带天体进行考察。"新视野"号探测器于 2006 年 1 月 19 日从卡纳维拉尔角空军基地通过美国宇宙神 V551 型火箭送入地球轨道。"新视野"号探测器是人类第一个造访冥王星的探测器,于 2007 年 2 月 28 日接近木星,利用木星引力对其进行加速,经过 9.5 年的旅程,于 2015 年 7 月 14 日到达冥王星。

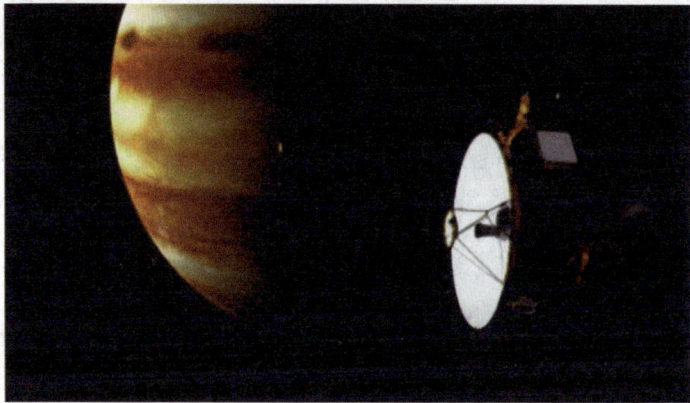

图 2 – 67 "新视野"号探测器飞越木星

在飞行过程中,"新视野"号探测器即将经历数个阶段:

(1) 航行初始:如果探测器在第一发射窗口发射,在它飞往冥王星旅途的前 13 个月中,对整个探测器及其所携带的仪器进行检查和调试,修正其飞行轨道,并为接近木星做准备。

(2) 飞过木星:探测器在 2007 年 2 月 28 日接近木星。届时,"新视野"号探测器将会以 21km/s 的速度比卡西尼号探测器更接近的距离飞过木星。

(3) 穿越太阳系:在探测器接近冥王星的最后 8 年时间里,再次对整个探测器及其所携带的仪器进行检查和调试。修正其飞行轨道,并为接近冥王星做准备。

(4) 与冥王星一卡戎相遇:进入柯依伯带,"新视野"号探测器将会探测 1 ~ 2 个 40 ~ 90km 的柯依伯带天体。

"新视野"号探测器(图 2 – 68)质量为 454kg、长为 2.1m,由美国约翰·霍普金斯大学制造,可工作于自旋稳定和三轴稳定两种模式,携带 7 种科研仪器,并将以 7.5km/h 的速度飞越太阳系。由于冥王星距离太阳较远,"新视野"号探测器无法使用太阳能,不得不依靠所携带的 10.9kg 钚放射性衰变提供动力。为确保安全,二氧化钚燃料封装于特制的球星防火陶瓷中,这种陶瓷在水中有抗分解能力,不易与其他物质发生化学反应,一旦破裂可形成较大的颗粒和碎片,产生的危险小于微型颗粒。

图 2-68 "新视野"号探测器

"新视野"号探测器飞越月球绕地球轨道不用 9h,到达木星引力区时间只需 13 个月,相对 20 世纪 60 年代阿波罗登月任务相同航程要飞行 3 天时间,"伽利略"号探测器飞抵木星也需 4 年时间而言,"新视野"号探测器的航速十分惊人。"新视野"号探测器将以 7.5 万 km/h 的速度飞跨太阳系,成为人类历史上速度最快的探测器。

在大部分飞行时间里,它将处于"休眠"状态,每个星期仅向地球发送一次信号,汇报其状况。地面上的科学家将它每年"唤醒"一次,对其设备进行检查。探测器上装备有 7 种科学仪器,这些仪器的总能耗低于一个夜间照明的灯泡。"新视野"号探测器的飞行速度很快,而所携带的动力燃料又不足以供其减速和进入环冥王星轨道之用,因此与冥王星及其卫星"亲密"接触后,继续前行进入冥王星外的柯依伯带一去不复返。

2.5.2 探测对象和科学目标

"新视野"号探测器的主要任务包括:

(1) 测量冥王星和冥卫一(卡戎)表面成分;

(2) 描述冥王星和卡戎地质概貌和结构;

(3) 测量冥王星大气的成分和逃逸率;

(4) 确定卡戎周围是否围绕大气层;

(5) 测量冥王星及卡戎的表面温度;

(6) 对冥王星及卡戎的某些特定区域进行高分辨率成像,最高分辨率为 100m;

(7) 寻找冥王星周围是否还有其他行星;

(8) 对柯依伯带中的一个或多个天体进行类似的考察。

2.5.3 总体设计

"新视野"号探测器按照美国国家航空航天局近年推行小型化、低成本及多功能的指引而设计(图2-69)。全艘探测船分为三个主要部分:①动力系统,包括提供全艘探测船所有电力的核能电池,以及调节探测船位置的发动机;②通信系统,包括高增益天线及低增益天线,是与地球保持联络的装置;③科学平台,是安装所有探测仪器的地方,提供有效使用仪器的工作环境,以及保护脆弱的仪器。

图2-69 "新视野"号探测器总体构型

2.5.3.1 动力系统

"新视野"号探测器的动力来自一台核能电池,这台核能电池利用放射性同位素二氧化钚自然衰变时所释放出来的热,以电热偶形式发电。由于冥王星距离太阳太远,阳光由太阳去到冥王星需要4h,在冥王星附近能接收的太阳能只及地球千分之一,探测船无法利用太阳能产生充够的能量供活动所需,因此核能电池是唯一的选择。

"新视野"号探测器有一台发动机提供转向动力,用以调节探测船相位,在10多年航行时间,可以修正飞向冥王星的轨道。当"新视野"号探测器接近冥王星时,要调校船身以便所有探测仪指向冥王星。

2.5.3.2 通信系统

"新视野"号探测器安装了一只直径2.1m的高增益天线,能够与地球的深空网络保持联系,接收来自地球的指令,以及将收集得到的科学资料输送回地球。另外,安装在高增益天线正上方的是低增益天线,是高增益天线的后备,以备不时之需。高增益天线有两条频带收发信号,频谱宽阔,上传下载速度高;低增益天线只有一条窄频带,效率较低,但是在紧急情况之下,可以代替高增益天线的工作。

2.5.3.3 科学平台

"新视野"号探测器本身像倒置三角形,三角形尖部延出部分为核动力装置,三角形平面一方则为通信装置,而三角形本身就是安装所有探测仪器的科学平台。探测船载有 7 种科学探测仪器。

图 2 - 70 为"新视野"号探测器科学仪器配置。

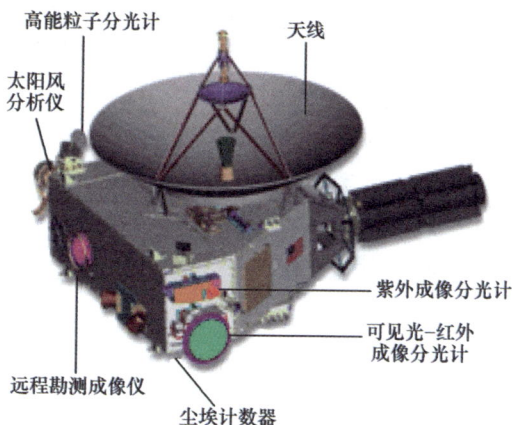

图 2 - 70 "新视野"号探测器科学仪器配置

1)Ralph 影像及红外线成像仪/分光计

Ralph 影像及红外线成像仪/分光计主要拍摄冥王星的地表情况,提供高清晰的彩色图片,从而分析研究冥王星地表的物理现象及组成成分,制成地表地图。仪器分为两部分,一部分为可见光相机(MVIC),另一部分为线性光波长锁定光谱计(LEISA),两者共同使用一支 6cm 镜头,用以调校焦距,收集影像。

可见光相机使用 CCD 电荷耦合装置,是近年来外太空巡游探测船的标准设备。影像通过镜头后,再经过 4 层滤镜,在电荷耦合器成像。有专用作观察甲烷的滤镜,其余为一般用途的蓝、绿及近红外线滤镜。透过制作地表地图,可以知晓冥王星过去的历史。

线性光波长锁定光谱计,利用量度热辐射光谱,而获得物质成分及组成的资料。根据量子物理学,每一种物质都有自己独特的光谱,犹如人类的指纹,量度光谱就可知道是何种物质。从哈勃空间天文台观察得知,冥王星表面以甲烷、氮、一氧化碳及冰成分为主。

2)REX 电波科学实验

REX 实际上只是一组安装在通信系统内的电路板,主要是稳定由地球传输的下载信号,确保资料不会遗失,是一组非常重要的装置。另一个作用是,用于外太空电波科学实验,测试有关远距离通信技术。REX 接收由 NASA 的深空网络传过来的信号,然后将信号经由高增益天线传回返地球,科学家比较前后同一

个信号的差别,就能了解太阳风、辐射源、磁力场及重力波所产生的影响,求得有
关数据。

当探测器飞至冥王星的后面,接收或传返地球的信号都会穿越过冥王星的大
气,电波由于大气中的气体分子的重量、高度及温度的不同而有所改变。REX 将
这些改变了的信号记录下来,然后传返地球,有助了解冥王星大气层、游离层的结
构、压力及温度。REX 还有一种辐射计的工作模式,可以量度微弱的冥王星自己发
射出来的电波。当探测船飞越冥王星之后,这些测量可以准确提供冥王星背向太
阳一面的温度资料。

3)Alice 紫外线成像分光计

紫外线成像分光计测量由冥王星辐射或反射出来的紫外线,得出冥王星大气、
地表的组成、分布、温度的装置。Alice 有两种工作模式:一种是探测大气光模式,
当探测船接近及离开冥王星时使用,直接量度由冥王星的大气辐射或反射出来的
紫外线,是较多时间使用的工作模式;另一种是测量掩食光模式,是当探测船飞过
冥王星之后,进入冥王星日食阴影区时,即被冥王星星体遮掩太阳光的地方,利用
量度透过冥王星大气的太阳光,求得大气的成分、温度及浓度的分布。

4)远程勘测成像仪

远程勘测成像仪(Long Range Reconnaissance Imager,LORRI)为探测船提供
详细的空间资料,即是探测船本身在航行中精确的位置。从观察特定的星体,比较
有关资料,得出探测船在某一点精细准确的位置及相位,从而指令探测船做出相应
的调整。

成像仪有一支直径 20.8cm 的镜头,同样以 CCD 电荷耦合装置成像。结构相
比于 Ralph 影像及红外线成像仪/分光计简单得多,全组仪器并无滤镜及活动部
份。当飞临冥王星时,成像仪同时拍摄冥王星表面影像,精细度为 $100m \times 100m$,略
大于一个足球场面积。

5)太阳风分析仪

太阳风分析仪(SWAP)是分析在冥王星附近由太阳吹过来的粒子——太阳
风,可以探测到冥王星是否有磁场。若有磁场存在,就可以得知它的范围、强弱以
及冥王星大气中气体粒子逃逸的速度。

6)高能粒子分光计

高能粒子分光计(PEPSI)是用来测量冥王星阳离子与中性粒子组成、同位素
组成等的装置。从观察冥王星大气层顶部的中性粒子被太阳风所激化,而逃离冥
王星大气层的现象,可以推算出冥王星大气的化学成分。

7)尘埃计数器

尘埃计数器(VBSDC)可以分析探测船在飞往冥王星沿途所收集太阳系各区
的宇宙尘,测量及比较这些漂浮粒子的物理及化学性质。离开冥王星之后,会继续
研究,更有可能是人类历史上首次接触到柯伊伯带的物体。

2.5.4 飞行过程

"新视野"号探测器飞行轨道如图 2 – 71 所示。

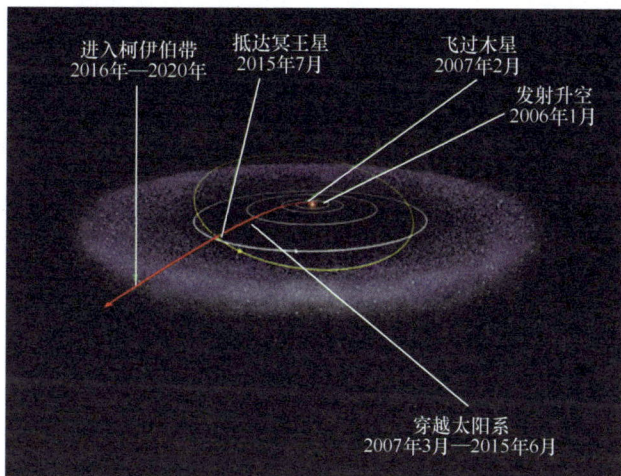

图 2 – 71 "新视野"号飞行轨迹

2.5.4.1 发射及入轨

2006 年 1 月 19 日美国东部时间下午 2 时（北京时间 20 日凌晨 3 时），"新视野"号探测器由美国"擎天神"V551 型火箭从美国佛罗里达州卡纳维拉尔角空军基地发射升空（图 2 – 72），再由半人马座（Centaur）上面级送入绕地轨道，最后由 STAR 48B 固体燃料火箭使探测器冲出地球引力场，踏上飞向冥王星的旅程。

2.5.4.2 轨道修正和仪器测试

2006 年 1 月 28 日和 30 日，探测器进行了第一次轨道修正机动（TCM），分为 TCM – 1A 和 TCM – 1B 两次。两次修正的总速率变化约为 18m/s。任务原计划三次修正，由于 TCM – 1 足够精准，TCM – 2 被取消。

2 月 20 日开始，对 Alice 紫外线造影分光计、远程勘测成像仪、高能粒子分光计三个有效载荷进行了在轨测试，测试并没有捕获图像，但表明仪器的电子及 Alice 的部分机电功能均正确。

3 月 9 日 17 时整（UTC），控制器执行了 TCM – 3，即计划中的第三次轨道修

图 2 – 72 "擎天神"V551 发射"新视野"号探测器

正。发动机点火 76s,飞行器的速率调整约 1.16m/s。

2007 年 9 月 25 日 16 时 04 分(EDT),发动机点火 15min37s,改变飞行器速率 2.37m/s。

2010 年 6 月 30 日 7 时 49 分(EDT)进行了 35.6s 的第四次轨道修正机动。

2.5.4.3 飞越火星和小行星带

2006 年 4 月 7 日,航天器飞越火星轨道,以大约 21km/s 的速度远离太阳,与太阳的距离是 24300 万 km。

2006 年 6 月 13 日,"新视野"号探测器在以 101867km 的距离飞越小行星 132524 APL(早先所知的临时名称是 2002 JF56)。目前对这颗小行星直径的最佳估计值大约为 2.3km,"新视野"号探测器对 APL 的光谱观测显示它是一颗 S-型小行星。

2006 年 6 月 10—12 日,"新视野"号探测器在成功地追踪这颗小行星,并由 α 望远镜(α 影像及红外线成像仪/分光计)观测影像,这让任务小组能够测试航天器追踪快速移动中天体的能力。

2.5.4.4 借力飞行木星

在深入观测木星的 4 个月期间,最接近木星的距离是以 32 木星半径(300 万 km)。有趣的是,木星不停地在变化(图 2-73),自伽利略任务结束后仍间歇性的被观测。"新视野"号探测器的仪器采用了最新技术,特别是照相机的领域。相较于从"水手"号计划衍生出来的"旅行者"号的版本改进的"伽利略"号的相机,已经改善了许多。与木星的接触还担任了与冥王星接触的预演,因为木星与地球的距离较近,作为通信连接的内存缓冲区可以传输较多的负载。实际上,这个任务送回来的木星资料比从冥王星送回来得多。木星的影像从 2006 年 9 月 4 日开始,之后还拍摄了一些。

图 2-73 红外相机
拍摄的木星图像

接触的主要目标包括木星云层的动力学,但比"伽利略"号的观测程式精简了许多,并且从木星磁层的磁尾中读取质点的资料。这艘航天器的轨道在磁尾内运行了 1 个月。"新视野"号探测器还观察了木星黑夜侧的极光和闪电。

2.5.4.5 接近冥王星

"新视野"号探测器在 2006 年 9 月 21—24 日测试 LORRI 时,首度捕捉到冥王星的影像（图 2-74），并在 2006 年 11 月 24 日释出。这张影像从距离冥王星 42 亿 km 远处拍摄，确认航天器能够追踪遥远的目标，这对航向冥王星和开普带中的其他天体是极为重要的。

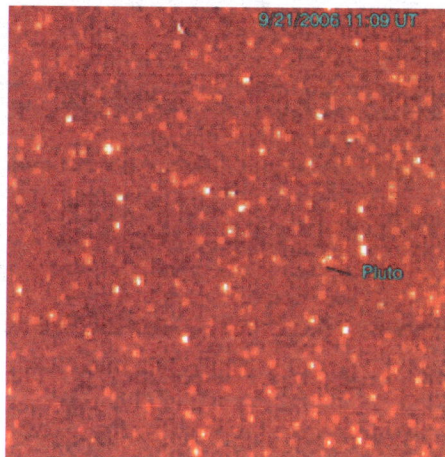

图 2-74　"新视野"号探测器首度瞄准冥王星（2006 年 9 月 21—24 日）

"新视野"号探测器计划在 2015 年从不到 10000km 的距离飞越冥王星，在最接近时"新视野"号探测器相对于冥王星的速度为 13.78km/s，但在飞行的过程中还可以修改这些参数。

2.5.4.6　柯伊伯带

在飞越冥王星之后，"新视野"号探测器将继续深入开普带。任务规划师正在寻找一个或多个直径为 50～100km 的开普带天体，进行类似与冥王星接触一样的飞越。这取决于有限的机动能力，使得这一阶段的任务只能寻找靠近"新视野"号探测器飞行路径上的合适开普带天体，而排除了任何企图飞越像爱丽丝这种比冥王星大的海王星外天体的计划。可能的区域将会是之前努力搜索海王星外天体时未曾涵盖过的区域和避免过于接近银河系的平面，因为这会使暗淡的天体难以被探测到。

2.6　"黎明"号探测器

2.6.1　概述

"黎明"（Dawn）号探测器，是 NASA 的无人空间探测器（图 2-75），作为 NASA 发现计划的一部分，"黎明"号探测器是 NASA 第 9 个探索类项目的航天器，目的是对太阳系中火星与木星间行星带中质量最大的小行星灶神星和谷神星进行科学探测,以研究太阳系早期形成条件和演变过程。

图 2 - 75 "黎明"号探测器

美国东部时间 2007 年 9 月 27 日,"黎明"号探测器从佛罗里达州肯尼迪航天中心由一枚德尔它－2 型火箭运载顺利升空,开始了它长达 8 年近 50 亿 km 的星际探索之旅(图 2 - 76)。2009 年 2 月通过火星借力飞往灶神星,在 2011 年 7 月到达灶神星,并计划在 2015 年 2 月到达谷神星,基本任务将在 2015 年 7 月终止。

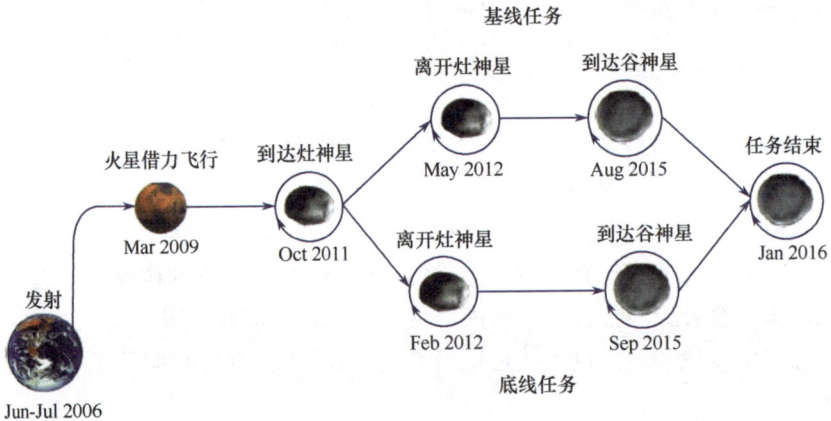

图 2 - 76 "黎明"号探测器任务流程

若一切进展顺利,"黎明"号探测器将创造三项太空探索纪录:

(1) "黎明"号探测器号已于 2011 年飞抵灶神星成为第一个探测这个重要区域的人类探测器。

(2) 若"黎明"号探测器顺利进入谷神星轨道,则其将成为第一个先后环绕两个天体的无人探测器。

(3) 根据 2006 年 8 月国际天文学联合会提出的新定义,原本为小行星的谷神星已经升格为矮行星。因此,"黎明"号探测器将成为首个飞抵矮行星进行观测的探测器。

"黎明"号探测器能长途飞行超过50亿km,这主要归功于它的3台先进的氙离子发动机。"黎明"号探测器还配备了打开后长约20m的太阳能电池板,为探测活动提供电力。

2.6.2 探测对象和任务目标

"黎明"号探测器探测器的探测目标是主带的谷神星和灶神星。2011年"黎明"号探测器进入环灶神星轨道后,成为第一艘环绕小行星带小行星的探测器;当2015年顺利抵达谷神星并进入轨道,"黎明"号探测器便成为第一艘环绕过两颗太阳系天体(地球之外)的探测器。

2.6.2.1 探测对象

谷神星(1 Ceres)是人类发现的第一颗小行星(图2-77),1801年由意大利天文学家皮亚齐发现的。谷神星几乎为球状,又称为1号小行星。科学家最近发现,谷神星所含淡水可能比地球还多。此外,它的物质并非均匀地分布在其内部。科学家估计谷神星的内部分为不同层次:稠密物质在核心,比较轻的物质靠近表层。它可能有一个富含冰水的表层,里面是一个多岩石的核心。

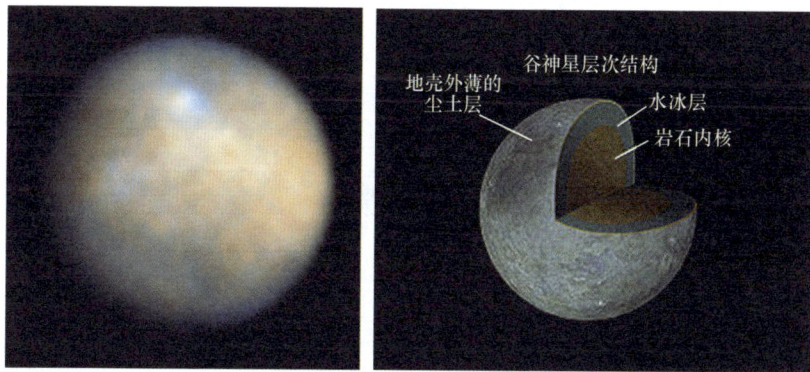

图2-77 哈勃望远镜拍摄的谷神星影像及谷神星结构剖面

谷神星(1 Ceres),正式名称是第1号小行星,是在太阳系内已知最大的小行星,并且是唯一位于主带的一颗矮行星。谷神星直径大约950km,是小行星带中已知最大和最重的天体,它的质量占小行星带总质量的32%。最近的观测显示,它外表呈球状,不同于其他较小且重力较低而呈现不规则形状的小行星。谷神星轨道参数见表2-17。

谷神星的轨道介于木星和火星之间(图2-78),位于小行星带的主带内,每4.6地球年绕行太阳一周。

表 2-17 谷神星轨道参数(历元 2011 年 2 月 8 日)

轨道参数	取值	轨道参数	取值
远日点/AU	2.98390	轨道倾角/(°)	10.58663
近日点/AU	2.54692	平近点角/(°)	160.20440
半长轴/AU	2.76541	升交点黄经/(°)	80.39176
偏心率	0.07901	近日点幅角/(°)	152.91657
公转周期/年	4.60229	—	—

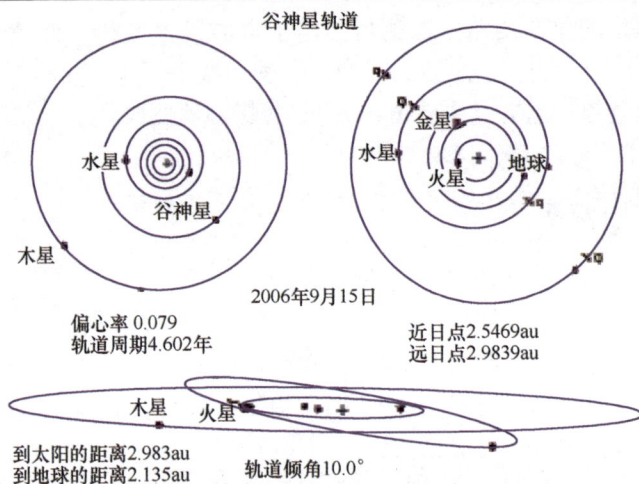

图 2-78 谷神星轨道示意图

谷神星物理参数见表 2-18。

表 2-18 谷神星物理参数

类别	数值	类别	数值
赤道半径/km	487.3±1.8	转轴倾角/(°)	约 3
极半径/km	454.7±1.6	反照率	0.090 ± 0.0033 (几何)
质量/kg	(9.43±0.07)×10²⁰	表面温度/K	167
平均密度/(g/cm³)	2.077±0.036	光谱类型	C-型小行星
表面重力/g	0.028	视星等	6.7~9.32
逃逸速度/(km/s)	0.51	绝对星等(H)	3.36±0.02
自转周期/天	0.3781	角直径/(″)	0.84~0.33

  灶神星是人类发现的第 4 颗小行星(图 2-79),1807 年由德国天文爱好者奥伯斯发现。最近研究显示,灶神星有类似于类地行星的特征,表明它内部可能存在热源。灶神星表面还有一个很深的巨大陨石坑,将外壳下的一层地质构造暴露出来。

  灶神星是小行星带质量最高的天体之一,灶神星的直径约为 483km,质量达所有小行星带天体的 9%。同时,灶神星的表面比不少小行星光亮,成为唯一一颗可在地球上可以肉眼看到的小行星。灶神星轨道参数见表 2-19。

图 2－79　"黎明"号探测器 2011 年 7 月 17 日所拍摄的灶神星

表 2－19　灶神星轨道参数(历元 2011 年 2 月 8 日)

轨道参数	取值	轨道参数	取值
远日点/AU	2.57031	轨道倾角/(°)	7.13440
近日点/AU	2.15261	平近点角/(°)	234.50890
半长轴/AU	2.36146	升交点黄经/(°)	103.90450
偏心率	0.08844	近日点幅角/(°)	253.76679
公转周期/年	3.63167	—	—

　　NASA 在 2012 年 5 月首度公开"黎明"号探测器获得的灶神星初步数据,估计灶神星的金属核心直径为 220km。灶神星物理参数见表 2－20。

表 2－20　灶神星物理参数

类别	数值	类别	数值
大小/km	578×560×458	反照率	0.423
质量/kg	(2.67±0.02)×1020	温度/K	85(最低) 255(最高)
平均密度/(g/cm³)	3.42	光谱类型	V-型小行星
表面重力/g	0.022	视星等	5.1~8.48
逃逸速度/(km/s)	0.35	绝对星等(H)	3.20
自转周期/天	0.2226	角直径/(")	0.64~0.20

2.6.2.2　任务目标

　　"黎明"号探测器选择谷神星和灶神星两颗小行星作为探测目标的主要原因如下:

　　(1)这两颗小行星体积较大,分列小行星家族的第一位和第四位。

（2）谷神星和灶神星自形成以来一直完好无损，表面留有太阳系形成最初的1000万年前的物质形态，会为早期太阳系的形成和演化提供答案。其中：灶神星更接近太阳，可能有内行星的诸多特征，在干热环境中成形；而谷神星是太阳系中最大的小行星，在冷湿环境中成形。

（3）灶神星与谷神星在完全不同的环境和太阳系不同的区域中演化，是以两个完全不同的方式演化而来，有很大不同但互相补充的成分，可提供行星形成时条件和过程的线索。谷神星有原始的表面，其表面有霜或蒸汽的证据，甚至在表面以下存在液态水，演化时水使它保持在冷的状态。灶神星的源是热和极端的，它的内部是熔化的，表面是干燥的，表面特征从玄武岩岩熔流到南极附近深的陨石坑，所以很可能代表了小行星中极端类型。谷神星是外行星冰冻卫星的代表，灶神星的物理特征反映了某些行星的物理特征。

通过对比研究这两颗小行星，增进人类对太阳系岩石类内区和冰类外区过渡的认识。因此，"黎明"号探测器任务的科学目标包括：

（1）研究太阳系早期形成条件和演变过程；

（2）研究小行星的大小及水在行星演化过程中的作用；

（3）通过对比谷神星和灶神星，了解不同的条件对小行星的演化过程有何影响。

2.6.3 总体设计

"黎明"号探测器是轨道科学公司（OSC）与NASA混合设计的产物，它借鉴了轨道飞行器STAR-2和LeoSTAR-2的设计，吸取了喷气推进实验室在行星际小推力探测器"深空"1号探测器任务中的经验。由加利福尼亚大学洛杉矶分校负责其全部科学任务。

"黎明"号探测器总质量为1218kg，外形结构及尺寸如图2-80所示。

OSC优化了STARBus的结构配置，作为"黎明"号探测器的主体结构。其飞行系统（Flight System，FS）实质上是环绕中央立柱的立方体。设备主要安装在星体表面，指向本体轴的 Z 方向。大型高增益天线固定于本体 $+X$ 方向的面板上。氙燃料储箱位于中央立柱内部。"黎明"号探测器电力来源于两块 $18m^2$ 的太阳能电池阵列，即使在3AU的距离，其功率也足够提供维持离子推进系统（IPS）的正常工作。太阳能电池阵列可沿着 Y 方向做360°驱动，其最佳发电约束为太阳位于飞行器本体的 XZ 平面内。科学仪器主要安装在 $+Z$ 方向的面板上，包括2台分幅照相机（FC）、1台伽马射线和中子探测器（GRaND）、1台可见光及红外分光计（VIR）等。

"黎明"号探测器用于命令发布与信息采集的电子体系结构，继承于轨道科学公司的 LEOStar™冗余体系结构，该结构包括用于执行星载飞行软件（Flight Software，FSW）的冗余星载计算机（On-Board Computers，OBC）、两个上行链路处理

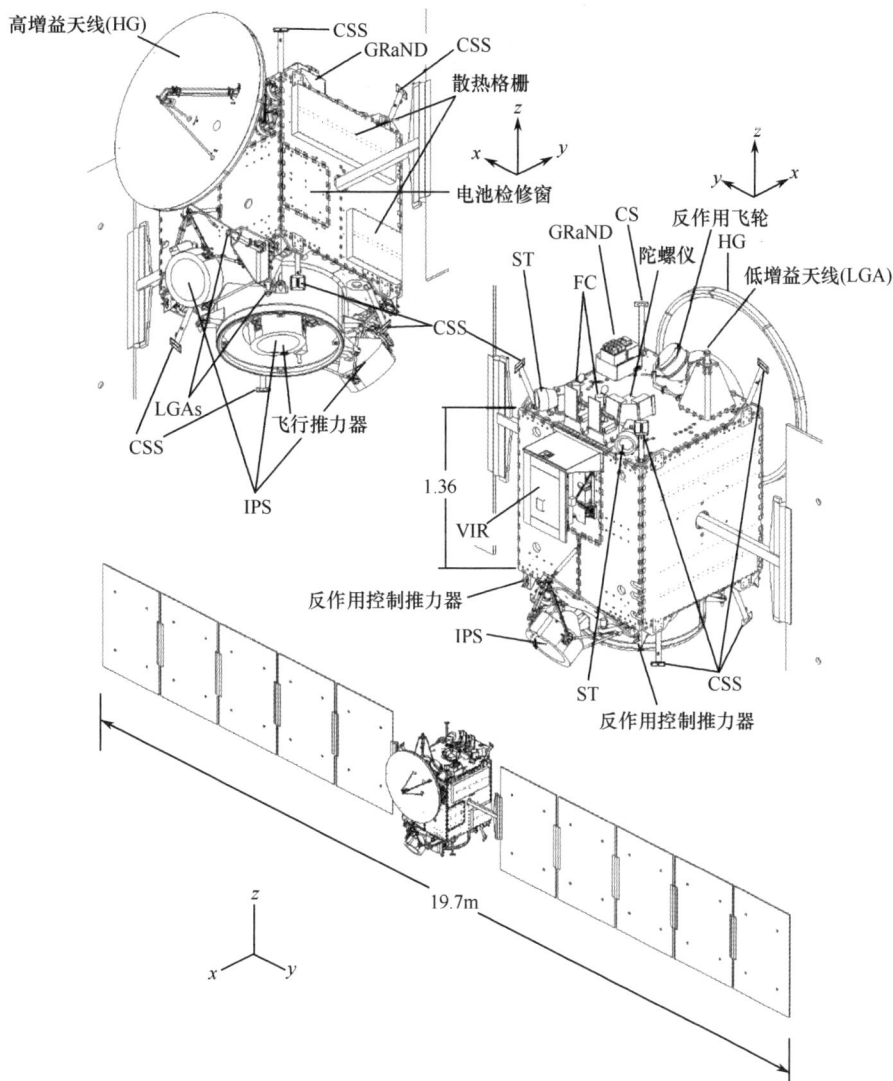

图 2 - 80   "黎明"号探测器主要星载仪器设备

器、1 个故障管理与检测程序以及其他关键性程序。姿态控制由运行在星载计算机中的姿态控制系统飞行程序来完成,收集各种传感器的数据作为输入,向姿态控制系统执行机构发送控制指令。传感器组件包括粗略太阳敏感器(Coarse Sun Sensors, CSS)、星敏感器(Star Trackers, ST)和陀螺仪。执行机构包括反作用飞轮(Reaction Wheels, RW)、反作用控制推力器、离子推力器、离子推进系统平衡环和太阳能电池阵平衡环。

"黎明"号探测器携带:离子推进系统与反作用推进系统两套推进系统。离子推进系统包括 3 个 NSTAR(NASA Solar electric propulsion Technology Application

Readiness)推力器(支持机构包括 3 个推力器平衡环、氙气管线及阀门)、1 个氙气储箱、冗余的数字控制接口装置(Digital Control Interface Unit, DCIU)和冗余的动力产生装置(Power Processing Unit, PPU)。反作用推进系统包括 2 套六推力器组成的冗余推力系统。反作用推进系统主要提供姿态控制和动量卸载功能,但是该系统也能提供 delta - V 机动的能力。表 2 - 21 列出了飞行系统质量信息概要。

表 2 - 21 飞行系统质量信息概要

子系统或元件	质量/kg	子系统或元件	质量/kg
机械结构	108.3	导线	83.6
热控子系统	44.0	平衡配重	24.4
离子推进子系统	135.6	探测器干质量	700.5
姿态控制子系统	36.5	仪器	46.5
反作用轮	14.4	飞行系统干质量	747.0
通信	26.3	肼推进剂	45.5
电源	206.5	氙推进剂	425.3
指令数据处理	21.0	飞行系统发射质量	1217.8

"黎明"号探测器系统框图如图 2 - 81 所示,展示了其完整的子系统和部件组成。

2.6.3.1 姿态控制系统

"黎明"号探测器姿态控制系统(Attitude Control Subsystem, ACS)用于在整个任务阶段中保持航天器的稳定、可控与精确指向。敏感器测定飞行器的姿态、转速和角动量状态,然后将这些信息发送到飞行计算机,使用控制算法处理后,向执行机构发送控制指令。

图 2 - 82 为姿态控制系统功能,描述了硬件组成和接口。姿态控制系统的敏感器展示在左侧,接口电路和星载计算机在中间,执行机构在右侧。阴影部分不是姿态控制系统的专属元件,但与姿态控制系统有着重要接口。

(1)星敏感器(Star Trackers, ST):2 个,互为备份,提供主要的惯性姿态基准。

(2)惯性参考单元(Inertial Reference Units, IRU):3 个,都是由机械自转的两轴陀螺及其关联的电子元件组成。任意 2 个惯性参考单元都可以提供三轴的转动速率基准信息。

(3)粗略太阳敏感器(Coarse Sun Sensors, CSS):是安装在伸出杆末端的太阳能电池片,作为余弦敏感器使用,即该敏感器的输出电流与太阳入射角的余弦成比例。每组 2 片,共 8 组,分别安装在飞行器本体的 8 个角上提供全空域覆盖。

姿态控制系统包括如下:

(1)反作用飞轮组合(Reaction Wheel Assembly, RWA):4 台,主要元件是电

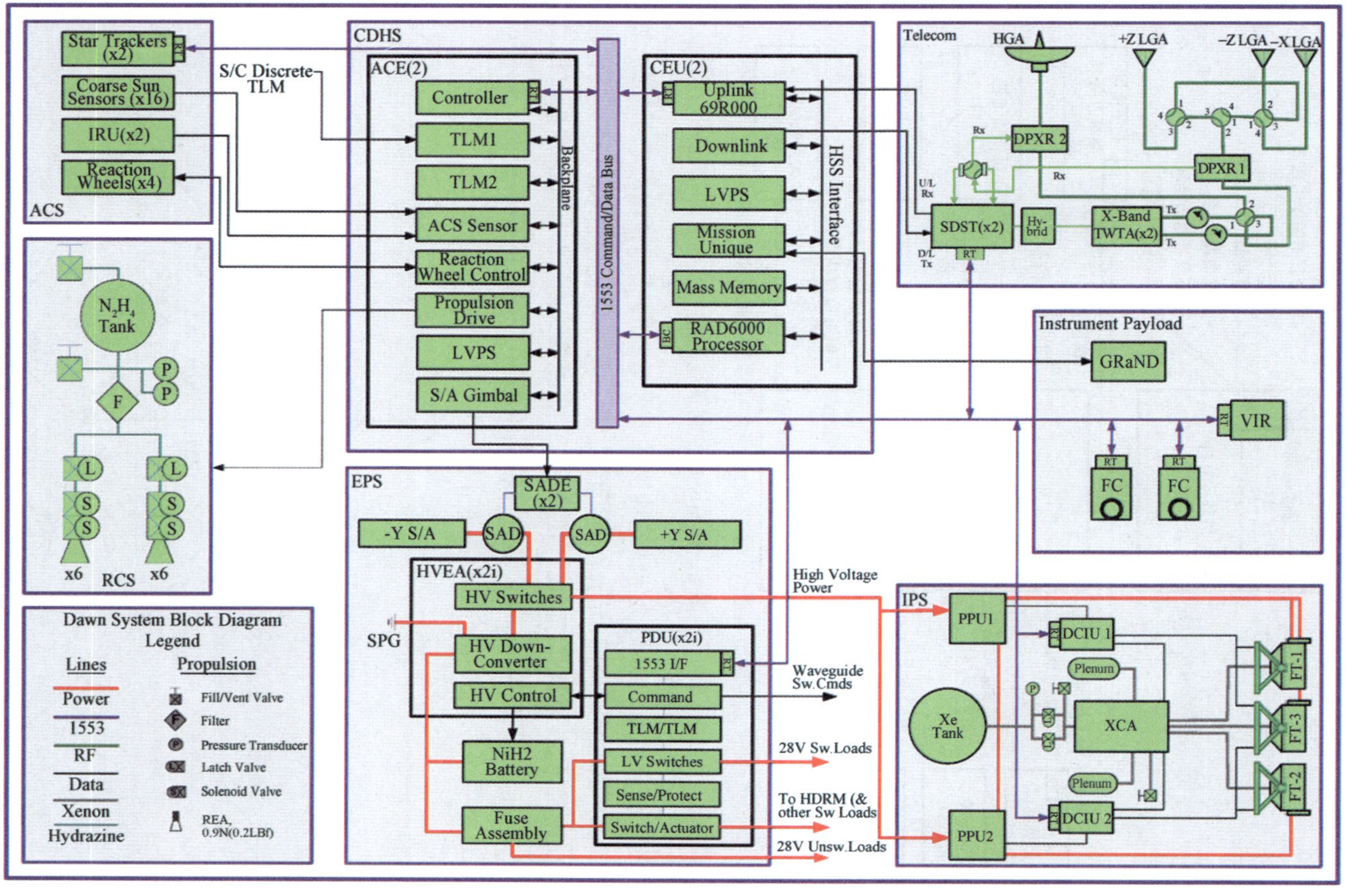

图2-81 "黎明"号探测器全系统框图

2.6 "黎明"号探测器

133

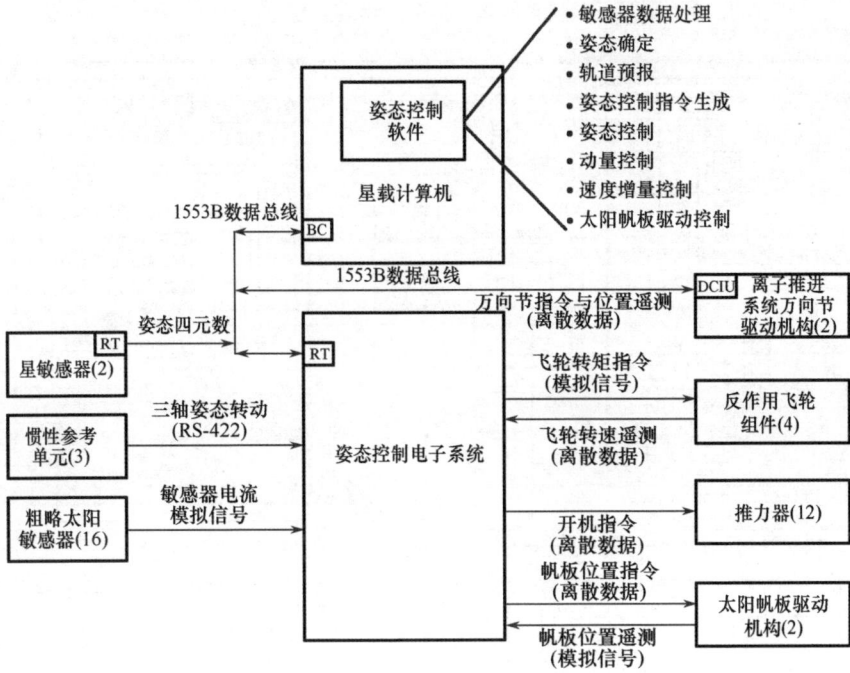

图 2-82 姿态控制系统功能

动机、飞轮和包括电动机驱动与转速检测的霍尔效应传感器在内的电子元件,安装成金字塔形状,如图2-83所示。使用任意3个就可以提供控制驱动。反作用飞轮是姿态控制的首要执行机构。当使用离子推进系统时,推力矢量控制可以提供垂直推力方向的姿态控制,而反作用飞轮提供沿推力方向的姿态控制。采用反作用飞轮进行姿态控制利用的是角动量守恒原理。

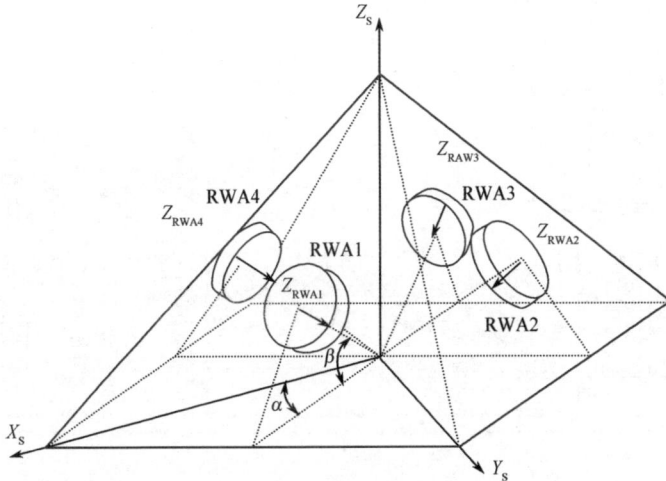

图 2-83 反作用飞轮构型

（2）反作用控制系统（Reaction Control Subsystem，RCS）：2 组互为备份的 6 个联氨推力器，姿态控制系统的备份控制器，一般主要用于反作用飞轮的动量卸载。但并不是所有的推力器都是耦合的，必须多个推力器同时工作才能提供绕任意轴的转矩，Z 轴除外。解耦的推力器每次开机都能提供航天器一个小的速度增量。

（3）离子推进系统：3 台氙离子发动机，均安装在 XZ 平面上，一台安装在 Z 轴线上，指向 −Z 方向，另外 2 台安装在与 +Z 成 50°的斜面上。3 台发动机均可两轴可调，允许姿态控制系统运用推力矢量控制（TVC）进行飞行器姿态调整。由于功率限制，每次只能有 1 台发动机工作。

（4）太阳能阵列驱动机构（Solar Array Drive，SAD）：可以通过驱动太阳能阵列获得全光照来进行姿态调整。

图 2 − 84 为姿态控制系统工作模式。在飞行软件中，姿态控制系统共有 9 种有效的工作模式，但实际上只有 5 种主要模式，其余模式均是其下的子模式：

（1）发射模式：主要用于地面测试和发射期间的主动姿态控制。该模式是非闭环控制，所有的计算驱动指令均设置为零。驱动器接收开环指令，以验证驱动器正常响应指令信息。

（2）捕获/粗太阳定向模式：也称安全模式，提供一种鲁棒性强的方法来瞄准和保持太阳指向，以确保太阳能阵列的正常工作，以及比较有利的热环境和通信条件。

（3）目标指向模式：提供航天器将任意本体矢量指向选定的目标的能力，主要

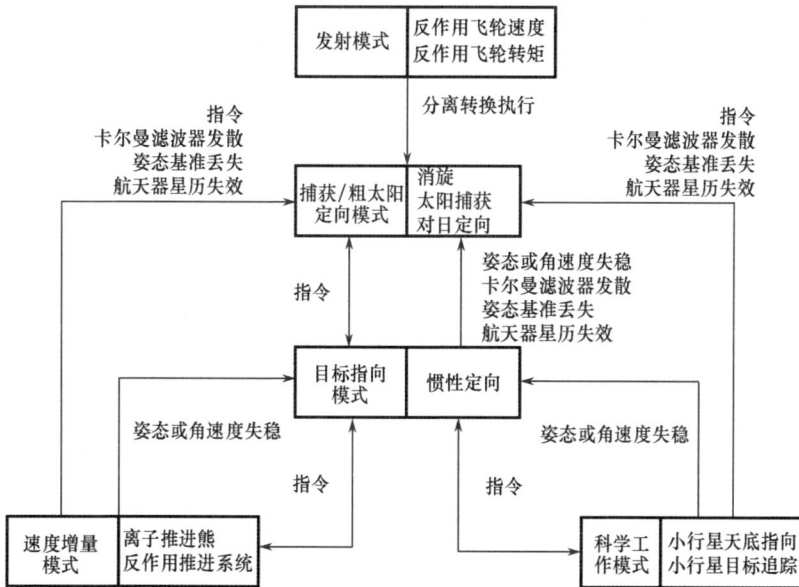

图 2 − 84　姿态控制系统工作模式

用于将高增益天线调整指向地球,以完成周期性通信。

(4) 速度增量模式:是整个任务中执行时间最长,也是非常重要的模式,用于离子推进系统点火工作过程中的姿态控制。该模式下,推力矢量控制系统将调整离子发动机的平衡环,以补偿横向的扰动,与此同时,反作用飞轮或反作用控制系统将控制纵轴的姿态。该模式下,反作用控制系统推力器可一起工作,在控制姿态的同时提供速度增量。

(5) 科学工作模式:当航天器进入小行星环绕轨道时,姿态控制系统将转入科学工作模式,这是一种高精度的工作模式,可用于科学数据的采集。反作用飞轮将提供该模式下的姿态控制。

(6) 天底模式和目标追踪模式:天底模式确保有效载荷轴线指向小行星天底位置;目标追踪模式允许采用时序姿态指令来跟踪选定的小行星的目标轮廓。

一项关键性的驱动设计要求,无论飞行器处于何种姿态或姿态控制系统处于何种模式,都能确保太阳能电池阵列在任何时候被光照射。这在小行星环绕轨道中是至关重要的。由于天底指向姿态导致太阳相对姿态变化非常迅速,太阳能阵列驱动机构单一自由度的调整不能满足这样的要求。因此,航天器需要转动目标指向,以提供两自由度的调整能力来满足全阵列光照的要求。姿态控制系统的飞行软件将通过求解选定的本体指向、目标指向和太阳相对于航天器的位置三者构成的函数,计算需要的指向指令和太阳能阵列驱动角。

长时间使用离子推进系统提供推力,需要使用推力矢量控制技术,该技术支持离子发动机偏离主轴,在垂直于主轴方向上进行两轴控制。因此,每个离子推进器都装有万向接头。通常万向接头体积和质量比较大,喷气推进实验室(JPL)采用了全新的设计使其能够满足尺寸和质量的约束。

惯性参考单元是实现科学探测所需指向的关键,但需要注意,其开始工作时转子将高速自旋,这影响其使用寿命。"黎明"号姿态控制系统的飞行软件包含一种无须陀螺的姿态和速率确定方法,这将允许陀螺在巡航段处于停机状态,为小行星轨道科学探测节省寿命时间。在这种模式下,星敏继续提供姿态测量信息,但它连续输出的四元数在飞行软件中微分处理,由此获得了速率测量。

2.6.3.2 推进

"黎明"号探测器的推进系统由 3 台氙离子发动机组成,其技术继承了"深空" 1 号探测器的 NSTAR 工程技术,如图 2 - 85 所示。发动机比冲为 3100s,可产生推力 90mN。

"黎明"号探测器初始质量为 1215kg,离子推进系统的储箱装载 450kg 氙推进剂,可供离子推力器工作时间超过 6 年,这是其他航天器动力飞行最长时间的 3 倍。此外,"黎明"号探测器还安装了以肼为工质的单组元推进系统,其储箱装载 45kg 肼推进剂;12 台 0.9N 单组元推力器分为两组,互为备份,用于探测器姿态控

图 2 - 85 "黎明"号探测器的氙离子发动机

制和制动。太阳翼安装在探测器 Y 轴,探测器总长约 20m;安装了 3 台离子推力器,但每次只有 1 台工作。

"黎明"号探测器离子电推进系统组成如图 2 - 86 所示。离子电推进系统由 2 台数字控制与接口单元(DCIU)、2 台电源处理单元(PPU)、1 套氙气供给系统(XFS)、3 台推力矢量调节机构(TGA)和 3 台 30cm 离子推力器组成。

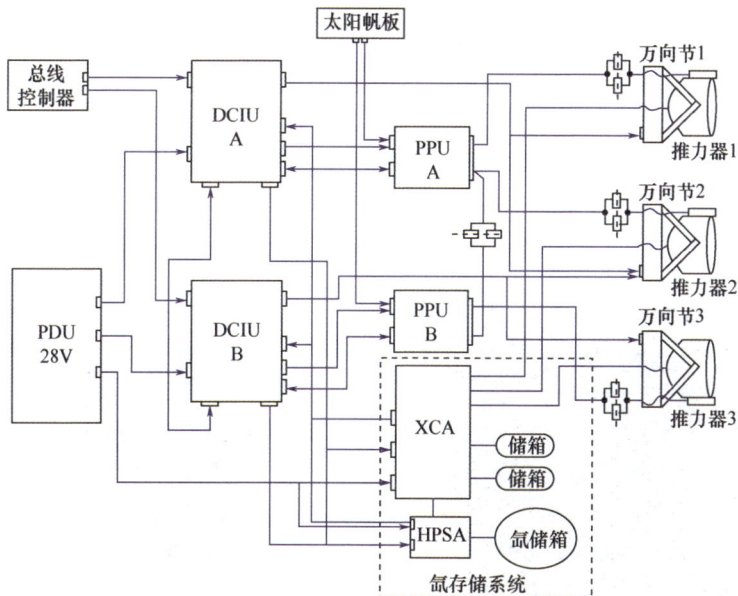

图 2 - 86 "黎明"号探测器离子电推进系统组成

电源处理单元由数字控制与接口单元控制,每台 DCIU 与单台的 PPU 对应连接,如 DCIU - A 只控制 PPU - A,DCIU - B 只控制 PPU - B。但是 2 台 DCIU 均能控制整个氙气供给系统与推力矢量调节机构,2 台 DCIU 交叉连接到 XFS,每台 DCIU 能控制氙气供给系统的所有阀门,也能控制 3 个推力矢量调节机构的所有机构。但一次只用一台 DCIU 控制,另一台维持冷备份状态。

2 台 PPU 交叉连接到 3 台离子推力器上,PPU - A 可为 1 号、3 号推力器供电, PPU - B 为 2 号、3 号推力器供电。2 台 PPU 都可为 3 号推力器供电,每台 PPU 通过一组高电压继电器开关在两个推力器之间进行切换供电。离子电推进系统每次只有 1 台推力器工作。

每个离子推力器均安装在 1 台推力矢量调节机构上,能为推力器提供两个方向的推力矢量控制。

"黎明"号探测器离子电推进系统指标见表 2 - 22。

表 2 - 22　离子电推进系统指标

指标	指标值	指标	指标值
推力/mN	19 ~ 92	PPU 输入功率/W	474 ~ 2522
推力器输入功率/W	423 ~ 2288	主流量/(mL/min)	5.98 ~ 23.43(标准)
比冲/s	1814 ~ 3127	阴极、中和器流量/(mL/min)	2.39 ~ 3.7(标准)
输入母线电压(DC)/V	80 ~ 160	流量精度/%	±3

同样,为了与不同太阳距离条件下太阳帆板输出功率的大小相匹配,离子电推进系统的输入功率也在一定范围内变化,设计工作功率范围为 470 ~ 2500W。与 DS - 1 相似,在这个功率范围内设计了 16 个独立的推进剂主流率设定点(工作点),使推力器在功率变化时能匹配工作,每一个 TH 又细分为 7 个功率等级,共有 112 个工作点。

离子电推进系统在"黎明"号探测器上的布局如图 2 - 87 所示。3 台离子推力器飞行件分别为 FT1、FT2 和 FT3。图 2 - 87 所示推力器 FT3 安装在 - Z 面上,其轴线与航天器 Z 轴重合,FT1、FT2 相对于 FT3 对称安装,其中 FT1 位于 - X 面、

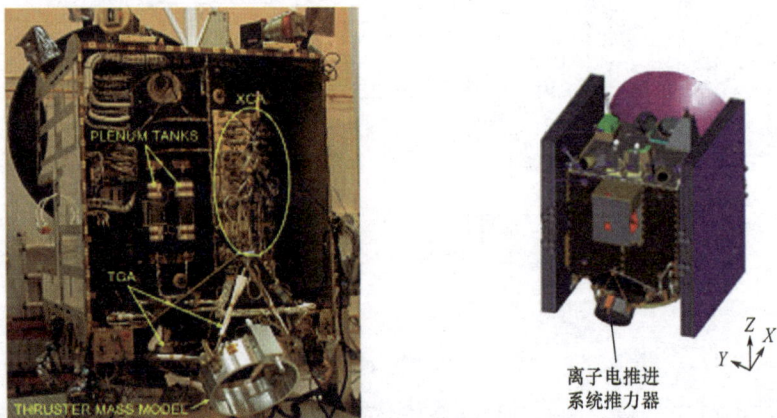

图 2 - 87　离子电推进系统在"黎明"号探测器上的布局

FT2 位于 $+X$ 面。氙气瓶固定在航天器承力筒中段,其质心位于 Z 轴上。流量控制组件 XCA 安装在承力筒外表面靠近 $-X$ 面上,两个稳压气瓶也在承力筒外表面靠近 XCA 安装。氙气瓶和两个稳压气瓶均需要温控,以保证氙气瓶中的氙气始终以超临界状态储存和流率的稳定性。

"黎明"号探测器离子推进系统为发射后的轨道转移与姿轨控提供所需的控制力和力矩,为行星间转移、轨道修正操作(视长期巡航的情况而定)、与灶神星和谷神星交会、进入灶神星和谷神星的轨道、灶神星和谷神星的科学探测轨道转移、轨道维持、脱离灶神星轨道等任务提供动力保障。此外,高可靠性要求需要"黎明"号探测器离子推进系统具备单点故障容错的安全设计。在紧急事件中,反作用控制系统的肼推力器产生速度 10m/s 以实现机动飞行。

2.6.3.3 电源系统

"黎明"号探测器也是采用常规的刚性展开式机械太阳翼,共有两翼,单翼由 1 根连接轴(类似连接架的作用)和 5 块基板组成。入轨后,太阳翼各基板按常规依次展开呈一字形,其压紧释放机构通过压紧套/压紧杆收拢压紧,通过火工切割器切割压紧杆实现解锁,单翼 4 个压紧点。其展开机构具体设计不详,但从图 2-88 可以看出,其展开机构安装在靠近基板中心位置,目的是为了便于安装 CCL 组件。目前尚缺少资料证明,"黎明"号探测器取消了 CCL 组件或者采用其他类型的同步展开控制方式。

图 2-88 "黎明"号探测器太阳能电池板构型

2.6.3.4 测控数传系统

"黎明"号探测器测控数传分系统采用 X 波段设备,配置 1.5m 固定安装高增益天线,配置3副低增益收发天线用于电推进开机和应急模式测控通信,配置2台100W的行波管放大器。"黎明"号探测器测控数传分系统组成见表2-23。

表2-23 "黎明"号探测器测控数传分系统组成

项目	数量	备注
波段	X	
HGA 收发	1	1.5m,轴向 +X 向
LGA 收发	3	安装于 ±Z 面和 +X 面
深空应答机	2	
行波管功率放大器	2	100W
码率	上行:7.8125b/s~2kb/s 下行:10b/s~124kb/s	

图2-89为"黎明"号探测器测控数传系统原理。

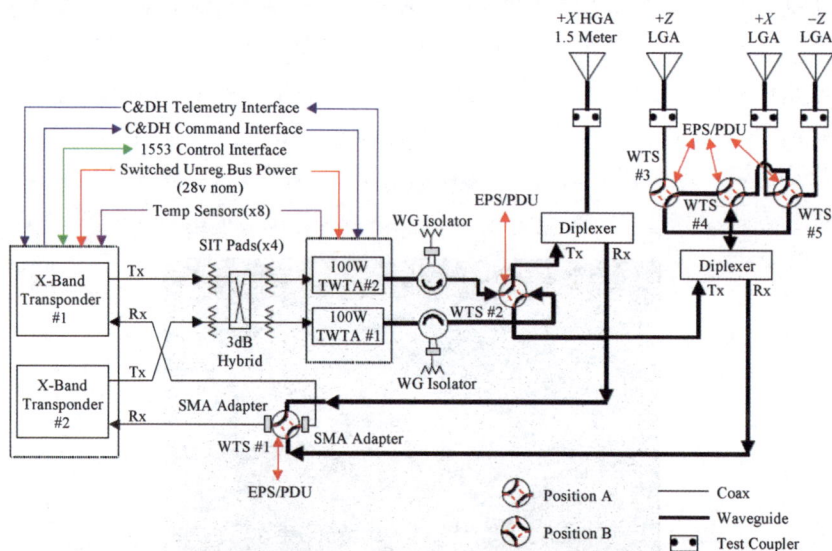

图2-89 "黎明"号探测器测控数传系统原理

探测器高增益天线采用固定安装方式,安装在 +X 面,主轴与 +X 轴平行。3副低增益天线分别安装在 ±Z 面和 +X 面,主轴与 ±Z 轴和 +X 轴平行。图2-90为"黎明"号探测器测控数传天线安装。

测控数传系统主要工作模式如下:

(1)初始捕获。探测器 +X 轴对日定向,绕 +X 轴每1h旋转1圈,使用 -Z 轴LGA天线对地通信,每小时通信30~35min。

(2)巡航飞行。电推进长期工作期间,每周一次约8h,探测器转到对地定向

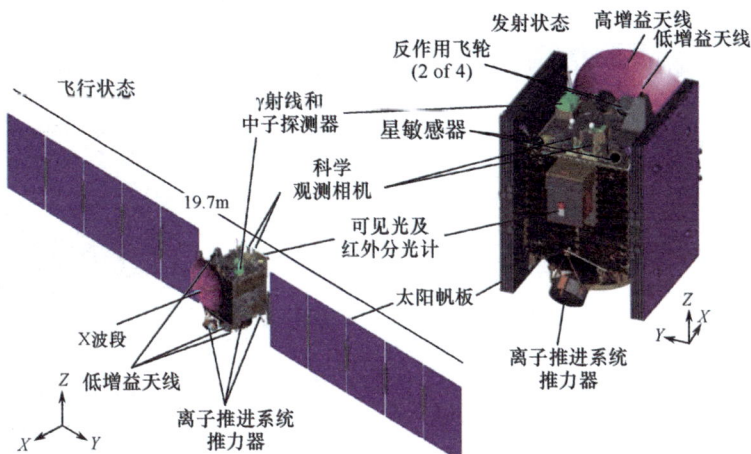

图 2 - 90 "黎明"号探测器测控数传天线安装

姿态,HGA 对地通信,下传存储的遥测数据、上传新的指令序列、提供测距和多普勒数据。通信结束后,转回电推进姿态,关闭下行链路。

在两次调整姿态 HGA 对地通信中间,根据轨道预报,在几何关系允许的情况下,采用 3 个低增益天线中的一个对地通信,采用相干工作模式,提供双向多普勒数据,传输低码率工程遥测,监测探测器状态,验证推进正确性。

（3）在小行星间转移。探测器从 Vesta 到 Ceres 转移期间,由于光学导航数据会与最优的推进姿态不一致,需要更多次地中断电推进工作时间,转到 HGA 对地模式,开展轨道测量。

2.6.3.5 载荷

"黎明"号探测器上用同一套科学仪器探测两个不同目标,便于科学家将两套探测数据进行准确的对比分析,并根据它环绕灶神星和谷神星的运行轨道数据,对比测算这两个天体的引力场等参数。

"黎明"号探测器共携带三种科学载荷(表 2 - 24 和图 2 - 91),主要包括两台分幅相机、γ 射线与中子光谱仪可见光及红外分光计。它们将测量小行星的质量、形状、体积和旋转状态,以及详细的元素和矿物成分,确定其构造和热的变化、磁力、核的大小,为人类带来前所未有的小行星上峡谷、山脉、陨石坑、熔岩痕迹、两极冰帽、湖床河道等景色,有可能发现许多奇特现象。

星上的两台分幅照相机由德国林道市的马克斯普朗克太阳系研究中心和柏林的德国宇航中心及不伦瑞克技术大学的计算机与通讯网络工程学院协同设计和建造,它们提供 Vesta 和 Ceres 的表面图像用于导航。照相机(图 2 - 92)配有 1 个 f:1/8 的焦距 150mm 的抗辐折射光线光学组件。视场为 5.5° × 5.5°,CCD 分辨率为 1024 × 1024。两个同样的包含数据处理单元的相机系统可以提供光学导航的紧急

表 2 – 24   "黎明"号探测器科学载荷

载荷	功能	基本特性	实物图
γ 射线与中子光谱仪	探测小行星上的 O、Si、Fe、Ti、Mg、Al、Ca 元素和一些微量元素的成分,绘制其成分分布图	质量:9.2kg; 功率:15 W 尺寸:25cm×19cm×24cm 传输速率:3.1kb/s	
可见光及红外分光计	有可见光(OM)和红外(ME)两个通道测量两颗小行星表面的矿物成分	质量:19.7kg(OM); 4.5kg(ME) 功率:50W 尺寸:60cm×38cm×42cm(OM); 21cm×28cm×13cm(ME) 内存:2 GB 传输速率:156kb/s	
分幅相机(两台)	拍摄两颗小行星表面的图像和探测器的导航	质量:5.7kg; 功率:12W 尺寸:20cm×21cm×42cm 内存:8GB 传速率:156kb/s	

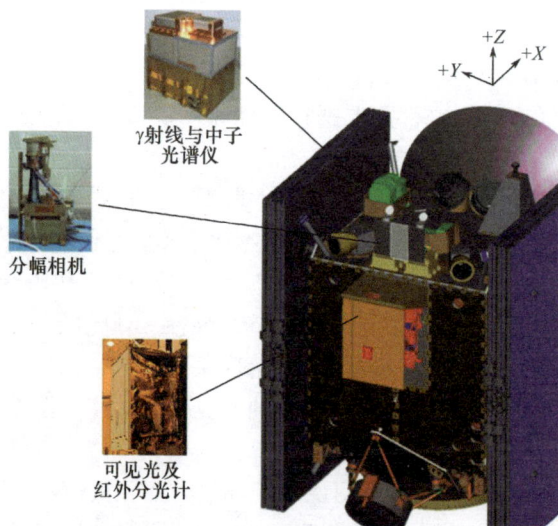

图 2 – 91   "黎明"号探测器科学仪器安装位置

冗余。照相机镜头包括防护罩、折射透镜系统、滤光轮、焦平面和读出电路,总质量为2.5kg,功耗为1.8W。数据处理单元控制相机,压缩和缓存数据。14 位采样的数据压缩基于小波算法。压缩率可以从无损(约2:1)到有损(10:1 甚至更多)之间选择,有损的压缩率仍可提供可以接受的图像。

滤光轮上有 8 个位置,分别安装了 1 个透明滤光器和 7 个多光谱滤光器。透明滤光器用于航天器导航和高信噪比观测。

照相机的读出速率为 1×10^6 像素/s。最小曝光时间为 1ms。数据处理单元有 16Gbit的存储空间,可以保存 1000 张未压缩的图像。每个数据处理单元功耗为 2 ~ 5W,质量为2.5kg。每个照相机总质量为 5kg,功耗约为12W。光学组件的前方有 1 个可复用的封盖,

图 2 - 92 "黎明"号探测器的分幅照相机

用来防止外界的光污染。焦平面处的检测器有专门的加热器,防止冷凝污染物,并维持巡航期间适宜的温度梯度。指挥软件是基于 OSIRIS(罗塞塔的科学成像仪)和 VMC(金星探测照相机)的操作系统。

照相机的设计继承自许多以前的产品。数据处理单元本质上复制了金星快车探测器的 VMC 的处理单元。而软件与 OSIRIS 和 VMC 的一样,只有适应"黎明"号探测器的小幅度改编。检测器和读出电路复制了罗塞塔号着陆器的 ROLIS 下视成像仪。照相机有滤光轮的槽轮机构和光学组件的封盖两个机械装置。滤光轮的设计基于乔托号的哈雷多色照相机的相关设计。而封盖的驱动方法来源自火星极地着陆器和 2011 火星探测着陆器的机械臂照相机的保护盖驱动方式。

分幅照相机在"黎明"号上探测器的安装位置如图 2 - 91 所示。相机视场的中心轴和航天器的 +Z 轴平行。当航天器不施加推力时, +Z 轴(图中所示航天器顶部方向)指向目标小行星(天底),同时 +Y 轴保持与太阳矢量垂直, +X 轴偏向太阳方向。

分幅照相机装在位于 +Z 平面的散热板上。每个照相机的配准立方体使照相机与航天器参考坐标系对齐。安装板在飞行过程中尽可能地保持低温。

2.6.4 飞行过程

2.6.4.1 发射阶段

"黎明"号探测器于 2007 年 9 月 27 日 7 时 34 分 EDT(Eastern Daylight Time,

美国东部时间)由德尔它 - 2 7925H 运载火箭在卡纳维拉尔角基地发射升空(图 2 - 93),直接进入地球逃逸轨道,入轨速度为 11.46km/s。

2.6.4.2 初检阶段

初检(Initial Checkout, ICO)阶段是为了飞行系统能够长期高负荷运转做准备,设定时间为"黎明"号探测器入轨之后的 80 天。通过专用的行动来配置和确定大多数子系统的性能。

通过测试,离子推进系统在所有预测情况下失效的概率小于 1% ,其附属电路、氙推进剂供给系统和相关机械机构均正

图 2 - 93　德尔它 - 2 火箭发射

常工作。推进系统耐久试验(Long Duration Systems Test, LDST)进行了 165h,于 2007 年 11 月 6 日结束。

任务期间,姿态控制系统主要使用反作用飞轮(或反作用推进系统)进行姿态控制,在离子推进系统工作时也能提供两轴的姿态控制,然后借助反作用飞轮(或反作用控制系统)进行第三轴的控制。初检阶段进行了所有模式的测试,确保姿态控制系统工作正常。

此外,通信系统、飞行软件系统等也分别进行了相关测试。

2.6.4.3 巡航阶段 1

巡航阶段 1 的主要任务是修正"黎明"号探测器的飞行轨迹,使其能够于 2009 年 2 月到达火星附近,以完成借力飞行。

2007 年 12 月 17 日,"黎明"号探测器离子推进系统开始工作,进入奔向火星的巡航轨道,推进系统每天提供 6.5m/s 的速度增量。该阶段导航使用无线电导航数据和航天器遥测技术。

2008 年 10 月 31 日,动力巡航阶段如期结束。

该阶段中离子推进系统满功率运行接近 6500h,消耗 71.7kg 氙推进剂,为"黎明"号探测器提供了 1.8km/s 的速度增量。

2.6.4.4 火星借力飞行阶段

火星借力飞行阶段(Mars Gravity Assist, MGA)主要包括一次火星借力飞行和为期 7.5 个月的自由轨道滑行(以借力飞行为界,前段 3.5 个月,后段 4 个月)。

2009 年 2 月 17 日,"黎明"号探测器以 549km 近距离通过火星附近,完成借力

飞行,获得速度增量 2.6km/s,速度方向调整 5.2°。

该阶段是"黎明"号探测器升空后唯一不是由离子推进系统提供速度增量的阶段。但离子推进系统并非完全不工作,前半段离子推进系统进行了轨道修正和工程测试工作,后半段离子推进系统只进行例行开机检查和工程测试。

2.6.4.5 巡航阶段 2

2009 年 6 月 8 日,在距日心 1.37AU 处,离子推进系统重新启动,由于此前推进剂的消耗,离子推进系统每天提供的速度增量已接近 7.4m/s。2011 年 7 月 16 日,"黎明"号探测器在距灶神星 15000km 的位置捕获灶神星轨道,巡航阶段结束。

在捕获前 3 个月。视觉导航系统开始工作,分幅照相机拍摄的灶神星照片可以在星上进行处理和压缩。

2.6.4.6 灶神星科考阶段

根据科学探测的诸多要求,如图像和光谱需要特殊的光照条件,但是不同的仪器需要的条件可能不同,分幅照相机在有阴影的条件下可以获得最佳的拍照效果,而可见光及红外分光计在完全没有阴影的条件下才能获得最佳工作状态。在灶神星轨道上,这些条件不可能同时达到,因此,只能分段折中设计灶神星的科考轨道。

"黎明"号探测器环绕灶神星的轨道分为高度 4400km 的 Survey 轨道、高度 1450km 的 HAMO(High – altitude Mapping Orbit)轨道、高度 375km 的 LAMO(Low – altitude Mapping Orbit)轨道,如图 2 – 94 所示。

经过离子推进系统大约 210h 的开机工作,2011 年 8 月 3 日,"黎明"号探测器进入 2735km 的 Survey 轨道,成为首个环绕小行星带小行星的探测器。

至此离子推进系统工作时间超过 23621h,消耗 252kg 氙推进剂,提供了 6.7km/s 的速度增量。

2011 年 9 月 27 日,"黎明"号探测器进入 680km HAMO 轨道,环绕周期为 12.3h。

2011 年 12 月 8 日,"黎明"号探测器进入 210km 的 LAMO 轨道,环绕周期为 4.3h。

按照对 Vesta 的不同操作目标,在 Vesta 周边的轨道可以分为接近和轨道转移段以及科学考察段。接近和轨道转移段中,航天器处于近乎连续的小推力模式,短暂的滑行期间,进行无线电导航和光学导航以及工程遥测。科学观测

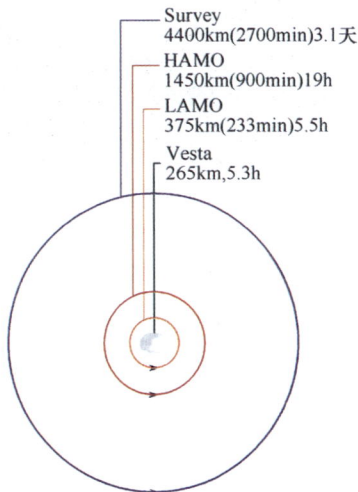

图 2 – 94　三种类型的灶神星环绕轨道

Survey
4400km(2700min)3.1天
HAMO
1450km(900min)19h
LAMO
375km(233min)5.5h
Vesta
265km,5.3h

段中,航天器滑行在 Vesta 的近极地轨道上。

"黎明"号探测器在 Vesta 周边的操作过程中,始终使用光学导航,从接近段开始到科学考察结束。也会使用其他的导航类型,接近段早期使用 DDOR(Delta 差分单程测距,深空探测用的 VLBI 技术的一种),而多普勒测速和伪码测距则始终使用。

光学导航所需图像由分幅照相机提供。光学导航的图像处理中,Vesta 的大小是最重要的参数。接近段开始时,Vesta 的大小大约为 5 个分幅照相机的像素,而结束时是分幅照相机视场的 2 倍。位于 LAMO 轨道时,Vesta 的大小是视场的 25 倍。接近段中,在 Vesta 的大小达到 500 像素之前,图像处理是获得惯性基准。随后的图像处理则是为了找到 Vesta 的中心。类似地,根据 Vesta 的大小,使用不同的数据获取类型。当 Vesta < 500 ~ 700 像素时,使用临边扫描(图 2 - 95)获得图像中心。当 Vesta 超过 50 像素时,开始使用地标(图 2 - 96)。在接近段中,Vesta 超过 700 像素之前两种数据获取类型同时使用,此后只使用地标方法。临边扫描通过观察目标边缘的位置来评估轮廓中心,已广泛用于 Cassini 任务和 Voyager 任务。地标方法已在探索 Eros 的会合 - 舒梅克号探测器任务中使用。与会合 - 舒梅克号探测器一致,地标是特殊的地形特征点,最常用的是陨石坑边缘。

图 2 - 95　临边扫描的仿真图形

图 2 - 96　Survey 轨道上的仿真图像(地标用白点标出)

2.6.4.7　巡航阶段 3

2012 年 8 月 26 日,"黎明"号探测器离开灶神星轨道再次启程,预计 2015 年 2 月抵达谷神星。

2.6.4.8　谷神星科考阶段

谷神星科考阶段将历时 6 个月,从 2015 年 2 月到 2015 年 7 月。

2.6.5 探测成果

2011 年 8 月,"黎明"号探测器的研究人员称,首批近距离拍摄的灶神星照片显示,这颗小行星的北半球分布有许多陨石坑(包括被科学家称为"雪人"的三个陨石坑,如图 2 - 97 所示),而南半球则相对平坦。另外,这颗小行星的赤道上遍布深沟,让科学家感到意外,他们从未预想过这些地貌特征。

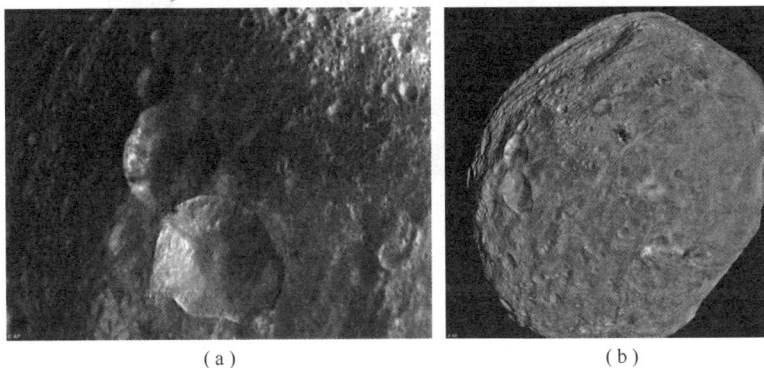

(a)   (b)

图 2 - 97   灶神星"雪人"陨石坑与千疮百孔的表面

2011 年 10 月 13 日,美国国家航空航天局"黎明"号探测器距离灶神星 682km 处拍摄到南极最高峰(图 2 - 98),高度达到 21000m,是地球珠穆朗玛峰高度的 3 倍。

图 2 - 98   灶神星南极最高峰

图 2 - 98 清晰地呈现了这座神秘最高峰的三维图像。这张三维照片显示灶神星南极区域地形的倾斜远景图像,分辨率为 300m 像素。图 2 - 98 是巨大的峭壁状斜坡,该特征可能是山崩滑体形成的。

图 2 - 99 为美国国家航空航天局"黎明"号探测器用 1 年时间绘制的灶神星表面结构。

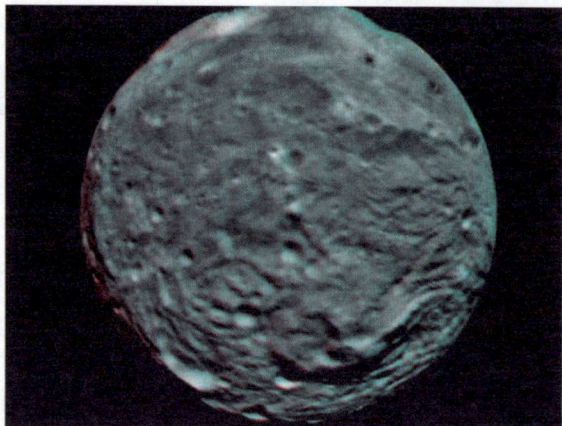

图2-99 美国国家航空航天局"黎明"号探测器用1年时间绘制的灶神星表面结构

2.7 "深度撞击"号探测器

2.7.1 概述

"深度撞击"号探测器是美国国家航空航天局的彗星探测器,用于研究坦普尔-1号彗星核心的成分。"深度撞击"号探测器是第一个激起彗星表面物质的探测任务(图2-100),任务引发了公众媒体、科学家和业余天文爱好者的广泛关注。在主要探测任务结束后,"深度撞击"号探测器被EPOXI任务用于研究地外行星和哈特雷2号彗星。

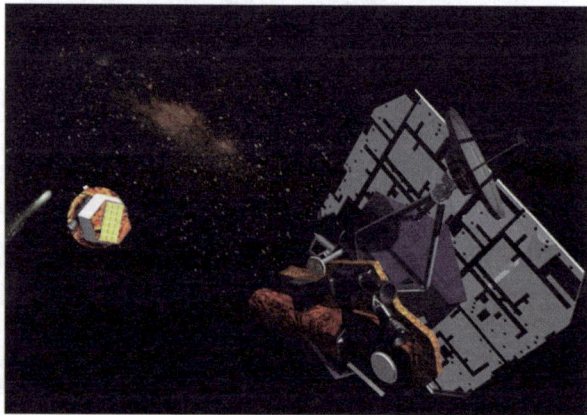

图2-100 "深度撞击"号探测器和撞击器构想图

深度撞击计划由马里兰大学(UMD)、美国国家航空航天局喷气推进实验室和波尔航空航天科技公司共同完成。

2005 年 1 月 13 日,美国国家航空航天局"深度撞击"号探测器在佛罗里达州发射升空,"深度撞击"号探测器由两个部分组成:一是飞行器,大小相当于一辆两厢轿车;二是外部由铜合金加固的撞击器,质量为 372kg,大小接近一台家用冰箱。2005 年 7 月 4 日,飞行器将撞击器弹射出去,撞击器在撞击瞄准传感器的引导下自主导航以 3.7 万 km/h 的速度与坦普尔 - 1 号(Tempel - 1)彗星的彗核相撞,并自动拍摄下彗星图像,经过交会探测飞船转发送回地球;与此同时,飞行器在约 500km 外的安全位置观测撞击全过程,并拍摄下整个撞击过程和产生撞击坑的图像,对彗核和撞击时内部喷发出的物质进行光谱分析,将结果数据发送回地球。从发射到撞击飞行器历时 172 天,飞行距离为 4.3 亿 km。

这次撞击将形成剧烈爆炸,导致大量彗核物质向宇宙空间喷散,科学家们希望通过此次撞击研究该彗星的化学成分和结构特点,以便能更多了解太阳系形成早期 40 亿多年前的情况,并加深对太阳系起源的进一步认识。同时,还想弄清楚通过这样的外力撞击彗星是否会改变其运行轨道,以解决某些小行星对地球的威胁。

2.7.2 探测对象和任务目标

深度撞击计划的目标是穿越彗发和彗核表面进入彗星内部,为 NASA 和国际彗星及小行星探测数据库增添新的科学探测数据。任务旨在帮助解答关于彗星的基本问题,诸如彗核的成分、撞击造成的撞击坑深度、彗星的形成地点等。通过对撞击及其余波的观测,天文学家希望确定彗星内核与外层的差异,以探究彗星的形成过程。

撞击计划由 NASA 合同授权喷气推进实验室、加州理工学院、波尔航空航天科技公司和马里兰大学共同实施和完成。

深度撞击计划的主要科研目标如下:

(1)分析彗核与其表面的不同之处。

(2)观测撞击后的撞击坑形成,以确定基本的彗星特性。

(3)测量彗星撞击坑喷射物的成分,确定彗星原始内部物质的构成。

(4)分析撞击造成的彗星自然释气变化。

(5)帮助发现彗星是否会损失或封入冰物质(休眠或消失)。

(6)分析彗星撞击对地球的影响。

深度撞击计划的内容比较简单:在坦普尔 - 1 号彗星的彗核撞击出一个深坑并观测这个撞击坑的形成。将测量这个撞击坑的深度和直径,以及撞击坑的内部物质及喷射物的成分,并分析撞击坑产生的自然释气变化。观测撞击坑的形成和撞击喷射物的成分,将会为科学家提供关于太阳星云残余物质的成分和结构的重要新信息。

2.7.3　总体设计

"深度撞击"号探测器长 3.3m、宽 1.7m、高 2.3m,包括交会探测飞船和撞击器两个航天器(图 2 – 101),每个航天器都各自携带自己的仪器,能够接收并传输数据。

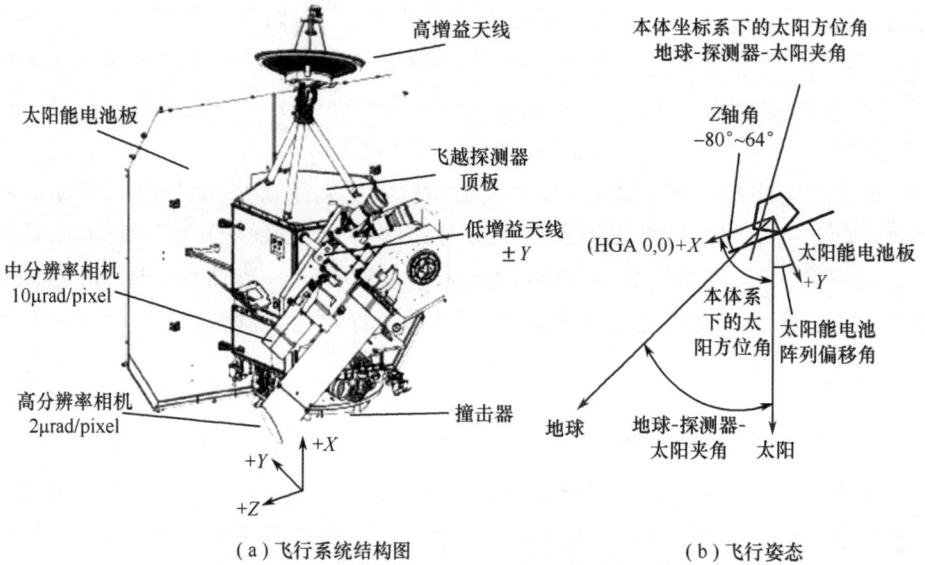

（a）飞行系统结构图　　　　　（b）飞行姿态

图 2 – 101　飞行系统结构与飞行姿态

交会探测飞船携带高分辨率(HRI)和中分辨率(MRI)两种成像仪器,撞击器携带撞击瞄准传感器(ITS)成像仪。飞船上装设有 1m 直径抛物线高增益天线,利用 X 波段与地球通信,数据容量为 309MB,上、下行数据传输率分别为 125b/s 和 175b/s。另外,采用 S 波段与分离后的撞击器保持单向联系,数据传输率为 64kb/s。

"深度撞击"号探测器的结构及实物如图 2 – 102 所示,它的巡航构造部分装有太阳能电池板。探测器与撞击器相互连接为一体。大型高分辨率成像仪和中分辨率成像仪(与撞击器和高增益天线成一条直线)安装在探测器太阳能电池板的反侧。

深度撞击飞行系统是一种双探测器架构,包括一个撞击器和一个飞行探测器。在正常状态下,直到撞击前 24h,两个探测器作为一个整体系统一起发射升空和飞行。

2.7.3.1　GNC 系统

深度撞击姿态控制系统(ADCS)高度继承了波尔航空公司其他航天器的设计,包括 GFO、Quik、QuikScat、MTI、QuickBirds – 1、QuickBirds – 2 及 ICESat。深度撞击姿态控制系统原理框图如图 2 – 103 所示。其主要的姿态控制系统设备见表 2 – 25。

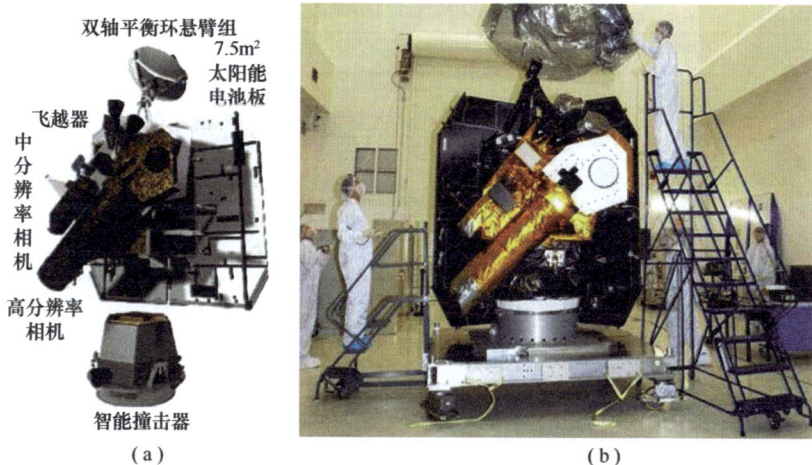

图 2 - 102   "深度撞击"号探测器结构及实物

(a) 双轴平衡环悬臂组
7.5m² 太阳能电池板
飞越器
中分辨率相机
高分辨率相机
智能撞击器

(b)

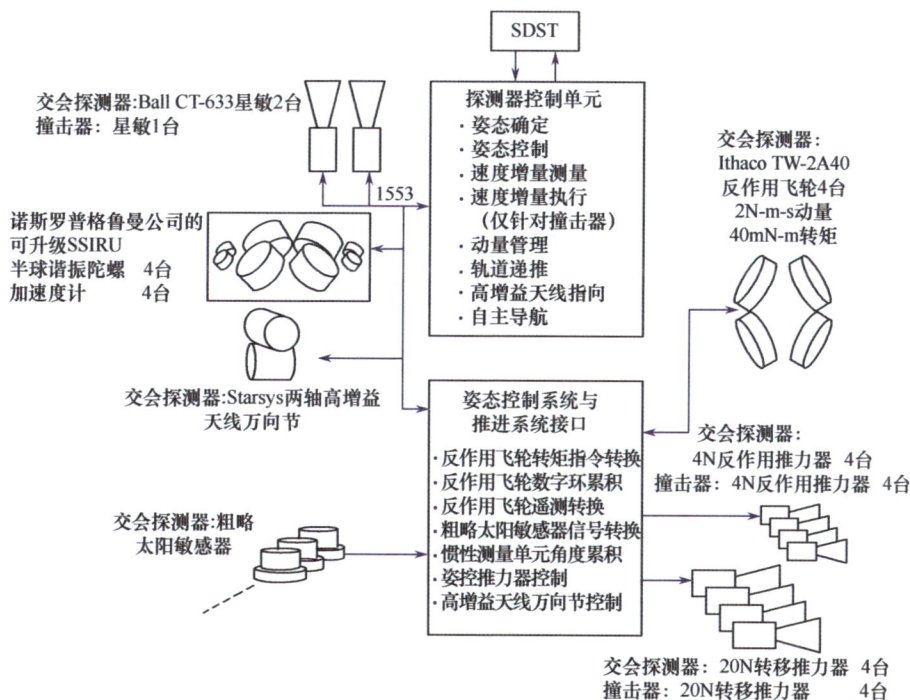

图 2 - 103   深度撞击姿态控制系统原理框图

它的姿态确定传感器装置包括:Ball CT - 633 四元数输出星体跟踪器(两个在飞行器上,一个在撞击器上);每个航天器上都有一个惯性单元 SSIRU。主要的星体跟踪器和惯性测量单元的性能参数见表 2 - 26、表 2 - 27。

表2-25 深度撞击主要的姿态控制系统设备

参　　数	撞击器	飞行器
绝对指向	<320μrad	<61μrad
姿态数据	<100μrad	<61μrad
姿态数据误差漂移	<35μrad/h	<45μrad/h

表2-26 关键的星体跟踪器规格参数

参数	值	参数	值
模型	Ball CT-633	空间误差	<87μrad(3σ)
NEA	<73μrad(3σ)	姿态数据(垂直于视线轴)	<87.3μrad(3σ)

表2-27 惯性测量装置的规格参数

参数	值	参数	值
模型	Northrop Grumman Scalable SIRU	偏置稳定性	0.0016(°)/h
角度随机游走	0.0001(°)/$\sqrt{h}$	量化	0.05(″)(LSB)
角度白噪声	0.003(°)/$\sqrt{Hz}$	—	—

图2-104给出了陀螺仪的姿态估计算法,该算法提供的姿态和比率基数是基于星体跟踪器和陀螺仪共同得到的最优的数据。另外,星体跟踪器姿态测量装置用于二级的低通滤波器用于估计陀螺仪,如图2-105所示。

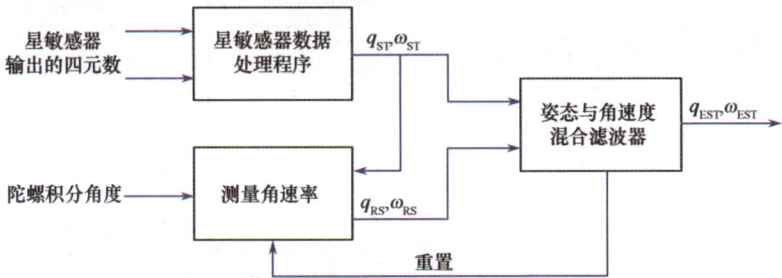

图2-104 姿态确定原理框图

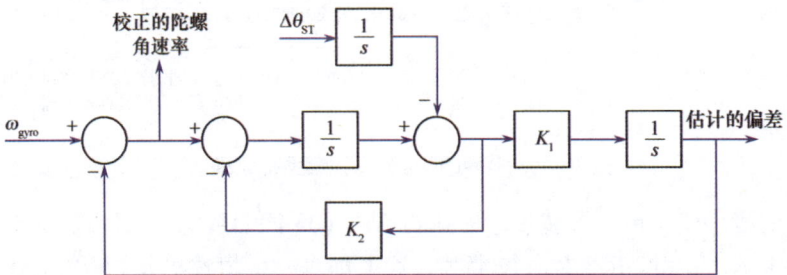

图2-105 陀螺仪估计原理框图

对于捕获和安全模式的使用,12 个太阳敏感器安装在飞行器上,4 个 Ithaco TW2A40 反作用轮安装在飞行器上,4 个 RCS 推力器(4N 推力器装在飞行器上,1N 装在撞击器上);4 个 20N 的转移推力器装在每个航天器上,每个航天器上都装有基于航天器控制单元的飞行软件。

2.7.3.2　航电设备

探测器航天电子设备包括 RAD750 CPU(英国宇航公司为 NASA X – 2000 项目开发的 POWER PC 750 的航天版本)和全冗余数据传输架构,此架构使用 1553 数据总线,可以在 C&DH 系统的 A&B 两侧和远程接口设备(包括电力、高度控制和推进设备)之间进行互换。在整个任务期间(包括交会阶段),C&DH 探测器控制单元在热备份模式下运行,可以在 1min 内完成更换。为了使探测器获得撞击坑图像,它必须实现很高的指向精度和稳定性。在撞击时,最高指向精度要求达到 $70\mu rad/$轴(3σ)。为了最大限度地减少图像拖影,稳定性要求必须达到 $50\mu rad$(曝光 $50ms$)。

2.7.3.3　撞击器

撞击器的结构如图 2 – 106 所示。撞击器是一个功能完备的单体探测器。撞击器的标称质量为 350kg,50% 的成分是铜。大部分铜位于球形尖顶部,以承受彗星表面的撞击能量和形成最大的撞击坑。铜还具有最小的光谱测量干扰性。由于不得不使用铝等结构材料,因此造成了一些不必要的发射光谱。撞击器撞击彗星示意图如图 2 – 107 所示。

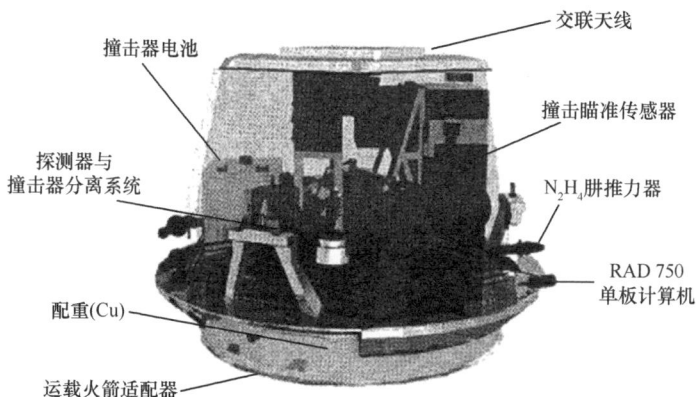

图 2 – 106　撞击器结构

与探测器相连的撞击器有一个发射器(LV)接口。LV 接口是撞击器的组成部分。撞击器使用 ITS 及其自主导航软件导航至探测器可见的彗核太阳光照区域。撞击器与探测器之间的 S 波段交叉信道传输遥测数据,包括撞击前获得的彗星表

图 2 - 107　撞击器撞击彗星示意图

面影像数据。此信道还可用于向撞击器发送指令和提供最佳的撞击时间估算以获得最佳的科学研究结果。

2.7.3.4　科学载荷

"深度撞击"号探测器搭载三个科学仪器,用于执行导航功能。图 2 - 108 是高分辨成像仪和中分辨成像仪,它们是探测器的组成部分。高分辨成像仪是一部 10m 焦距 CCD 照相机,具有 30cm 光圈和 2mrad 像素的瞬时视野,700km(最近成像距离)全宽度最大分辨率为 3.4m。CCD 光谱响应范围为 $0.3 \sim 0.95 \mu m$,红外光谱仪响应范围为 $1 \sim 4.8 \mu m$。中分辨率成像仪的设计与高分辨成像仪相似,但是它的空间分辨率仅相当于高分辨率成像仪的 1/5,而且没有红外成像通道。中分辨成像仪支持光学导航,为高分辨成像仪提供功能冗余备援。

这两个成像仪都有一个科学滤光轮片和多个控制电路,以便将数据传输至探测器双重冗余处理器的两个或其中一个非易失性存储器上。科学数据存储器的容量大于 800 MB。

撞击器携带的第三个仪器是撞击器目标传感器(ITS),其构造和功能与中分辨成像仪相同,用于光学导航和科学探测。

图 2 - 108　"深度撞击"号探测器搭载的科学仪器

2.7.4　飞行过程

"深度撞击"号探测器直接的星际轨迹如图 2 - 109 所示,航天器的时间节点在 2004 年 12 月 30 日和 2005 年 8 月 27 日之间,包括在 2005 年 7 月 4 日与坦普尔 - 1 号彗星相撞。相撞时间正好是坦普尔 - 1 号彗星的近日点通过距太阳中心 1.5 AU 处的前一天。2005 年 7 月 4 日相撞最合适,因为它允许有效载荷的质量接近最

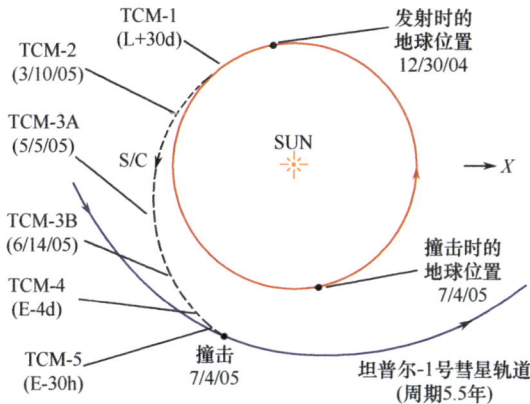

图 2 – 109　"深度撞击"号探测器星际转移轨迹

大,而且航天器处于适当的太阳相位角,在接近的过程中有利于拍摄彗星图像。接下来的到达时间允许适度增加有效载荷的质量,但是降低了接近相位角;较早的发射日可以提高相位角,但是质量承受能力显著降低。提早的抵达将增加接近速度(10.2km/s),也就需要大的飞越转移机动或减小观察时间来实现转移机动。

　　8 个月的任务被划分成不同的功能阶段,如图 2 – 110 所示,地面导航积极支持各个阶段任务,包括发射,所有的轨道修正(TCM),光学导航活动计划(在撞击前 60 天开始),以及一个紧凑的遭遇时刻表。光学导航与自主导航阶段依赖于在调试和巡航过程中用于确定每一个照相机在飞行系统本体坐标系下瞄准线的方向。在自主导航成像中,没有了这些校准,照相机镜头指向错误导致彗星星历发生

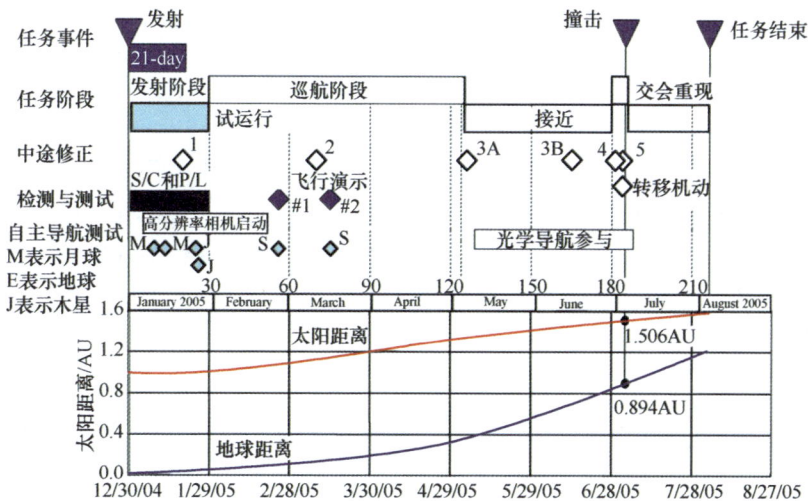

图 2 – 110　任务概述时间

误差,最终引起导航误差。

2.7.4.1　发射与测试

探测器原本计划在 2004 年 12 月 30 日发射,但 NASA 官员为了有更多时间测试软件而推迟了。之后在 2005 年 1 月 12 日美国东部时间 13:47(UTC 时间 18:47)在卡纳维拉尔角由德尔它 - Ⅱ号火箭发射成功(图2 - 111)。

"深度撞击"号探测器在发射后第一天的状态不稳定,在进入太阳轨道并展开太阳能电池板之后不久便进入安全模式。原因是:探测器的RCS 推进器催化剂床的温度限制保护逻辑出现错误。该推进器用于在第三阶段分离时防止探测器翻滚。NASA 随后宣布探测器一切正常并脱离安全模式。

2005 年 2 月 11 日,"深度撞击"号探测器携带的火箭发动机按计划点火,以修正探测器的路线。由于这次修正足够精确,预定在 3 月 31 日的修正被取消。试运行阶段确认所有仪器均已激活并正常工作。测试期间,发现高分辨率相机

图 2 - 111　发射"深度撞击"号的
德尔它 - Ⅱ型火箭

在经历高温阶段后对焦不准。任务成员在 6 月 9 日宣布可以使用图片处理软件和数学的反卷积方法来修正到预期的分辨率。

2.7.4.2　巡航阶段

巡航阶段在 2005 年 3 月 25 日试运行阶段结束后开始,此阶段持续了 60 天直到靠近坦普尔 - 1 号彗星。4 月 25 日,探测器在 6400 万 km 之外获取到了坦普尔 - 1 号彗星的第一张照片。

5 月 4 日,探测器进行了第二次轨道修正。火箭发动机工作 95s 后,探测器的速度改变了 18.2km/h。美国航空航天局喷气推进实验室的该项目负责人里克·格莱美尔(Rick Grammier)评论这次轨道修正时说,"探测器状态好极了,这次点火一丝不差,堪称范本。"

2.7.4.3　抵近阶段

该阶段是交会前 60 天到前 5 天的时期。60 天是"深度撞击"号探测器的高分辨率相机预期能够探测到彗星的最早时刻。实际上探测器在撞击前 69 天就已经提前于计划捕捉到彗星(图 2 - 112)。该里程碑标志着一个密集获取彗星轨道、研究彗星自转、活动和尘埃环境时期的开始。

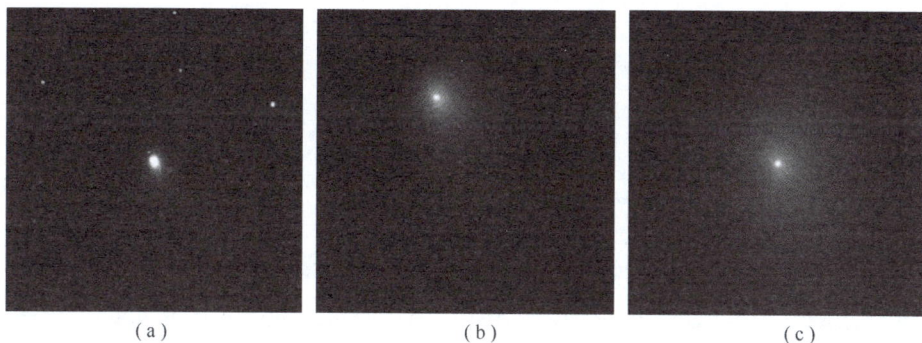

图2-112 "深度撞击"探测器位于不同位置时拍摄的坦普尔-1号彗星影像

2005年6月14日和22日,"深度撞击"号探测到彗星的两次爆发活动,其中的后者比前者大6倍。探测器根据不同距离的恒星的影像确定它当前的轨道和位置。喷气推进实验室的任务合作负责人唐·约曼斯指出:"信号传到地球需要7.5min,所以不能实时操控探测器。你得使得飞越探测器和撞击器具有智能,在做事情之前有提前判断的智慧。"6月23日,最后倒数第二次的轨道修正成功取消。以6m/s的速度变化足以调整抵达彗星的飞行路径,使撞击器的目标限制在宽100km的窗口内。

2.7.4.4 撞击阶段

"深度撞击"号与坦普尔-1号彗星的交会时序如图2-113所示。撞击阶段开始于撞击前的5天,即2005年6月29日。在7月3日6时整(地面接收时间UTC为6:07)撞击器和飞越探测器成功分离。撞击器携带的仪器拍摄的第一张照片是在分离2h后。

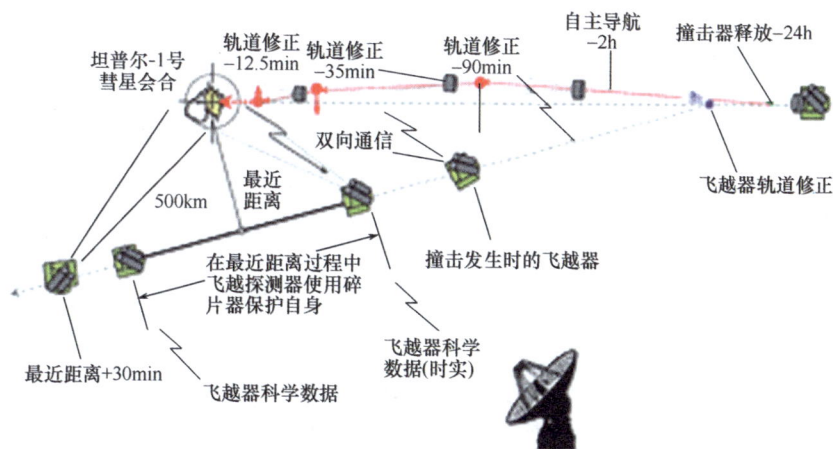

图2-113 "深度撞击"号探测器与坦普尔-1号彗星的交会时序

为了避免毁坏,飞越探测器采取了两种预案之中的一种规避机动措施。报告显示,减速火箭工作 14min 后,飞越探测器和撞击器的通信联系工作完全正常。撞击器在撞击前的 2h 内执行了 3 次轨道修正。

按照计划,撞击器将迎头撞向坦普尔－1 号彗星。撞击发生在 UTC 7 月 4 日 5:45(地面时间 UTC 5:52,误差小于 3min,单程通信时间为 7min26s),与预定撞击时间相差不到 1s。

撞击器在撞击前的 3s 发回了影像资料。大部分的数据存储在飞越探测器中,在接下来的数天内,地球一共接收到 HRI、MRI、ITS 照相机拍摄的约 4500 张照片。撞击产生的能量接近引爆 5tTNT 炸药,使得彗星比平时要亮 6 倍(图 2 – 114)。

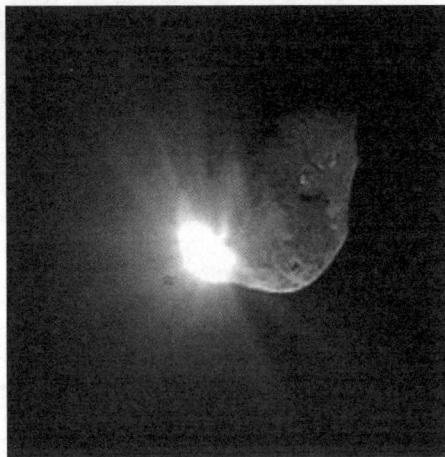

图 2 – 114   撞击后不久的彗核

雨燕卫星的数据分析显示彗星持续释放了 13 天的气态物质,在撞击后第 5 天达到巅峰。撞击使得彗星一共失去 500 万 kg 的水以及 1000 万 ~2500 万 kg 的尘埃。

初步的分析结果表明,彗星含有比预期中更多的尘埃以及更少的冰。这让研究者感到惊讶。天文学家能够明确排除的彗星模型只有会使彗星变得松散的多孔模型。另外,构成彗星的材料颗粒更加细小,科学家们把这比作滑石粉而不是沙子。其他在撞击光谱中发现的成分有黏土、碳酸盐、钠以及硅酸盐结晶。黏土和碳酸盐需要液态水才能形成,而钠在太空中很罕见。同时观测显示彗星大约 75% 的体积都是空的,有天文学家把彗星的外表面的组成比作防雪堤。天文学家还表现出对不同彗星的兴趣,确定它们是否有类似的组成或在太阳系形成时期产生的存在于彗核深处的不同材质。

基于对彗星内部化学的分析,天文学家推测该彗星可能形成于天王星和海王星之间的奥尔特云。在远离太阳的地方形成的彗星有更多的低凝固点冰,如出现在坦普尔－1 号彗星内的乙烷。与坦普尔－1 号彗星有着类似成分的彗星,很可能与之形成于同一区域。

由于"深度撞击"号探测器任务拍摄的照片质量不尽如人意,2007年7月3日,NASA批准了坦普尔-1号彗星新探测任务(New Exploration of Tempel, NExT)。该任务利用了2004年探测过怀尔德-2号彗星的"星尘"号探测器。在2011年2月15日4时42分(UTC时间),进入新轨道的"星尘"号距坦普尔-1号彗星只有约200km。这是人类首次对一颗彗星进行重访,为研究"深度撞击"号探测器的产生的撞击坑以及最近一次彗星接近太阳的变化提供了机会。

2011年2月15日,NASA的科学家从"星尘"号探测器拍摄到的照片中分辨出了"深度撞击"号探测器产生的撞击坑。坑洞直径约150m,在撞击坑中心有明亮的中心山,很有可能是"深度撞击"号探测器的铜制撞击器撞入后形成的(图2-115)。

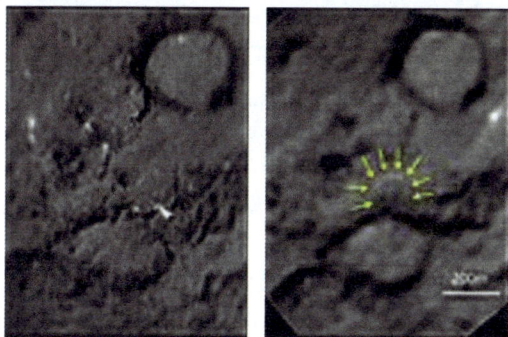

图2-115 "深度撞击"号探测器和"星尘"号探测器拍摄照片对比

2.7.4.5 扩展任务

深度撞击任务在2005年完成坦普尔-1号彗星探测任务之后,被扩展为一个叫做太阳系外行星观测和深度撞击扩展研究(Extrasolar Planet Observation and Deep Impact Extended Investigation,EPOXI)的彗星探索任务。

它的第一个扩展任务是飞越Boethin彗星,但是出了一些问题。2005年7月21日,"深度撞击"号探测器进行了一次轨道修正,使得探测器利用地球的引力向另外一颗彗星进发。

原计划定于在2008年12月5日在700km处飞越Boethin彗星。深度撞击项目组的组长迈克尔·阿赫恩(Michael A' Hearn)解释说"我们建议,不管在坦普尔-1号彗星的结论是特有的还是类似于其他彗星,探测器都直接飞越Boethin彗星进行探测。"这项价值达4000万美元的任务能够得到与坦普尔-1号彗星撞击约一般的信息量,但是成本只是其零头。"深度撞击"号探测器将使用分光仪研究彗星表面的组成,并用望远镜观测彗星的表面地貌。

然而当地球的重力助推效应到来时,天文学家却无法定位Boethin彗星。彗星可能碎裂成多块,变得过于暗淡而无法观测,这使得它的轨道难以精确计算,并不得不放弃进行探测器飞越。

喷气推进实验室小组把哈特雷2号彗星(图2-116)作为飞越目标。"深度撞击"号探测器又需要经过 2 年的飞行。2010 年 5 月 28 日进行了一次 11.3s 的点火,以保证 6 月 27 日的交会和 11 月 4 日的飞越。

图 2-116 2010 年 11 月 4 日拍摄的哈特雷 2 号彗星

11 月 4 日,深度撞击扩展任务 EPOXI 从距离哈特雷 2 号彗星 700km 处发回照片,揭示了其花生形状的彗核和几处喷发点。照片由探测器的中分辨率相机拍摄。

2.7.5 探测成果

通过传回地面的图像显示,彗星的形状及构成与已故的美国科学家惠普所预测的一样(图 2-117),它的表面与其他星球的火山口有较多类似之处,质地非常松软且多灰。于是一位科学家"戏说"道:"看到它坑坑洼洼的样子,就无法不令人想到一块大松饼或是一条长棍面包。"进而科学家推测:彗星表面以下看似冰雪的东西很可能由太阳系一些原始物质构成。

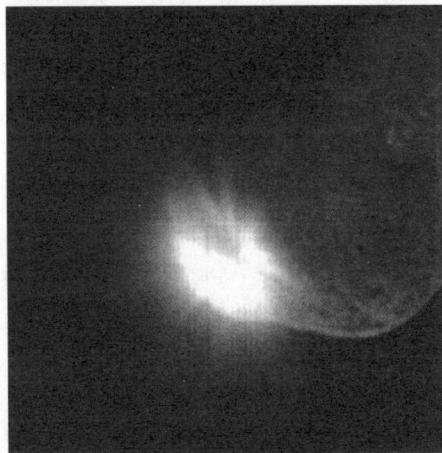

图 2-117 撞击器撞击 13s 后拍摄到的彗核

以往借助于光谱分析方法,科学家已经发现了太空中的确存在多种有机分子,而把有机分子、水分带来地球的主要载体就是彗星。这次撞击,在一定程度上验证了"地球上的水分主要来自于太空"的说法。

通过这次实验,科学家对于日后"拯救"地球有了更为直观、可靠的"方案":假使日后有彗星危及地球的安全,人们已知道了如何使彗星停止或改变"航向"的方法。只是,这需要更大的"炮弹"来完成使命。

2.8 "彗核旅行"号探测器

美国"彗核旅行"(Comet Nucleus Tour,CONTOUR)号探测器是 NASA Discovery 系列的第 6 个任务,其主要科学目标是对短周期彗星 Encke(彗星 Comet 2P/Encke)和 SW3(彗星 Comet 73P/Schwassmann – Wachmann – 3)进行详细的探测,由约翰·霍普金斯大学(Johns Hopkins University)应用物理实验室(Applied Physics Laboratory,APL)研制。

"彗核旅行"号探测器价值 1.54 亿美元,为了在距离太阳 0.75 ~ 1.5AU 的轨道上运行,775 kg 的飞行器被设计成一个坚固稳定、高冗余度的系统。探测器携带了远程成像仪、分光摄谱仪、前向成像仪、灰尘分析仪和中性气体粒子质谱仪,分析彗星发射出来的灰尘和气体。此次探测工作的关键任务包括分辨率 4m 的彗核成像,以及分辨率 100 ~ 200m 的彗核光谱图。科学家们希望通过分析冰体表面的清晰图像会显示裂纹或喷口,这些裂纹和喷口将产生其他彗星所有的气体羽状物和喷流。这些资料将以大于 100kb/s 的数据速率发回地球。

CONTOUR 探测器原计划 2003 年 11 月 12 日飞越彗星 Encke,2006 年 6 月 19 日飞越彗星 SW3,拓展任务是对一个目前仍未被发现的彗星进行探测。

CONTOUR 探测器采用 Star – 30BP 固体火箭发动机和单元肼推进系统两套推进系统。Star – 30BP 固体火箭发动机质量为 503kg,肼推进剂质量为 80kg。

CONTOUR 探测器采用八面棱柱结构(图 2 – 118),高度为 1.8m、宽为 2.1m、总质量为 970kg、干质量为 387kg,结构设计简单,布局紧凑:探测器表面贴有太阳电池片;少量的铰链结构和可活动部件;采用固定的无源天线,通过转动探测器,方

图 2 – 118 "彗核旅行"号探测器外形

便地完成天线和科学仪器的指向；采用了一个多层结构的重纤维保护罩，在与彗星会合时保护探测器不被高速尘埃和粒子碰撞。

探测器工作于两种模式：巡航阶段，探测器绕其主轴自转，自旋稳定飞行，并关闭大部分系统，进行长达数月的"冬眠"；彗星会合及地球引力加速时，探测器采用三轴稳定控制，所有系统正常工作，姿态固定，尘埃保护罩及仪器设备指向目标。

探测器于 2002 年 7 月 3 日由德尔它－7425 火箭发射升空，探测器首先进入一个大偏心率的地球停留轨道。大约 45 天后，Star－30BP 固体发动机点火将探测器送入行星际飞行轨道；2002 年 8 月 16 日 Star－30BP 发动机点火，但随后地面与探测器失去联系，空间观测发现探测器周围存在 3 个物体。另外，DSP 早期预警卫星在 Star－30BP 发动机点火结束之前观测到一个明亮的火焰，由此推断，探测器已损毁，任务宣告失败。事后调查发现在方案设计时，羽流分析被一篇出现排版错误的 AIAA 论文误导，造成探测器上固体发动机点火过程过热，导致结构故障而使探测器损毁。

3

俄罗斯（苏联）的小天体探测

苏联有且仅有的两次小天体探测是通过 Vega－1、Vega－2 两颗探测器来开展得，它们在完成金星探测后均成功飞越了哈雷彗星。

3.1 金星－哈雷彗星探测器

3.1.1 概述

金星－哈雷彗星探测器（Vega）是苏联与多个国家（包括奥地利、保加利亚、匈牙利、东德、西德、波兰、捷克斯洛伐克、法国等）共同联合研制的，如图 3－1 所示。Vega 含有俄语中的"金星"（Venera）与"哈雷"（Gallei）的首字母。Vega－1 和 Vega－2 两颗星于 1984 年 12 月先后发射，目的地哈雷彗星（1986 年是哈雷回归年），途径金星时释放气球和着陆器进行金星探测。Vega 探测器基本情况见表 3－1。

图 3－1 金星－哈雷彗星探测器

表 3 - 1　Vega 探测器基本境况

名　称	指标	名　称	指标
发射时间	Vega - 1:1984 年 12 月 15 日 9:16:24（UTC） Vega - 2:1984 年 12 月 21 日 9:13:52（UTC）	运载火箭	Proton 8K82K
		发射质量/kg	2500
		着陆器质量/kg	1500
发射地点	拜科努尔	着陆器直径/cm	240
气球 - 着陆器 分离时间	Vega - 1:1985 年 6 月 11 日 Vega - 2:1985 年 6 月 15 日	浮空气球质量/kg	21.5
飞越哈雷 彗星时间	Vega - 1:1986 年 3 月 6 日 Vega - 2:1986 年 3 月 9 日	科学载荷质量/kg	144.3
		包络直径/m	2.4
距离哈雷彗星 距离/km	Vega - 1:8890 Vega - 2:8030	姿控方式	三轴稳定

3.1.2　探测对象

哈雷彗星（1P/Halley）是著名的短周期彗星，每隔 75 ~ 76 年就能在地球上看见一次，是唯一能用裸眼看见的短周期彗星，下次过近日点时间为 2061 年 7 月 28 日。哈雷彗星轨道参数见表 3 - 2。

表 3 - 2　哈雷彗星轨道参数

轨道参数	取值	轨道参数	取值
远日点/AU	35.1	偏心率	0.967
近日点/AU	0.586	公转周期/年	75.3
半长轴/AU	17.8	轨道倾角/(°)	162.3

哈雷彗星大小为 15km × 8km，平均半径为 11km，质量为 2.2×10^{14} kg，平均密度为 $0.6 g/cm^3$，逃逸速度为 0.002km/s，反照率为 0.04，视星等为 28.2 等。哈雷彗星表面至少有 5 ~ 7 处地方在不断向外抛射尘埃与气体。

彗核的主要成分是水冰，占 70%，其他成分是一氧化碳（10% ~ 15%）、二氧化碳、碳氧化合物、氢氰酸等。彗尾的主要成分是水、氨、氮、甲烷、一氧化碳、二氧化碳和不完备分子的自由基。

3.1.3　总体设计

Vega - 1 和 Vega - 2 探测器为结构相同的姊妹船，由先前的"金星" - 9 号和"金星" - 10 号发展而来。探测器由 Babakin 空间中心设计、Lavochkin 制造。探测器由太阳能帆板供电，星载设备包括碟形天线、照相机、分光计、红外线音响器、磁强计和等离子探测器。探测器设计主要继承"金星" - 9 号和"金星" - 10 号。Vega 整体结构如图 3 - 2 所示。

图 3 - 2　Vega 整体结构

　　球形隔热罩直径为 2.4m,内包含一个着陆器和一个浮空气球;中部圆柱体装有轨控发动机和推进剂;背面装有散热器,背面两个黑色圆盘为测控天线。主要任务概况如表 3 - 3 所列。

表 3 - 3　任务概况

项目	金星
任务	测量风、垂直热流和云层粒子密度,首个行星气球
主要合同商	NPO Lavochkin(正式为 OKB - 301)
发射场,火箭	拜科努尔,质子号 8K82K/11S824M(携带 Vega - 1、Vega - 2)
发射日期	1984 年 12 月 15 日(Vega - 1AZ);1984 年 12 月 21 日(Vega - 2AZ)
到达日期	1985 年 6 月 11 日(Vega - 1AZ);1985 年 6 月 15 日(Vega - 2AZ)
坐标位置	漂浮高度 54km,北纬 8°(Vega - 1AZ);漂浮高度 54km,南纬 7°(Vega - 2AZ)
任务结束	46.5h 后(Vega - 1AZ);46.5h 后(Vega - 2AZ)
进入质量	吊舱 6.9kg,氦 2kg,总质量 20.5kg
载荷试验	VLBI 位置和速度测量(Sagdeev,Blamont,Preston) 多普勒实验(Kerzhanovich) 气象组件(TP 探测仪、垂直风风速计、亮度级/闪电探测仪)(Linkin,Blamont); 测云计(Ragent,Blamont,Linkin); 项目科学家是 Roald Z. Sagdeev
运动结构	在下降过程中从着陆器后盖释放
运行高度	53km
热状况	在开始漂浮高度处温度为 30 ~ 40℃
功率状况	锂电池 250W · h(1kg)
通信结构	单向 DTE:1.667GHz,4b/s 时 4.5W(最初每 30min 持续 270s) DVLBI:测量位置
EDL 结构	在高度 61km 处由 Vega 着陆器释放,在高度 55km 处打开降落伞;运行高度为 50 ~ 54km;直径 3.54m 特氟龙气球,充氦
主动运行	降落伞和膨胀系统弹射;在高度 50km 处释放压舱物;携带温度探测仪和风速计杆

彗星探测器有效载荷见表3-4。彗星探测器载荷平台如图3-3所示。

表 3-4　彗星探测器有效载荷

名称	质量/kg	功耗/W	名称	质量/kg	功耗/W
电视成像系统	32	50	能量粒子分析仪	5	6
三通道分光计	14	30	磁强计	4	6
红外光谱仪	18	18	波动和等离子分析仪-N	5	8
尘埃质量谱仪	19	31	波动和等离子分析仪-V	3	2
尘埃颗粒计数器	2	1	尘埃粒子探测器	3	2
中性气体质量谱仪	7	8	尘埃粒子计数器	4	4
等离子能量分析仪	9	8	能量粒子探测器	—	—

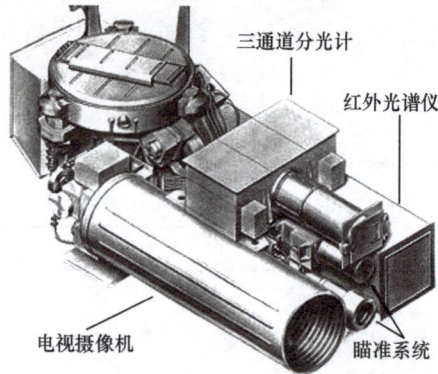

图 3-3　彗星探测器载荷平台

3.1.4　飞行过程

Vega-1 和 Vega-2 分别于 1984 年 12 月 15 日和 21 日在苏联拜科努尔发射，发射情景如图 3-4 所示。运载火箭为质子号 8K82K,推进剂为非对称二甲基肼和四氧化二氮。运载火箭将 Vega 送至近地停泊轨道后,再由上面级 Block-D 送入地金转移轨道。

Vega-1 和 Vega-2 分别于 1985 年 6 月 11 日和 6 月 15 日到达金星,此时与金星最近的距离为 39km 和 25km,与地球的距离为 1.02 亿 km,向金星大气层投放浮空器,着陆速度为 11km/s。于 1986 年 3 月 6 日和 3 月 9 日到达哈雷彗星,与彗星最近距离 10 万 km,与地球距离约 1.7 亿 km,交会速度为 79km/s,地球与彗星之间的距离为 12 亿 km。

飞越金星后,Vega 又经过 9 个月的航行最终穿越了哈雷彗星的尾巴(距离彗星 8890km 和 8030km)。图 3-5 是 Vega 拍摄的哈雷彗星影像。

图 3-6 为 Vega 探测器的飞行轨迹。

图 3 - 4　Vega 发射情景

图 3 - 5　Vega 拍摄的哈雷彗星影像

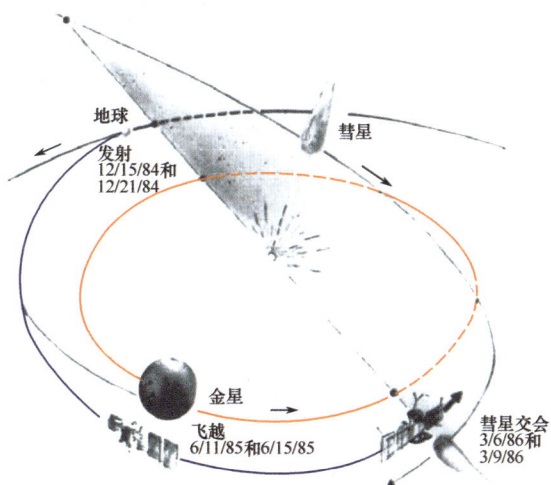

地球

彗星

发射
12/15/84和
12/21/84

金星

飞越
6/11/85和6/15/85

彗星交会
3/6/86和
3/9/86

图 3 - 6　Vega 探测器飞行轨迹

4

欧洲的小行星探测任务

4.1 罗塞塔号探测器

4.1.1 概述

罗塞塔号(Rosetta)探测器(图4-1)是一项国际性计划,有14个欧洲国家及美国的共50多家工业承包商参与。罗塞塔探测器最初打算探测的彗星是46P/沃塔宁。2002年12月,阿里安-5火箭在进行一次发射时失败,造成后续发射推迟,而原定于2003年1月13日前进行的罗塞塔号探测器发射首当其冲。发射推迟后,由于沃塔宁彗星将运动到可探测范围之外,欧洲空间局决定从另外几颗短周期彗星中再选择一个新的探测目标。经常访问太阳系的彗星——67P/楚留莫夫-格拉西门克最终脱颖而出,成为罗塞塔号探测器新的探测目标。

罗塞塔号探测器于2004年3月2日发射升空。中途飞越火星和两颗小行星——斯坦斯(2867 Steins)和鲁特西亚(21 Lutetia)。2014年8月6日,罗塞塔号探测器到达距离彗星67P/楚留莫夫-格拉西门科(67P/Churyumov-Gerasimenko)100km处,并在这一高度的轨道上围绕彗星运转。同年11月12日,发射着陆器到彗星上。

罗塞塔号探测器携带的彗核软着陆器菲莱(Philae,图4-2),总质量约为108kg。探测器到达彗星前,着陆器与探测器分离,下降过程中利用动量轮进行姿态调整。由于彗星引力很小,在着陆瞬间着陆器会弹出一个鱼叉式的装置,把着陆器锚定在彗星表面,防止飘走。与彗星表面接触时,着陆器利用3条"腿"式结构吸收掉大部分动能,减小发生弹跳的可能性,并能旋转、抬高或倾斜,使着陆器保持直立状态。

图 4-1　罗塞塔号探测器效果图

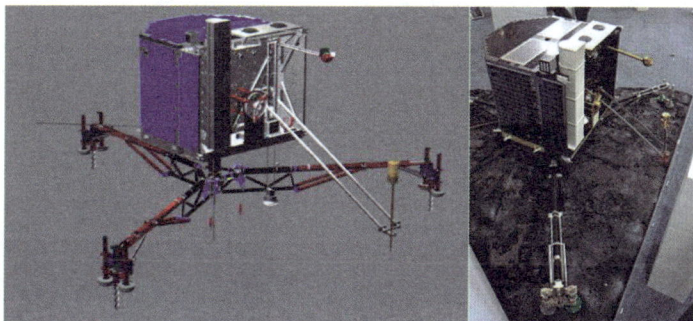

图 4-2　彗核软着陆器菲莱(Philae)

4.1.2　探测对象和科学目标

　　罗塞塔号探测器将通过在彗星表面及其周围开展研究来实现一些重要的科学目标。它的着陆器将提供彗表选定区域化学和物理特性的数据,而轨道器将对来自彗核的尘粒和气体进行复杂的分析。轨道器在大部分时间里将停留在离彗核仅几十千米的位置,而这里的尘埃和气体有可能与彗表物质十分接近。从这里进行探测,还会找到彗表上具体的活跃区域。轨道器还将研究彗发外部的物理特性及与太阳风的相互作用。探测器获得的信息除将用于认识太阳系的起源和演化外,还将有助于认识彗星是否与地球上的生命起源有联系。事实上,彗星上带有有机分子络合物,撞击地球的彗星会把这些有机分子带到地球上,因而有可能对生命起源发挥过作用。此外,彗星携带的"挥发性"轻元素有可能在地球海洋和大气的形成过程中发挥过重要作用。

67P/楚留莫夫－格拉西门克彗星是 1969 年被发现的。当时基辅的几位天文学家来到阿拉木图天体物理研究所进行彗星观测。9 月 20 日,其中一位天文学家克里木·楚留莫夫在对斯维特兰纳·格拉西门克拍摄的 32P/科马斯·索拉彗星照片进行研究时,发现照片边缘有一个像彗星的天体。楚留莫夫回到基辅后进行了仔细研究,最终确定这是一颗彗星。它就是后来被命名为 67P/楚留莫夫－格拉西门克的彗星。

这颗彗星有着不同寻常的经历。1840 年以前,它的近日点距离约为 4AU,在地球上完全无法看到。1840 年,由于与木星相撞,它的轨道发生了改变,近日点距离变为 3AU。1940 年前后,它的近日点距离减小到 2.77AU。1959 年与木星再次碰撞,使其近日点距离减小到只有 1.29AU。到目前为止,人们已 6 次从地球上观测到这颗彗星接近太阳,分别是 1969 年、1976 年、1982 年、1989 年、1996 年和 2002 年。

罗塞塔号探测器在飞行途中飞越的两颗小行星分别是 Steins 和 Lutetia,其外形如图 4-3 和图 4-4 所示,其轨道参数见表 4-1、表 4-2。

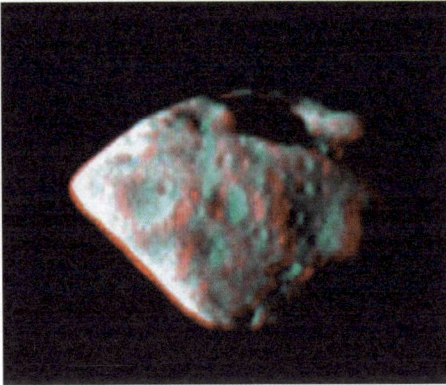

图 4-3 罗塞塔号探测器
拍摄的小行星 Steins

图 4-4 罗塞塔号探测器
拍摄的小行星 Lutetia

表 4-1 Steins 轨道参数

轨道参数	取值	轨道参数	取值
远日点/AU	2.70797	轨道倾角/(°)	9.94309
近日点/AU	2.01907	平近点角/(°)	123.80148
半长轴/AU	2.36352	升交点黄经/(°)	55.49141
偏心率	0.14574	近日点幅角/(°)	305.82745
公转周期/年	3.63643	—	—

表 4-2 Lutetia 轨道参数

轨道参数	取值	轨道参数	取值
远日点/AU	2.83206	轨道倾角/(°)	3.06392
近日点/AU	2.03887	平近点角/(°)	285.45624
半长轴/AU	2.43547	升交点黄经/(°)	80.89570
偏心率	0.16284	近日点幅角/(°)	331.15959
公转周期/年	3.80372	—	—

4.1.3 总体设计

罗塞塔号探测器质量为 3t,主要包括轨道器和着陆器。轨道器是一个大型铝制箱体(图 4-5)。质量为 165kg 的 11 台科学仪器安装在顶部的有效载荷舱内。轨道器侧面有一副直径为 2.2m 的可控高增益天线,两个巨大的太阳能帆板从轨道器另两个侧面外伸,外伸总跨度约 32m。每个太阳能帆板由 5 块面积为 32m^2 的电池板组成,并能旋转 ±180°,以最大限度地获取太阳能。罗塞塔号探测器概况见表 4-3 和图 4-6。系统组成如图 4-7 所示。

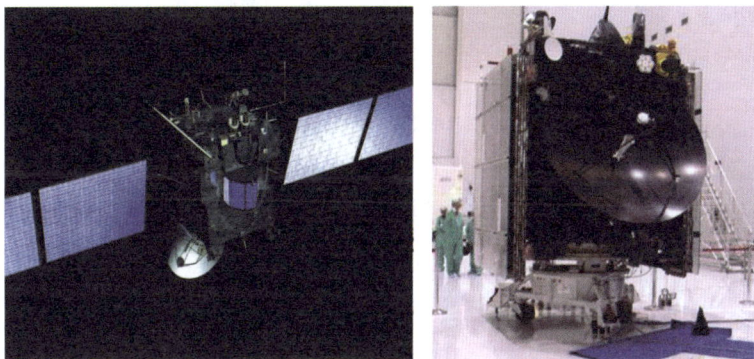

(a)设计效果图   (b)实物图

图 4-5 罗塞塔号探测器总体结构

表 4-3 探测器概况

参数	数值	参数	数值
主结构尺寸	2.8m × 2.1m × 2.0m	科学载荷质量/kg	165
太阳帆板跨度/m	32	着陆器质量/kg	100
发射质量/kg	2900	推进子系统	24 个双组元 10N 推力器
推进剂质量/kg	1720	操作寿命/年	12

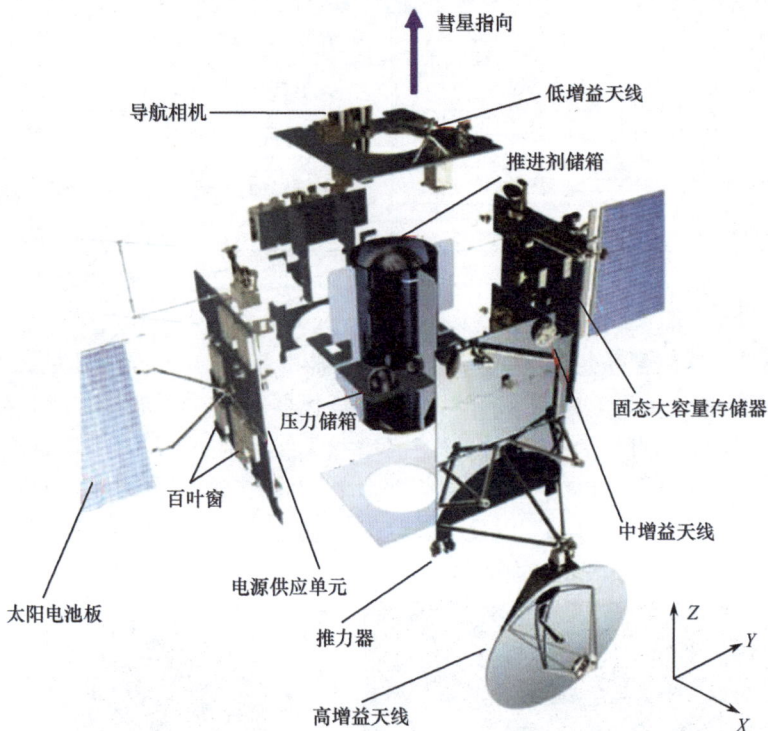

图4-6 罗塞塔号探测器配置组成

4.1.3.1 结构和机构

罗塞塔号探测器轨道器的结构分系统由平台支持部分(BSM)和载荷支持部分(PSM)两部分组成,二者可以在地面进行独立的操作。着陆器Philae的结构与平台支持部分之间连接。轨道器的结构如图4-8所示。

平台支持部分和载荷支持部分的结构如图4-9所示。

罗塞塔号探测器的机构分系统由太阳翼、高增益天线指向驱动机构、高增益天线展开锁定机构等部分组成。

罗塞塔号探测器采用双翼太阳翼,单侧太阳翼由5块基板组成,每块基板尺寸为2.25m×2.736m,太阳翼采用一维驱动,两副太阳翼的驱动机构可单独控制,最大转动角度为180°。罗塞塔号探测器的太阳翼如图4-10所示。

高增益天线指向驱动机构(APM)采用二维驱动机构实现,可调节高增益天线的指向在俯仰方向上做-165°~+30°的转动,在滚动向上做360°的转动。高增益天线指向驱动机构如图4-11所示。

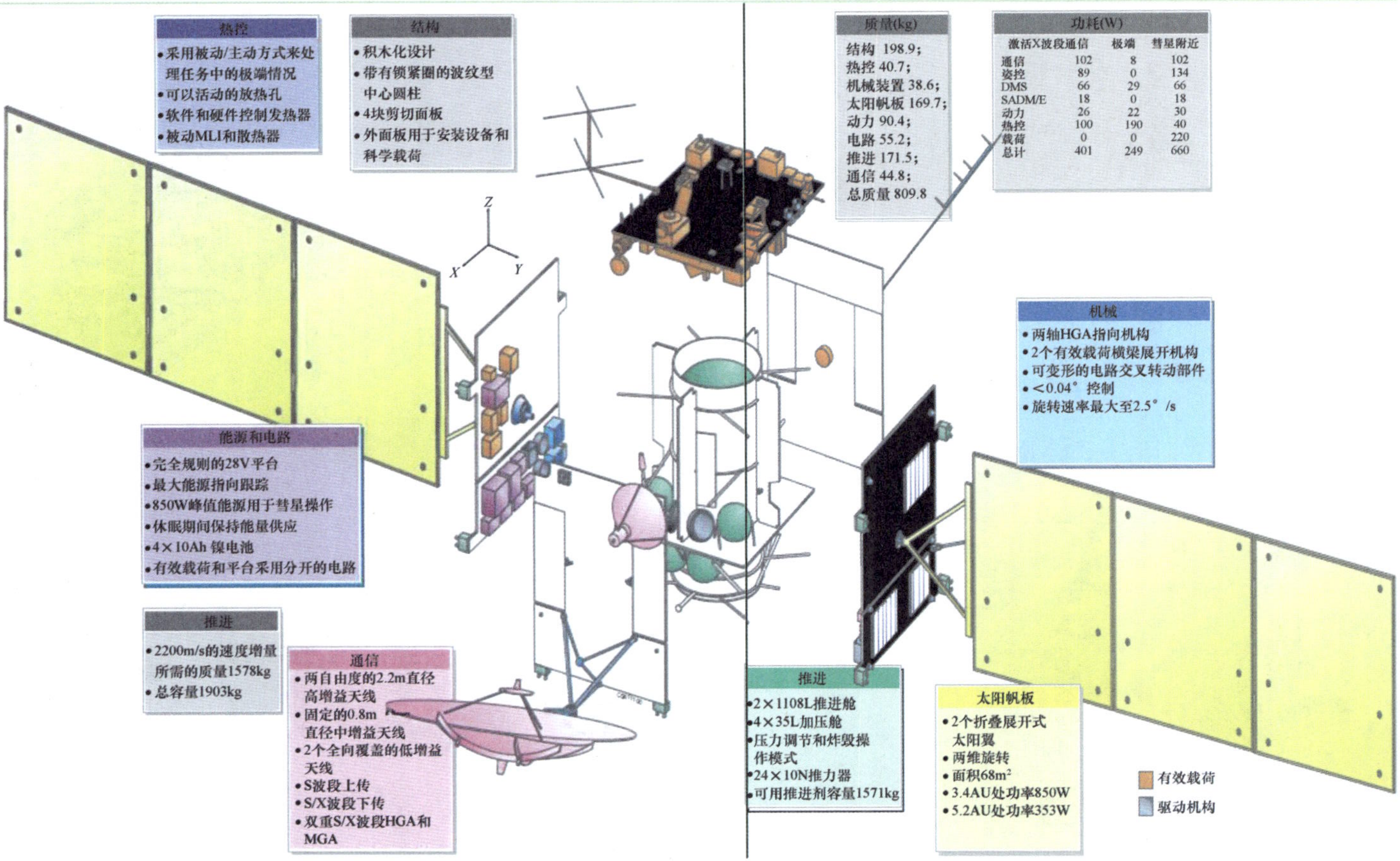

图4-7 罗塞塔系统分解图

4.1 罗塞塔号探测器

173

机械
• 两轴HGA指向机构
• 2个有效载荷横梁展开机构
• 可变形的电缆交叉转动部件
• <0.04°控制
• 旋转速率最大至2.5°/s

太阳帆板
太阳翼
• 2个折叠展开式
• 两维旋转
• 面积68m²
• 3.4AU处功率850W
• 5.2AU处功率353W

推进
• 2×1108L推进舱
• 4×35L加压舱
• 压力调节和低装模块
• 伸缩式
• 24×10N推力器
• 可用推进剂容量1571kg

功耗(W)
	深太空波段通信	近地	彗星附近
通信	102	8	102
数控	89	0	134
DMS	66	29	66
SADM/E	18	0	18
动力	26	22	30
热控	100	190	40
模拟	0	0	220
总计	401	249	660

质量(kg)
结构 198.9;
热控装置 38.6;
机械装置 40.7;
太阳帆板 169.7;
电路 90.4;
推进 55.2;
通信 171.5;
总干质量 809.8

有效载荷
驱动机构

结构
• 积木化设计
• 带有铆塞圈的波纹型中心圆柱
• 4块剪切面板
• 外前板用于安装设备和科学载荷

热控
• 采用被动为主方式至米处
• 用任务中的低端情况
• 可以活动的放热孔
• 软件和硬件控制发热器
• 被动MLI和散热器

电源和电源
• 完全规则的28V平台
• 最大能源推到的跟踪
• 850W峰值能源用于彗星操作
• 休眠期间保持推舱模块化
• 4×10Ah锂电池
• 有效载荷和平台采用分开的电源

通信
• 两自由度的2.2m直径
高增益天线
• 固定的0.8m
直径中增益天线
• 2个全覆盖的低增益
天线
• S波段上传
• S/X波段下传
• 双重S/X波段HGA和
MGA

推进
• 2200m/s的速度增量
所需的质量1578kg
• 总容量1903kg

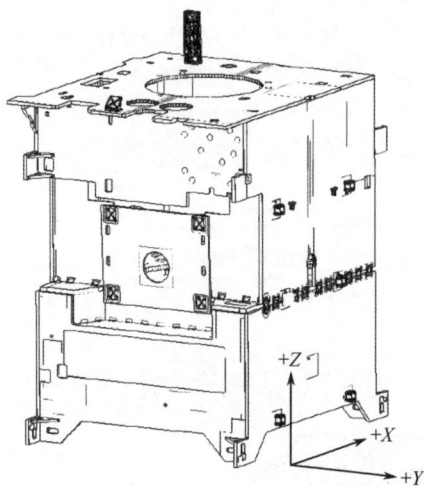

图 4 - 8　轨道器的结构

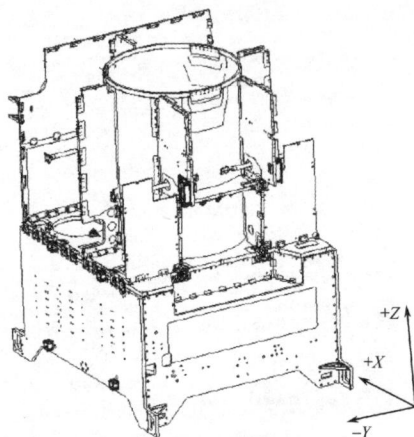

（a）平台支持结构

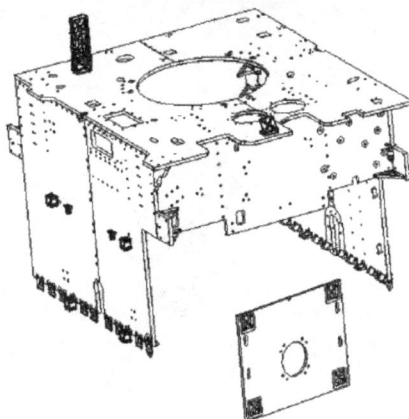

（b）载荷支持部结构

图 4 - 9　平台支持部分和载荷
支持部分的结构

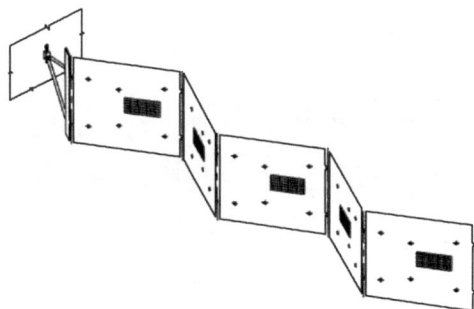

图 4 - 10　罗塞塔号探测器的太阳翼

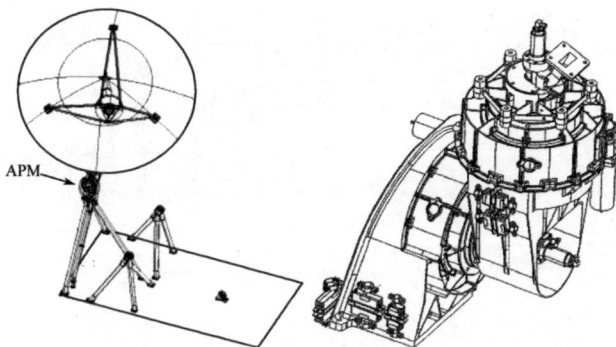

图 4 - 11　高增益天线指向驱动机构

4.1.3.2 推进系统

罗塞塔号探测器采用双组元推进系统,能够提供探测器所需的姿态控制和加速功能。推进系统的 24 台 10N 推力器分 12 对布置,能够为探测器提供纯力和力矩控制。

推进剂携带量 1719kg,能提供的速度增量为 2300m/s。推进系统采用的推力器,设计寿命 12 年。推进剂为一甲基肼(MMH)和 MON – 1。MON – 1 即四氧化二氮中添加少量(0.7% ~ 1%)的一氧化氮(NO),以抑制钛合金应力腐蚀。推进系统原理如图 4 – 12 所示,主要分为增压气路部分和推进剂输送部分(液路部分)。

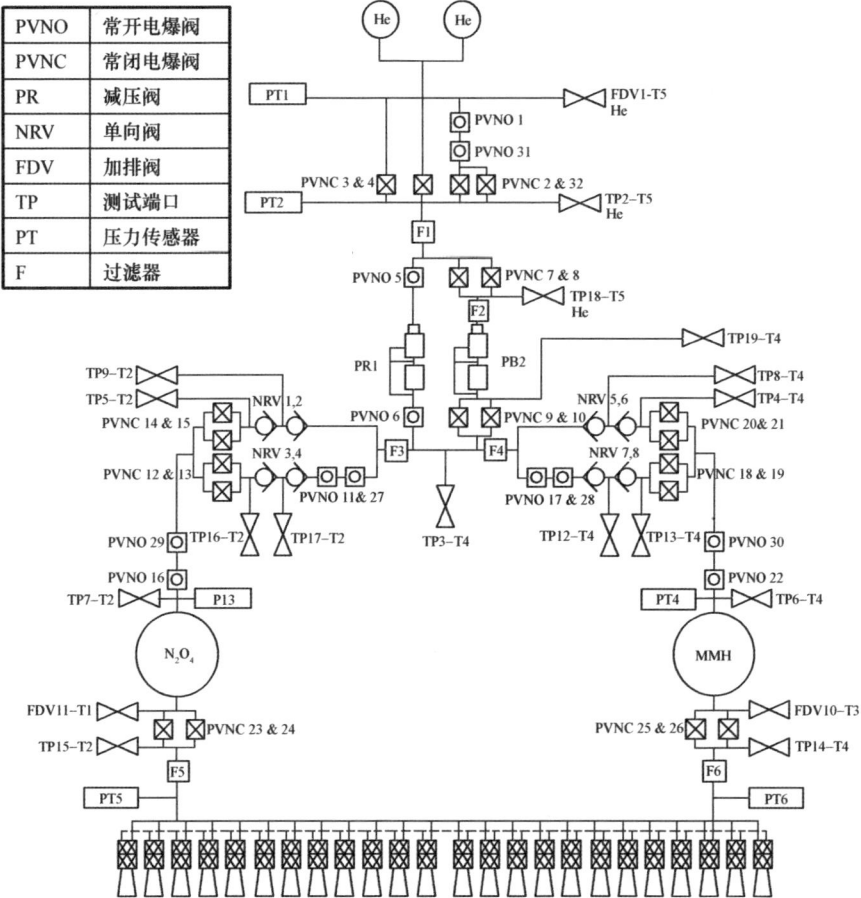

图 4 – 12　推进系统原理

增压气路部分主要有 2 个氦气瓶、1 个加排阀、4 个压力传感器、4 个过滤器、16 个常闭电爆阀、12 个常开电爆阀、2 个串联减压阀、8 个单向阀、12 个测试口等。

推进剂输送部分主要有 2 个 1108L 推进剂储箱、4 个常闭电爆阀、24 台 10N 推力器、2个过滤器、4个测试口等。

推进系统主要以落压方式工作,但通过启动常闭电爆阀,增压气路部分能够对推进剂储箱增压,此时推进系统以恒压方式工作,之后通过启动常开电爆阀,将增压气路与推进剂储箱隔离后,系统持续落压工作。飞行过程中,增压气路部分可进行2次增压和隔离,保证了系统能够高效稳定工作。

4.1.3.3 综合电子系统

罗塞塔号探测器的电子系统由数据管理系统和姿轨控系统组成。

数据管理系统完成遥控指令的分发和遥测参数的采集,并负责监视探测器的健康状况。数据管理系统采用了标准 OBDH 总线和 IEEE 1355 高速串行数据链路进行设备之间的信息传输。

姿轨控系统完成姿态和轨道测量、控制,以及敏感器、执行机构的管理。罗塞塔号探测器上配备了2台导航相机(CAM)、2台星敏感器(STR)、4个太阳敏感器(SAS)和3套惯性测量单元(IMP),每套惯性测量单元包括3个陀螺和3个加速度计。探测器上的执行机构是4个反作用轮(RWA)、1个高增益天线指向驱动机构、2个太阳翼驱动机构以及推力器。

罗塞塔号探测器姿态控制采用三轴稳定系统。在轨姿态确定采用星敏感器和角速率敏感器,姿态控制采用反作用飞轮。双组元推进反作用控制系统采用24个10N推力器用于动量轮卸载和安全模式的姿态控制。

综合电子系统原理如图4-13所示。

4.1.3.4 测控数传系统

测控数传系统完成整个飞行任务期间探测器与地球的通信。罗塞塔号探测器使用了S波段和X波段与地面站建立通信链路,配备了1副X波段中增益天线、1副S波段中增益天线、1副S和X波段共用的高增益天线、2副S波段低增益天线。测控系统原理如图4-14所示。

4.1.3.5 电源系统

罗塞塔号探测器使用了3组锂电池组,每组电池单体为6串11并结构,单体电池容量为1.5A·h,单组电池容量为16.5A·h。电池对外接口主要有遥测(通往遥测采集单机)、火工品供电线(通往配电器)、电池母线(通往充放电控制器)。同时,电池正、负对称排列放置,以减少剩磁。

由于探测距离较远,光照强度不足,单边太阳阵使用了5块太阳帆板,单板尺寸为2.25m×2.736m,基板采用厚22mm的铝蜂窝基板,上表面覆盖厚50μm的热控绝缘薄膜。

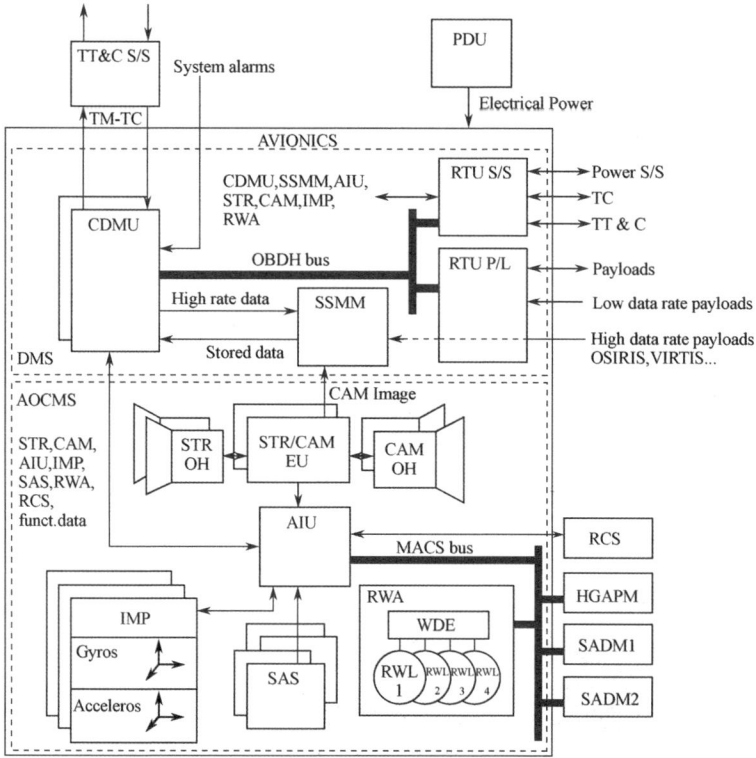

图 4-13　综合电子系统原理

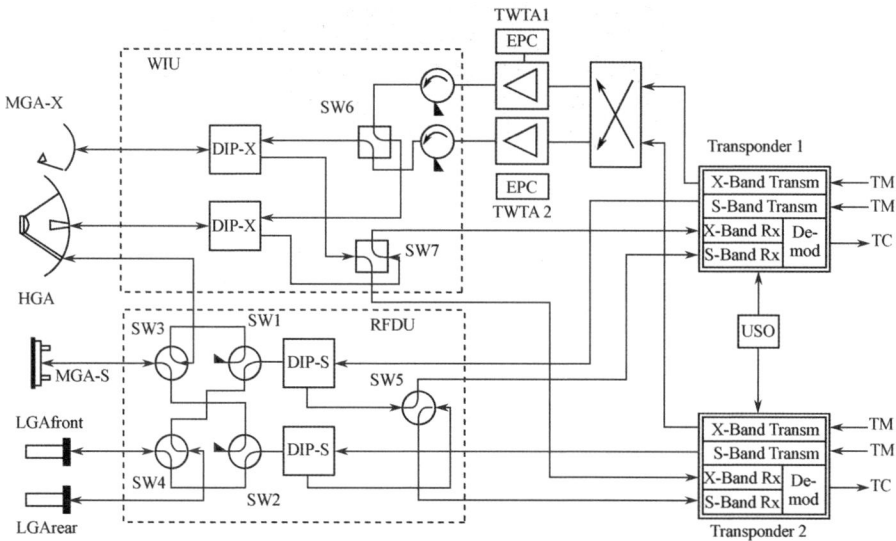

图 4-14　测控数传系统原理

4.1.3.6 热控系统

罗塞塔号探测器是第一个带百页窗飞行的欧洲航天器,也是第一个深空探测任务中完全使用太阳能的航天器。未使用放射性同位素供电器和加热器成为热控设计的一个限制。

通过分析极端高温工况下散热面面积,再决定极端低温工况下需要多少加热功率的常规热控优化设计方法就不能被采用。实际上,需要采用相反的设计思路和方法,因为与太阳的最远距离可达5.25AU,电加热功率受到限制。漏热和辐射散热的面积应尽可能减小。因此,热控百页窗是设计的关键。

热控百页窗完全闭合时散热最小,当探测器处在相应高的温度时百页窗完全打开散热达到最大。图4-15为探测器上部分热控百页窗的实物,大小受限制的散热面要求探测器内仪器设备的温度在热耗和外热流达到最大时低于其最高温度指标。百页窗页片由双金属弹簧根据辐射器板的温度自动驱动。

图4-15 安装于+Y侧的热控百页窗

探测器的被动热控由高性能的20层多层隔热组件(最外层为涂碳的聚酰亚胺膜)、热控百页窗辐射器、器外部件的接口材料和安装于发射适配器(LVA)环的OSR材料来实现(图4-16)。百页窗控制航天器+Y侧板上白漆辐射器的面积。在百页窗页片全开全关之间,双金属弹簧根据温度自动控制叶片的角度,从而改变辐射器暴露部分的面积。主动的热控单元包括两部分:自主模式下恒温控制加热器;任务模式下软件控制加热器。

巡航段正常模式下,+X轴对日或+X轴对地球,航天器的能耗有限制(仅服务模式)。航天器的太阳表面角0°~+70°变化。在机动和载荷工作姿态下(如朝-Z轴),高的耗散也可能出现。其他极端热情况出现在当距离5.25AU、热流强度50W/m² 的深空休眠模式。最严酷的热流是当航天器在探测模式下,其有

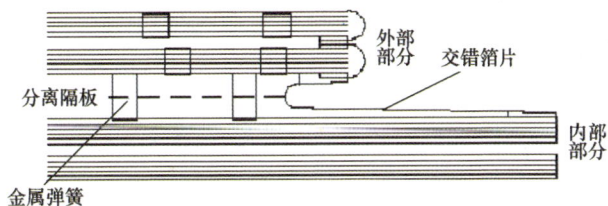

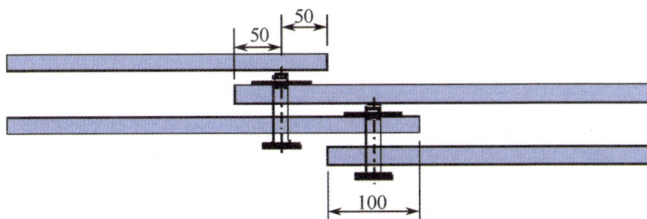

图 4 – 16 罗塞塔号探测器交叉重叠安装的 MLI

效载荷全工作时其内部的热耗散(达 800W)。

探测器的 $-X$ 面通常处在航天器的阴影区,因此被选择作为需要较低 CCD 温度的星敏感器和观察相机的安装面。着陆器(直到分离前一直处在冷的休眠模式)也安装在 $-X$ 面。两个 $+Y$ 面用来安装主要的辐射散热器,因为太阳的光照始终很小。

4.1.3.7 科学仪器

罗塞塔号探测器轨道器和着陆器上均有科学仪器,其中轨道器有 11 台,着陆器有 10 台。

罗塞塔号探测器的轨道器上的 11 台科学仪器分别是:

(1)紫外成像光谱仪(ALICE):用于分析彗发和彗尾中的气体,测量彗星水和一氧化碳/二氧化碳的生产率,并获取彗核表面成分数据。

(2)射电波发射彗核探测实验件(CONSERT):用于研究由彗核反射和散射的射电波,借以探测彗星的内部构造。

(3)彗星次级离子质量分析仪(COSIMA):用于分析彗星散发出的尘粒的特性,包括其成分和是有机物还是无机物。

(4)颗粒撞击分析仪与尘埃收集器(GIADA):用于测量来自彗核和其他方向(由太阳辐射压力反射)的尘粒的数量、质量、动量和速度分布。

(5)微型成像尘埃分析系统(MIDAS):用于研究小行星及彗星周围的环境,获取粒子数量、尺寸、体积和形状数据。

(6)罗塞塔号探测器轨道器微波仪器(MIRO):用于确定主要气体的丰度、表面放气率和彗核亚表面温度,还用于测量所途经的两颗小行星锡瓦和大田原的亚表面温度。

（7）光学、分光与红外远距离成像系统（OSIRIS）：为一台广角相机和一台窄角相机，用于拍摄67P/楚留莫夫－格拉西门克彗星彗核和飞往该彗星途中经过的小行星的高分辨率图像，并帮助选定最佳着陆点。

（8）罗塞塔号探测器轨道器离子与中性分析光谱仪（ROSINA）：包括两台遥感器，用于确定彗星大气与电离层成分、带电气体粒子速度以及有它们参加的反应，并将研究小行星可能存在的放气现象。

（9）罗塞塔号探测器等离子体组合仪器（PRC）：用5台遥感器测定彗核的物理特性，探讨彗发内部的结构，监测彗星活动，并研究彗星与太阳风的相互作用。

（10）射电科学研究仪器（RSI）：利用探测器无线电信号的漂移测量彗核的质量、密度和引力，确定彗星的轨道，研究彗发的内部情况，另将测量锡瓦小行星的质量和密度，并在通过太阳后方（从地球上看）的过程中研究日冕。

（11）可见光与红外热成像光谱仪（VIRTIS）：用于测绘和研究固态物质的性质以及彗核表面的温度，测定彗星气体，描述彗发的物理状态，并帮助选定最佳着陆地点。

罗塞塔号探测器的着陆器上带10台科学仪器，总质量21kg。它还装有一件钻探装置，用于采取亚表面物质的样品。这些仪器的任务是：测量彗星表面及内部物质的元素、分子、矿物学及同位素构成；测量彗核的特征，如近表面强度、密度、构造、多孔性、冰相及热力学特征，其中构造测量包括对细微颗粒的显微研究。

10台科学仪器分别是：

（1）阿尔法粒子与X射线光谱仪（APXS）：下放到离彗核表面不到4cm的位置，用于探测阿尔法粒子和X射线，从而提供彗表元素成分数据。

（2）彗核红外与可见光分析仪（CIVA）：利用6台同样的微型相机来拍摄表面的全景照片，另用一台光谱仪来研究从表面采集的样品的成分、构造和反射率。

（3）射电波发射彗核探测实验件：用于探测彗核的内部结构。来自轨道器上同名仪器的射电波将穿过彗核，由着陆器上的1台应答机发送回去。

（4）彗星采样与成分实验件（COSAC）：是2台放出气体分析仪之一，用于根据元素和分子组成来探测和确定有机分子络合物。

（5）明确稳定同位素成分轻元素确定与认识方法/托勒密实验件（MODULUS/Ptolemy）：为一放出气体分析仪，可对轻元素的同位素比率进行精确测定。

（6）表面与亚表面科学多用途遥感器（MUPUS）：利用位于着陆器锚定装置上、探头上和外部的遥感器来测量彗表的密度及热力学和力学特性。

（7）罗塞塔号探测器着陆器成像系统（ROLIS）：为电荷耦合器件相机，用于在下降过程中获取高分辨率图像，并获取其他仪器采样区的立体全景图像。

（8）罗塞塔号探测器着陆器磁强计与等离子体监测仪（ROMAP）：用于研究当地磁场和彗星与太阳风间的相互作用。

（9）样品与分发装置：可钻探到表面以下20cm以上，采集样品，并交给不同的加热炉或用于显微镜观察。

（10）表面电、振动与声学监测实验件（SESAME）：用 3 台仪器测定彗星外层特性。其中彗星声探测表面实验件用于测定声通过彗表的传播方式,介电常数探测仪用于研究其电特性,而尘埃回落监测仪则用于测量回落到表面上的尘埃。

4.1.3.8　软着陆器

罗塞塔号探测器上携带了一个质量为 108kg 的小型彗星软着陆器 Philae（图 4 – 17）,于 2014 年到达 67P/楚留莫夫 – 格拉西门克彗星时与轨道器分离,并通过自主控制实现在彗星上的软着陆,对其开展成像、采样分析等科学探测。

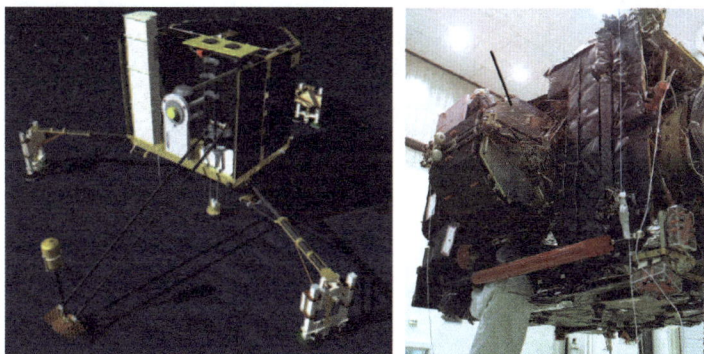

图 4 – 17　软着陆器 Philae

彗星软着陆器 Philae 由欧洲各国联合研制,其所配备的设备见表 4 – 4。

表 4 – 4　Philae 配备的设备

设备	功能	性能参数	外观	研制国家
采样和转运装置	采集彗星表面物质并转运给分析设备	钻取深度:230mm 取样量:3mg 或 20mm³ 质量:4.8kg 功率:常值 1W;峰值 12W 寿命:≥10 年		意大利
电源	产生、储存、供应电能	布片面积:2.2m² 发电功率:32W(3AU) 寿命:≥10 年		意大利

设备	功能	性能参数	外观	研制国家
通信设备	实现与轨道器的中继通信	质量：<1kg 特点：采用商用高度集成芯片 寿命：≥10 年		法国
3D 相机	拍摄彗星表面图像	尺寸：< 90cm³ 质量：<100g 功率：<2W 存储温度：−150℃ 工作温度：−120℃ 寿命：≥10 年		法国
结构	—	—		德国
冷气推进装置	降落过程中的姿态和轨迹控制	—		德国
降落相机	—	—		德国

（续）

设备	功能	性能参数	外观	研制国家
穿刺探针MUPUS	探测彗星次表层物质的机械特性	—		德国
ROMAP	探测彗星附近的电离层和磁场	—		德国

　　彗核软着陆器菲莱通过喷射装置与罗塞塔号轨道器分离并沿弹道下降，依靠飞轮稳定控制，沿规划好的轨迹降落至彗星表面（图4-18）。下降时使用有效的下降系统（ADS，冷气系统）。在最终着陆段，着陆器将向彗星表面抛锚，ADS再次点火对速度进行制动，从而减少反弹的可能。

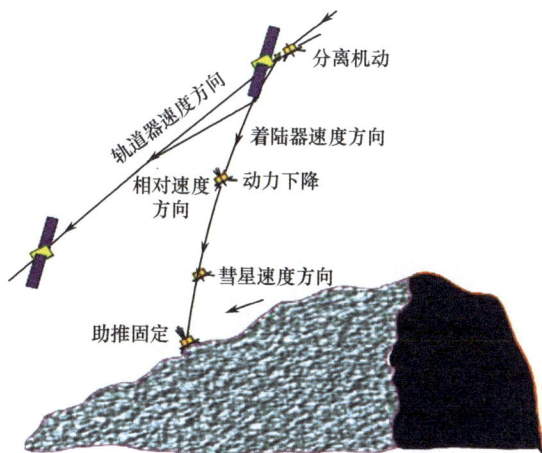

图4-18　彗核软着陆器菲莱着陆过程

对 ESOC/RMOC 及 CNES/SONC 分析发现很难找到满足全部要求的着陆点时,可以适当降低着陆要求,但是要保证着陆时间小于 2h。为了增加可达区域的数量,轨道器必须在分离前保证 2h 机动来改善着陆条件。考虑到最低的分离高度,5km(彗星质心,地表 2~3km)是可以接受的,保证轨道器的安全。

4.1.4　飞行方案

罗塞塔号探测器于 2004 年 3 月 2 日发射,通过 4 次行星飞越(引力助推),于 2014 年 8 月 6 日到达目标彗星。

第一次引力助推是 2005 年 3 月 4 日飞越地球,第二次引力助推是 2007 年 2 月 25 日飞越火星。2007 年 11 月 13 日再次飞越地球。2009 年 11 月最后一次飞越地球。在两次飞越地球之间,探测器于 2008 年 9 月 5 日飞越主带小行星 Stein,飞越距离为 1700km,相对速度为 9km/s。在最后一次飞越地球后探测器将会再次进入主小行星带并于 2010 年 7 月 10 日飞越主带小行星 Lutetia,飞越距离为 3000km,相对速度为 15km/s。

探测器最终到达 67P/楚留莫夫 - 格拉西门克彗星附近的时间为 2014 年 8 月。此后其推力器将工作几小时,使探测器减速,以便能与该彗星的运行轨道相匹配。两者间的相对速度将减小到 25m/s 左右。接下来的 6 个月,它将逐渐地向彗核靠近,最终使两者的距离只有数十千米,为过渡到全球测绘和着陆器部署等工作铺平道路。探测器与彗星的相对速度将持续逐步降低,到 90 天后约达 2m/s。到 2014 年 8 月,探测器距彗核将不足 200km,探测器最终将进入约 25km 的绕彗核运行轨道,两者的相对速度这时将下降到只有几厘米每秒,从而使其成为人类第一个绕彗星做轨道运行的探测器。至此,轨道器将开始对彗核进行详细测绘,并最终选出 5 个候选着陆点进行近距离观测。

罗赛塔号探测器的飞行轨道如图 4 - 19 所示。

2014 年 11 月,探测器选出一个合适的着陆点,并在约 1km 的高度上将着陆器释放出去。着陆器将以小于 1m/s 的速度接触到彗核表面。锚定到彗核上后,着陆器将发回高分辨率照片以及其他有关彗星上的冰和有机尘埃的数据。这些数据将首先传给轨道器,再由轨道器在下次与地面站联系时传回地球。与此同时,轨道器将继续绕彗星做轨道运行,观测彗核在飞近而后又飞离太阳过程中发生的变化。整个任务将在 2015 年 12 月结束。

4.1.4.1　第一次飞越地球的轨道控制

罗塞塔号探测器在第一次飞越地球前的初始轨道是一条远日点为 1.09AU、近日点为 0.89AU 的日心轨道,如图 4 - 20 所示。

运载火箭的入轨非常精确,双曲逃逸速度只比设计值小 2m/s。这意味着无须进行额外的轨道机动用于修正入轨误差,只需在发射后 10 周进行一次微小的轨道修正。

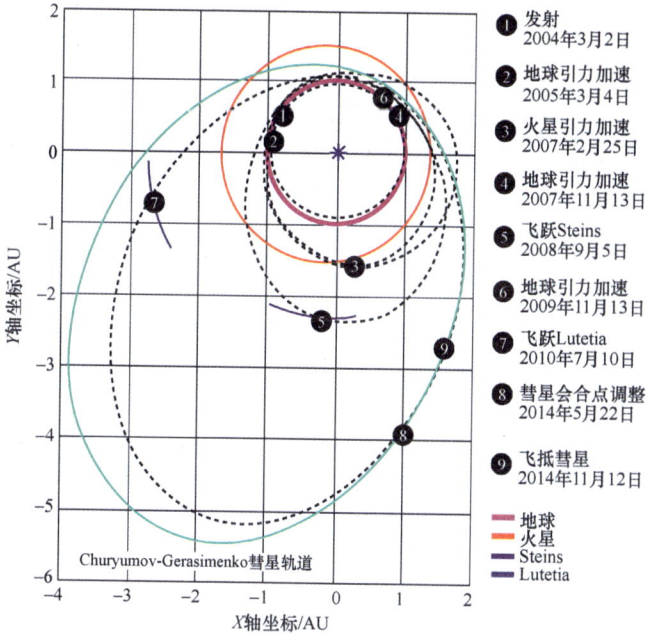

图4-19　罗塞塔号探测器飞行轨道

① 发射
2004年3月2日

② 地球引力加速
2005年3月4日

③ 火星引力加速
2007年2月25日

④ 地球引力加速
2007年11月13日

⑤ 飞跃Steins
2008年9月5日

⑥ 地球引力加速
2009年11月13日

⑦ 飞跃Lutetia
2010年7月10日

⑧ 彗星会合点调整
2014年5月22日

⑨ 飞抵彗星
2014年11月12日

地球
火星
Steins
Lutetia

Churyumov-Gerasimenko彗星轨道

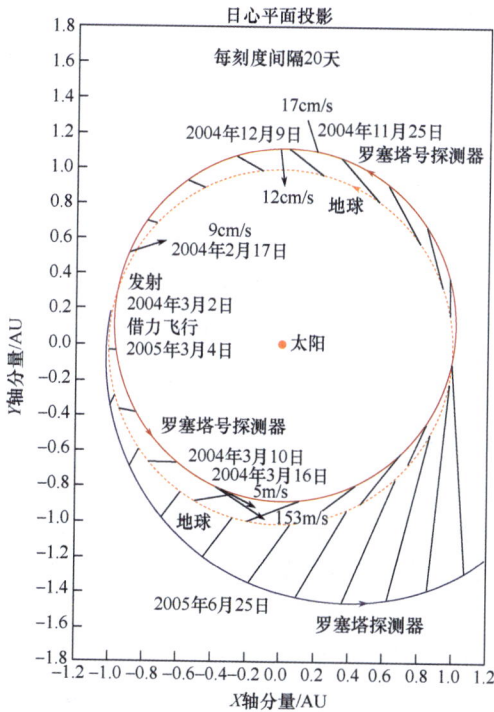

日心平面投影

每刻度间隔20天

17cm/s
2004年12月9日　2004年11月25日
罗塞塔号探测器

12cm/s
地球

9cm/s
2004年2月17日

发射
2004年3月2日
借力飞行
2005年3月4日

太阳

罗塞塔号探测器
2004年3月10日
2004年3月16日
5m/s

地球　153m/s

2005年6月25日

罗塞塔探测器

图4-20　罗塞塔号探测器在第一次飞越地球期间的轨道

在 2004 年 12 月之前,共执行了 5 次轨道中途修正(表 4 - 5),采用的是 10N 推力器。

表 4 - 5　第一次飞越地球前中途修正概况

日期	数值	表现
03 Mar 2004	1.0m/s	-2.2%
10 May 2004	152.8m/s	+0.01%
16 May 2004	5.0m/s	+0.06%
25 Nov 2004	16.6cm/s	不规则
09 Dec 2004	11.6cm/s	+0.5%
17 Feb 2005	8.5cm/s	+0.3%

在发射后第一天进行的 TCM - 1 是一次试验性质的中途修正,速度增量为 1m/s,这次修正可以使用多普勒数据进行精确标定,并与加速度计的估计值进行精确比较。

TCM - 2 和 TCM - 3 在近日点附近分成两部分执行,第二部分很小的速度增量是用于修正第一部分的执行误差。

TCM - 4 计划在燃料最优的时间点——远日点附近执行,速度增量为 8.6cm/s,用于修正 B 平面上 889km 的偏差。在修正期间,由于星上软件的一个错误导致脉冲计数控制算法出错,发动机没有在预定的时间结束点火,直到点火时间上限才结束,并使探测器进入了安全模式,由此造成的轨道偏差在 14 天以后进行的 TCM - 5 来修正。

TCM - 6 的燃料最优值为 6cm/s,但是轨道机动的方向几乎垂直于地球和探测器的矢量方向。为了使轨道机动中最重要的分量(约占 70%)能够直接被多普勒频率改变直接观测到,重新设计 TCM - 6 使得发动机点火的方向与地球方向正好成 45°角,具有 2.5cm/s 的速度增量,这是可以接受的。在平行于轨道速度方向上的分量使得飞越地球的时间提前了 13s。

TCM - 6 最终的设计采用了截止到 2005 年 2 月 11 日(机动前 6 天)的轨道确定数据。图 4 - 21 为 TCM - 6 的设计。

图 4 - 21 中:内部的椭圆和中心是采用截止到轨道机动当天的数据的预报值;下方的椭圆和中心是在轨道机动后立即进行轨道确定得到的结果。轨道机动执行大小误差为 3%,指向误差 5°。最终的实际瞄准点距离燃料最优瞄准点存在 4.2km 的偏差。

图 4 - 22 显示了在飞越地球过程中轨道确定解的更新以及不确定度减小的演变情况。图 4 - 22 中最外侧的椭圆即为图 4 - 21 中机动后的轨道确定误差椭圆。从 2015 年 2 月 21 日开始,跟踪数据来自 Madrid 和 Goldstone 的 DSN 跟踪站。到 2月 27 日,信号转换到 S 波段,在 3 月 2—6 日,使用低增益天线代替了高增益天线。

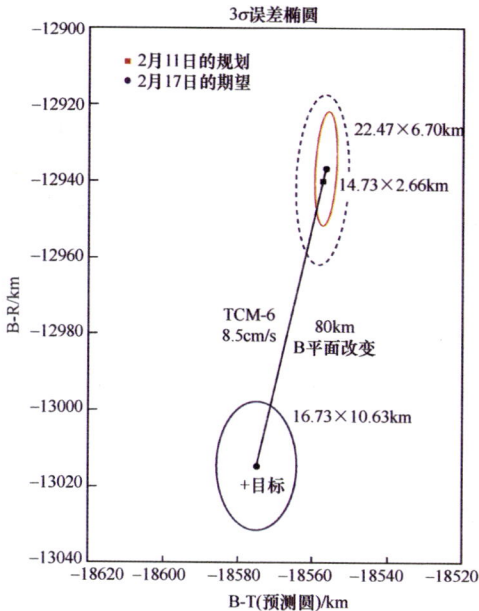

图 4 - 21   TCM - 6 的设计

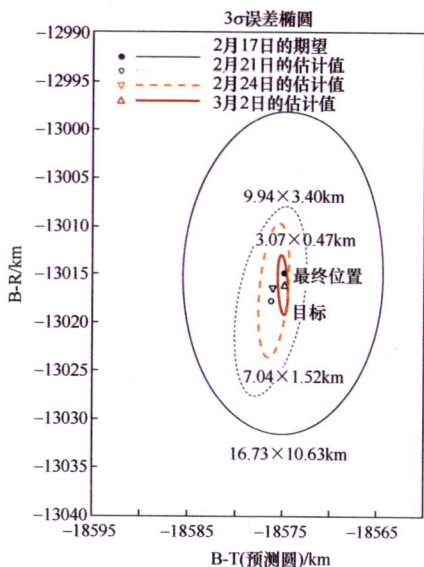

图 4 - 22   飞越地球前的 B 平面
误差椭圆演变

B 平面上的最终位置距离燃料最优目标点存在 3.7km 的偏差(3σ 不确定度 30m)。飞越地球的近地点高度为 1954km,这个高度比燃料最优目标高度低了 1.8km(3σ 不确定度 10m)。飞越地球的时间是 2005 年 3 月 4 日 22:09:14:119 (UTC),比 TCM - 6 预计的时间早了 0.34s(3σ 不确定度 0.005s)。

飞越地球过后无须立即进行轨道修正。飞越地球期间的误差由 2006 年 9 月 的 TCM - 7 来修正。

罗塞塔号探测器采用反作用轮控制的三轴姿态稳定,在飞行的第一年共进行 了 72 次动量轮卸载(WOL),平均每 5 天进行 1 次卸载。定期通过轨道确定对卸 载造成的轨道摄动进行标定,通常引起的 ΔV 在毫米每秒量级。

4.1.4.2　第一次飞越火星的轨道控制

在飞越地球后探测器于 2005 年 12 月到达 1.7AU 的远日点,于 2006 年 9 月底 到达 1.0AU 的近日点,并执行一次确定的中途轨道修正,速度增量为 31.8m/s,这 是计划中的 TCM - 7。探测器在飞越地球后不需要立即进行中途修正,因为所需 的速度增量小于 1cm/s,它可以包含在 TCM - 7 中。因此,罗塞塔号探测器在一个 日心轨道周期内(约 19 个月)不需要任何中途修正。在此期间探测器距离地球的 最远距离为 2.7AU。

在不进行 TCM 期间,探测器对导航和控制的要求比较低。从 2005 年 7—8 月和2006年5—7月罗塞塔号探测器进入近太阳冬眠模式,在此期间,通过每周一次对探测器的健康状态进行检查,从而将探测器的活动减小到最低程度。同时反作用飞轮转速降低,利用推力器进行姿态控制。

从2006年9月29日进行的TCM-7开始,探测器正式进入飞越火星的阶段。图4-23显示了在此期间罗塞塔号探测器、火星和地球的轨道在黄道面的投影,从罗塞塔号探测器到地球和火星方向每隔20天给出。所有的TCM不是按照比例画出,除了在黄道面内的分量。

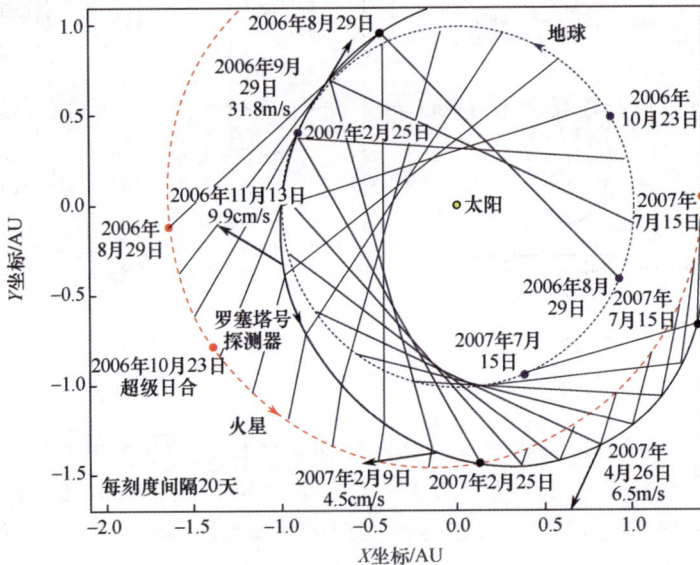

图4-23 罗塞塔号探测器在飞越火星期间的轨道

TCM-7是罗塞塔号探测器在近日点处进行的一次确定的中途修正。它的目的是修正飞越火星时的状态。执行TCM-7时略微偏大(表4-6),由于这次修正的速度增量相对较大,同时距离飞越火星的时间仍然比较长,因此探测器最终偏离最优燃料目标点达756km。

表4-6 轨道中途修正概况

日 期	数 值	执行情况
2004 年 03 月 03 日	1.0m/s	-2.2%
2004 年 05 月 10 日	152.8m/s	+0.01%
2004 年 05 月 16 日	5.0m/s	+0.06%
2004 年 11 月 25 日	16.6cm/s	异常
2004 年 12 月 09 日	11.6cm/s	+0.5%
2005 年 02 月 17 日	8.5cm/s	+0.3%

（续）

日　期	数　值	执行情况
2006 年 09 月 29 日	31.8m/s	+0.3%
2006 年 11 月 13 日	9.9cm/s	+2.4%
2007 年 02 月 09 日	4.55cm/s	+0.3%
2007 年 04 月 26 日	6.5m/s	+0.65%

地面控制中心决定再进行一次中途修正,时间上安排尽量早一点,避免在更接近火星的时候进行。TCM-8 于 2006 年 11 月 13 日执行,速度增量为 9.9cm/s。然而由于紧邻 TCM-8 前后必须进行两次动量轮卸载,因而 TCM-8 的标定受到了动量轮卸载的影响,造成 TCM-8 估计值特别大。但是随后探测器的遥测信息显示这次中途修正还是非常接近标准值。TCM-8 之后 B 平面偏差减小到了 36.3km。

TCM-9 是飞越火星前关键的一次中途修正,在飞越火星前 16 天的 2007 年 2 月 9 日进行,速度增量为 4.55cm/s。

TCM-9 的最后设计基于截止到 2007 年 2 月 5 日(中途修正前 4 天)的轨道确定数据。图 4-24 显示了 B 平面上的情况。蓝色椭圆是在设计 TCM-9 时的不确定度,红色椭圆是探测器在 TCM-9 之前已经转到机动姿态时的不确定度,黑色椭圆是使用了机动后 3h 的多普勒数据得到的结果。

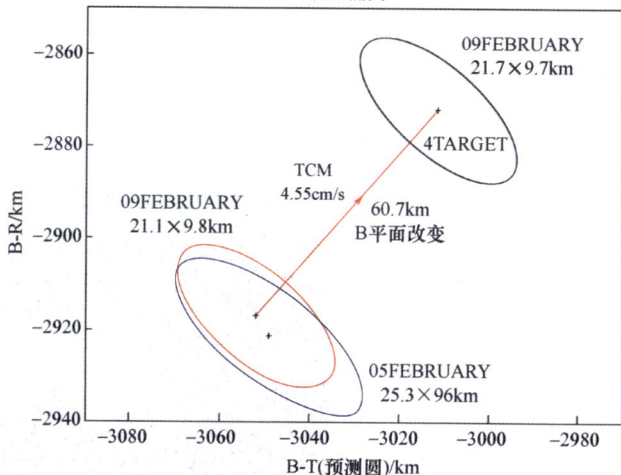

图 4-24　TCM-9 的设计

红色线段表示由 4.55cm/s 的修正机动导致的 B 平面上目标点移动了 60.7km。红线的末端和黑色椭圆中心并不是在同一个位置。这次中途修正执行大小误差为 3%,指向误差为 1.7°(均为 1σ)。由于中途修正执行误差导致实际修正后的瞄准点与最优燃料目标点存在 5.2km 的偏差(图中绿叉)。

最终在 B 平面上的位置距离燃料最优瞄准点有 8.3km 的偏差。预计飞越时距离火星表面的最低高度是 250.6km,3σ 不确定值为 1.1km。预计到达近火点时间为 2007 年 2 月 25 日 01:57:59:28(UTC),3σ 不确定值为 0.02s。

飞越火星后无须立即进行额外的修正机动。飞越火星期间的误差由 2007 年 4 月的 TCM - 10 来修正。

TCM - 10 在 2007 年 4 月 26 日接近远日点时刻进行,它是一次同时包含确定和随机分量的中途修正。随机分量的目的是修正飞越火星时的导航误差,确定分量的目的是对 2007 年 11 月再次飞越地球进行相位调整。确定分量的大小为 6.3m/s,实际的燃料优化后修正量为 6.5m/s,用于修正导航误差的速度增量为 0.2m/s。TCM - 10 标志着罗塞塔号探测器的飞越火星阶段正式结束。

罗塞塔号探测器已于 2014 年 8 月 6 日抵达目标彗星。

2014 年 8 月 6 日,彗星探测器罗塞塔号经过 10 年时间,航行 60 亿千米后终于与 67P/楚留莫夫 - 格拉西门克彗星接轨,以每小时最高 13.5 万千米的速度绕太阳飞行,与彗星相距不到 100 千米,成为人类史上首个进入彗星轨道的太空飞行器。

2014 年 11 月 12 日欧洲太空总署称,菲莱号探测器于格林尼治标准时间 12 日 8 点 35 分(北京时间下午 4 点 35 分)与罗塞塔号分离,踏上首次登陆彗星之旅。

4.2 乔托号探测器

为了保证对哈雷彗星的探测,美、苏等国及欧洲空间局(ESA)发射了 5 个探测器。其中,最为著名是欧洲空间局的乔托(Giotto)号探测器(图 4 - 25),它是首次拍摄到彗核照片的探测器,是首艘近距离接触两颗彗星的探测器,是首个从冬眠模式再重新启动的探测器。

乔托号探测器是一艘欧洲空间局所发射的探测器,主要任务是探测哈雷彗星。乔托号探测器于 1986 年 3 月 13 日以 596km 的距离通过哈雷彗星的核心。乔托号探测器是为了纪念意大利画家乔托·迪·邦多纳而命名的,他曾在 1301 年观测过哈雷彗星,并视为伯利恒之星。

乔托号探测器于 1985 年 7 月 2 日由阿里安 - 1 火箭从库鲁发射入轨

图 4 - 25　乔托号探测器

(图 4 - 26),于 1986 年 3 月 14 日在距离地球 1.5×10^8 km 处与哈雷彗星会合,并根据仪器提供的数据,飞到与哈雷彗星彗核相距 500km 的地方,拍摄到彗核的第一张照片。在约 4h 的近距离飞行中,乔托号探测器共拍摄到 1480 张哈雷彗星照片,收集并发回哈雷彗星的大量宝贵资料,对研究哈雷彗星彗核的形状及物质成分起到了重要作用。

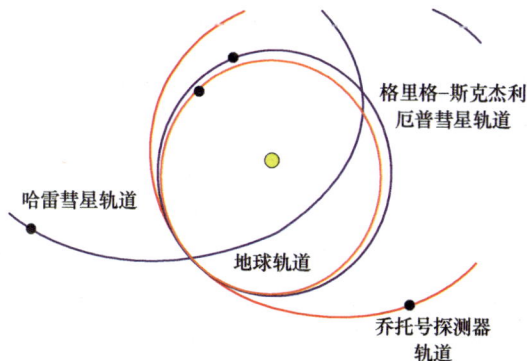

图 4 - 26　乔托号探测器飞行轨迹

在这次探测中,乔托号探测器遭到了彗星尘埃的袭击,其中一次撞击让乔托号探测器的转动轴发生偏移,使它的天线无法指向地球,并毁坏了部分仪器,通信中断 25min,在 32min 的调整后,乔托号探测器继续收集有关哈雷彗星的资料。彗星尘埃另一次撞击乔托号探测器则破坏了彩色相机。

与哈雷彗星交会任务完成后,卫星上的仪器则在 1986 年 3 月 15 日 UTC 02:00 关闭,乔托号探测器处于"休眠"状态,继续在深空飞行。1990 年 7 月 2 日,探测器重新被激活,并借着地球的引力接近下一个探测目标,于 1992 年 7 月 10 日与格里格 – 斯克杰利厄普(Grigg – Skjellerup)彗星进行交会,距离仅 200km。1992 年 7 月 23 日,卫星上的仪器再度关闭。1999 年乔托号探测器第二次飞掠地球,这次没有让卫星上的机器再度运作。

乔托号探测器高为 2.85m、直径为 1.86m、质量为 960kg,采用自旋稳定方式,数据传输率最高达 39.4kb/s。探测器由结构、温控、姿态与轨道控制测量、转移推进、数据处理、能源与供配电、天线、测控、消旋及尘埃防护分系统组成。

乔托号探测器装有相机、粒子质谱仪、离子质谱仪、尘埃质谱仪、尘埃碰撞探测器、高速离子探测器、注入离子探测器、静电分析仪、磁力计和高能粒子探测仪 10 种探测仪器,总质量为 56.2kg,功耗为 62W。

科学家从乔托号探测器拍摄的照片得知,哈雷彗星的彗核形状类似花生,长为 15km,宽为 7~10km。彗核只有 10% 的表面有地质活动,且至少有 3 个喷射孔在面向阳光的一面。经过分析后得知哈雷彗星约在 15 亿年前形成,所以挥发性的物质(主要是冰)已经凝结成星际彗星粒子。

经过乔托号探测器的探测得知,哈雷彗星喷射出的物质中有 80% 水、10% 一氧化碳、2.5% 甲烷与氨的混合物,其他为烃、铁及钠。每秒从哈雷彗星喷射出的物质大约有 3t,分别从 7 个喷射孔喷发,并导致彗星在运行时会晃动。

5

日本的小行星探测任务

5.1 "先驱"号探测器与"行星"－A 探测器

5.1.1 概述

1986 年是人类第一次使用探测器观测哈雷彗星的一年。相隔 76 年才来一次的哈雷彗星不但给人类带来有关太阳系起源的知识,而且推动了行星探测技术的迅速发展。日本宇宙航空科学研究所使用自己的技术把两个行星探测器"先驱"号探测器和"行星"－A(Planet－A)探测器送入轨道(图 5－1)。

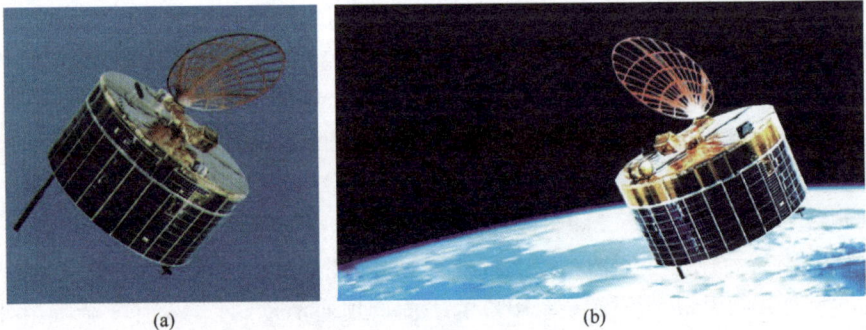

图 5－1 "先驱"号探测器与"行星"－A 探测器

1985 年 1 月 7 日,日本宇宙航空研究所用自制 Mu－3SII 型新式运载火箭从鹿儿岛内芝浦空间中心发射了一个试验型哈雷彗星探测器。1985 年 8 月 18 日,从鹿儿岛空间中心发射了"行星"－A 探测器。"行星"－A 探测器质量为 140kg,星体外侧装有 1736 块太阳电池片,探测器上装有高灵敏度的紫外摄像机和离子、电子能量分析仪。

1986 年 3 月 8 日,"行星" – A 探测器从距离哈雷彗星 15 万 km 处飞越彗星,并对其进行了探测,探测器上的紫外传感器发回了关于哈雷彗星周围云层密度的数据。

5.1.2 探测对象和科学目标

不直接测量哈雷彗星,而是收集有关太阳风和太阳放射的等离子体波数据。等离子体是一种高电离气体,气体中含有大约相等数量的正离子和电子。是由哈雷彗星的彗差蒸发的水分子变成等离子体,等离子体经太阳风吹刮而成彗尾。彗差是由石粒、尘埃和冰构成的固体,其直径为几千米。

5.1.3 总体设计

"先驱"号是日本最早的空间探测器,它和后来的"行星" – A 探测器,除了携带的观测装置不同以外,基本上是相同的,主要参数见表 5 – 1。行星探测器直径为 1.4m,高 0.7m,呈圆柱形,装有能与地球远距离通信的高增益抛物面天线。为稳定姿态,每分钟约旋转 6 次,姿控装置使旋转轴方向和黄道面保持垂直。这样使装在探测器周围的太阳能电池可以得到 100W 左右的功率,满足了全部设备的需要。另外抛物面天线通过消旋电机使旋转方向和探测器自转方向相反,使天线方向始终指向地球。

探测器上安装了高灵敏度磁力计和各种接收设备,所以要设法减小各种设备产生的电磁噪声影响。另外在接近哈雷彗星的途中,由于非常接近太阳,所以要特别注意高温的影响。

表 5 – 1　主要参数

参数		备　注
形状		圆柱形
尺寸		直径 1.4m,高 1.67m(圆柱部分高 0.7m)
质量		"先驱"号:138kg(含 10kg 肼燃料)。 "行星" – A 号:140kg(含 10kg 肼燃料)
电源		太阳电池(Si,N/P,BSFR 型,2cm×2cm 和 2cm×6cm,70～100 W) 蓄电池(Ni – Cd),2A·h×15 电压控制器(+28V,+15V,±12V,±5V)
通信部分	高频部分	全向天线(交叉振子) 中增益天线(三单元线阵列) 高增益天线(补偿抛物面) 消旋电机(无电刷 DC 二相电动机) 遥测发射机(S 波段,70mW/5W,PCM/PSK/PM) 指令接收机(S 波段,PCM/PSK/PM) 测距装置(S 波段,相关方式,RARR)

参数		备　注
通信部分	数据部分	数据处理单元(数据测率:PCM 码;64b/s;2048b/s。指令译码:单个,可编程序,程序块) 数据记录器(磁存体,存储容量1Mbit) 内部环境测试(64 项。间隔:1/32s,1/1204s) 定时(电子式,点火,切断,能量转换)
	控制部分	控制电路(推力,转速控制;姿态数据处理) 太阳敏感器(视野:赤道面±85°;反射码) 星扫描器(V 形 Si 光二极管) 推力器(3N 推力 6 个) 推进燃料(肼) 旋转总冲量(2000r/min,20N·ms) 驱动装置(DC 无刷电动机) 章动阻尼器(封装硅油)
	散热装置	结构(CFRP,铝材料,蜂窝构造) 防热罩(双金属结构) 热敷层(镀铝聚酯树脂等)
观测部分	"先驱"号	等离子波动观测器(电场:伸展形 10m 天线两副;70Hz～200kHz。磁场:搜索线圈;70Hz～3kHz) 太阳风等离子观测器(离子温度,密度,法拉第环) 行星际空间磁场观测器(环形铁心磁通量闸门)
	"行星"－A 号	真空紫外线摄影机(UV 图像增强,CCD 旋转同步移动和积分方式) 太阳风观测器(电子离子三维速度分布,30eV～16keV,270°球装静电分析器)

5.1.3.1　科学仪器

为了观测对行星空间电磁环境有很大影响的哈雷彗星行踪,"先驱"号探测器和"行星"－A 号探测器上装有 5 种科学观测装置。

为了观测行星空间的 10nT 左右微弱磁场,"先驱"号探测器上装有闸门式磁场观测器。由于地球上的场强约为 30000nT,所以在地面上无法试验这种磁力计。因此,用坡莫合金材料制成了环形磁屏蔽室在地面上进行模拟试验。另外,在"先驱"号探测器上携带的等离子波动观测装置是测量电场(70Hz～200kHz)和磁场(70Hz～3kHz)变化的一种高灵敏度宽频带接收机,但应先测量出探测器本身产生的噪声成分。前面介绍的坡莫合金屏蔽室可以阻止外部噪声进入,所以等离子波动观测装置的模拟试验也是在这种屏蔽室内进行的。"行星"－A 号探测器中的高灵敏度紫外线摄影机是使用二元 CCD 敏感元件。

5.1.3.2　GNC 系统

"先驱"号探测器和"行星"- A 号探测器是自转稳定探测器,旋转轴指向由太阳敏感器和星敏感器决定。推力器是使用肼作为燃料的反作用控制系统(RCS)。该系统是 6 个推力为 3N 的推力器,可用于姿态控制和轨道控制。正常情况下自旋轴基本上垂直于黄道面,只在进行轨道修正时会有暂时的变化。

"行星"- A 号探测器上装有对哈雷彗星摄影用的紫外线照相机,为了减少摄影时的振动,在摄影时要求探测器以 5min 转 1 圈的低速旋转,为此装有缓动装置。

5.1.3.3　电源

"先驱"号探测器和"行星"- A 号探测器向哈雷彗星交会的路线选择了靠近太阳的轨道,特别是"行星"- A 号探测器距离太阳为 0.68 AU。太阳光强在 1 ~ 2.2 个太阳常数(1 个太阳常数 = 1.4kW/m²)之间变化。在强阳光下,为使探测器内部温度保持在一定范围,必须把探测器整体用防热材料包起来,通过放热孔让内部产生的热扩散到外部进行自动调节。正常情况下,探测器很少有进入地球阴影的情况,所以蓄电池容量小于 2A·h 即可。太阳能电池采用 2cm×2cm 和 2cm×6cm 的高效率硅电池。在发热量大的 S 波段工作时,发射机温度为 20 ~ 48℃,对要求较高的蓄电池其温度也保持在 8 ~ 38℃ 的正常范围。另外,探测器外表面的太阳能电池受到阳光照射温度变化较大,虽然电池温度升高对效率有些影响,但是强阳光对供电而言完全没有问题。

5.2　"隼鸟"号探测器

5.2.1　概述

"隼鸟"(Hayabusa)号探测器是日本宇宙航空研究开发机构(Japan Aerospace Exploration Agency,JAXA)的小行星探测计划中的探测器(图 5 - 2),这项计划的主要目的是将"隼鸟"号探测器送往小行星 25143(又名糸川,Itokawa),采集小行星样本并将采集到的样本送回地球。

"隼鸟"号探测器原名 Muses - C,是日本 Muses 太空探测计划中的第三艘太空飞行器,于 2003 年 5 月 9 日由 M - V 火箭送入太空,2004 年 5 月通过地球借力飞往到 25143 号小行星糸川(Itokawa,1998 SF36)。2005 年 9 月"隼鸟"号探测器与小行星交会完成着陆采样任务后,2007 年 4 月从小行星出发返回地球,2010 年 6 月 13 日在澳大利亚成功着陆回收。"隼鸟"号探测器在宇宙中旅行了 7 年,穿越了约 60 亿 km 的路程。这是人类第一次对地球有威胁性的小行星进行物质搜集的研究,也是第一个把小行星物资带回地球的任务。在发射升空后,"隼鸟"号探

图 5 - 2 "隼鸟"号探测器

测器虽数次遭遇故障,导致返回时间比原计划推迟了 3 年,但它完成了包括在小行星近距离探测、着陆、物质样本采样和返回地球在内的多项既定任务,成为人类航天史上的重要里程碑。

5.2.2 探测对象和科学目标

"隼鸟"号探测器探测的目标天体是名叫糸川(Itakawa,编号 1998SF36)的 25143 号近地小行星(图 5 - 3),当其远日点距离超出火星轨道时,它飞得距地球更近。它得名于日本已故火箭科学奠基人、"兰达"及"谬"火箭之父糸川英夫博士。

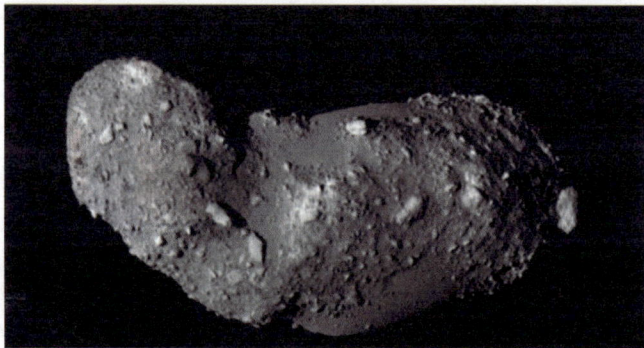

图 5 - 3 "隼鸟"号探测器拍摄的 25143 号小行星糸川

小行星 25143 是一颗会穿越火星轨道的阿波罗小行星。在金石观测站的雷达影像呈现不规则的细长形,光谱特性为 S 型小行星,大小只有 535m × 294m × 209m。小行星糸川体积很小,但各国天文学家对它非常关注,并在相对充分观测的基础上对其轨道参数、自转轴方向、形状和尺寸等进行了估算(表 5 - 2、表 5 - 3、图 5 - 4)。

表5-2　小行星糸川轨道根数

轨道参数	数　值	轨道参数	数　值
远日点/AU	1.69513	轨道倾角/(°)	1.62190
近日点/AU	0.95320	平近点角/(°)	277.32823
半长轴/AU	1.32417	升交点黄经/(°)	69.08377
偏心率	0.28015	近日点幅角/(°)	231.86560
公转周期/年	1.52492	—	—

表5-3　小行星糸川物理特性

项目	数　值
绝对星等	+19.1
光谱类型	S(Ⅳ)
陨星类似物	LL球粒陨石(2.7g/cm^3)
尺寸/m	(490±100)×(250±55)×(180±50)
表面温度/K	217~445
重力加速度/(m/s^2)	0.0001
逃逸速度/(cm/s)	约22
极地	经度314°±50°,纬度68°±12°
旋转1周	约12h

5.2 "隼鸟"号探测器

197

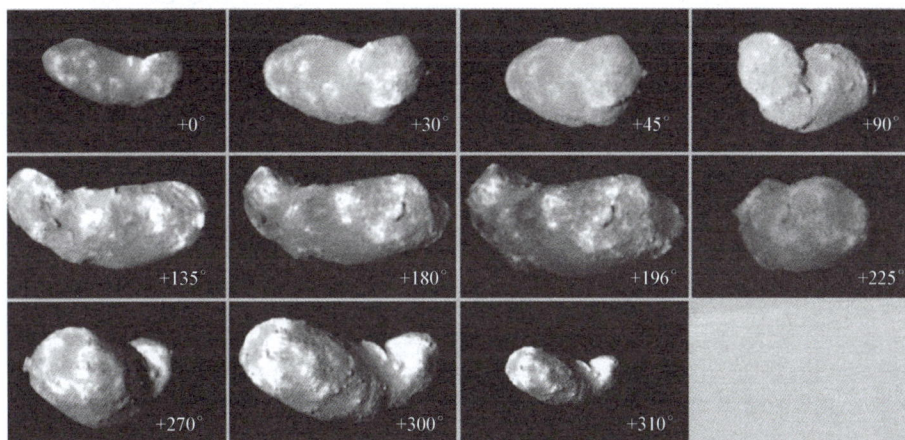

图5-4　小行星糸川不同视角的照片

"隼鸟"号探测器的工程任务:实现在小行星糸川上着陆、采样并返回地球的过程,并对这一过程中所用到的各项技术进行验证。主要包括四项突破性技术:用于星际巡航的离子发动机推进技术、基于光学测量的自主制导和导航技术、超低重力环境下的物质样本采集技术和沿星际轨迹直接重返的样本回收技术,以及多项其他新技术,如利用双组元推进系统进行小推力反作用控制系统,X 波段上/下行线路通信,完全依从 CCSDS 的分包遥测,一种节约功耗的加热器控制电子器件新概念,利用离子发动机进行飞轮卸载,PN 码测距,锂离子可充电电池以及多结太阳能电解槽等。

"隼鸟"号探测器的科学任务:在与小行星系川交会期间,利用可见光摄像头、轻型无线电探测与定位设备(LIDAR)、X 射线及近红外光谱仪等仪器及微型跳跃机器人对其进行近距离观测、现场物质分析和样本采集。

5.2.3 总体设计

"隼鸟"号探测器为盒状三轴稳定探测器,尺寸为 $1.6m \times 1.0m \times 1.1m$,发射时质量为 485.9kg(包括 67kg NTO/N_2H_4 和离子发动机的 64.5kg 氙)。两块面积各为 $5.5m^2$ 的太阳能电池阵在距太阳 1AU 处产生 2.6kW 的电力。"隼鸟"号探测器的部件组成及探测器实物如图 5-5 所示。

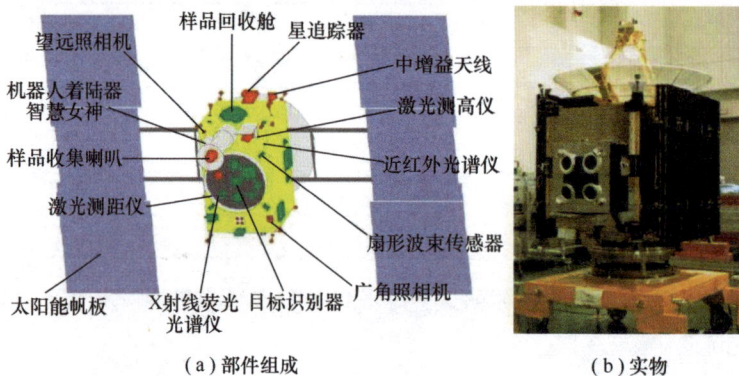

(a)部件组成   (b)实物

图 5-5 "隼鸟"号探测器的部件组成及实物

"隼鸟"号探测器包括结构、热控、通信、电源、数据处理、姿态轨道控制、化学推进器、电推进离子发动机、飞行任务、取样器等系统,配备了多种有效载荷仪器以及漫游机器人着陆器和样品返回舱。

5.2.3.1 推进系统

"隼鸟"号探测器的主推进系统采用目前最先进的电推进离子发动机技术,它不同于使用化学燃料的火箭发动机,而是通过太阳能电池发电产生微波,将作为推进剂的惰性气体原子氙经过电离室被分解为正、负离子后,带正电的离子流在引出电极的静电场力作用下加速形成射束。离子射束与中和器发射的电子耦合形成中性的高速束流,喷射而出产生反作用推力,如图 5-6 所示。

电推进与化学推进方法相比,具有很高的效率(达到 87%)。缺点是产生的推力比起火箭发动机小几个数量级,只有 8 mN 左右。这意味着,达到同样的推力效

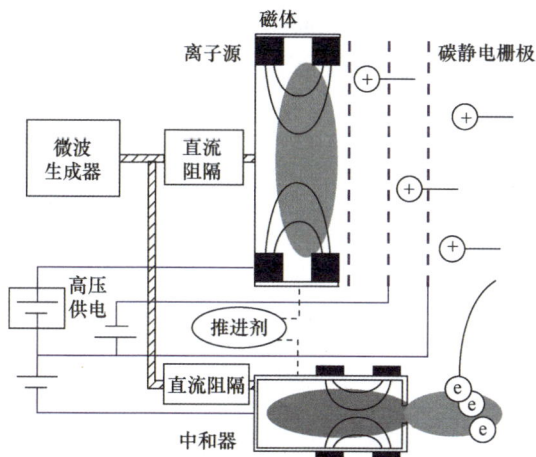

图 5 - 6　"隼鸟"号探测器电推进系统原理

果,离子发动机必须工作很长时间,而且必须可靠耐用。总的来说,对于与小行星交会这样航程较远、时间较长的太空探测任务,适合使用电推进离子发动机,而且有更多的未来行星际探测计划正在考虑采用这种推进方式。

"隼鸟"号探测器共装配 4 台 8mN 电推进离子发动机,比冲约为 2900s,均安装在装有万向架的台面上(图 5 - 7)。平常使用 3 台,剩余的 1 台作为备用发动机待命。推力功率比为 23mN/kW,系统干质量为 59kg。离子电推进系统由 4 台 μ10 微波放电离子推力器、4 台微波功率放大器、3 台电源处理单元(IPPU)、1 套推进剂供给子系统、1 台推力矢量指向机构(IPM)和 1 台离子推力器控制单元(ITCU)组成(图 5 - 8)。

图 5 - 7　"隼鸟"号探测器离子推进系统布局

图 5 - 8　电推进离子发动机

"隼鸟"号探测器的实际工作寿命长达 7 年,任务期间电推进系统工作超过40000h,共提供了约 4.3km/s 的速度增量。离子发动机的使用,使得"隼鸟"号探测器的飞行轨道设计方案得以完全实现。

4 台离子推力器以阵列形式安装在同一个推力指向机构上;4 台微波功率放大

器分别与 4 台推力器连接;3 台 IPPU 通过继电器切换向 4 台推力器供电,每次最多有 3 台推力器工作。离子电推进系统连接原理图如图 5 - 9 所示。离子电推进系统安装在探测器的 - Z 面上。

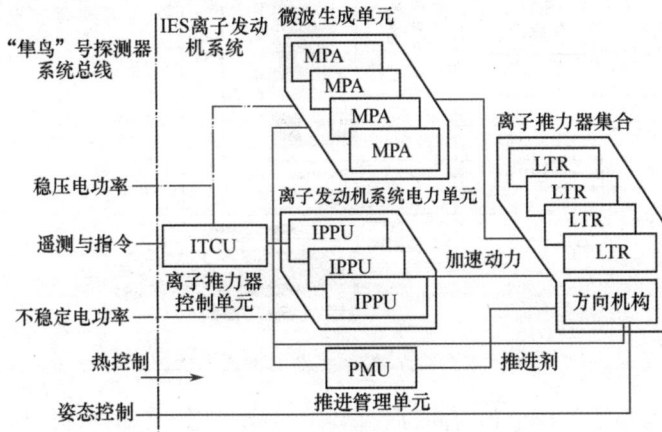

图 5 - 9　离子电推进系统连接原理

此外,"隼鸟"号探测器共配置 12 台 20N 比冲 290s 姿控推力器,采用双组元推进剂。其中 8 台正装,4 台斜装,同时兼顾轨控能力。图 5 - 10 为"隼鸟"号探测器推力器的布局。为满足姿态轨道控制、到达小行星及从小行星返回地面所需的动力,探测器上的火箭推进系统与电推进系统分别携带了 49.9kg 肼推进剂和 64.5kg 氙气体燃料。

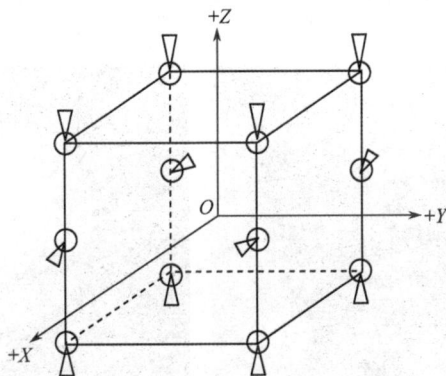

图 5 - 10　"隼鸟"号探测器化学推力器布局

5.2.3.2　GNC 系统

"隼鸟"号探测器的 GNC 分系统配置由太阳敏感器、惯性参考单元、恒星敏感器、反作用飞轮、推力器和推力矢量调节机构组成(表 5 - 4)。

表 5 – 4　"隼鸟"号探测器 GNC 系统组成

单　机	数　量	指　标
太阳敏感器	1	视场：±50° 精度：<0.05°
惯性参考单元	2	量程：1432(°)/s 分辨率：0.0001093° 常值漂移：3(°)/h 随机漂移：0.07(°)/$\sqrt{h}$
恒星敏感器	1	视场：30°×40° 动态范围：3 ~ −1 精度：3′ 更新率：1Hz
反作用飞轮	3	最大角动量：4N·ms 力矩：最小 12mN·m
推力器	12	推力：20N 最小冲量：0.2N·s
推力矢量调节机构	4	调节范围：±5°

"隼鸟"号探测器的 GNC 系统工作原理如图 5 – 11 所示。两轴太阳敏感器（TSAS）、恒星敏感器（STT）和惯性参考单元（IRU）组合测量航天器的姿态。加速度计（ACM）用来测定反作用控制系统（RCS）产生的速度增量。反作用飞轮（RW）和反作用控制系统（RCS）推力器共同控制航天器的姿态和位移。12 台推力器安装在适当的位置以使航天器的平动和转动可以独立控制。

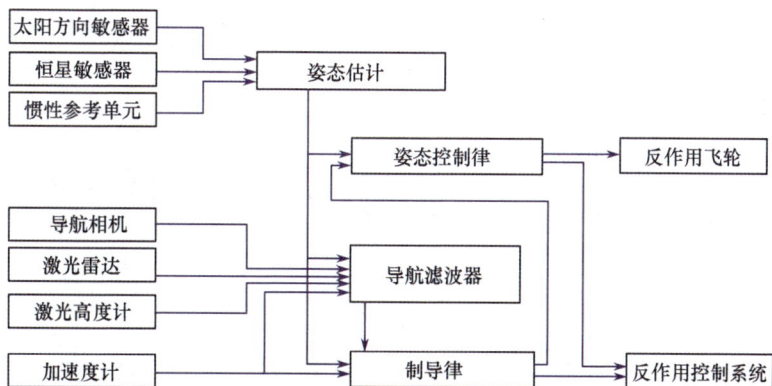

图 5 – 11　GNC 系统工作原理

"隼鸟"号探测器拥有两种 3 台导航相机：窄视场相机（ONC – T）用于拍摄绘制地图和多目的科学观察，1 台，宽视场相机（ONC – W）用于拍摄绘制地图和区域性表面障碍物监测,2台。电子相机(ONC-E)作为导航图像处理机使用。恒星敏感器及导航相机性能参数见表5-5。

表5-5 恒星敏感器及导航相机性能参数

设备	视场/(°)	像素分辨率/像素	分辨率/((°)/像素)	安装位置
恒星敏感器	30×40	288×384	0.1	侧面
窄视场相机	5.7×5.7	1000×1024	0.006	底面
宽视场相机	60×60	1000×1024	0.06	底面

激光雷达用于高度测定作用距离50~50000m。激光测距仪(LRF)用于低高度测量,拥有4条测量光束,量程为7~100m,既可以测量高度又可以测量相对于星体表面的姿态。扇形光束传感器(Fan Beam Sensors, FBS)用于监测潜在的障碍物。

5.2.3.3 取样机构

"隼鸟"号探测器备选取样方案如图5-12所示,最终设计采用图5-12(c)所示的方式。

当"隼鸟"号探测器降临小行星糸川表面时,飞船腹部下凸出的取样装置(对准选定的取样点,如图5-13所示。该装置内有一个发射枪,将一枚质量为几克的金属"子弹"以300m/s的速度射向小行星表面,使遭射击的表面破碎,碎片飞溅。飞溅的碎片被吸入到取样装置中喇叭口形状的容器内,然后转移到样品返回舱内。

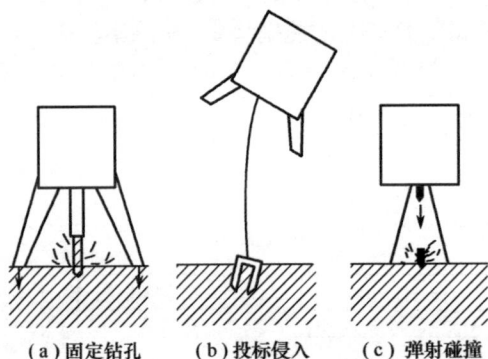

(a)固定钻孔 (b)投标侵入 (c)弹射碰撞

图5-12 "隼鸟"号探测器取样备选方案

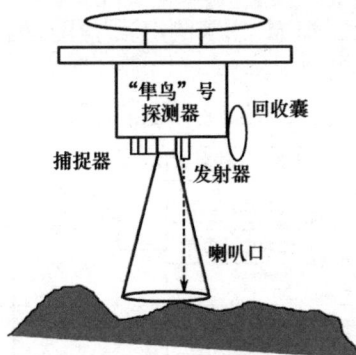

图5-13 取样原理

每次从接近小行星表面、发射"子弹"到取样仅1s时间。为适应小行星各种表面结构,确保每次发射"子弹"都能打碎表面岩石,使碎片飞溅并成功回收,日本宇宙科学研究所在取样装置研制过程中进行了大量的仿真试验(图5-14)。由于小行星糸川表面的重力加速度非常小,仅为$0.0001m/s^2$,表面逃逸速度约为22cm/s,而且也不知道这些小行星表面的物质究竟是坚硬的花岗岩还是松软的土壤。在这种情况下,飞船不可能像船舶停靠在码头一样在小行星上着陆,而需要类似锚样的装置"抓住"小行星表面。因此,日本宇宙科学研究所的科学家经过了许多测试最后确定了取样装置的设计构造(图 5 – 15):其头端类似一个机械"触手",可以在不同类型的表面进行取样,并且样品收集器被设计成能够适应各种表面成分。

图 5 – 14 取样机构及模拟取样试验

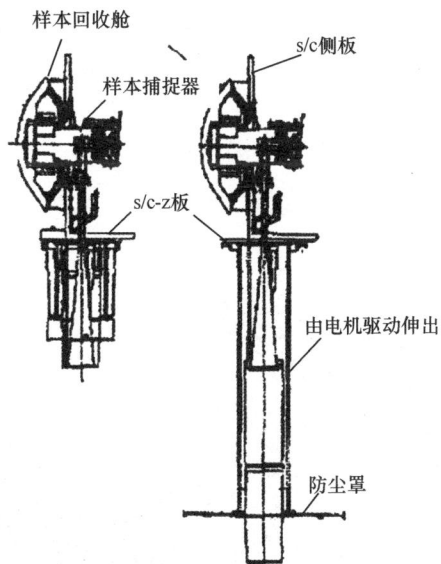

图 5 – 15 回收舱和样本收集器

　　为了能更好地对小行星糸川的地质结构等进行细致全面的分析,科学家们希望能对小行星上的不同地区进行多次取样。每完成一次取样后,"隼鸟"号探测器就要重新回到距小行星 100m 处确认取样地点,然后继续取样工作。

5.2.3.4 电源系统

"隼鸟"号探测器电源系统(图5-16)采用砷化镓太阳能电池帆板,面积为 $12m^2$,可产生700kW电力。蓄电池采用锂离子电池,容量为 $13.2A \cdot h$。

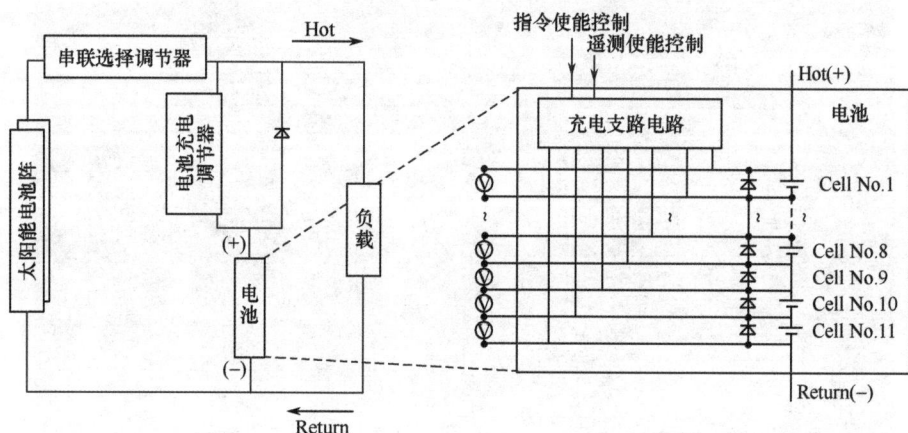

图5-16 "隼鸟"号探测器电源系统框图

"隼鸟"号探测器采用展开式机械太阳翼,共有两翼,每翼有3块基板,单翼面积为 $5.5m^2$。由于没有驱动机构,太阳翼直接通过连接框架与星体相连而不是常用的连接架(图5-17)。展开后,太阳翼呈T字形,这样可以减少卫星的转动惯量,提高展开状态的弯曲频率,有利于轨道和姿态控制。

"隼鸟"号探测器的太阳翼采用与压紧套/压紧杆类似的压紧释放机构,单翼共有4个压紧点。

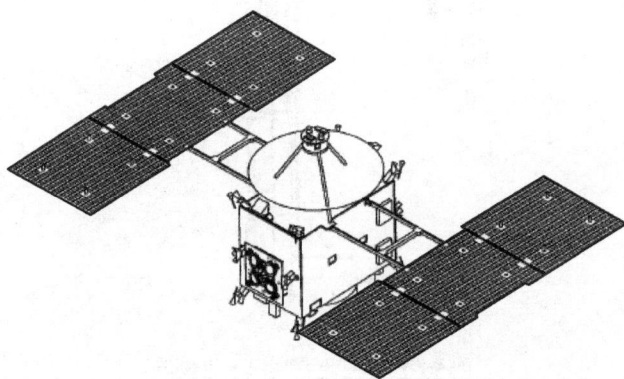

图5-17 "隼鸟"号探测器太阳能电池板构型

为了实现电池适应长期空间飞行的最佳性能,并避免发生姿态失控状况,电池在空间存储期间的充电状态(SOC)保持约65%,电池一星期充电一次。但在到达小行星后发现 11 组电池中有 4 组发生过放,已经发生受损,通过多次缓慢充放电使电池逐步恢复原有性能。

按计划,此电池需在 5 种情况下放电,即发射、地球借力飞行、在小行星糸川上环绕飞行、在小行星上采样而进行的降落飞行及重返地球(表 5-6)。在小行星糸川上的环绕飞行要求最深程度的放电,最高将达到 45% 的放电深度(DOD)。

表 5-6　锂离子二次电池的期望性能

时间段	持续时间/h	放电性能	
		电流/A	容量/(A·h)
发射	1.34	—	7.03
地球借力飞行	2.40	14.27	4.76
在糸川上环绕飞行	3.71	16.70	2.51
降落飞行	3.79	17.61	5.95
重返地球	5.44	15.23	3.43

根据卫星的设计要求,"隼鸟"号探测器电池在 0℃ 时容量不小于 11.9A·h。鉴于电池的高放电电流速度及长时间太空飞行所带来的电容衰退,最终确定总容量为 13.2A·h,具体指标见表 5-7。

表 5-7　"隼鸟"号探测器锂离子单体电池的技术指标

项目	指标	项目	指标
额定容量/(A·h)	13.2	正极	钴酸锂
单体放电电压(平均)/V	3.6	负极	石墨
宽度/mm	69.3	质量/g	<570
高度/mm	132	能量密度/质量/(W·h·kg⁻¹)	85
厚度/mm	24.4	能量密度/体积/(W·h·L⁻¹)	215

锂离子电池外壳由不锈钢而成(图 5-18(a)),尺寸为 69.3mm × 132mm × 24.4mm,电池接线端用陶瓷材料进行密封。蓄电池组由 11 个串联的锂离子二次单体组成,电池组旁安装均衡电路,如图 5-18(b)所示。

5.2.3.5　热控系统

"隼鸟"号探测器热控系统利用热管进行控制;利用 CC 散热器、氧化稳定树脂、多层绝热方式进行被动控制;在壳体外部安装的仪器是绝热的,单独进行热控;热控电子线路通过抑制峰值功率进行综合调整,采用根据占空比进行反馈的方式。专门研制的锂离子蓄电池内采用双重电容器,确保在飞往小行星的两年时间内承受极度低温而不会引起性能恶化。

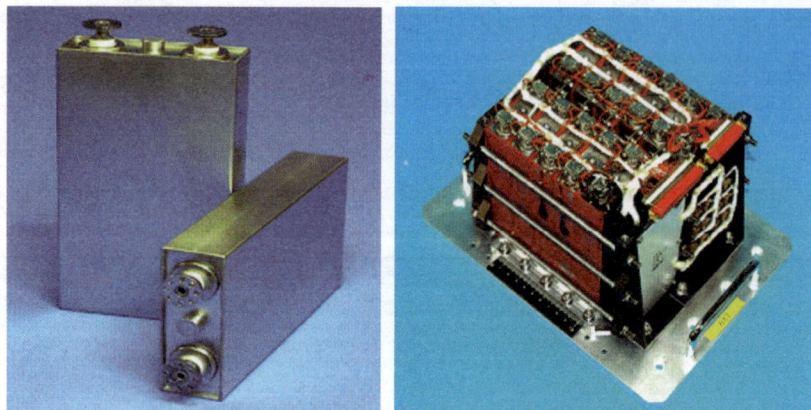

(a)电池单体   (b)蓄电池组

图5-18 "隼鸟"号探测器锂离子二次电池单体与蓄电池组

5.2.3.6 测控数传系统

飞船通信系统采用 X 波段和 S 波段,拥有一个固定式高增益天线,直径为 1.6m,功率20W。另外,还有装有中增益和低增益天线。"隼鸟"号探测器测控数传系统组成见表5-8。

表5-8 "隼鸟"号探测器测控数传系统组成

项目	数量	备　　注
波段	X	
HGA	1	1.6m,固定安装与顶部
接收机	2	
发射机	1	
功放	2	
LGA 接收	3	保证上行指令畅通
MGA 发射	2	与 HGA 倾斜安装,1 副带万向架,保证离子发动机工作时,下行 8b/s 下行可用

"隼鸟"号探测器直径 1.6m 的高增益天线(HGA)置于探测器顶部。采用带 2 台接收器、1 台发射器的 X 波段上、下行线路,其输出由 2 台机载功放增强。"隼鸟"号探测器上装有 2 副中增益喇叭天线(MGA),朝 HGA 发射方向倾斜。一部 MGA 装有万向架,以确保离子发动机朝着规定的方向工作时的下行线路通信(确保近 8b/s 的慢速遥测下行线路始终可用,满足报告包的传输要求)。除 HGA 和 MGA,"隼鸟"号探测器还携带 3 副低增益天线(LGA),无论探测器采取何种姿态,均保证指令线路的畅通。

5.2.3.7 探测机器人"智慧女神"(MINERVA)

MINERVA 是日本第一个行星探测机器人(图 5 – 19),是搭载在"隼鸟"号探测器上的。在"隼鸟"号探测器下降到距小行星 20m 时 MINERVA 将与探测器分离驶向小行星表面,此后的若干天内一边在小行星 25143 上移动,一边执行观测任务。MINERVA 被称为跳跃式机器人。

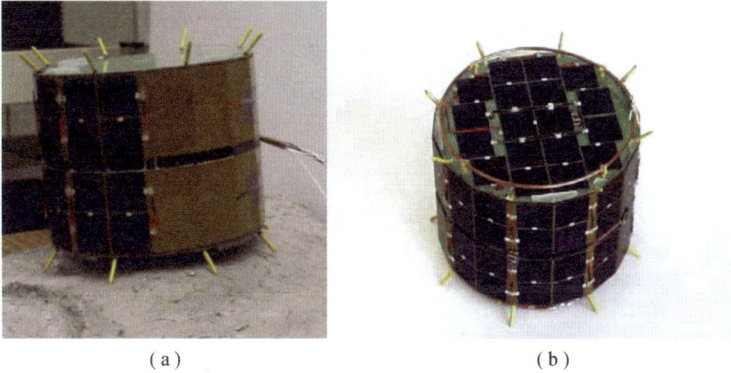

(a)   (b)

图 5 – 19 探测机器人 MINERVA

MINERVA 是一个直径 120mm、高 100mm 的正 16 角棱柱体,质量为 591g。包括分离机构、与探测器间的接口部分,总质量为 1457g。MINERVA 采用 32 位精简指令集 CPU(约 0.1 亿条指令/s),拥有 2Mb 的内存 ROM 和 RAM 。其数据传输率为 9600b/s(通信距离为 20km 时)。

MINERVA 表面贴满了太阳电池,最大功率为 2.2W(距离 1AU 时),可以做到无论 MINERVA 处于哪一种姿态都能受到太阳照射,提供所需的电力。为了减小 MINERVA 在小行星星表着陆时的冲击以及保护太阳电池,在其表面配备凸出的针状杆。在 MINERVA 内安装了 2 台电动机,一台用于跳跃,另一台用于转动。MINERVA搭载的 3 台超小型 CCD 摄像机和 6 台温度敏感器可构筑小行星表面的三维结构,摄取远方小行星表面的图像、测量小行星表面的温度等。

在"隼鸟"号探测器距小行星 25143 表面约 20m 时,MINERVA 被释放并在小行星表面着陆。在降落过程中,地球和探测器间的通信延迟时间约为 30min,因此,MINERVA 必须以自主的方式来判断自身行动及其状态(包括双重电容器的充电量、内部仪器温度和活动履历等)。

MINERVA 具备根据仪器内部的温度来自动接通、断开的功能:当内部温度升高时,仪器的一部分功能停止;当内部仪器温度不太高时,则是 MINERVA 的工作时间,这发生在小行星的早晨和傍晚。另外,MINERVA 装有 6 个光电二极管,用来辨识太阳方向,使其有早晨向黑暗方向跳跃、傍晚向明亮方向跳跃的功能,从而尽量保持其内部温度恒定以确保生存。

5.2.3.8 返回舱

"隼鸟"号探测器的样品返回舱线路如图 5 - 20 所示。样品返回舱位于飞船底部,主要任务是携带装有小行星样品的密封容器,当飞船回到地球附近时,与探测器分离,返回舱直接进入地球大气层,利用气动外形和降落伞减速,最后在澳大利亚的沙漠实现软着陆,完成回收。

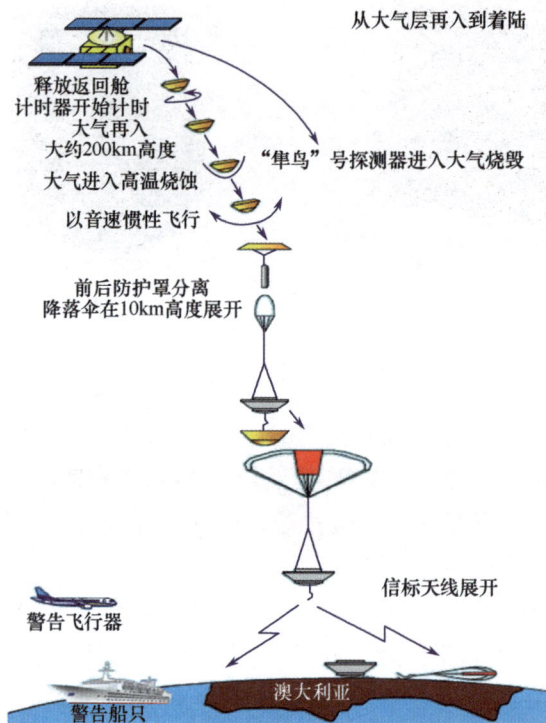

图 5 - 20 "隼鸟"号探测器的样品返回舱线路

返回舱的直径约为 40cm、质量为 20kg,分为上、下两部分:上面部分包括仪器箱、样品密封罐、回收辅助装置、降落伞装置等;下面部分包括由耐高温绝热烧蚀材料制成的像锅底一样的返回舱底板、无线电信标天线、降落伞开启装置等,如图 5 - 21 所示。

样品返回舱在进入地球大气层时受到的气动摩擦产生的高温热量是航天飞机进入大气层时的几十倍,是阿波罗号登月舱重返地球时的若干倍,因此返回舱的耐热性能十分重要。日本宇宙科学研究所的专家表示,"隼鸟"号探测器的样品返回舱使用了堪称当今世界最先进的材料,通过大量的仿真试验证明,它能经受住苛刻的环境考验(图 5 - 22)。

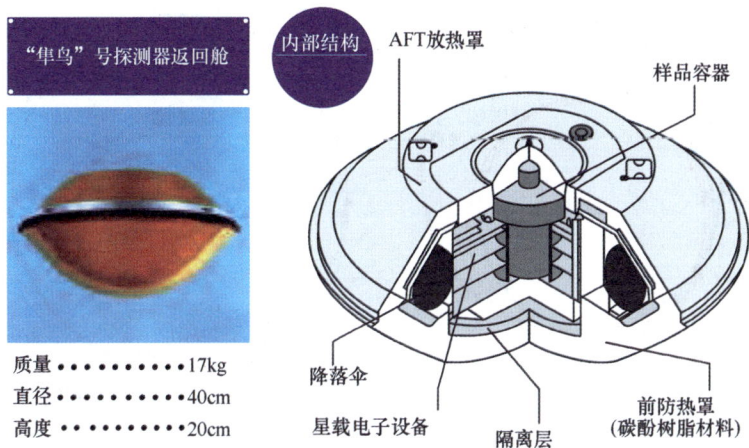

"隼鸟"号探测器返回舱

内部结构 AFT放热罩

样品容器

质量••••••••17kg
直径••••••••40cm
高度••••••20cm

降落伞

星载电子设备 隔离层 前防热罩
（碳酚树脂材料）

图 5-21　返回舱构型布局示意图

图 5-22　回收"隼鸟"号探测器返回舱

5.2.4　飞行过程

　　"隼鸟"号探测器的轨道设计中采用了小推力推进和地球重力助推相结合的新方法,有效地提高了"隼鸟"号探测器与地球的相对速度(图 5-23)。这种方法称为电推进地球借力(EDVEGA)技术。"隼鸟"号探测器探测历程见表 5-9。

　　与通常的行星探测轨道不同,EDVEGA 策略下探测器的逃逸方向不是切向而是径向,以便给轨道带来离心率。如果探测器朝地球转动方向逃逸,所导致的轨迹就变成椭圆形,与太阳之间的距离就变大,对消耗大量太阳能的离子发动机系统运行有负面影响。EDVEGA 的基本理念在于尽可能多地利用太阳能,探测器需要处在一个半长轴约为日地距离的近圆形轨道上。为此,探测器朝逆日方向启程,导致具有轻微的离心率。

　　根据 EDVEGA 策略,探测器发射升空后不经过绕地驻留轨道就直接飞入类似于地球公转轨道的星际轨道;探测器在上述星际轨道上飞行期间,依靠离子发动机

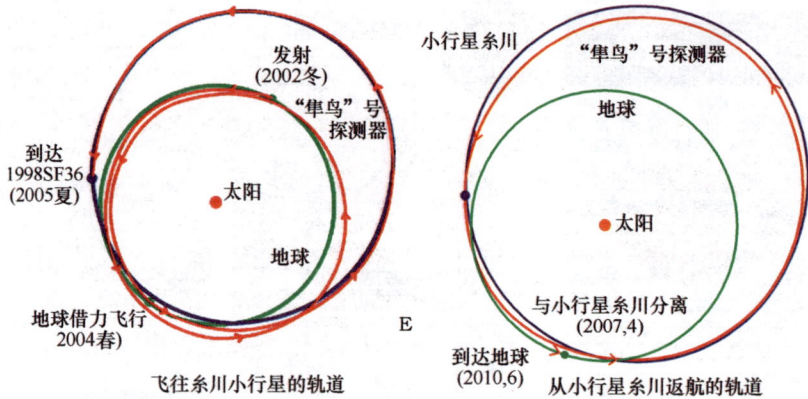

图 5 - 23 "隼鸟"号探测器去程与归程的巡航轨道

使探测器加速;再次与地球相遇时通过重力助推得到更多的能量,从而加速进入转移轨道奔赴小行星糸川;从小行星糸川返回途中,全程依靠离子发动机提供速度增量,经由星际轨道直接返回地球。

表 5 - 9 "隼鸟"号探测器探测历程

日期	事件、状态、操作
2003 年 5 月 9 日 13:29:25	由 M - V 火箭发射进入太空,同时正式命名为"隼鸟"
2003 年 9 月	离子发动机 A 发生输出不稳定状况,动力改由另外 3 台发动机联合使用,同时运作时间超过 1000h
2003 年 10 月末—11 月初	遭遇观测史上最大的太阳耀斑的冲击,虽然发生了太阳电池输出减弱以及内部内存单粒子翻滚错误,所幸不影响任务进行
2004 年 5 月 19 日	以极为接近地球的准确轨道进行重力助推成功
2004 年 12 月 9 日	离子发动机运作时间超过 20000h
2005 年 7 月 29 日	第一次捕捉到小行星糸川的模样
2005 年 7 月 31 日	X 轴姿态控制装置故障无法使用,改由化学燃料辅助推进器与剩余两个姿态控制装置联合使用
2005 年 11 月 12 日	进行下降预演,并释放出刻有 88 万人名字的目标识别器和探测器"智慧女神",但皆失败而没有到达小行星糸川上
2005 年 11 月 20 日	第一次降落,但因为侦测到障碍物而自动停止,之后以 10cm/s 的速度再降落。期间因失去通信 30min,当时地面站无法确定是否降落在小行星糸川上。由于降落时着落终止模式无法解除,采集样本时,用来撞起岩石碎片的金属球无法发散。但样品舱可能采集到着陆时,地面扬起的灰尘
2005 年 11 月 26 日	第二次降落,着地后 1s 即离开,地面站显示降落与采集样本的金属球发射,整个过程正常执行。燃料发生泄漏的现象,在关闭阀门后已停止

（续）

日期	事件、状态、操作
2005 年 12 月 9 日	通信中断
2006 年 1 月 23 日	接收到"隼鸟"号探测器传来的无线电信号
2006 年 1 月 26 日	确认情况:太阳能电池输出过低,11 个锂蓄电池中有 4 个完全不能使用,燃料也几乎流失
2007 年 1 月 17 日	进行样品容器保存至样品舱作业,隔日确认完成
2007 年 4 月 25 日	进行返回地球的航程
2008 年	返程巡航
2009 年	返程巡航
2010 年 6 月 13 日	19:54　分离样品舱 22:02　进行最后的地球摄影 22:28　通信中断 22:30　控制室所有指令输入完毕 22:51　重返大气层,"隼鸟"号探测器化为灰烬
2010 年 6 月 14 日	16:38 样品舱回收成功
2010 年 6 月 17 日	样品舱运回,进行开封检查作业
2010 年 6 月 18 日	取出样品舱内的容器,进行计算机断层扫描。由于容器为密闭状态,仅能确认没有大于 1mm 的样本存在(此时不确定内部是否有其他样本)
2010 年 6 月 24 日	对样本容器(A 室)进行开封
2010 年 7 月 6 日	尝试从样本容器中取出微小样本
2010 年 11 月 16 日	确认采取的样本为非地球物质,并且发表小行星 25143(糸川)形成的方式
2010 年 12 月 7 日	对样本容器(B 室)进行开封
2011 年 1 月 17 日	发表日后对样本分析的初步计划。1 月 22 日起,在日本兵库县的 Spring-8 研究中心进行初步分析

5.2.4.1　发射阶段

2003 年 5 月 9 日,由 M-V 运载火箭从鹿儿岛发射基地发射升空。同一天,"隼鸟"号探测器的信号被 Uchinoura 空间中心捕获。在 2003 年 5 月底之前,"隼鸟"号探测器对每一台离子推进器都进行了测试,然后,7 月,"隼鸟"号探测器开始第一次轨道机动。

5.2.4.2　地球借力飞行

在发射后的 1 年内,"隼鸟"号探测器一直位于地球同步轨道上,并且使用离子发动机改变其轨道偏心率(图 5-24)。原因是:为了累积与地球的相对速度,以便在进行地球借力飞行时将其转换为轨道能量。

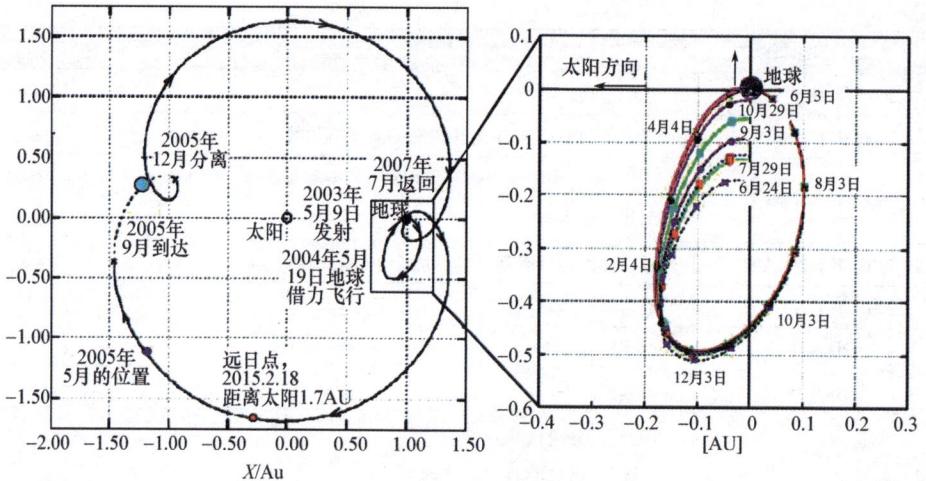

图 5-24 "隼鸟"号探测器在日心旋转坐标系下的轨道

电推进地球借力飞行策略逐渐奏效并储备轨道能量的过程:根据 2003 年 6 月 24 日的测轨数据,"隼鸟"号探测器沿发射后的最初轨道并不能按时返回地球,在飞行过程中数次运用离子发动机进行速度调整,一方面使得探测器进入借力轨道追上地球,另一方面提高探测器与地球的相对速度,最终使探测器轨道发生改变,使其在 2003 年底再次通过地球附近。

截止到 2004 年 3 月底,离子推进系统连续工作超过 10000h,产生了 600m/s 的速度增量。轨道确定显示,离子推进系统产生的机动,已成功将"隼鸟"号探测器的飞行轨迹导向地球。2004 年 5 月 19 日 06:21:42(UTC),"隼鸟"号探测器从距地球 3700km 的位置飞越,实施了地球借力飞行,进入飞向目标小行星的转移轨道。

"隼鸟"号探测器地球借力飞行期间的轨迹修正操作见表 5-10。由于前期修正的轨道精确度较高,使得"隼鸟"号探测器进行地球借力飞行时其 B 平面偏差只有 1km,因而,借力飞行之后的预定修正被取消。

表 5-10　地球借力飞行附近的轨迹修正操作

事件	日期	备注
离子推进系统关机	2004 年 4 月 1 日	—
第一次修正	2004 年 4 月 20 日	$\Delta V = 14.1 \text{cm/s}$
第二次修正	2004 年 5 月 12 日	$\Delta V = 13.2 \text{cm/s}$
借力飞行	2004 年 5 月 19 日	飞越地球
离子推进系统开机	2004 年 5 月 25 日	—
第三次修正	2004 年 5 月 26 日	取消

5.2.4.3 转移轨道飞行

在飞往小行星的转移轨道上,离子推进系统继续以最大功率加速"隼鸟"号探测器,直至 2004 年 8 月。从 2004 年 9 月开始,由于太阳距离的增大,离子推进系统已不能满负荷运行,而且由于 2003 年 11 月的太阳耀斑爆发对太阳能电池板造成了损害,预定小功率条件下的轨道机动不得不修改。

从 2004 年 10 月开始,还有 2 台推力器能够工作,到 12 月底,仅剩 1 台推力器能够运行。飞行过程的电功率和推力曲线如图 5 - 25 所示。

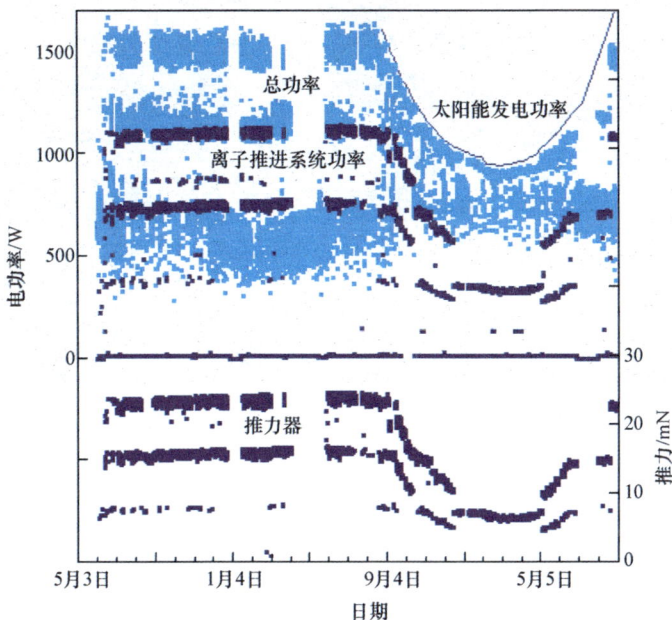

图 5 - 25　巡航段的电功率和推力曲线

离子推进系统产生 25mN 的最大推力需要 1.1kW 的电功率,最小 4.5mN 的推力需要 250W 的功率。

2005 年 2 月 18 日,"隼鸟"号探测器到达 1.7AU 的远日点。2005 年 5 月,由于太阳距离的拉近,2 台离子推力器得以重新开机。

2005 年 7 月,"隼鸟"号探测器经历日合,由于期间无法进行轨道测定,轨道机动暂时中止。8 月,3 台离子推进器重新启动,减小"隼鸟"号探测器与小行星糸川的距离和相对速度。

2005 年 8 月 28 日,在距离小行星糸川 4800km 的位置,离子推进系统停止工作,将控制权交给双组元推进系统,留给"隼鸟"号探测器 9m/s 的抵近速度。

整个巡航阶段离子推进系统累计工作 25800h,消耗 22kg 氙推进剂,产生 1400m/s 的速度增量。

5.2.4.4　抵近过程

2005 年 7 月 29 日、8 月 8 日、8 月 12 日,一系列星敏图像被提取用于"隼鸟"号探测器抵近阶段的光学导航(图 5–26)。8 月 22 日、23 日、29 日,窄视场导航相机也成功拍摄到小行星糸川,进行光学导航。

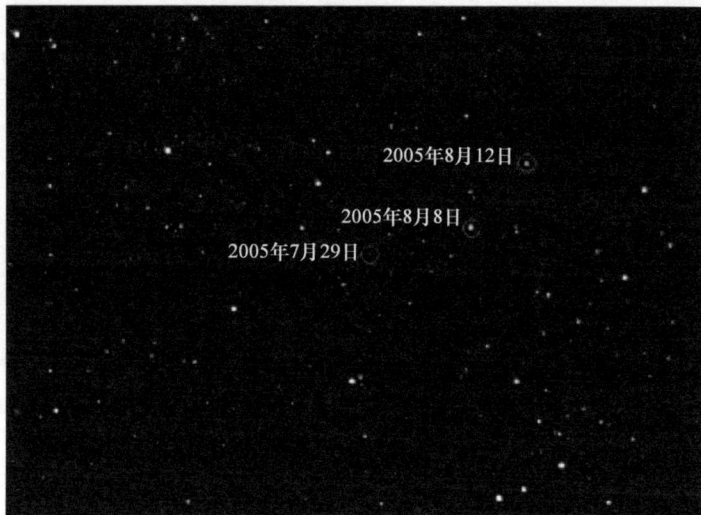

图 5–26　"隼鸟"号探测器星敏感器拍摄到的小行星糸川

从 2005 年 7 月 29 日使用光学导航开始,"隼鸟"号探测器的导航精度得以大幅提高,其中位置误差为 45km,速度误差为 6cm/s。而在此之前,位置误差为 1800km,速度误差为 72cm/s(1σ)。

到 2005 年 8 月底,光学导航相机开始工作,获得了更精确的光学数据,此时的导航精度已经提高到,位置误差为 1km,速度误差为 2cm/s,该精度已可以进行小行星抵近操作。

该导航方式假定小行星的轨迹是精确无误的,但实际上小行星轨道也有数千米的偏差,因此,该光学导航方式的绝对位置误差实际上仍是数千米级别,如图 5–27 所示。

从 2005 年 9 月开始,"隼鸟"号探测器停留在小行星糸川附近开展科学探测,如图 5–28 和图 5–29 所示。

门位置:2005 年 9 月 12 日,到达距小行星糸川表面 20km 的位置。然后在此位置附近巡航,逐步靠近小行星。

家位置:2005 年 9 月底,到达距小行星糸川表面 7km 的位置。"隼鸟"号没有绕小行星转动,而是沿着地球和小行星的连线运动。整个 10 月份,"隼鸟"号都在家位置附近。在 10 月初,第二个飞轮停止工作(在飞往小行星途中已经有一个飞轮报废),仅剩一个飞轮的探测器只能靠化学推进剂控制姿态,但这会产生小的加

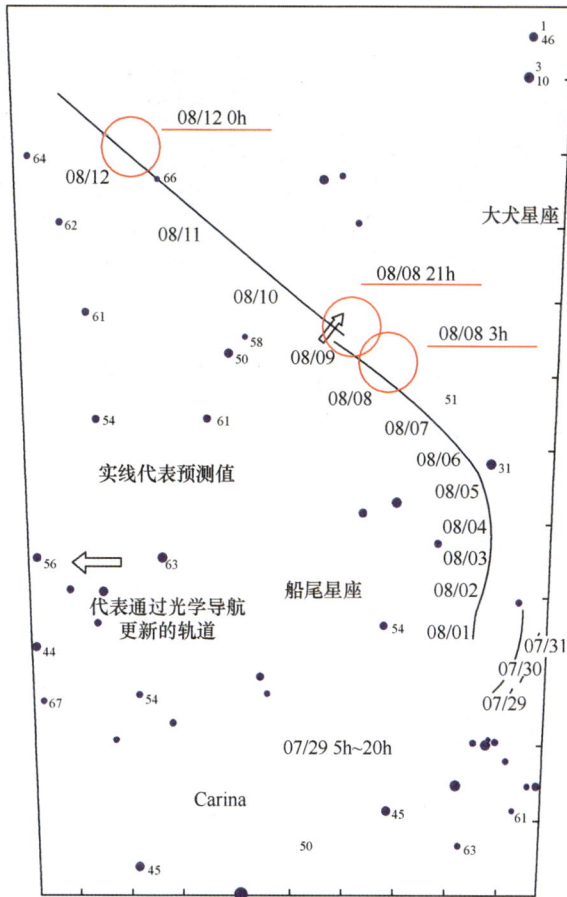

图 5－27　"隼鸟"号探测器光学导航系统追踪的小行星糸川轨迹

速度,造成轨道运动。为了准确估计小行星的质量,10 月 21 日和 22 日完全关闭姿态控制系统,使其无控飞行,如图 5－30 中 B 所示。

临界位置:2005 年 10 月底,"隼鸟"号抵近到距小行星 4km 的位置。小行星引力超过太阳光压。

悬停位置:30m,在此位置投放光学信标。

第一次触地预演:2005 年 11 月 4 日,遇到超出预案的问题,9 日和 12 日又各执行一次。

第一次触地:2005 年 11 月 20 日,出现了完全预想不到的问题,与"隼鸟"号失去联系,"隼鸟"号坠落小行星并弹跳两次(事后数据分析),且取样程序没有启动。事后分析认为:姿态误差过大,导致推力器持续工作将探测器推至小行星表面,但取样机构没有启动,探测器滞留 34min,直至地面指令强制起飞。

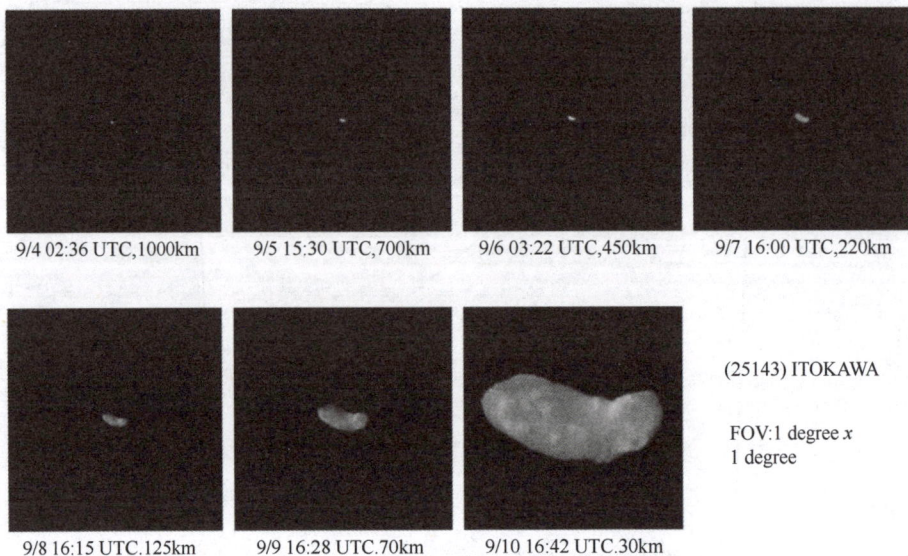

9/4 02:36 UTC,1000km　　9/5 15:30 UTC,700km　　9/6 03:22 UTC,450km　　9/7 16:00 UTC,220km

(25143) ITOKAWA

FOV:1 degree x
1 degree

9/8 16:15 UTC.125km　　9/9 16:28 UTC.70km　　9/10 16:42 UTC.30km

图 5 - 28　"隼鸟"号探测器接近小行星阶段所拍摄的小行星图像

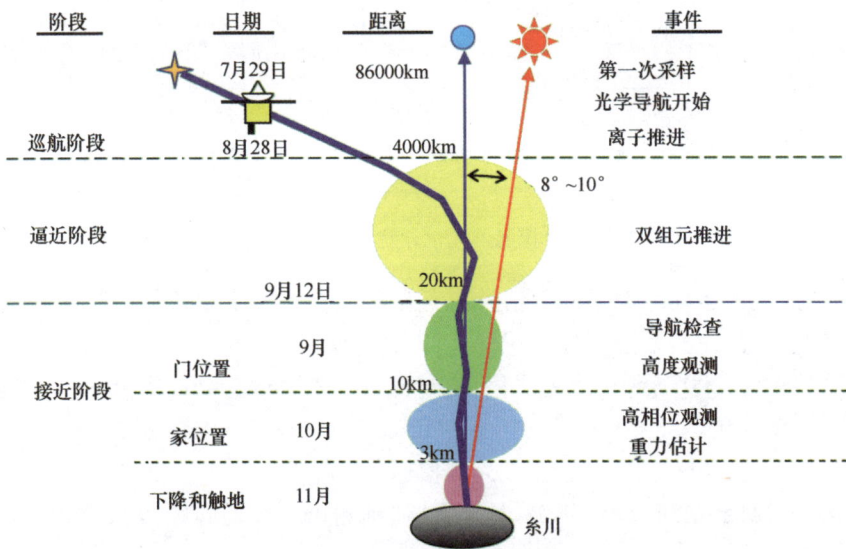

图 5 - 29　Hayabusa 抵近与附着历程

第二次触地:2005 年 11 月 26 日,成功着陆并取样,但取样系统的轰击弹丸没能发射。

起飞:2005 年 11 月 26 日,返回伴飞轨道,化学燃料发生泄漏。

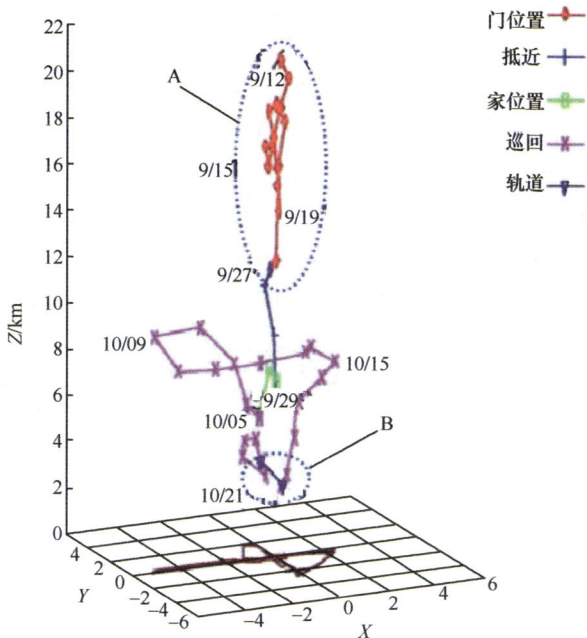

图 5-30 截止到 10 月底的探测器轨道

5.2.4.5 附着过程

着陆要求:水平速度小于或等于 ±8cm/s;垂直速度小于或等于 10cm/s。

附着过程由星载姿态与轨道控制单元(Attitude and Orbit Control Unit, AOCU)中的软件进行自主制导与控制。

原计划最终着陆段探测器位置与姿态由推力控制律分别独立控制,推力开关曲线如图 5-31 所示。在高精度控制区域,姿态由反作用飞轮控制。

但是,在附着控制之前 X 轴和 Y 轴飞轮已经完全失效。姿态控制只能依赖于反作用推力系统,将导致航天器的姿态稳定性较差,而且推力器的扰动也会引起航天器平移。

在 2005 年 11 月 9 日的制导与导航功能测试中,由于推力器扰动造成的姿态变化,使得激光雷达出现很大的测量误差和读数丢失,探测器导航系统无法判断本体位置与速度。

全局测绘团队负责从三维模型中确定小行星表面的地面控制点(表面特征点),并开发出 GCP 导航方式(图 5-32),为了避免出现 11 月 9 日的情况,该导航方式成为"隼鸟"号探测器下降过程最重要的位置估计方式,即地面控制取代了星载 GNC 系统的功能。

"隼鸟"号探测器的最终采用的 GNC 形式见表 5-11,其中在触地操作中还添

粗控制区域

σ_{30} σ_{10}

C_1 C_2 C_3 x_2 C_4 C_5 C_6

A

v_{max}

死区 σ_7

v_{mid}

死区 σ_6

F G

v_{mid}

D_7 D_8 D_9 B D_4 D_5 δ

$-\delta$ x_1 D_6

H 死区

$-v_{mid}$

σ_5

σ_8 死区

$-v_{max}$

C

C_7 $-p_{max}$ C_8 $-p_{min}$ C_9 C_{10} p_{mid} C_{11} p_{max} C_{12}

最终控制区域

σ_{20} σ_{40}

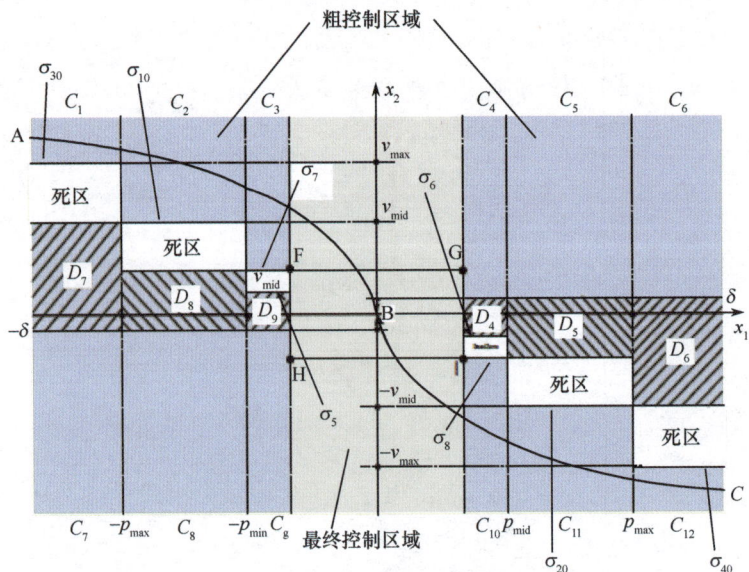

图 5 – 31 推力开关曲线

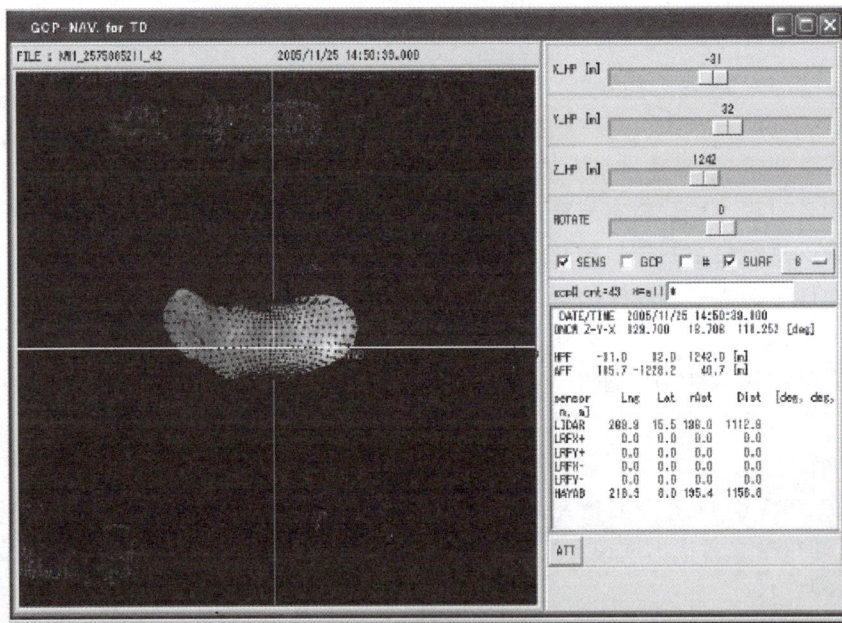

图 5 – 32 GCP 导航方式程序界面

加了速度增量模拟器来提高导航精度。速度增量模拟器需要输入初始位置速度信息和速度增量信息,考虑了小行星引力场模型(图 5 – 33)、太阳光压以及小行星的自转情况。

表 5 – 11　"隼鸟"号探测器附着阶段使用的 GNC 形式

时期与事件	GNC 处理形式
Nov.04 TD – 预演 1	星载软件
Nov.09 功能测试	星载软件
Nov.12 TD – 预演 2	地面控制点导航
Nov.19 触地 1	地面控制点导航 + dV – sim
Nov.25 触地 2	地面控制点导航 + dV – sim

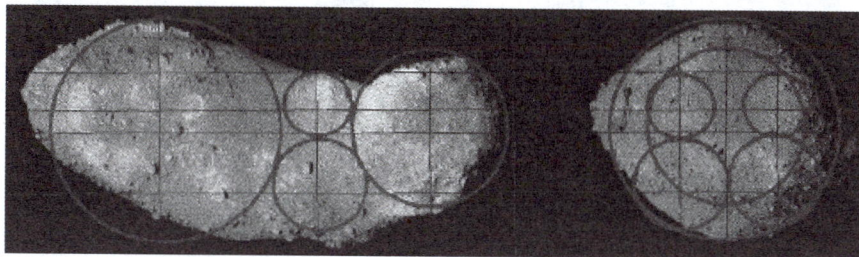

图 5 – 33　小行星糸川引力场模型

触地阶段采用的 GNC 方案如图 5 – 34 所示,具体如下:

(1) 首要方案:着陆标记追踪(TMT)模式。

使用如图 5 – 35 所示的人工着陆标记(Target Marker, TM),在距小行星表面 30m 高度释放。通过跟踪星体表面的 TM,航天器可以抵消水平方向的相对速度。

(2) 备份方案:自然地形追踪(FWT)模式。

追踪图像中的特定区域获得水平速度。

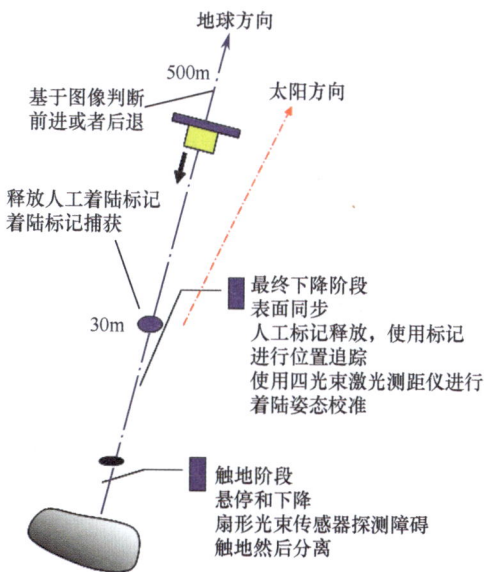

图 5 – 34　着陆阶段采用的 GNC 方案

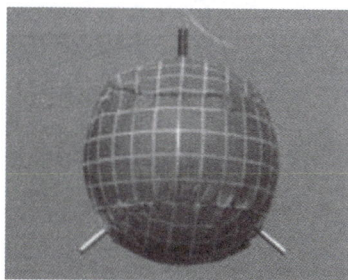

图 5 – 35　人工着陆标记

当TM被小行星捕获之后(图5-36),相对导航制导律开始工作,获取探测器相对TM的位置。然后探测器移动到TM的正上方,通过四光束激光测距仪将探测器姿态与水平进行校准。探测器之后被引导到附着点,直到姿态和相对速度稳定到要求的范围。完成对准之后,探测器垂直下降直至小行星表面(图5-37)。

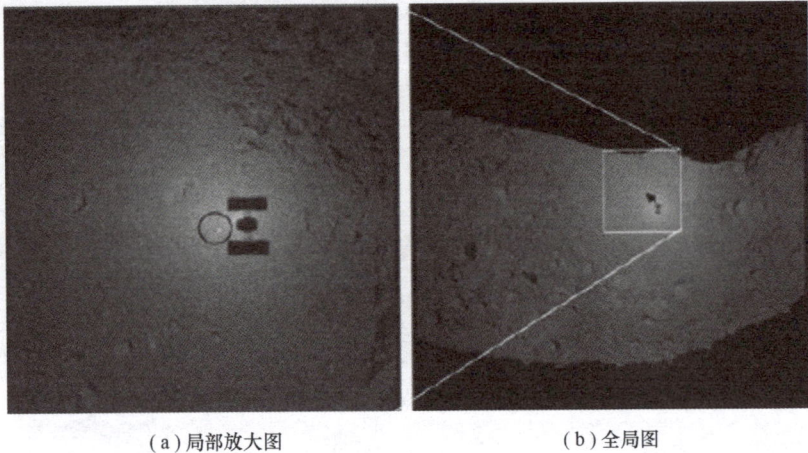

<table>
<tr><td>(a)局部放大图</td><td>(b)全局图</td></tr>
</table>

图5-36　着陆阶段的导航图像

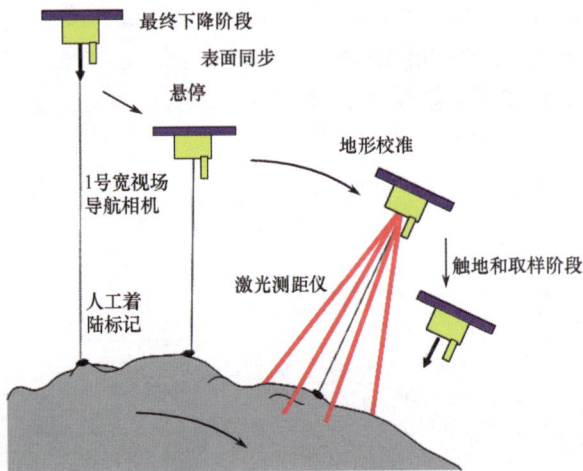

图5-37　着陆阶段

下降过程中扇形光束传感器(Fan Beam Sensors,FBS)将监测潜在的障碍物。如果检测到障碍物,附着和采样程序将被立刻终止,并开始紧急情况应对。

当检测到安全着陆区域"Muses-sea"之后(图5-38),取样系统将尽快取样,然后飞离小行星。

其中第二次实际触地轨迹如图5-39所示。

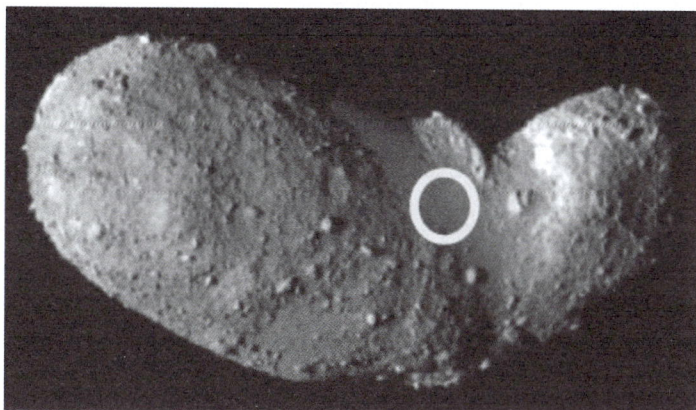

图 5 – 38　取样区域"Muses – sea"

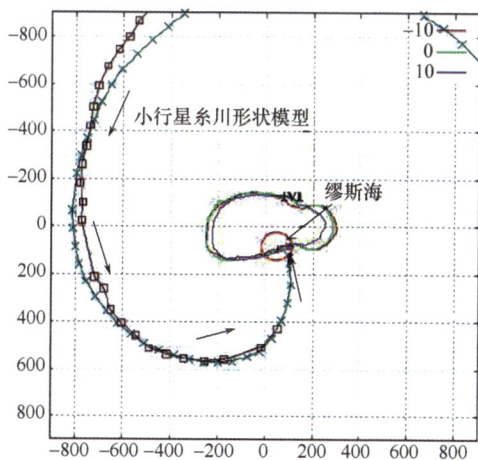

图 5 – 39　小行星固连坐标系下"隼鸟"号探测器第二次附着轨迹

5.2.4.6　返回巡航段

在抵近小行星的过程中，"隼鸟"号探测器 X 轴和 Y 轴飞轮停止工作；在从小行星表面起飞后不久，化学燃料储箱泄漏，反作用推进系统失效，"隼鸟"号探测器姿态失去控制。2005 年 12 月 8 日，"隼鸟"号探测器与地面失去联系。

研究认为，"隼鸟"号探测器失去电能和所有主动控制，导致了严重的章动，但是主储箱中的液态氙产生的液体晃动摩擦将逐渐减小这种章动。随着"隼鸟"号探测器绕着日心公转，太阳能电池板将能重新受到阳光照射，"隼鸟"号探测器将有机会恢复电力供应。基于轨道运动的营救计划如图 5 – 40 所示。

从地球发出了一系列指令试图重启"隼鸟"号探测器，幸运的是于 2006 年 1

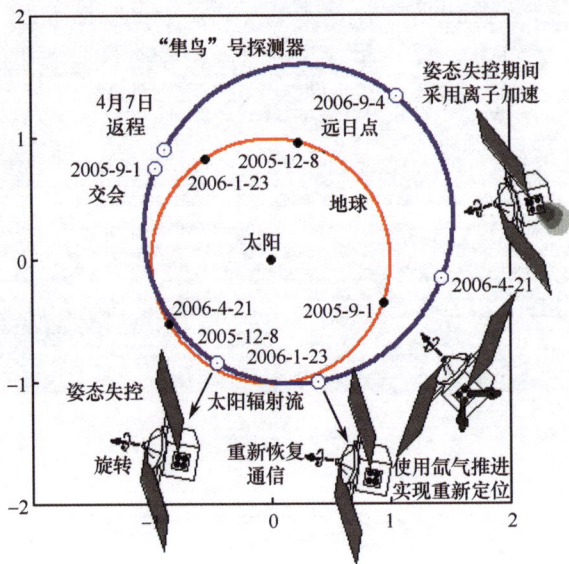

图 5-40　基于轨道运动的营救计划

月 23 日重新建立了无线电通信。从倾斜的中和器中喷出的冷气,由于其具有更长的力臂因而能够产生几十毫牛米的力矩进行姿态控制,这一操作拯救了"隼鸟"号探测器,如图 5-41 所示。离子推进系统中和剂喷口布局如图 5-42 所示。

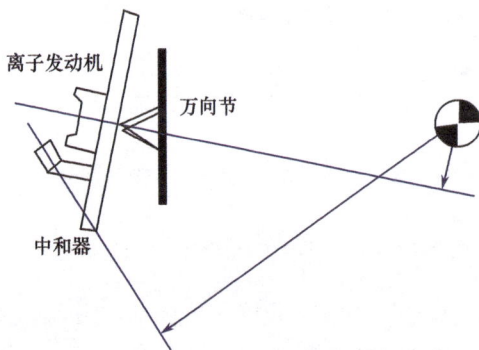

图 5-41　中和器冷气喷口转矩

为了在回程中完成无自旋姿态控制,建立了 Z 轴飞轮、离子推进矢量和太阳光压转矩复合控制算法(图 5-43)。

离子推进系统可以控制绕 Z 轴和 Y 轴的转动,其中 Z 轴转矩主要用于飞轮卸载。经过测试之后,"隼鸟"号探测器于 2007 年 4 月到 10 月开始了第一段轨道机

图 5-42　离子推进系统中和剂喷口布局

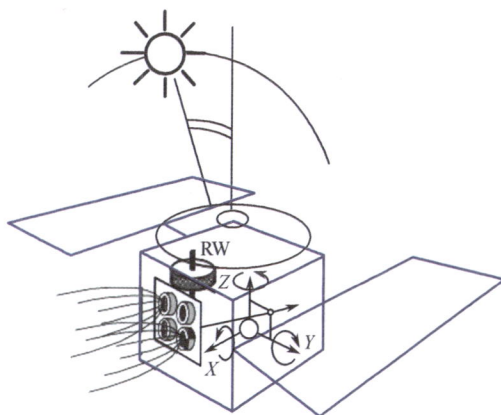

图 5-43　姿态复合控制

动操作。在离子推进系统工作状态下,"隼鸟"号探测器在 2007 年 6 月 9 日通过了轨道近日点。"隼鸟"号探测器的回程轨道如图 5-44 所示。

2009 年 11 月 4 日,离子推进系统的 D 推力器因为配套中和器的疲劳失效而停止工作。只有 C 推力器可以工作的情况下,"隼鸟"号探测器无法获得返回地球所需的速度增量。幸运的是推力器 A 和 B 只是部分损坏,其中 A 损坏了推力器部分,B 损坏了中和器部分。在将两套推力系统重联后,联合推力器得以启动,如图 5-45所示。

A 与 B 组成的联合推力器一直工作到 2010 年 3 月,成功将"隼鸟"号探测器送入地球引力影响范围。

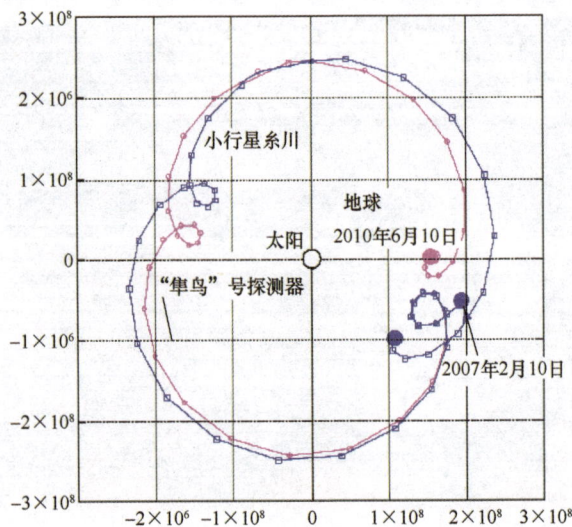

图 5 - 44 "隼鸟"号探测器的回程轨道

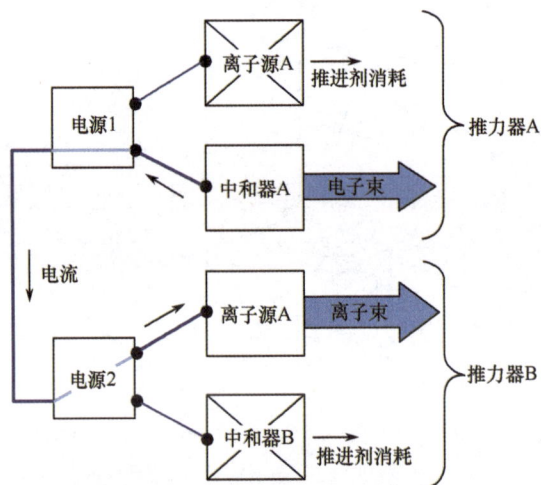

图 5 - 45 离子推力器 B 与中和器 A 的联合操作

5.2.4.7 再入段

第二段轨道机动之后,通过离子发动机联合控制进行的一系列的轨道修正机动(Trajectory Correction Maneuver,TCM),"隼鸟"号探测器被精确的导向地球(图 5 - 46)。

2010 年 4 月 6 日,TCM - 0 瞄准目标指向地球边缘 600km 的高度。

2010 年 5 月 1 日,TCM - 1 瞄准目标指向地球边缘 600km 的高度。

2010 年 5 月 23 日,TCM - 2 瞄准目标指向地球边缘 600km 的高度。

2010 年 6 月 3 日,TCM - 3 将修正目标指向更改为澳大利亚的 Woomera

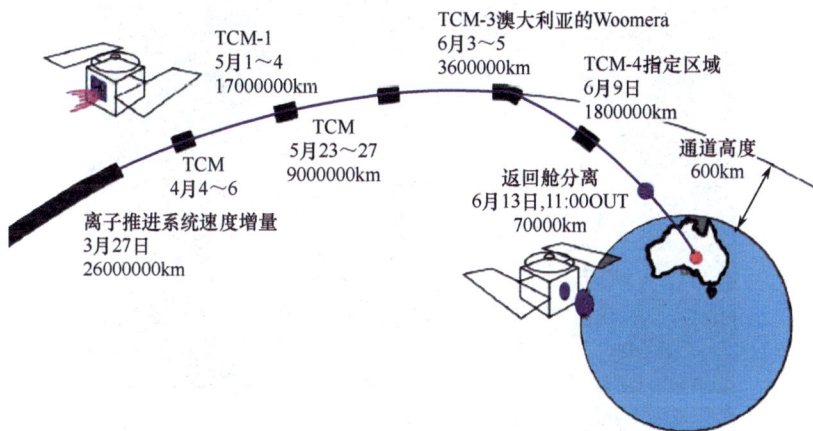

图 5-46　"隼鸟"号探测器再入之前的轨迹修正

Prohibited 地区。

2010 年 6 月 9 日,TCM-4 将修正目标设定为 Woomera Prohibited 地区的指定着陆区域。

2010 年 6 月 13 日 10:54(UTC),在距地球 70000km 的位置,"隼鸟"号探测器返回舱与飞船分离。13:51 UTC,返回舱以 12km/s 的速度再入地球大气层(图 5-47),在距地面 5km 的高度抛掉防热大底,打开降落伞。

5.2.5　探测成果

"隼鸟"号探测器漫长的小行星糸川探访之旅,遭遇太阳耀斑的冲击、姿态控制装置故障、燃料流失等多项故障,但最终辗转返回地球,样品舱安全回收。表 5-12 列出了发射到样品舱回收的全过程任务状态、事件和操作的描述。

2011 年 3 月 10 日,JAXA 的研究小组在美国得克萨斯州的月球与行星科学大会上,首次对外公布"隼鸟"号探测器带回的微粒的初步分析结果。研究人员发现,微粒中存在橄榄石、斜长石等岩石的大型结晶,并认为这些岩石可能曾经历高温。同时还发现,微粒与地球上发现的一种陨石特征一致,而且微粒受热产生的气体不具备地球物质特征。此外,在对岩石的检测中未检出有机物、碳元素等与生命有关的物质。

综上所述,"隼鸟"号探测器在宇宙中旅行了 7 年,穿越了约 60 亿 km 的路程。这是人类第一次对地球有威胁性的小行星进行物质搜集的研究,也是第一个把小行星物资带回地球的任务。国际航天界的评价是:"隼鸟"号探测器任务目标设计满分是 100 分但有着 500 分的结果和意义。"

图 5-47 "隼鸟"号探测器的再入轨迹

表 5-12 "隼鸟"号探测成果

任务目标	达成得分	达成度
离子发动机推进试验	50	达成
离子发动机长期连续移动试验	100	达成
利用离子发动机达成地球重力助推	150	达成
自律飞行控制接近微小而不会有 重力产生的小行星	200	达成
小行星科学观测	250	达成
从小行星进行样本采取行动	275	达成,但采集用的弹丸没有发射成功
样品舱重返大气层并进行回收	400	达成
小行星样本回收	500	达成

5.2.6 故障分析

5.2.6.1 故障1

故障描述:2003年年底,剧烈的太阳耀斑损坏了探测器的部分太阳能电池板,因而影响了离子发动机推力。

故障原因:太阳耀斑。

造成影响:使探测器到达小行星的时间推后2个月,打乱了探测计划,大大缩短了探测时间。

5.2.6.2 故障2

故障描述:2004年7月31日,"隼鸟"号探测器的1个姿态控制飞轮突然失去作用,只好通过修改软件使用其他2个姿控飞轮来控制飞行姿态。11月9日,第二个飞轮发生故障。探测器的三个姿态控制飞轮中已有两个发生故障,只剩一个可以继续使用。

故障原因:太阳耀斑造成电容器损坏,导致姿控飞轮出现故障。

5.2.6.3 故障3

故障描述:2005年11月12日,当探测器下降并准备向小行星投放采集样品的小型机器人时,探测器突然异常上升。

故障原因:不详。

造成影响:因投放高度过高,导致机器人投放失败,未能开展取样任务。

5.2.6.4 故障4

故障描述:2005年11月20探测器登陆小行星糸川,但取样装置未能发射金属球并溅起尘埃,导致取样失败,探测器飞离小行星表面后于11月26日再次登陆,取样任务完成,收集了小行星表面的沙砾、土壤和尘埃。

故障原因:不详。

5.2.6.5 故障5

故障描述:2005年11月29日,该探测器的推进器喷射装置发生故障,且姿势控制系统也出现了问题,控制飞行姿态的推进器有A、B两个发动机系统,只要其中一个系统工作,就可以控制探测器的姿态。

故障原因:由于B系统发动机在2005年11月26日发生燃料泄漏,A系统发动机的推力不够。此外还面临推进器故障导致燃料不足,如何让其返回地球的难题。

造成影响:因此,原定 2007 年 6 月返回地球的计划向后推迟。

5.2.6.6 故障6

故障描述:2005 年 12 月,探测器由于燃料泄漏,无法保持正确的空中姿态,并与地面控制中心失去了通信,不得不推迟回归时间。虽然到 2006 年 3 月初,探测器与地面的通信状况逐步改善,但它的太阳电池发电量已急剧下降,搭载的锂离子电池组也放尽了电能,其中的部分电池已不能再使用。这使其推迟于 2007 年 4 月才脱离小行星糸川轨道。2009 年 2 月 4 日,探测器离子推力器重新点火,迈出了返航地球的重要一步。尽管如此,探测器依然伤痕累累,除 3 台姿控发动机已有 2 台发生故障,剩余的 1 台也岌岌可危,离子推力器因燃料泄漏也不能使用。4 台离子火箭发动机只有 1 台正常工作。

故障原因:燃料泄漏,电能急剧减少,姿控发动机发生故障,3 台离子发动机不能工作。

6

未来小天体探测的路线图

早期的小行星探测主要是在实施其他大型空间探测任务时，顺道对小行星进行观测，如伽利略计划等。专注小行星的低空绕飞勘探任务是近十几年才开展，目前已发展到实现小行星表面软着陆和采集样品返回。探测方式从单目标小行星探测发展为多目标小行星探测，从对表面进行简单的拍照观测发展为多波段探测、磁场、引力场测量、成分分析、着陆探测、物质取样等，从无人探测向载人探测发展。世界各国针对未来小天体探测也提出了各自的规划，如图 6 - 1 所示。

美国制定了小行星取样的 OSIRIS - Rex 任务，该任务作为新疆界计划的第三个项目，目的探测小行星环境，为载人小行星任务探路。2010 年 4 月 15 日，奥巴马阐述了美国的太空探索新政策，揭开了人类探索小行星的新序幕。新政策采用"灵活探索"战略，计划于 2025 年实现人类首次登陆小行星，这样可以快速、经济地实现载人近地轨道以远的探索。洛克希德·马丁公司在 2010 年 8 月 30 日召开的美国航空与航天学会 2010 年航天大会上介绍了载人小行星计划——普利茅斯岩石(Plymouth Rock)计划。该计划将搭载两名航天员乘坐猎户座载人飞船飞往近地小行星，整个飞行任务往返用时 6 个月。美国的小行星偏转研究中心(AD-RC)也致力于研究面向小行星的载人任务方案，提出了阿波菲斯载人小行星登陆计划。另外，美国还创新性地提出了小行星捕获任务，目的是将小行星拖到高月球轨道，方便航天员登陆。目前，NASA 还没有决定具体登陆哪个小行星，但是已经有了几个候选目标，并且不排除在一次飞行中登陆多个小行星的可能。NASA 确定将会使用小型可回收飞行器作为登陆工具，而改进后的"猎户座"太空船恰好满足这一条件。如果该计划得以成功实施，将开创人类航天史上的新纪元，为扩大和丰富人类对宇宙的认识做出新的贡献。

日本宇宙航空研究所长期规划中，计划通过实现下一代行星际空间导航技术、

彗星探测　　小行星探测

橙色：成功
红色：失败
绿色：规划中

美国

国际日地探险者号飞越
"伽利略"飞越
NEAR 环绕附着
"深空1号"飞越
"彗核之旅"飞越　深度撞击
星尘号采样返回
新地平线号　黎明号环绕
OSIRIS-Rex 采样返回
普利茅斯岩石计划 载人登陆
拯救Apophis 载人登陆
小行星捕获返回 采样返回

苏联俄罗斯

Vega-1 飞越
Vega-2 飞越

欧洲

乔托飞越
罗塞塔号 环绕附着
星云记号 撞击
AIDA小行星撞击 评估计划
弓可波罗号计划 采样返回

日本

先驱飞越
行星-A先驱飞越
隼鸟号采样返回
"隼鸟2号"采样返回

1978 1981 1983 1984 1985 1988 1989 1990 1992 1996 1997 1998 1999 2001 2002 2003 2004 2005 2006 2007 2010 2011 2013 2014 2015 2016 2017 2018 2019 2020 2025 2028

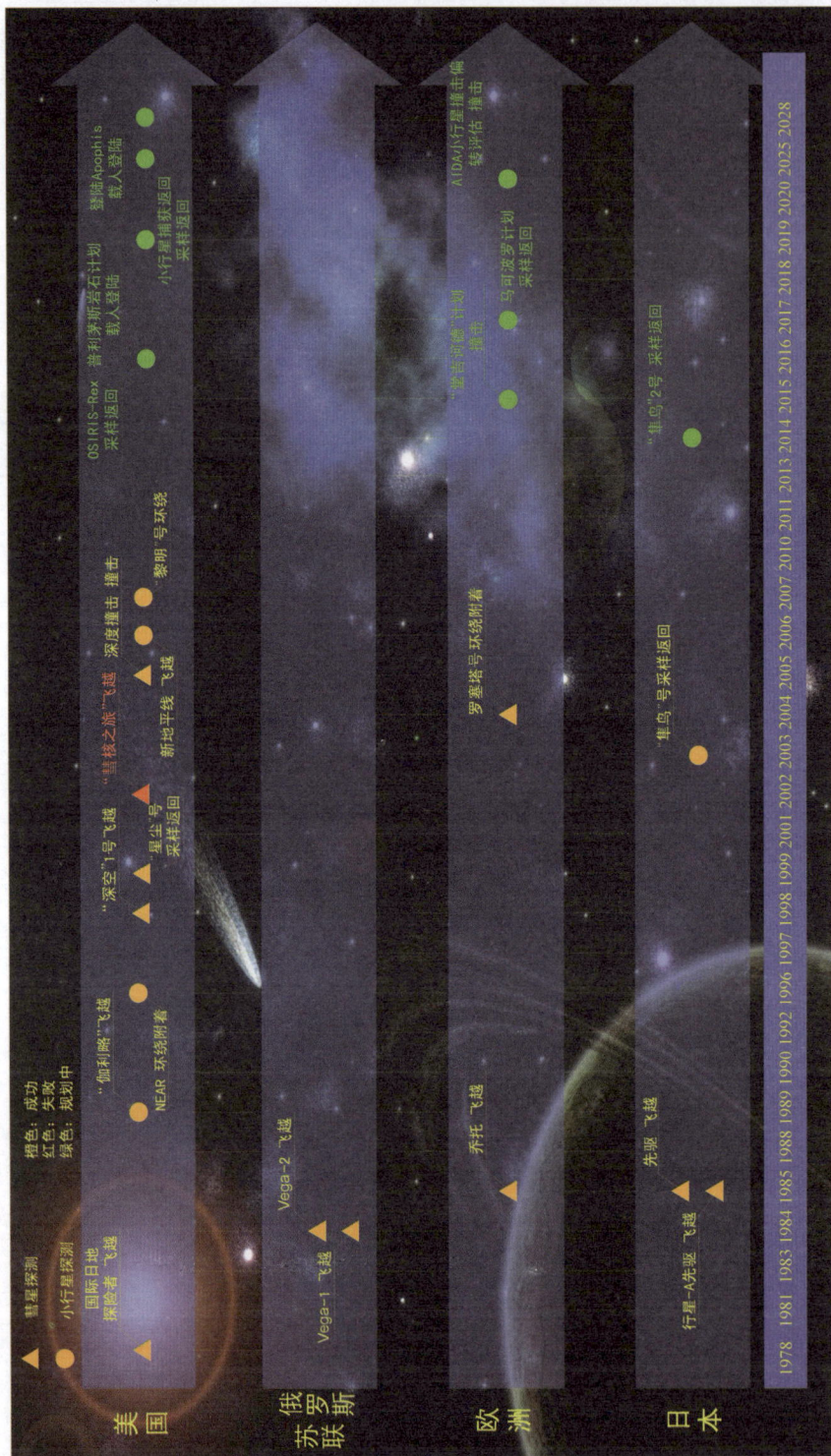

图6-1　各国小天体探测路线图

月球探测技术,获得行星着陆和行星表面移动技术,并灵活而有效地应用这些技术完成以对木星型行星和未知小行星探测为中心,利用太阳、行星环境的多点观测等,直逼解开太阳系生成过程之谜的研究工作。日本的第二颗小行星探测器——"隼鸟"2号探测器已于2014年12月3日升空,目标是小行星1999JU3,该项目将进一步提升日本在该领域的技术优势。

欧洲空间局的小行星采样任务——马可波罗太空探测计划,将在2017年前后实施。探测器将登陆地球附近一颗直径不超过1km的小行星,并取回泥土和碎石样本,以进一步了解太阳系及地球等行星的进化问题。欧洲空间局的另一个关注点是小天体的防御技术的发展,欧洲DEIMOS空间中心、Astrium公司,以及比萨大学的科学顾问、空间防卫机构、伯尔尼大学等机构组织共同发起了"堂吉诃德"小行星防卫计划,目标在于测试太空飞行器是否能够成功阻击小行星撞击地球。该任务仍旧处于计划阶段并暂定于2015年实施。

中国未来小行星探测器研制充分体现了个性与共性的有机结合、技术创新、整体规划技术衔接总体设计思想,不断推动和带动中国航天新技术的创新与进步,更好地促进地球卫星的技术发展。中国预计2017年发射首个小行星探测器,对小行星实现伴飞和附着探测。未来,中国还将发射小行星取样返回探测器,实现对4亿km以外的主带小行星的伴飞与取样返回探测。

7

小天体飞越与伴飞探测

7.1 欧洲"堂吉诃德"小行星防卫任务计划

7.1.1 任务概述

"堂吉诃德"小行星防卫任务是一项将来由欧洲空间局领导的一项无人太空任务,如图 7 - 1 所示。目标是测试太空飞行器是否能够成功阻击小行星撞击地球。该任务仍处于计划阶段并暂定于 2015 年实施。

图 7 - 1 "堂吉诃德"小行星防卫任务概念图

"堂吉诃德"是欧洲 DEIMOS 空间中心、Astrium 公司,以及比萨大学的科学顾问、空间防卫机构、伯尔尼大学等机构组织共同开发研制的新一代近地天体探测器。

"堂吉诃德"小行星防卫任务计划发射两个飞行器,分别以小说《堂吉诃德》中的人物 Sancho(桑丘)和 Hidalgo(西班牙贵族,意指堂吉诃德)命名。其中"桑丘"

将会首先发射,在其环绕目标小行星飞行数月之后 Hidalgo 也会奔赴小行星,并以 10km/s 的速度撞击目标小行星。在此期间,"桑丘"将退避到更远的安全距离之外,并在撞击结束后返回近距离轨道,检查撞击对小行星的形状、内部结构、轨道和自转的影响。

7.1.2 探测对象和科学目标

ESA NEOMAP 机构给出了"堂吉诃德"任务目标选取准则,见表 7-1。小行星 2002 AT4 和 1989 ML(10302)曾被列为候选的目标小行星。但在后来被阿莫尔型小行星 2003 SM84 和(99942)Apophis 取代。

表 7-1 目标选取准则

轨道特性	范围	物理特性	范围
会合 $\Delta V/(km/s)$	<7	大小/m	<800
轨道类型	Amor	密度/(g/cm^3)	约 1.3
		绝对星等	20.4 ~ 19.6
MOID	大并且在不断增长	形状	不规则
		分类	C 类
轨道精度	定轨精度高	自转周期/h	<20

2003 SM84 是 2003 年发现的小行星,其大小和物理特性还不确定,因为其轨道在地球和火星之间,所以被指定为阿莫尔型小行星。其轨道参数见表 7-2。

表 7-2 2003 SM84 轨道参数

名　称	参　数	名　称	参　数
远心点/AU	1.2179	轨道倾角/(°)	2.795
近心点/AU	1.0331	升交点赤经/(°)	186.73
半长轴/AU	1.1255	近心点角距/(°)	87.35
偏心率	0.0821	光谱类型	X
轨道周期/天	436.15	绝对星等	22.7
平近点角/(°)	306.23	—	—

阿波菲斯(Apophis,99942)2004 年 6 月发现,形状不规则,直径有三四百米,质量 4200 万吨。其轨道参数见表 7-3。

表 7-3 Apophis 轨道参数

名　称	参数	名　称	参数
远日点/AU	1.099	偏心率	0.191
近日点/AU	0.746	公转周期/天	323.58
半长轴/AU	0.922	轨道倾角/(°)	3.332

探测器的主要探测目标如下：

（1）获取小行星天体特征数据。

（2）防止小行星与地球撞击。

"堂吉诃德"有如下 10 个顶层科学需求：

（1）确定小行星的内部结构，特别是大小、土壤的厚度和颗粒大小，以及遗留在太空中的空间碎片的大小。

（2）确定小行星材料的机械特征。

（3）测量小行星的轨道偏移，精确度大约为 10%。

（4）测量小行星质量，惯性动量比。

（5）小行星形状建模。

（6）测量小行星自转状态。

（7）检测撞击后的非原则性轴自转。

（8）确定小行星的矿物成分。

（9）确定细节的矿物成分和质地。

（10）提供非引力模型。

7.1.3 系统设计

"堂吉诃德"任务计划有一个撞击器 Hidalgo 和一个轨道器 Sancho。轨道器 Sancho 与小行星交会，然后在轨伴飞数月。撞击器 Hidalgo 进入到小行星表面，其直径约为 500m，相对速度至少为 10km/s。撞击器 Hidalgo 有 4 个穿透器，它们在穿透器进行科学工作之前和之后工作。在撞击的同时，Sancho 将会退到一个相对安全的距离，以避免不必要的危险。之后再回到轨道，在轨观察小行星的变化和自转的状态，并且从溅起的土壤尘埃中收集样本（表 7-4）。

表 7-4 "堂吉诃德"总体设计

名称	参 数		
探测目标	阿莫尔型小行星 2003 SM84 和（99942）Apophis		
探测形式	轨道器 + 撞击器		
探测器设计参数	轨道器 Sancho	发射质量/kg	582.3
		最终入轨质量/kg	394.0
		载荷质量/kg	20.6
		总燃料质量/kg	96
		功率/kW	1.7
		设计寿命/年	7
		相对到达速度/(km/s)	1.089
		平台	SMART-1

（续）

名称	参　　数			
探测器设计参数	轨道器 Sancho	推进		燃料 80kg,固定氙罐
		通信		两自由度 70cm 高增益天线、中增益和低增益天线,UHF 天线和撞击器通信
		载荷		组合相机/TIR 成像仪、IR 光谱仪、穿透/表面器（P/SE）、地震资源（SS）
	撞击器 Hidalgo	发射质量/kg		388.2
		最终入轨质量/kg		379.1
		相对到达速度/（km/s）		13.437
		AOCS		基于高级星载计算机和高分辨率相机的光学自主导航；无运动附件,保证指向高精度
组织机构	DEIMOS 空间中心、Astrium 公司、来自比萨大学的科学顾问、空间防卫机构、伯尔尼大学等			

图 7-2 和图 7-3 为轨道器 Sancho 和撞击器 Hidolgo 的设计图。表 7-5 为撞击器和轨道器设计参数见表 7-5。

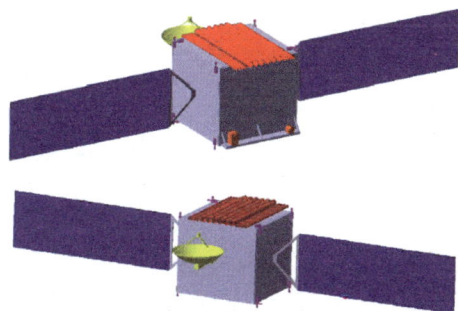

图 7-2　轨道器 Sancho 的设计图

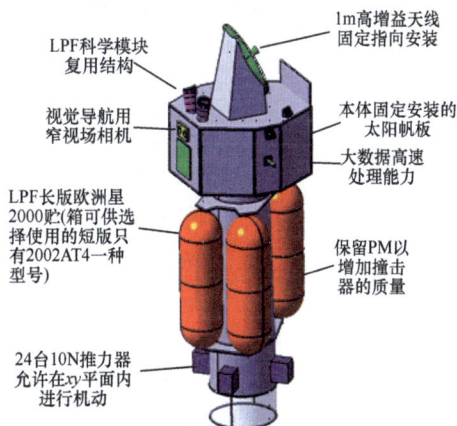

图 7-3　撞击器 Hidalgo 的设计图

表 7-5　撞击器和轨道器设计参数

项目	Sancho	Hidalgo
发射质量/kg	582.3	388.2
最终入轨质量/kg	394.0	379.1
相对到达速度/（km/s）	1.089	13.437

7.1.4　有效载荷

"堂吉诃德"科学任务组成如图7-4所示。轨道器Sancho携带组合相机/TIR成像仪、IR光谱仪、P/SE、SS,后两者执行着陆和行星表面操作,作为"堂吉诃德"计划的次任务。P/SE由地震仪、加速度计、温度传感器作为科学载荷,SS仅由爆炸充电和定时炸药组成。撞击器Hidalgo的主要任务只是以给定精度和相对速度撞击小行星。任务载荷分布见表7-6。

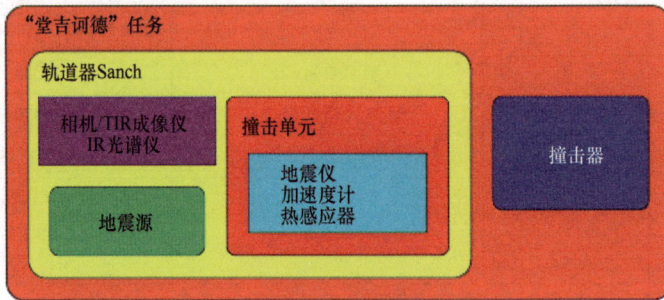

图7-4　"堂吉诃德"科学任务组成

表7-6　"堂吉诃德"载荷分布

	仪　器	质量/kg	功率/W	备注
轨道器 Sancho	小型相机、TIR 成像仪	6.5	12	TIR 微波辐射计阵列
	IR 光谱仪	8.5	2×8	SIR 型的微波辐射计
	Ka 转发器	3.5	9	皮哥伦布设计
	设计变量			
	皮哥伦布相机	3.5	4	皮哥伦布设计
	皮哥伦布 IR 光谱仪	3	9	皮哥伦布设计
撞击器 Hidalgo	地震仪	0.2	TBD	
	加速度计	0.06	TBD	
	热感应器	<0.05	TBD	
	传感器电子	<0.25	0.6	

7.1.5　任务规划

飞行过程(图7-5)如下:

(1) 两个探测器同时采用运载(如联盟号)发射①。

(2) 6个月后,探测器与地球相遇。

(3) 两个探测器到达地球时状态几乎一致,采用不同的地球借力方式②,使得两探测器飞往不同的星际转移轨道,Sancho到达目标小行星,Hidalgo到达金星或火星。

（4）Sancho 也许会实施一次中途行星借力③，作为主任务的附加任务。

（5）Sancho 施加小的速度增量 ΔV 到达小行星④，并开始观察其特性（如几何特征和引力场）⑤，展开穿透器。

（6）Hidalgo 进行金星或火星借力，改变方向到小行星③′。

（7）Hidalgo 以相当高的速度撞击小行星⑥，与此同时 Sancho 观察。

（8）Sancho 探究撞击影响。

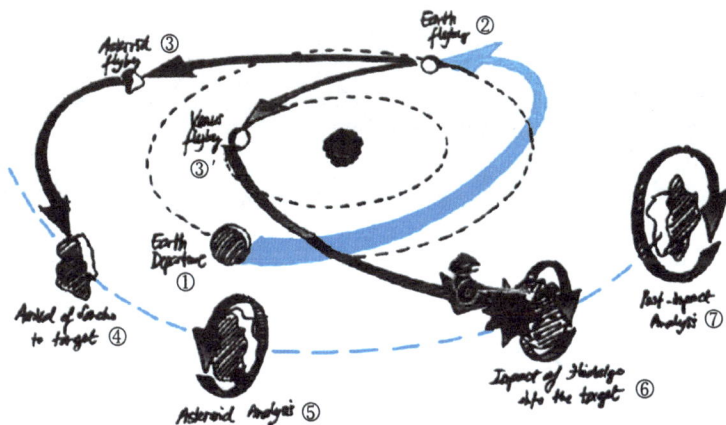

图 7-5　Don Quijote 飞行示意图

7.1.6　预期成果

获取小行星特征数据，并测试空间飞行器能否成功阻击小行星撞击地球。

8

小天体附着与取样返回探测

8.1 日本"隼鸟"2 号探测器计划

8.1.1 任务概述

日本宇宙航空研究开发机构目前正在开发第二颗执行小行星取样返回任务的探测器——"隼鸟"2 号探测器(图 8-1)。随着"隼鸟"号从小行星糸川的胜利返回,"隼鸟"2 号探测器将任务目标瞄向小行星 1999JU3。

图 8-1 "隼鸟"2 号探测器

"隼鸟"2 号探测器很大程度上继承了"隼鸟"号探测器的技术遗产。"隼鸟"2 号探测器拥有 4 个 10mN 级别的离子发动机,能够总共产生 2km/s 的速度增量。

两个宽视场(FOV)相机和一个望远镜相机能够为探测器抵近与附着小行星提供光学导航。"隼鸟"2 号探测器要比"隼鸟"号探测器重 90kg,因为"隼鸟"2 号探测器具有更高的系统冗余度,而且为小行星 1999JU3 探测任务携带了更多的科学考察设备。

当前的任务方案是:探测器于 2018 年中期达到小行星 1999JU3,用 1.5 年的时间执行抵近操作。在抵近操作过程中,为完成采样任务,计划进行三次附着控制,并使用撞击器轰击产生一个 2m 量级的弹坑。采集的样品将由返回舱带回地球。

"隼鸟"2 号探测器已于 2014 年 12 月 3 日 12 时 22 分,由 H2A 火箭发射升空。

8.1.2 探测对象和科学目标

1999JU3 是一颗 C 型小行星(图 8 - 2),可能包含有机物质和水合矿物质。因此,任务预期是,在成功取样返回后,人类能够获得更多的关于行星起源和演化,特别是水和有机物起源的信息。

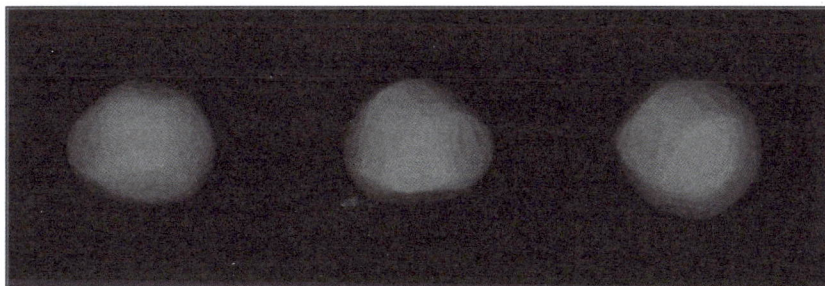

图 8 - 2 1999JU3 雷达影像

1999JU3 是用现实的速度增量能够达到的唯一的 C 型小行星。在小行星大小、自转周期以及任务期内太阳、地球、小行星三者几何关系等方面,1999JU3 都是最佳的选择。小行星 1999JU3 相关参数见表 8 - 1。

表 8 - 1 小行星 1999JU3 相关参数

参数	数值	参数	数值
自转周期/h	7.6	星等(H)	18.82 ±0.021
直径/km	0.922 ±0.048	斜率参数(G)	0.110 ±0.007
纵横比	1.3:1.1:1.0	近日点/远日点/AU	0.85/1.4
几何反照率	0.063 ±0.006	光谱类型	C

地球、海洋以及构成生命的原始物质,在太阳系形成初期是处于同一个母天体中并彼此拥有密切的关系。分析来自原始天体、现在依然具有这种相互作用的样本,有助于人们对太阳系起源、演化的了解和对构成生命的原始物质的研究。"隼鸟"2 号探测器科学探测的目的见表 8 -2。

表8-2 "隼鸟"2号探测器科学探测目的

目的	最低目标	全面目标	附加目标
对C型小行星的物质科学特性进行研究,特别是要查明矿物、水、有机物的相互作用	通过对小行星的近距离观测,获得对C型小行星表面物质的最新了解,获得10组小行星表面的分光数据。 目标达成判断时间:探测器到达对象天体1年后	在对采集的试验材料的初步分析中,获得有关矿物、水、有机物相互作用的最新了解,采集100mg以上的样本。 目标达成判断时间:试验材料回收舱返回地球1年后	对天体尺度及微观尺度的信息加以汇总,取得对于地球、海洋及生命构成材料的新的科研成果。 目标达成判断时间:试验材料回收舱返回地球1年后
对小行星的再聚集过程、内部构造、地下物质进行直接探测,研究小行星的形成过程	通过对小行星的近距离观测,获得对小行星内部构造的最新了解,以7%的精度测定小行星的岩石密度。 目标达成判断时间:探测器到达对象天体1年后	通过观测碰撞体碰撞引发的现象,获得对小行星内部构造及地下物质的最新了解,以20cm的空间分辨率采集以形成的陨石坑为中心的100m×100m的图像数据。 目标达成判断时间:探测器脱离对象天体时	基于对碰撞破坏和再聚集过程的最新了解,在小行星形成过程研究方面取得新的科研成果。 利用探测机器人取得有关小行星表层环境的最新科研成果。 目标达成判断时间:试验材料回收舱返回地球1年后
进一步提高"隼鸟"号探测器所采用的新技术的可靠性和实用性,使这些技术成熟化	使用离子发动机向深空宇宙推进,与对象天体汇合。 目标达成判断时间:探测器到达对象天体时	① 使探测机器人在小行星表面降落。 ② 采集小行星表面的样本,采集100mg以上的样本。 ③ 在地球上回收返回舱。 目标达成判断时间:试验材料随回收舱返回地球时	—
使碰撞体与天体发生碰撞	构建碰撞体与对象天体碰撞的系统,使其与小行星发生实际碰撞。 目标达成判断时间:形成的陨石坑得到确认时	让碰撞体碰撞特定的区域,距碰撞目标点半径100m的范围。 目标达成判断时间:形成的陨石坑得到确认时	采集由于碰撞而露出表面的小行星地下物质样本。 目标达成判断时间:试验材料随回收舱返回地球时

8.1.3 系统设计

"隼鸟"2号探测器的设计原理很大程度上继承于"隼鸟"号探测器(图8-3和图8-4),但几乎所有的组件都已经使用目前工艺水平的替代品或者提高到能够应对"隼鸟"号探测器或其他任务出现的问题的标准。结果是:探测器质量达600kg,比"隼鸟"号探测器重90kg。这些增重大部分被用于增强一些部件的冗余性,其余用于提高科学探测能力。

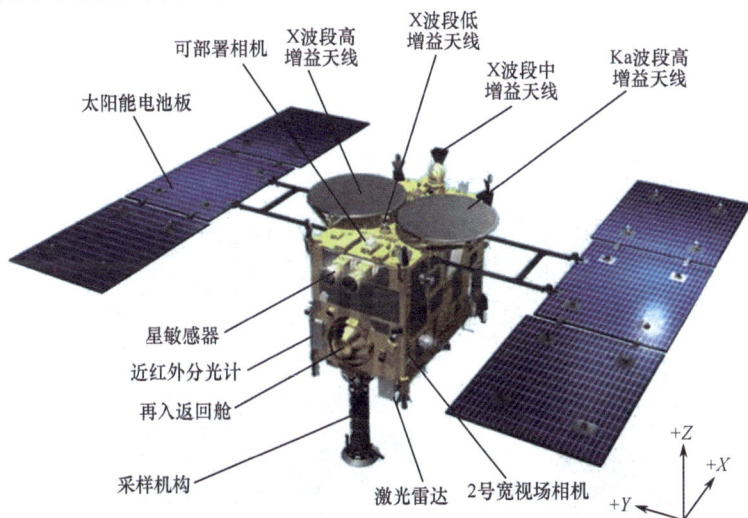

图8-3 "隼鸟"2号探测器外部视图(上视)

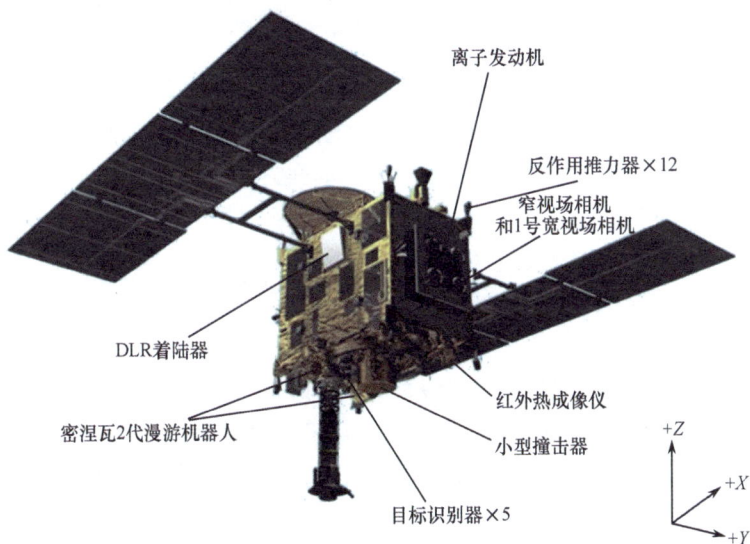

图8-4 "隼鸟"2号探测器外部视图(下视)

两个固定安装的太阳能电池板在太阳距离 1AU 时提供 2.6kW 的功率,在 1.4AU(该任务中的最大太阳距离)时提供 1.4kW 的功率。两个平的高增益天线(X 波段与 Ka 波段)固定安装在探测器的 +Z 轴面板上。大多数小行星抵近探测导航敏感器,例如 ONC – T/W1 宽视场相机(导航相机)、激光雷达、激光测距仪、目标识别器、闪光灯,安装在 –Z 轴面板上。在日合几何位置(4 个天体排列成 1999JU3—"隼鸟"2 号探测器—太阳—地球)附近执行小行星抵近附着操作时,探测器 –Z 轴面板可以一直对着小行星,而太阳能电池阵也可以一直对着太阳,与此同时高增益天线也指向地球。

"隼鸟"号探测器中使用的微波放电离子发动机(图 8 – 5),被继承为"隼鸟"2 号探测器的离子推进系统。50kg 氙推进剂提供大约 2km/s 的速度增量。离子推进系统包含 4 个推力器,一次最多可以启动其中的 3 个,以 2800s 的比冲产生 20mN 的推力。第 4 个推力器为备份推力器。

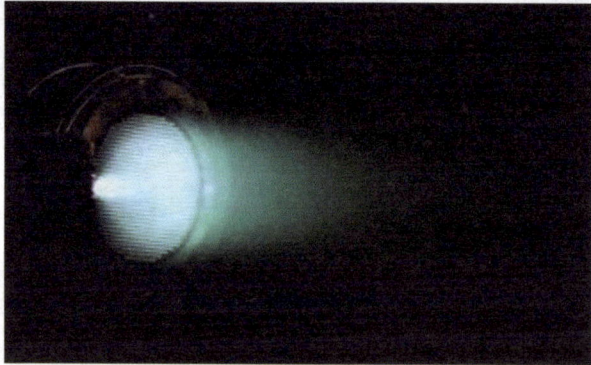

图 8 – 5 "隼鸟"2 号探测器使用的微波放电离子发动机

反作用控制系统采用双组元联氨系统。12 个 20N 推力器提供探测器六自由度全机动能力。在巡航阶段,反作用控制系统提供地球引力甩摆前的轨迹修正、光学导航阶段的小行星附着控制和地球再入前的轨迹修正。反作用控制系统广泛应用于小行星抵近附着的各项操作,包括大本营位置(小行星表面 20km 的高度)的保持、取样任务和轰击弹坑操作。

姿态和轨道控制系统(AOCS)包括两套冗余配备的姿态和轨道控制处理单元(AOCP)、两台星敏感器(STT)、两套惯性参考单元(IRU)、四台加速度计(ACM)、四组粗略太阳敏感器(CSAS)和四组反作用飞轮(RW)。在小行星抵近附着过程中,激光雷达用于测量探测器距离小行星表面的高度,四光束激光测距仪用来确定当地水平面和 50m 以下的高度测量。5 个目标识别器将被投放到小行星表面作为人工标志,来辅助航天器完成基于图像的表面相对导航。目标识别器为 100mm 的小球,表面覆盖反射薄片,可以反射闪光灯发出的光,以便宽视场导航相机能够可靠地辨认目标识别器(通过区分闪光灯开关状态下的不同图像)。

采样任务由继承于"隼鸟"号探测器的取样管（SMP）来完成,如图 8 - 6 所示。其配备的 3 枚弹头可以完成 3 次取样操作。当姿态和轨道控制系统检测到取样管底部尖端触及小行星表面时,弹头将被发射,轰击小行星表面。飞溅的物质将被取样管收集并放入 3 个取样容器中的 1 个中。期望的取样量为每次 100mg。

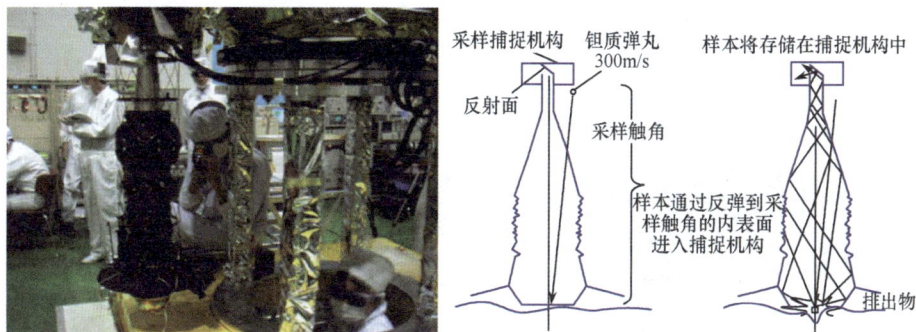

图 8 - 6　"隼鸟"2 号探测器的取样管及取样原理

轰击操作由一个小的星载撞击器来完成的,该撞击器在距小行星表面 500m 的高度处释放。经过一段确定的时间后,撞击器将被引爆,在撞击到小行星表面之前被加速到 2km/s。预期可以产生直径 2m 的撞击坑。在爆炸和撞击时,探测器将规避到小行星背面远离撞击点的安全区域,因此爆炸碎片和撞击抛射物将不会对探测器本体产生伤害。

就位观察是"隼鸟"2 号探测器的另一项重要任务。3 个光学导航相机也可用于可见光波段的地形观察。激光雷达可以用于精密的表面几何测量。近红外分光计和红外热成像仪观察小行星 1999JU3 的表面组成和热环境状况(图 8 - 7)。

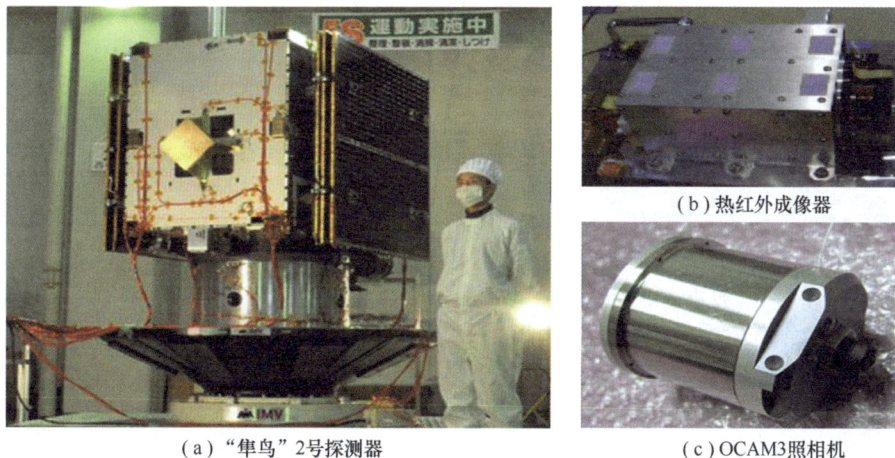

（a）"隼鸟"2号探测器　　（b）热红外成像器　　（c）OCAM3照相机

图 8 - 7　"隼鸟"2 号探测器、热红外成像器和 DCAM3 照相机

"隼鸟"2号探测器装备有1个着陆器和3个漫游机器人。MASCOT为10kg的着陆器(图8-8),由DLR提供,使用红外散射显微镜、磁强计(MAG)、辐射计(MARA)和可见光相机(CAM)执行表面科学任务。3个漫游机器人分别是密涅瓦二代A1、A2和B(MINERVA-II-A1/A2/B)。A1/A2是基于"隼鸟"号探测器搭载的MINERVA发展而来,B由日本大学财团开发。每个漫游机器人质量约为1kg。这3个漫游机器人将尝试演示实验超小引力环境下的表面机动技术,完成一些表面科学测量。

图8-8　"隼鸟"2号探测器携带的着陆器MASCOT

　　再入舱为质量19kg的有效载荷,包含独立的程序序列、信标发送机、原电池组、降落伞、隔热罩和样品收集器。

　　"隼鸟"2号探测器系统规格参数见表8-3。

表8-3　"隼鸟"2号探测器系统规格参数

结构	① 1.6m(长)×1.0m(宽)×1.1m(高)的箱式结构,附带两个固定式太阳能电池阵。
	② 毛重600kg,干重500kg
数据处理系统	① COSMO16,基于DHU-PIM总线系统。
	② 星载自主命令生成功能。
	③ 1GB数据存储器
姿态和轨道控制系统	① HR5000S数据处理器,双冗余。
	② 4个反作用飞轮,2组惯性单元,2台星敏感器,4组粗略太阳敏感器,4个加速度计。
	③ 抵近过程中的敏感器:激光雷达,激光测距仪,5个目标识别器,闪光灯。
	④ 光学导航相机:宽视场2台,ONC-W1,ONC-W2(视场54°×54°,分辨率1×10⁶像素;望远镜,ONC-T(视场5.4°×5.4°,分辨率1×10⁶像素,5滤光片)
推进系统	(1) 反作用推进系统:
	① 双组元联氨系统。
	② 20N推力器12个。
	(2) 离子推进系统:
	① 微波放电氙离子推进系统。
	② 最大推力为28mN,比冲为2800s。
	③ 4推力器,安装有万向节。
	④ 可同时启动3个推力器(4/3冗余)

（续）

通信系统	① X 波段 TT&C（相干 Xup/Xdown），8b/s - 32kb/s，双冗余。 ② Ka 波段遥测（相干 Xup/Kadown），8b/s - 32kb/s。 ③ 正常/再生测距系统。 ④ 支持 DDOR。 ⑤ 1 副 X 波段高增益天线、1 副 Ka 波段高增益天线、1 副两轴调节 X 波段中增益天线、3 副 X 波段低增益天线
电力系统	（1）太阳能电池阵：- 1.4AU 时 1.4kW；1AU 时 2.6kW （2）蓄电池组：锂离子电池，13.2A · h。 （3）电源总线：串联开关式调节系统（SSR），50V 总线
任务载荷	① 取样管。 ② 小型 Carry - on 撞击器。 ③ 近红外分光计。 ④ 红外热成像仪。 ⑤ 3 个漫游机器人。 ⑥ 着陆器。 ⑦ 可部署相机（Deployable Camera，DCAM）。 ⑧ 再入返回舱

8.1.4 任务规划

8.1.4.1 小推力转移轨道

"隼鸟"2 号探测器轨道分段：EDVEGA 阶段，即地球到地球；轨道转移阶段，即地球到 1999JU3；任务阶段，即 1999JU3 抵近操作；返回阶段，即 1999JU3 到地球。

EDVEGA 阶段在"隼鸟"2 号探测器任务中的目标是，通过地球借力飞行，光滑地连接转移阶段，同时扩大离子发动机的适用范围（尽管 EDVEGA 阶段离子发动机长时间不工作），隔离发射约束和小行星到达约束（可以增大发射窗口），提供备份窗口（因为，理论上设计人员有多个 EDVEGA 选项，如 1 年、半年、直接进入转移轨道）。

应用非线性序列二次规划（NLSQP）算法设计小推力转移轨道。由于探测器与太阳的距离决定了能够驱动离子发动机的可用功率，所以用于轨道设计的探测器模型不仅包括发动机推力、功耗、比冲模型，还包括太阳能电池阵性能模型和飞行器总线功耗模型。

图 8 - 9 展示了"隼鸟"2 号探测器的设计飞行轨迹。探测器于 2014 年 12 月 3 日底由日本的 H - 2A202 - S 运载火箭，以 $21km^2/s^2$ 的 C3 能量打入 EDVEGA 轨道，然后于 2015 年 12 月进行引力甩摆进入 1999JU3 转移轨道。到达小行星 1999JU3 的日期将是 2018 年 7 月。在其附近巡航 1.5 年之后，探测器将于 2019 年

12 月离开 1999JU3 飞向地球,并于 2020 年 12 月以 11.6km/s 的速度再入地球大气层。

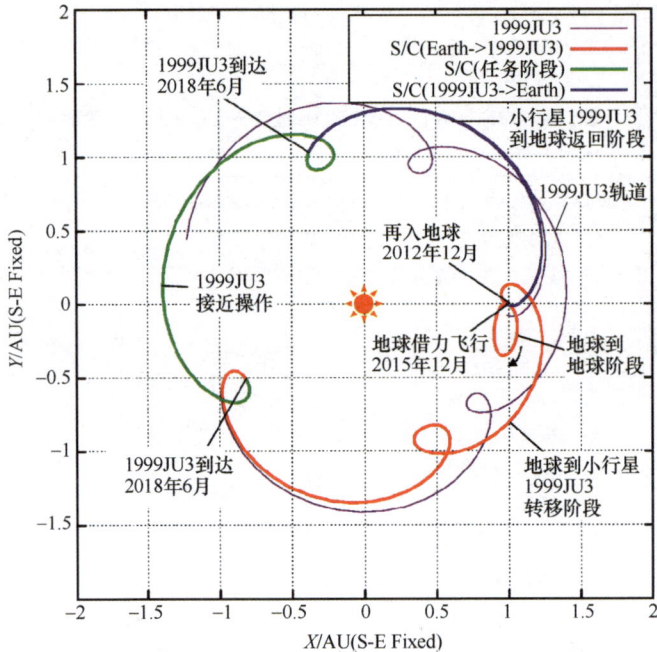

图 8-9 "隼鸟"2 号探测器到小行星 1999JU3 的往返轨迹

8.1.4.2 抵近附着操作

"隼鸟"2 号探测器将于 2018 年 7 月到达小行星 1999JU3。最终附着阶段将借助于星敏感器、宽视场相机和望远镜实现光学导航。设计人员设置了一个抵近操作的大本营,大本营是一个位于地球方向、小行星表面 20km 高度的位置。因此,探测器是悬停于该位置,而不是环绕小行星的轨道飞行。所有离开该位置的操作,如附着、轰击、重力测量和巡视观察都是开始于该位置,在动作结束之后再回到该位置。

就位观察始于全局测绘,在该位置 1999JU3 的动力学参数,如自转轴、自转周期、小行星形状都是可以用宽视场相机确定的。表面温度分布和表面组成分布也可以用红外成像仪和近红外分光计确定。为了近距离观察获取更好的分辨率,计划进行一些抵近操作(1km 左右)来增强全局测绘的输出。这些抵近操作也可以用于基于激光雷达和双向多普勒测量的精确小行星重力测量。这些全局测绘的结果可作为小行星的基础知识,为规划的后续任务服务,如附着位置选取、着陆器/漫游机器人部署位置、轰击目标选择。

由于 1999JU3 的自转轴与黄道法方向并不平行(这点与小行星糸川的情况不

同),地球下的小行星表面区域(从大本营位置直线下降很容易到达该区域)是随着时间变化的。因此,全局测绘和离开大本营位置的所有操作都应当并行处理。

2018 年 12 月,探测器将经历一段日合时期(太阳进入小行星地球的连线内),该时期内为了安全考虑,探测器将撤离小行星 1 个月时间。在小行星附近停留1.5 年之后,探测器将于 2019 年 12 月离开小行星 1999JU3。探测器离开 HP 位置的主要操作的时间如图 8 - 10 所示。

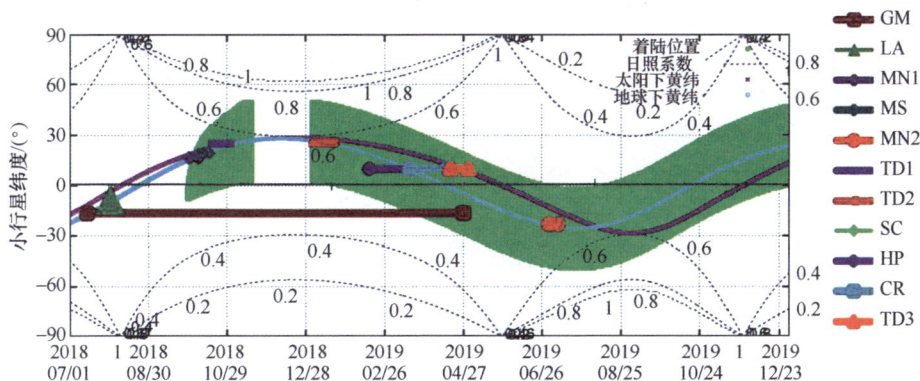

图 8 - 10 小行星抵近操作时间

1)取样操作

取样操作顺序如图 8 - 11 所示。附着接触(Touch Dowm,TD)大体上可以分为如下三个阶段:

(1)初始下降阶段:采用地面和星载设备混合导航方式(GCP - NAV)。垂直下降速度主要由激光雷达确定,由探测器将其控制在 0.1 ~ 1m/s 附近。水平位置和速度由地基程序通过宽视场相机拍摄的图像确定。小行星表面着陆标记称为地面控制点(GCP),用于精确确定探测器相对于小行星的位置和速度。探测器将按照计划和指令沿着预定下降路线在水平方向上进行机动。因此,地基和星载组合反馈回路有约 40min 的延迟。这种反馈程序将一直使用直到探测器抵达小行星表面 100m 的高度。

(2)自主下降和目标识别器部署是完全自主的模式,因为信号往返的延迟导致地面实时干预是完全不现实的。目标

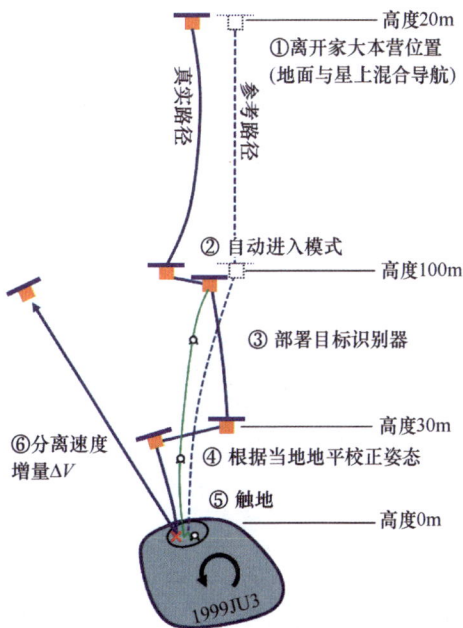

图 8 - 11 取样操作顺序

识别器将在高度 100m 开始部署,然后使用宽视场相机和闪光灯对着陆的目标识别器进行跟踪。因此,完全自主的表面相对导航和制导是基于不确定地形条件实现的。

（3）表面相对下降和附着接触在高度 30m,激光测距仪开机工作,其 4 条光束确定相对于探测器的当地水平方向。最后高度 5m 采用自由落体,由取样机构的弯曲来检测触地,随后取样机构将立即发射弹头轰击小行星表面。几秒后探测器将在 +Z 方向上施加逃逸速度增量,使探测器回到大本营位置。

总计规划了三次附着触地操作,每一次触地都包含一次预演动作。第三次触地将尝试在撞击坑内采样。相对于前两次触地,第三次需要更高的导航和制导精度,因此,此次触地动作之前将投放三个目标识别器,并且将规划多次下降动作以精确确定撞击坑的位置。

2）撞击操作

小型星载撞击器（SCI）为质量 18kg 的有效载荷,包含定时/引爆电子装置、炸药储箱和一个 2kg 的杯状壳体。撞击器外形为圆柱形,大小为 300mm（直径）× 200mm（高）。爆炸之后,杯状壳体将被立刻加速到 2km/s。

撞击操作顺序如图 8 – 12 和图 8 – 13 所示。撞击器将在高度 500m 被释放。撞击器在爆炸之前将有一段确定的等待时间,以确保探测器能够逃离到安全区域,避免被爆炸碎片和撞击溅射物质伤害。因此,撞击过程本身不能被探测器星载设

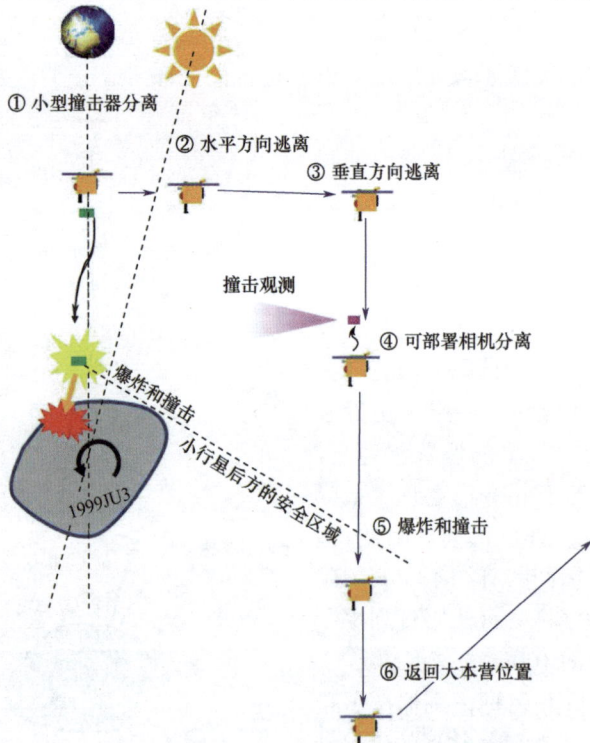

图 8 – 12　撞击操作顺序

图 8-13 "隼鸟"2 号探测器撞击小行星模拟演示

备所观测到。取而代之,探测器将在规避过程中释放部署相机(DCAM3)。部署相机将停留在不安全但能直接观测的区域,拍摄撞击过程的照片并传送给探测器。当从距离小行星 2.4AU 的地球下达撞击指令后,从撞击器分离开始所有的操作将按顺序自主展开,完全没有地面干预。预计撞击将产生直径 2m 的撞击坑,等到探测器回到 HP 位置,将对该撞击坑进行细节观察。

8.2 美国源光谱释义资源安全风化层辨认探测器计划

8.2.1 概述

美国源光谱释义资源安全风化层辨认探测器(Origins Spectral Interpretation Resource Identification Security Regolith Explorer,OSIRIS – Rex)是行星际科学考察任务

(图 8－14)，是美国新疆界计划的第三个项目。该任务计划于 2016 年发射，探索考察并取样 C 型小行星 1999RQ36，预计 2023 年返回地球。其科学目标是通过取样分析小行星风化层样品，了解太阳系形成与演化的历史，获得行星构造初期及生命起源的相关信息。

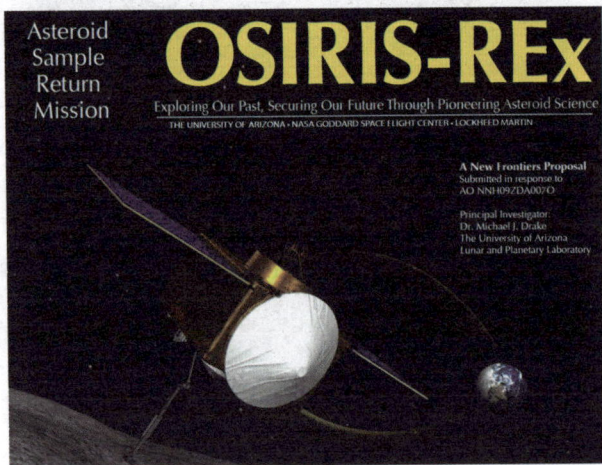

图 8－14　OSIRIS－Rex 探测器

2011 年 5 月，OSIRIS－Rex 任务在竞标中击败了两个方案：一个是月球背阴面取样返回任务，另一个是金星漂浮探测任务。NASA 科学任务理事会首席科学家保罗赫兹称，OSIRIS－Rex 胜在任务的可行性。

计划于 2016 年发射的 OSIRIS－Rex 小行星采样返回探测器是美国太阳系"新疆界"系列任务之一（图 8－15）。"新疆界"系列任务的规模介于"旗舰"系列和"发现"系列之间，发射频率适中，约 36 个月 1 次。此前同属于"新疆界"系列的探测器有新地平线号冥王星探测器和朱诺号木星探测器。

图 8－15　"新疆界"系列任务

NASA 局长查理·博尔顿表示:"这一计划是贯彻奥巴马总统提出的突破低地球轨道,向深空进军指示的关键性一步。该任务将为未来前往其他小行星或其他深空目的地的载人飞行任务铺平道路。"

8.2.2 探测对象和科学目标

OSIRIS-Rex 任务由亚利桑那大学月球与行星实验室、NASA 戈达德空间飞行中心和洛克希德·马丁空间系统共同推动,计划 2016 年 9 月发射,预计飞行 2 年后到达小行星 1999RQ36,此后探测器将以 4.8km 的相对距离对小行星进行 505 天的表面测绘,地面团队将从中选出取样区域并执行抵近操作。探测器并不附着在小行星表面,而是通过机械臂操作取样机构对小行星风化层进行样本采集。预计样本收集为 60g~2kg,返回舱将于 2023 年返回地球。

8.2.2.1 探测目标

目标小行星筛选如图 8-16 所示,1999RQ36 是 1999 年由林肯近地小行星研究小组(LINEAR)发现的阿波罗型轨道小行星,直径约为 550m。2060 年之前 RQ36 碰撞地球的概率非常低,但它在 2080 年、2162 年和 2182 年则显著增高,该小行星是一颗 C 类小行星,公转周期为 436.604 天,公转速度为 27.6km/s,每 6 年左右接近地球一次。经科学家计算,该小行星在 2182 年有 1/1800 的概率与地球相撞。

小行星 1999RQ36 的轨道关系、形状及轨道参数如图 8-17、图 8-18 和表 8-4 所示。

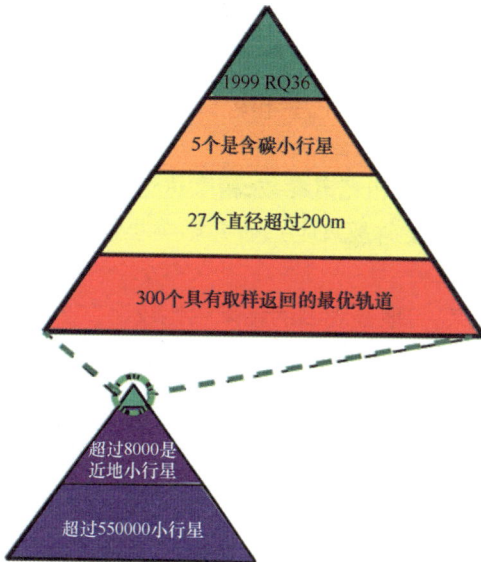

图 8-16 目标小行星筛选

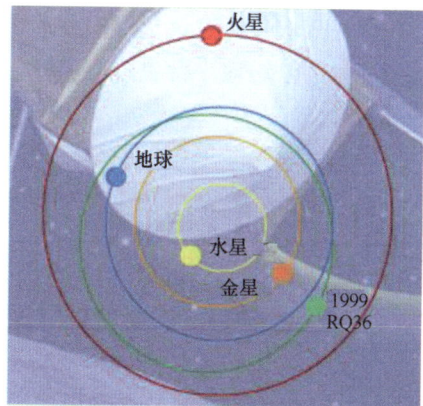

图 8-17 小行星 1999RQ36 轨道

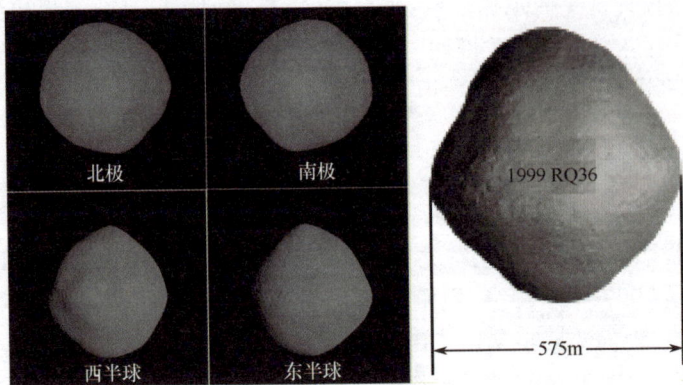

图 8 - 18　小行星 1999RQ36 形状及大小

表 8 - 4　1999RQ36 轨道参数

参　数	取　值	参　数	取　值
远日点/AU	1.356	偏心率	0.204
近日点/AU	0.897	公转周期/天	436.604
半长轴/AU	1.126	倾角/(°)	6.035

8.2.2.2　科学目标

OSIRIS - Rex 探测器小行星采样返回任务的科学目标主要包括：

（1）对原始碳质小行星的表面（风化层）样本进行分析,研究小行星的矿物和有机物质的特性、分布以及演化历史。

（2）对原始碳质小行星进行成像,获取其物理、化学和矿物分布,研究其地质的演变历史,分析所采集到样本的大环境。

（3）获取采样点风化层的纹理、形态、化学和光谱参数,精度达到毫米级。

（4）测量近地小行星的轨道演化（雅可夫斯基效应）,研究影响小行星轨道的主要因素。

（5）归纳总结原始碳质小行星的特点,与地基观测的结果相比较。

8.2.3　探测器设计方案

8.2.3.1　总体设计

OSIRIS - Rex 探测器的总体构型如图 8 - 19 和图 8 - 20 所示。探测器采用承力筒作为主结构（继承自火星勘测轨道器 MRO）,顶板上布置了返回舱和科学载荷。共配置两块 8.5m² 的太阳帆板,具有二维驱动功能。侧面布有直径 2m 的高增益天线和中增益天线。地面布置了 2 台 200N 的主发动机。

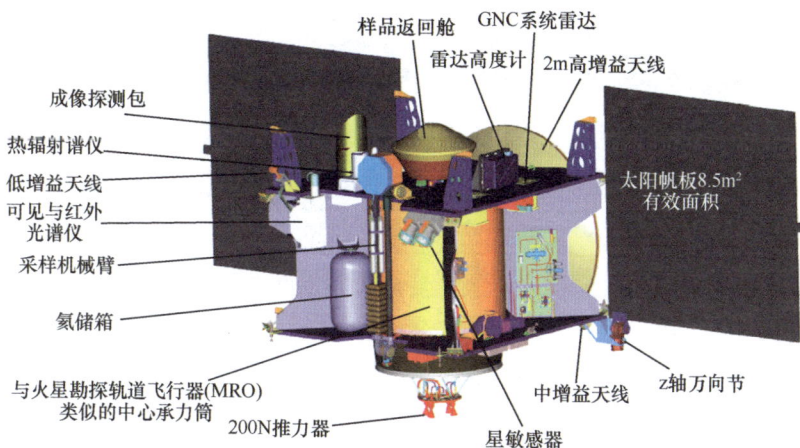

图 8-19   OSIRIS-Rex 探测器总体构型

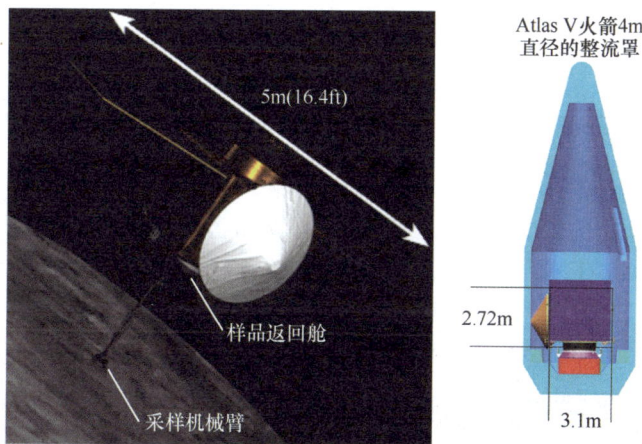

图 8-20   OSIRIS-Rex 探测器展开状态与整流罩状态

OSIRIS-Rex 探测器相关信息见表 8-5。

表 8-5   OSIRIS-Rex 探测器相关信息

名　称	参　数	备　注
探测目标	101955 号小行星 1999RQ36	近地 C 类小行星，PHA
探测形式	采样返回	
发射时间	2016 年 9 月	
到达时间	2019 年 10 月	
伴飞时间	505 天	伴飞高度 5km 成像精度 0.7km

（续）

名称	参数	备注
返回地球	2023 年 9 月	—
发射场	肯尼迪航天中心	—
运载火箭	AtlasV 401	—
发射质量	1529kg	—
本体尺寸	近立方体,边长约2m	—
太阳翼	8.5m^2	—
GNC	三轴稳定	四个反作用飞轮、惯性测量单元、太阳敏感器、恒星敏感器
采样机械臂	展开长度3.2m	—
返回地点	犹他测试与训练基地	位于美国西部沙漠,隶属美国空军,曾作为"星尘"号返回地点
采样质量	不少于60g	—
返回舱	继承自"星尘"号返回舱	—
任务经费	10.8 亿美元	含运载火箭约2亿美元

8.2.3.2 科学载荷

为在附着采样前充分获取 1999RQ36 的物理特性,OSIRIS – REx 探测器共携带了 5 台科学载荷,用于对 1999RQ36 进行遥感探测,主要包括成像探测包(OCAMS)、雷达高度计(OLA)、可见与红外光谱仪(OVIRS)、热辐射谱仪(OTES)和风化层 X 光谱仪(REXIS),安装位置如图 8 – 21 所示。

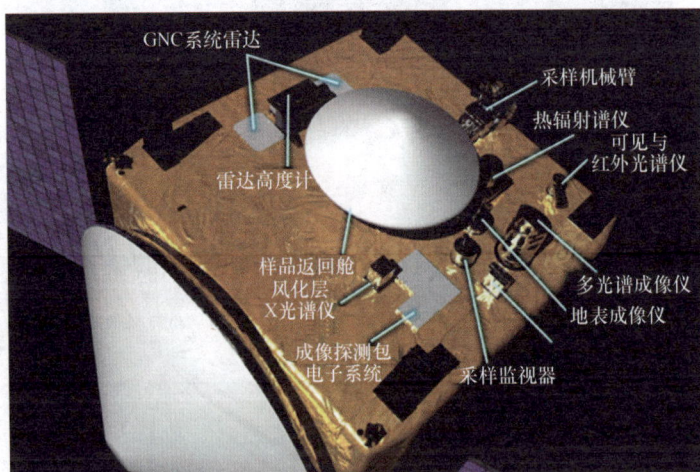

图 8 – 21　OSIRIS – Rex 探测器有效载荷安装位置

OSIRIS – Rex 探测器载荷配置与主要指标见表 8 – 6。

表 8 – 6　OSIRIS – Rex 探测器载荷配置与主要指标

载荷名称		功能	主要指标	示意图	承制单位
成像探测包	多光谱成像仪 PolyCam	远距离首次成像。近距离高分辨率成像	PolyCam 的表面成像分辨率达 1m，其图像可用于估算探测器与小行星的相对速度。 MapCam 长时间曝光增加分辨率。 SamCam 分辨率达毫米级，采样频率 1Hz		亚利桑那州立大学
	地表成像仪 MapCam	采样点地形高精度成像			
	采样监视器 SamCam	采样全过程监视			
雷达高度计		获取小行星整体及采样点的地形拓扑图。辅助导航与重力场分析	高能模式覆盖 1 ~ 7.5km 高度。 低能模式覆盖 500m ~ 1km 高度。 无防尘功能，因此采样后无法再使用		加拿大航天局
可见与红外光谱仪		获取小行星矿物和有机物分布	谱段 0.4 ~ 4.3μm。 小行星全貌成像精度 20m(在距离 5km 时)。 采样点附近精度 0.08m。 与热辐射谱仪结合，可用于选取采样点		NASA
热辐射谱仪		获取小行星矿物和热量分布	谱段 4 ~ 50μm。 采样频率 0.5Hz。 精度 0.25K		亚利桑那州立大学
风化层 X 光谱仪		获取小行星整体 X 光影响	谱段 0.3 ~ 0.5keV。 分辨率 4.3m(在距离 700m 时)		MIT 和哈佛大学

8.2.3.3 采样装置

OSIRIS-Rex 探测器采用了与"隼鸟"号探测器相似的"接触-分离"式采样方式。接触速度约为 0.1m/s,采样时间约为 5s,样品采集量不小于 60g。整个采样过程都通过相机进行工程监视(每秒 1 帧图像)。

OSIRIS-Rex 探测器的采样机械臂(Touch-And-Go Sample Acquisition Mechanism,TAGSAM)继承自"星尘"号,如图 8-22 所示。

图 8-22 OSIRIS-Rex 探测器的采样机械臂

探测器通过氮气充填来控制机械配的展开,采样装置原理如图 8-23 所示,携带的氮气量共可以支持 3 次采样的尝试。采样臂的头部具有研磨功能,可以采集细微的颗粒。整个采样臂的头部将与返回舱一同返回地球。

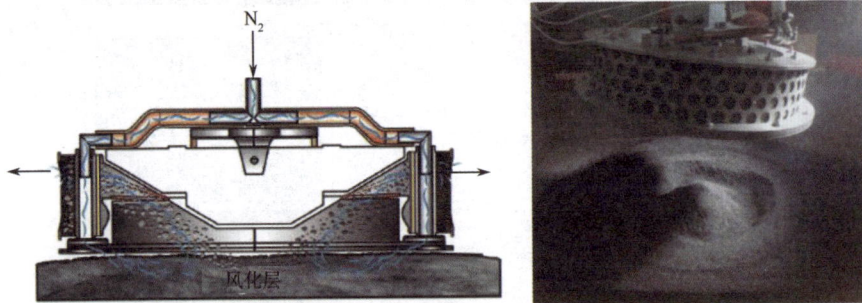

图 8-23 OSIRIS-Rex 探测器的采样装置原理及实验

8.2.4 飞行方案

OSIRIS-Rex 探测器任务从 2010 年规划开始到 2025 年样本研究共覆盖超过 15 年的时间(图 8-24),主要时间节点如下:

(1) 2010 年 2 月开始立项可行性论证。

(2) 2013 年 3 月开始初步方案设计。

(3) 2014 年 4 月开始详细方案设计。

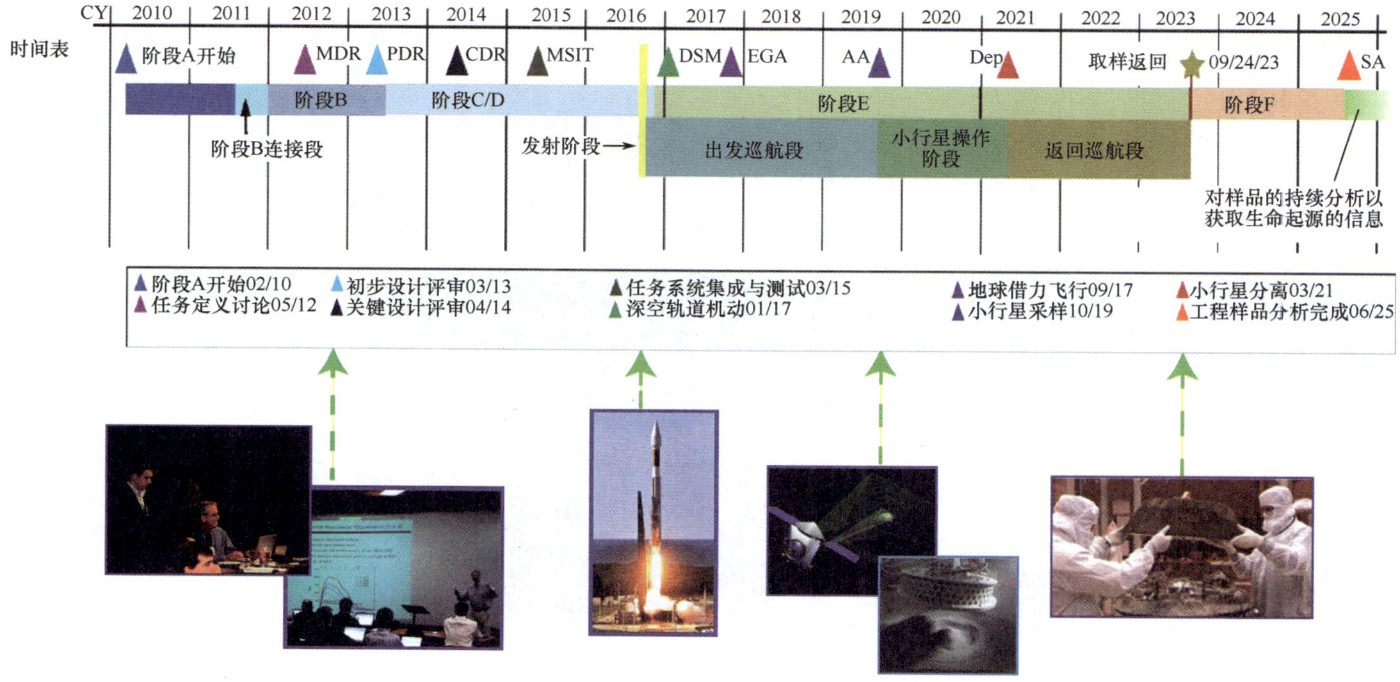

图8-24 OSIRIS-Rex探测器任务时间流程

（4）2015 年 3 月开始探测器集成与测试。

（5）2016 年 9 月发射。

（6）2017 年 1 月深空机动。

（7）2017 年 9 月地球借力。

（8）2019 年 10 月到达 1999RQ36。

（9）2021 年 3 月从 1999RQ36 出发。

（10）2023 年 9 月返回地球。

（11）2025 年 6 月样品研究结束。

OSIRIS - Rex 探测器计划于 2016 年 9 月发射，巡航段轨道方案有两种：一种是通过深空机动与地球借力，速度增量需求较小，但飞行时间长，达 25 个月；另一种是直接转移，无须地球借力，速度增量需求较大，但飞行时间短，约为 9 个月。

图 8 - 25 为 OSIRIS - Rex 探测器直接转移的飞行轨道，绘出了三条相近的轨道，分别对应发射窗口打开(O)、窗口中(M)和窗口关闭(C)时发射的轨迹。

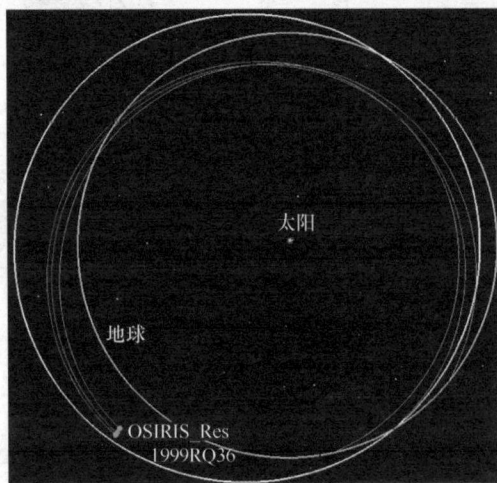

图 8 - 25　OSIRIS - Rex 探测器不同窗口的转移轨道

OSIRIS - Rex 探测器飞行阶段划分如图 8 - 26 所示，在经过 4 年飞行之后于 2020 年接近近地小行星 1999RQ36，随后探测器将进入距离小行星表面约 4.8km 的轨道并开始为期 6 个月的详细地表成像，根据获取的详细地表图像科学团队将选择一个附着点控制探测器靠近小行星表面。经过 1~3 次附着演练后，探测器将拾取超过 60g 样本送入返回舱。

返回舱将在 2023 年着陆到美国犹他州。这种返回舱和之前的星尘彗星粒子取样计划中的相似。OSIRIS - Rex 探测器送回的小行星土壤样本将被运往休斯顿的约翰逊航天中心，将在严格的保护程序下打开并分发给各科学分析机构。

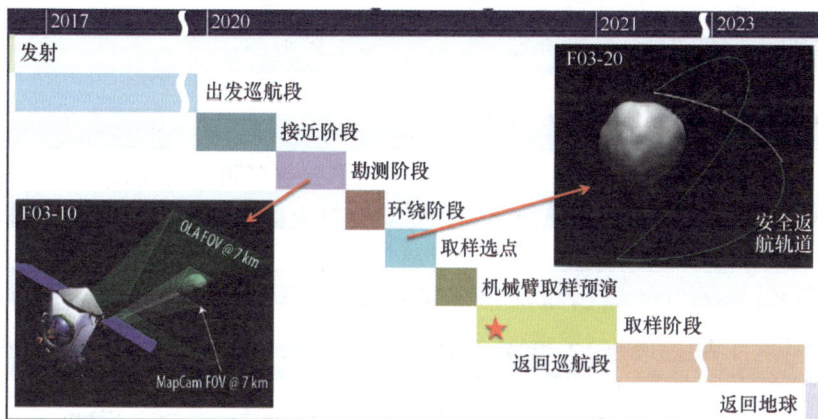

图 8 - 26 OSIRIS - Rex 探测器飞行阶段划分

8.2.5 预计成果

除了送回 60g 以上的小行星样本以外,探测器在伴飞 1999RQ36 的过程中将传回大量科学数据。随着任务的进展,预期发送的科学数据量累积情况如图 8 - 27 所示。可以看出,在环绕段结束后,80% 的科学数据已经传回地面。剩余的 20% 数据量为附着点相关数据。

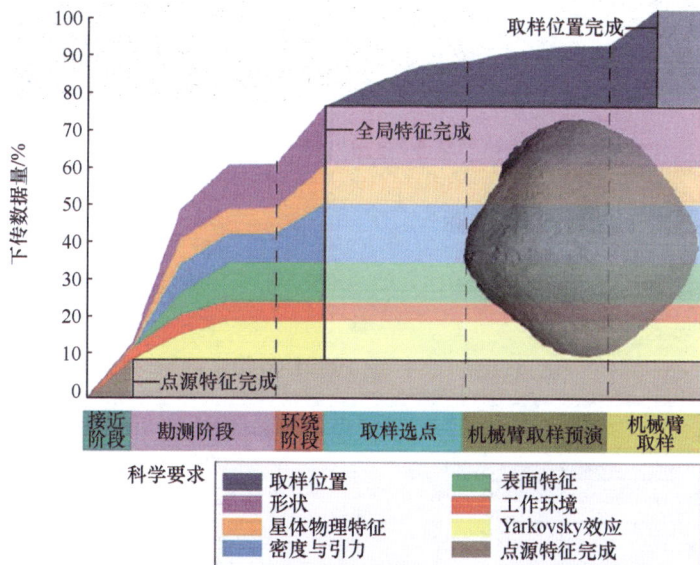

图 8 - 27 科学数据获取情况

8.3 欧洲空间局"马可波罗"近地小行星采样返回计划

8.3.1 任务概述

欧洲空间局计划在 2017 年实施"马可波罗"太空探测计划(图 8 – 28),对近地小行星 1989UQ 实施采样返回探测。探测器发射质量为 1566kg,计划借助联盟号火箭从欧洲空间局的库鲁航天中心发射场发射,总任务速度增量为 1143m/s,再入速度为 11.8km/s,总任务时间为 6.2 年(含小行星附着 1.6 年)。探测器采用体装太阳能帆板方式,提供 485W 能源,设计 3 个着陆腿。该任务由 ESA 主导,同时也吸引了 NASA 和 JAXA 的科学家参与。

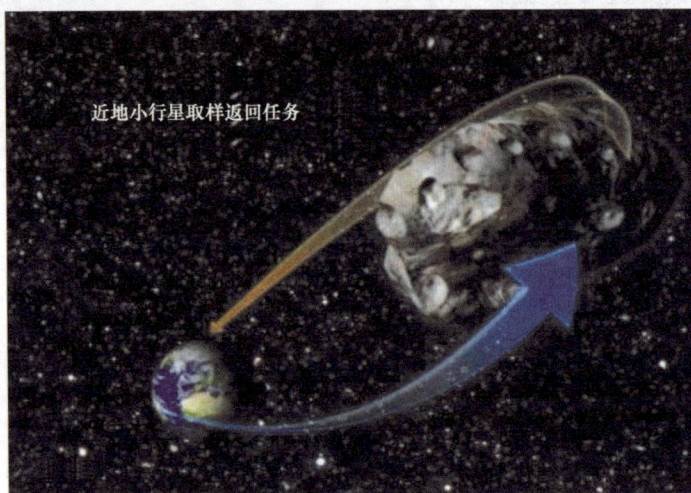

图 8 – 28 欧洲空间局"马可波罗"小行星探测任务

8.3.2 探测对象和科学目标

探测目标为近地小行星 1989UQ,编号 65679,于 1989 年 10 月 26 日首次发现。其基本参数见表 8 – 7。

表 8 – 7 小行星 1989UQ 基本参数

参数	取值	参数	取值
远日点/AU	1.1577	轨道倾角/(°)	1.292
近日点/AU	0.6729	平近点角/(°)	190.342
半长轴/AU	0.9153	升交点赤经/(°)	178.252
偏心率	0.2649	光谱类型	B
轨道周期/天	319.838	—	—

8.3.3　总体设计

总体参数见表 8 - 8。

表 8 - 8　总体参数

名称	参　　数		
科学目标	① 早期太阳系的形成和伴随小行星形成过程； ② 研究类地行星的物理特性和演化过程； ③ 近地小行星采样返回，探测小行星物质组成		
主要载荷	窄幅和广角相机，接近相机，无线电科学试验，可见/近红外和中红外光谱仪，激光测高计,中子分析仪		
总发射质量/kg	1450 ~ 1560		
主要能力	① 自主精确 GNC 技术； ② 低引力环境支腿着陆/降落技术； ③ 标本收集、转移和容纳系统； ④ 高热流材料； ⑤ 再入太空舱降落伞		
探测器	主探测器	姿态稳定	三轴稳定
		取样策略	下降策略:精确视觉导航,辅以高度测量。 采样策略:短期着陆,通过机械臂旋转中心部分
		功耗/W	555 ~ 910
		遥测	X 波段
		下行能力/GB	400 ~ 600
		载荷质量/kg	约 30（科学仪器）
		干质量/kg	710 ~ 745
	地球再入太空舱	姿态稳定	自旋稳定
		能力	① 双曲线轨道直接再入； ② 降落伞下降； ③ 地面着陆
		功耗/W	< 10
		遥测	UHF
		载荷质量/kg	1.3 ~ 4.6
		干质量/kg	25 ~ 69

8.3.3.1 构型设计

1）A方案

A方案主探测器构型如图8-29所示,探测器为六边形,最大直径为3.7m、高为2.8m,太阳电池阵展开尺寸为8m,总面积为10m²。采样获取和转移系统位于中心圆柱体内,4个燃料储箱安装于底部,探测器由4×22N和16×10N推力器控制。取样机构与返回舱如图8-30和图8-31所示。

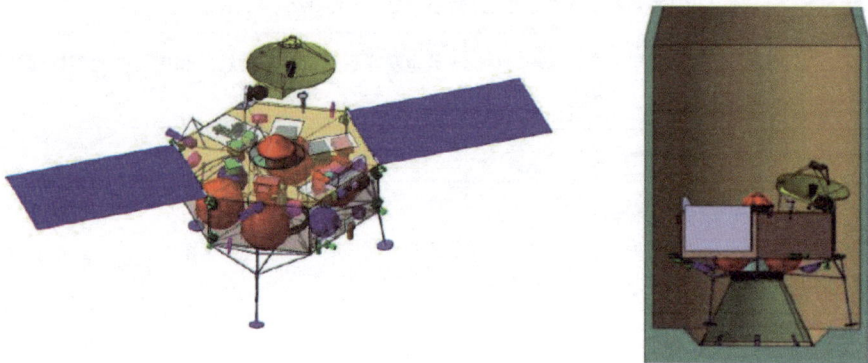

图8-29 A方案主探测器构型

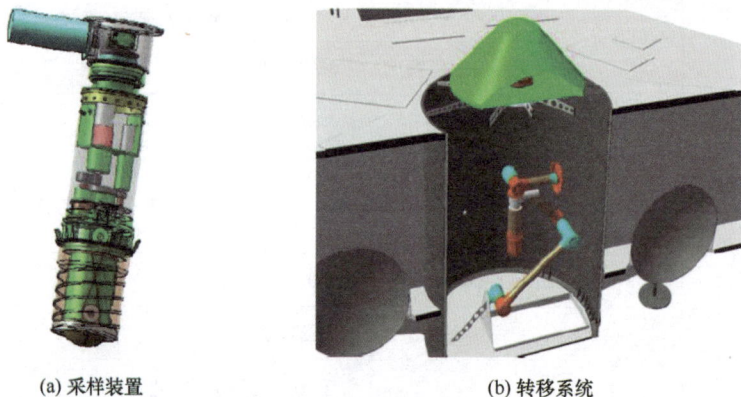

(a) 采样装置   (b) 转移系统

图8-30 A方案采样装置和转移系统

2）B方案

B方案主探测器构型如图8-32所示,探测器为方形,最大直径为2.5m、高为2.65m,太阳电池阵展开尺寸为8.45m,总面积为3.2m²。探测器推进系统由4个双组元推进罐,1个425N主发动机和4×20N推力器。取样机构与返回舱设计如图8-33和图8-34所示。

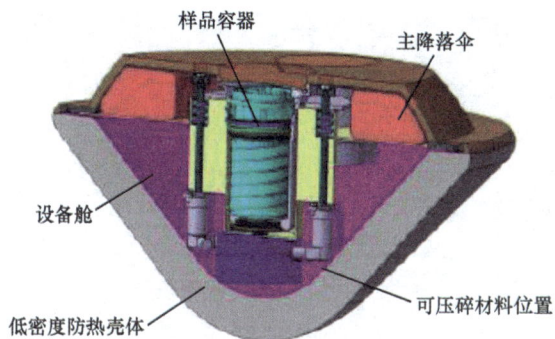

图 8-31　A 方案地球再入返回舱

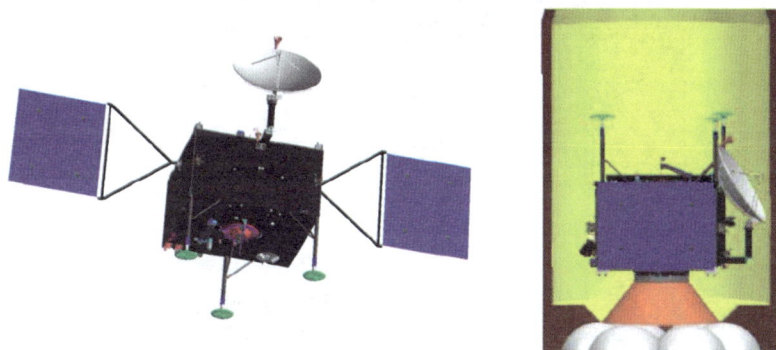

图 8-32　B 方案探测器构型

（a）太空舱旋转序列　　　　　　　（b）采样装置和机械臂

图 8-33　B 方案太空舱旋转序列采样装置和机械臂。

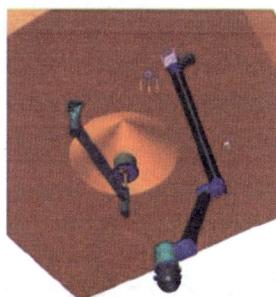

3）C 方案

C 方案主探测器构型如图 8-35 所示,探测器为方形,最大直径为 3.26m、高为 2.25m,太阳电池阵展开尺寸为 5.58m,总面积为 7.5m²。探测器推进系统由 6 个推进罐,16×4N 、4×22N 推力器。

采样机构与返回舱设计如图 8-36 和图 8-37 所示。

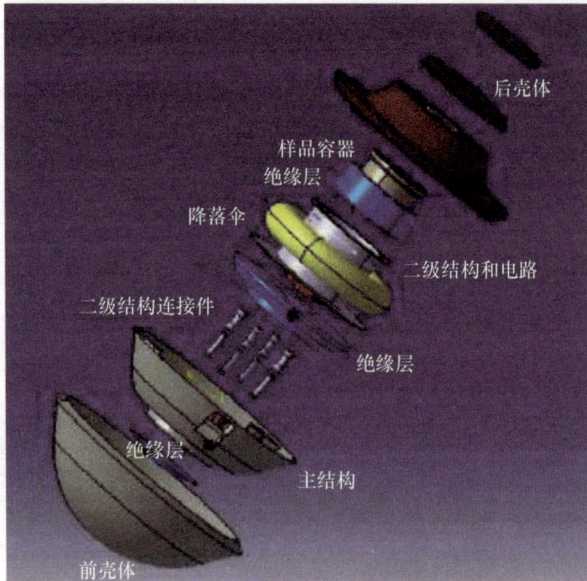

图 8-34　B 方案地球再入返回舱

图 8-35　C 方案主探测器构型

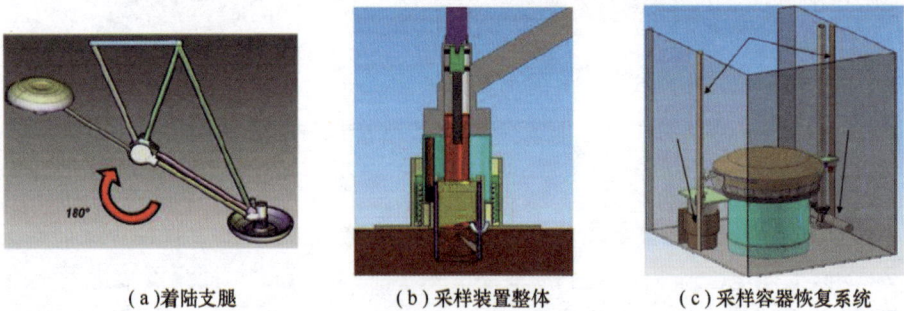

(a)着陆支腿　　　　(b)采样装置整体　　　　(c)采样容器恢复系统

图 8-36　着陆支腿、采样装置整体及采样容器恢复系统

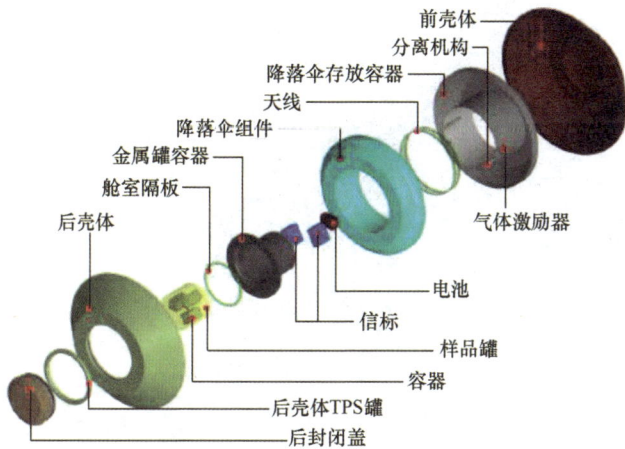

图 8－37　C 方案地球再入返回舱

8.3.3.2　有效载荷

探测器有窄幅相机、广角相机、接近段相机、激光测高计等载荷,如图 8－38～图 8－41 所示。

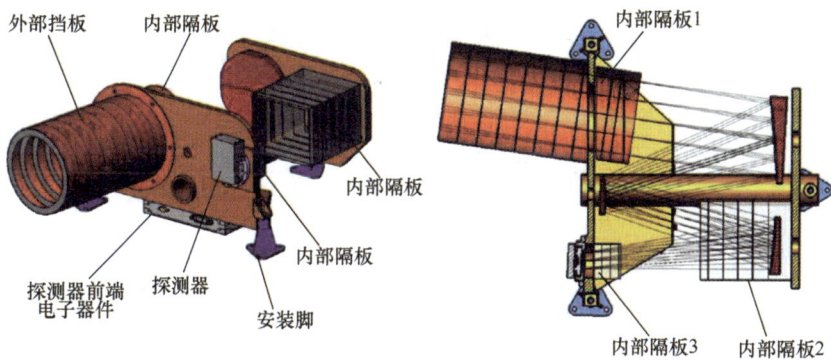

图 8－38　窄幅相机

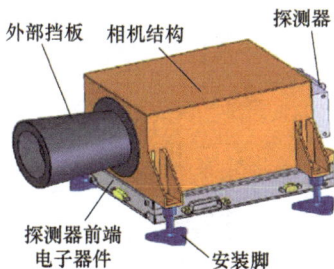

图 8－39　广角相机

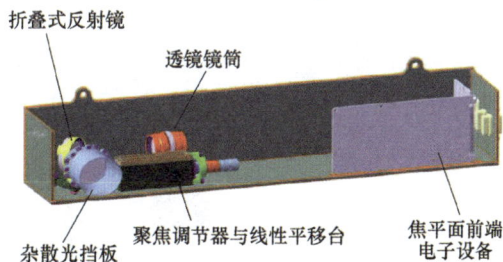

图 8－40　接近段相机

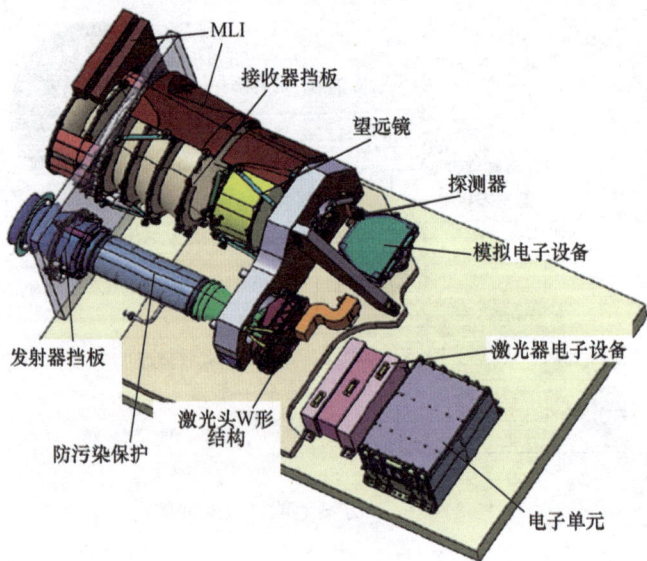

图 8-41 激光测高计

8.3.4 飞行方案

（1）飞行过程（图 8-42）：2018 年 11 月/12 月，采用联盟号运载发射入轨至近地小行星 1999JU3（1 年以后发射作为备份）；采用两次地球借力（一次作为备份），2022 年 2 月与小行星会合，随后 18 个月的近小行星操作（全球/局部特征在高度 200m，选择采样位置，采样操作），12 月返回地球，直至 2024 年，降落伞再入。

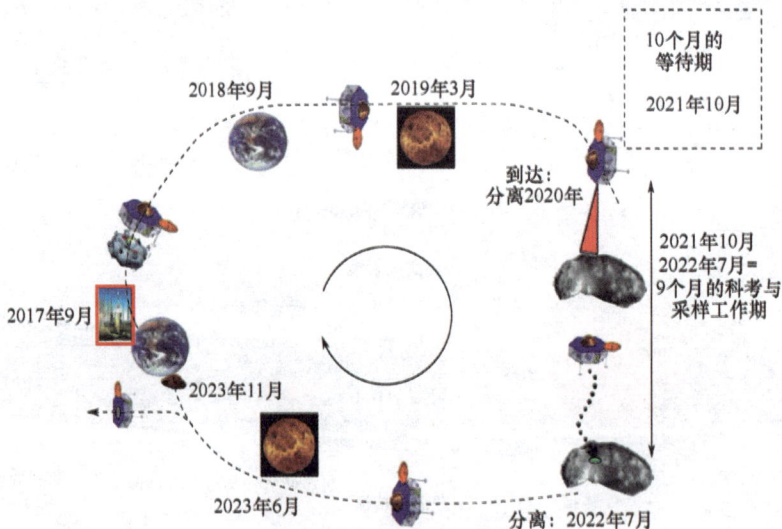

图 8-42 探测器飞行过程

该过程需要总速度增量为 1394m/s。

（2）探测任务过程如下：

① 探测器将进行遥测活动，收集有关小行星形状、大小、质量、旋转速度和全球物质成分的重要信息。

② 探测器将试着降落在目标小行星上，向地下钻几厘米，将最多可达 300g 的土壤和碎石样本储存在一个密封舱内，如图 8-43 所示。

③ 探测器从小行星上点火起飞后，进入一条返回地球的轨道，在地球附近把一个返回舱释放出去，让它重返地球，如图 8-44 所示。

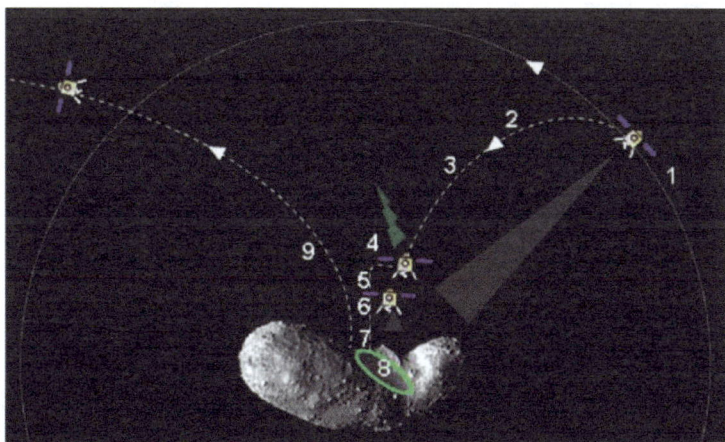

图 8-43　采样任务过程

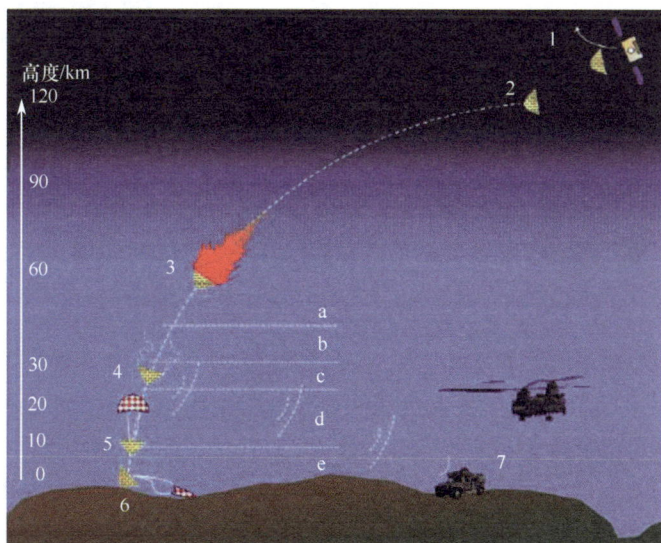

图 8-44　再入过程

8.4 中国小行星探测规划

中国未来小行星探测器研制充分体现了个性与共性的有机结合、技术创新、整体规划技术衔接总体设计思想,不断推动和带动中国航天新技术的创新与进步,更好地促进地球卫星的技术发展。

8.4.1 伴飞附着探测

8.4.1.1 任务意义

通过小行星探测器研制,带动中国航天领域的电推进技术、弱引力天体伴飞附着技术、小推力轨道转移和借力飞行轨道技术等新技术的发展与创新,完善中国深空探测工程系统,一次发射实现对多颗小行星的综合探测。

8.4.1.2 任务设想

采用 CZ - 3B 运载火箭直接将探测器送入转移轨道,探测器系统采用地面无线电与探测器轨道递推结合的导航方法,附着过程完全自主导航,飞行过程采用小推力转移和借力飞行技术,配置高比冲 1600s 电推力器以减少化学推进剂携带量,采用高比冲的电推进与常规化学推进结合的动力系统,应用桁架承力、储箱铺平的设计,干重比高,提高了平台的使用效率。小行星伴飞附着探测器构想与飞行过程分别如图 8 - 45 和图 8 - 46 所示。

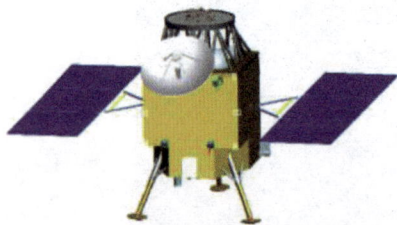

图 8 - 45 中国小行星探测器构想   图 8 - 46 中国小行星探测器飞行流程

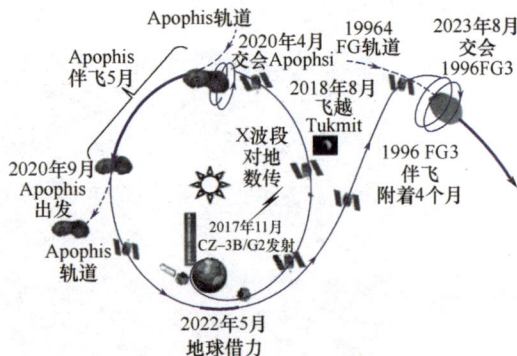

8.4.2 取样返回任务

8.4.2.1 任务意义

通过小行星取样返回探测器设计,突破高比冲可调节电推进、主带小行星返回

轨道设计与控制、返回器一体化集成化设计、长寿命探测器总体设计与可靠性保障
等关键技术,实现对4亿千米以外的主带小行星的伴飞与取样返回探测。

8.4.2.2　任务设想

采用 CZ‑5 运载火箭直接将探测器送入转移轨道,探测器配置高比冲 3000s
霍尔推力器,采用电与化学组合推进方案。配置的高比冲霍尔推力器可节约化学
推进剂以满足速度增量大的需要,主探测器结构采用整体桁架和舱板相结合的方
式。小行星主带取样返回探测器构想与飞行过程分别如图 8‑47 和图 8‑48
所示。

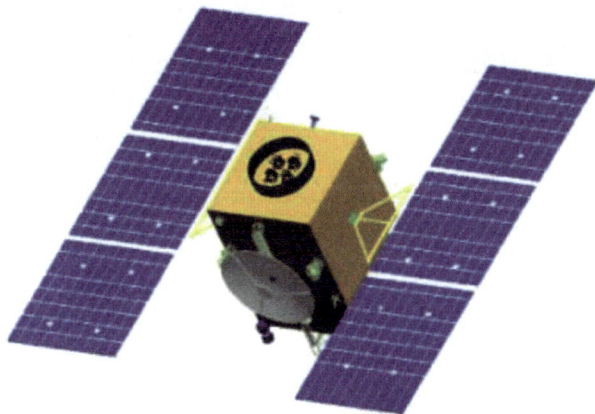

图 8‑47　小行星主带取样返回探测器构想

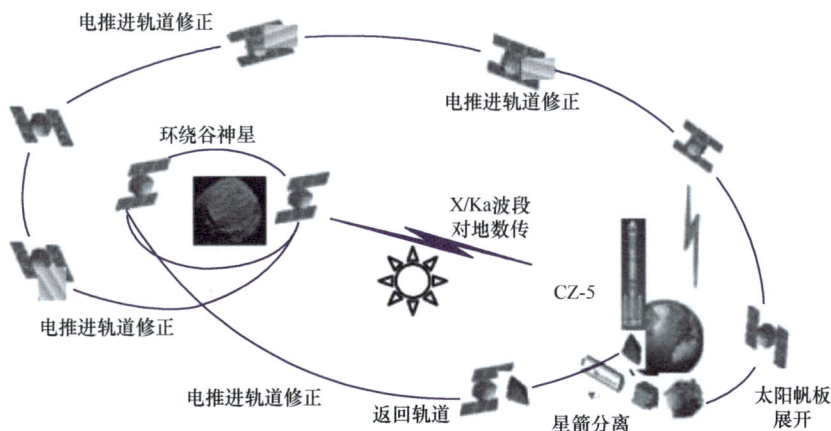

图 8‑48　小行星取样返回探测飞行过程

9

小天体捕获变轨探测

9.1 美国小行星捕获任务

9.1.1 概述

开发小行星自然资源的想法早于太空时代,奇奥尔科夫斯基在 1903 年发表的 "The exploration of cosmic space by means of rocket propulsion"一书中就已经提出,也是许多科幻小说的题材。随着航天技术的飞速发展,这种想法已经不再是科幻小说中的场景。2010 年,NASA 发起了一场小型学术研讨会,对 2025 年前使用机器人捕获并牵引一颗完整的小型近地小行星(NEA)到国际空间站的可行性进行了探讨,这颗小行星直径约为 2m、质量为 10t 的量级。会议认为不存在不可逾越的障碍,整个任务最关键的挑战在于筛选和确定一颗适合捕获并返回的目标小行星。

2011 年,加州理工学院的凯克空间技术研究院(KISS)发起了一场将 NEA 捕获并返回地球附近的更进一步的可行性研究。KISS 研究的是将小行星返回到高月球轨道,而不是低地球轨道。这种想法有几个优点,主要原因是从推进系统的角度来说,将小行星拖回到高月球轨道,而不是地球引力影响球更内部的低地球轨道,会使任务变得更加简单。因此可以寻找体积和质量更大的小行星。因为体积较大的小行星更容易被发现,作为捕获返回的目标小行星。相比之下,6 次阿波罗任务取回了 382kg 的月球土壤。计划在 2023 年执行的 OSIRIS – Rex 任务计划从一颗 NEA 表面取回至少 60g 的物质。KISS 提出的小行星捕获并返回(ACR)任务,计划在 2025 年将一颗质量 500t 的小行星返回到高月球轨道。

小行星捕获任务概念图如图 9 – 1 所示。探测器将由宇宙神 551 运载火箭发射到低地球轨道,然后使用 40kW 的电力推进系统利用 4 年时间到达 NEA。90 天的操作阶段被分成两个阶段:在第一阶段,将详细分析小行星的尺寸、自转情况和表面地形;第二阶段将捕获并消旋小行星。为达到这个目的:探测器首先将和小行星的旋转速度保持匹配,然后利用捕获机械装置将其捕获,确保小行星稳固在探测器中;其次利用推进系统将探测器和小行星的联合体整体消旋;最后利用电力推进系统离开小行星轨道,回到月球附近并进入高月球轨道,探测器将会用于支持宇航天员登陆小行星的活动,包括近距离操作小行星和开采小行星资源的技术。

图 9 – 1 小行星捕获任务概念图

ACR 探测器干质量为 5.5t,能够携带达 13t 的氙推进剂。探测器将使用一条螺旋轨道将其远地点从低地球轨道上升到月球轨道,期间利用月球引力助推(LGA)结合太阳能电力推进系统(SEP)离开地月系。利用这条轨道,探测器将花费 1.6 ~ 2.2 年的时间脱离地球的引力,再利用大约 2 年时间到达目标小行星。由于大小和密度的不确定性,捕捉的小行星质量为 250 ~ 1300t。

9.1.2 任务意义

任务意义如下:

(1)近期载人探测的协作。小行星捕获和返回任务(ACR)与现在 NASA 及其国际合作伙伴的载人飞行目标相吻合。

(2)扩大国际太空合作。小行星捕获剂返回任务将会提供无与伦比的国际合作机会。

(3)行星防御协作。如研究锚定(anchoring)小行星技术,对小行星表层特征进行研究以进行动能撞击,对小行星的尘埃环境进行研究以进行重力牵引技术,将小行星运送回月球轨道的导航和操作技术可以直接用于行星防御计划。

（4）开发小行星的资源,为地月系统以外的载人探测任务准备。一颗质量500t、含碳的 C 类小行星可能包含至少 200t 的挥发物质(100t 水和 100t 含碳化合物)、90t 金属(大约含 83t 铁,6t 镍、1t 钴)及 200t 硅酸盐残留物(类似与月球表面物质)。小行星表面物质可以用于制作银河系宇宙射线的屏蔽材料。此外,经过初步处理,可以从小行星萃取和净化液态水。更进一步的处理过程是电解水变为氢和氧,并将两种气体液化。

对运回的小行星上的物质进行处理可以验证这种思想,并改进将原材料制造推进剂、生命支持系统、结构和防辐射屏障的技术用于更大规模的深空载人航天活动。

（5）公众的效应。改变小行星的轨道,将其运回地球附近毫无疑问是相当激动人心的。这样的任务可以激发下一代人对航天的兴趣和爱好。此外,可以达到多个教育目的:地球的力学环境知识、小行星轨道修正的工程和数学方法,太阳系探索。还可以激发人们的太空探索的热情。

9.1.3 安全性

即便是很小的小行星也具有相对较大的质量——一颗直径 7m 的小行星大约与国际空间站的质量相当——将小行星放置在地球附近何处是一个需要慎重考虑的问题。尽管 C 类小行星的强度非常低,整个小行星撞击地球的表面的可能性是非常小的,但仍然需要非常谨慎考虑放置小行星的位置,如果任务失败,确保小行星只会撞击月球而不是地球。绕月轨道或者地月拉格朗日点附近区域是首选的目的地。选择小行星放置地点第二个要考虑的因素是和地球适当的近,以方便从地球到达小行星(从 LEO 出发在几天时间内)。第三个考虑因素是从小行星上萃取水和用水制成推进剂用于未来的太空任务,这样 LEO 和月球附近的位置是最好的选择。结合以上三个因素,与月球相邻的区域是一个合理的选择。从轨道设计的角度考虑,假定高月球轨道是小行星运回的最终目的地。

任务可行性分析第一个要考虑的问题是如何确保任务的安全性。安全性由任务设计来保证:

（1）取回的小行星的大小和质量需要像其他流星一样撞击在地球上能够在大气层被安全地烧毁。

（2）选择一颗含碳的小行星。这种类型和尺寸的小行星在进入大气时很容易被烧毁,所以即使它撞击地球也会在大气层中烧毁分解。

（3）运回小行星的轨道设计保证其在不会撞击地球的轨道上。因此,如果飞行系统发生故障,其产生的危险不会超过地球附近的几千颗人造和自然天体。

（4）目标轨道是一条高月球轨道,因此即使任务结束的时候小行星受到摄动将会撞击月球而不是地球。

基于以上安全考虑,得出的结论是任务是安全的。这次任务可以为将来安全执行月球以远的载人深空探测打下基础。

9.1.4 目标小行星的筛选和特征

9.1.4.1 小行星类型

最希望运回的小行星是含碳的 C 类小行星。含碳小行星含有许多不同成分,包括丰富的挥发混合物、复杂的有机分子、干燥的岩石以及金属。

首要任务是搜索直径约为 7m 的含碳小行星,并且能够在 21 世纪 20 年代某个时间点运回。这需要快速提高发现小行星的速率。这在现有的搜索项目基础上经过适当调整是可以实现的。

9.1.4.2 会合周期的约束

运回整颗小行星的可行性关键在于如何找到足够数量的小行星,它们具有与地球非常相近的轨道根数,能够很快运回地球附近。小行星只能够在非常接近地球时被地面的天文台发现。为了能够将小行星运回,它们的轨道根数必须与地球非常类似。从而这些小行星和地球的会合周期在数十年左右。这给候选的小行星增加了一个额外的约束,它们的会合周期必须在 10 年左右。首先发现并研究其特征,在下一个 10 年后的会合周期将其运回。小行星 2008HU4 直径约为 8m,下一次接近地球在 2016 年,再下一次是在 2026 年。下面轨道分析讲述如何使用 40kW 的太阳能推进系统(SEP)将它运回地球。

9.1.4.3 发现和鉴别技术

发现和鉴别足够数量的适合运回地球的候选 NEA 是任务成功的关键。多个优选目标的发生日期覆盖在标称发射日期附近几年,能够使任务的成功率大大提高。需要知道每一个候选小行星的轨道和正确的特征,必须是一颗富含挥发物的 C 类小行星,具有合适的大小、形状、自转速率和质量。现在近地小行星的最优尺寸频率分布表明约有 1 亿颗直径在 7m 左右的 NEA,但是只有其中一小部分是已经被发现的。预计一个消耗少量经费的地面天文台观测活动能够从每年新发现的 3500 颗小行星中确认 5 颗左右的候选小行星。

发现和鉴别行动的关键是确定可以作为目标小行星的最小尺寸,这样就能在 10 年之内提供足够数量的候选小行星。大行星比较容易被发现但是很难移动。关键是寻找是否有足够亮被发现并鉴别,同时又足够小能够被 SEP 移动。

近日点距离小于等于 1.3AU 的周期性彗星和小行星定义为近地球天体(NEO)。其中绝大部分 NEO 为 NEA,其中又有 20% 的 NEA 的轨道与地球轨道的距离小于 0.05AU。这些与地球轨道类似的小行星是最容易被运回到地球的。

小行星的密度变化范围很宽,从多孔含碳类小行星的 $1g/cm^3$ 到固体的镍－铁小行星的 $8\ g/cm^3$。大部分的 NEA 密度为 $1.9\sim3.8g/cm^3$。小行星的质量是它直径的函数(假设是球形的小行星)。即使是很小的小行星也会有较大的质量。比如,直径 7m 的密度为 2.8 的小行星质量达 500t。

难点在于比较小的小行星非常暗弱,只有当小行星非常接近地球时才能被地面 1m 口径的天文望远镜观测到。假设一颗反照率 0.25、直径 2m、距离地球 0.005AU 的小行星,视星等只有 31 等。现在发现的直径约为 10m 的小行星只有 300 多颗,但是其中只有一小部分具有安全的轨道,数量更少的一部分具有可以辨别的物理特征,或者反照率和真实直径的信息。

首次近地小行星发现后,可以通过观测知道其轨道根数和绝对亮度,如果已知反照率,就可以通过绝对星等计算其大小。绝大部分 NEA 的反照率为 $0.09\sim0.36$。

可以更加精确估计小行星的质量。

首次跟踪观测必须是光学天体测定,这样能更加确定 NEA 的轨道并确保不会丢失。用这种光学测定技术发现新的小行星是比较常规的方法,通过全球联网的专业和业余的天文学家观测也是非常可靠的。

通过对小行星光变曲线的测量可以得到其自转速率。另外,光学和近红外光谱测量能够确定小行星的组成成分——是富含硅的 S－型小行星还是富含碳的 C－型小行星。

热红外通量测量能够估计小行星的反照率,但是由小行星的形状、热性质和亮度限制。

最后一种跟踪手段是雷达测距。目前,加利福尼亚州 Goldstone 太阳系雷达能够拍摄分辨率为 3.75m 的小行星图像,这样能够很好确定小行星的轨道用于将来的轨道交会。对于自转较快的小行星,可以通过雷达回波的多普勒带宽精确测定其大小。

9.1.5 探测器设计方案

飞行系统的巡航配置如图 9－2～图 9－4 所示。探测器构造主要是两块大太阳能帆板,每块面积为 $90m^2$,用于产生至少 40kW 的功率用于电力推进系统(在 1AU 距离处结束寿命),以及捕获机械装置。

9.1.5.1 电推进系统

电推进系统包括 5 个总功率为 10kW 的霍尔推力器和能量处理器单元(PPU)。同时,还包括氙推进剂储箱、一个推进剂管理部件,每个霍尔推力器安装了一个两自由度万向节。

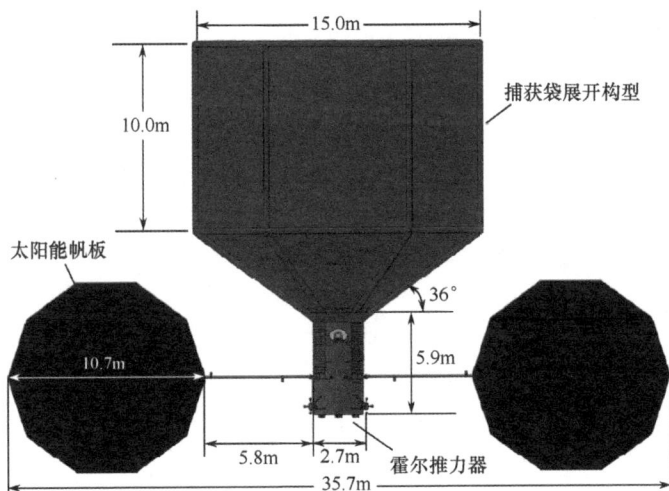

图 9-2 小行星捕获探测器构造

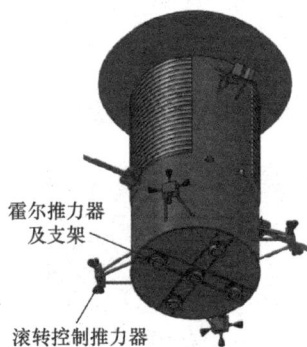

图 9-3 小行星捕获探测器
推进系统配置

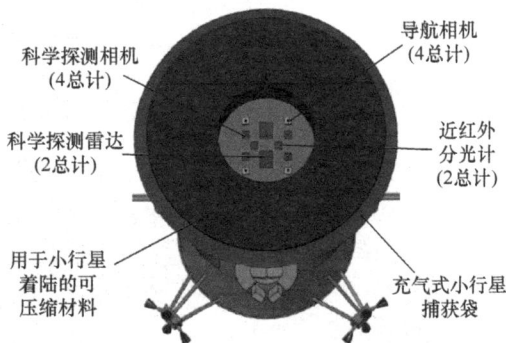

图 9-4 小行星捕获探测器
有效载荷配置

每个推力器质量为 19kg,比冲达 3000s,PPU 的输入功率为 10kW 数量级。共有 7 个氙推进剂储箱,储存了任务所需的 12000kg 氙推进剂。每个储箱直径为 650mm,长度约为 3500mm。

在 SEP 推力器点火期间的姿态控制将由霍尔推力器的万向节来提供,将会提供探测器俯仰、偏航和转动控制。在任务的大部分时间使用电推进模式,有少数情况下的姿态控制由单组元推进剂肼反作用控制系统提供。

9.1.5.2 反作用控制系统

RCS 由 4 个舱组成,每个舱含 4 个推力器,如图 9-3 所示。每个推力器推力为 200N,比冲为 287s。RCS 能够储存最多 900kg 的推进剂。

9.1.5.3 通信子系统

因为选择小行星的轨道与地球类似,所以最大的通信距离约为2AU。捕获小行星的整个过程都可以通过Ka波段和X波段与DSN的34m天线通信。小行星的自转速率上限为1圈/min,或6(°)/s。捕获小行星的过程约需2h,期间没有与地球闭环通信。使小行星消旋约需45min。安全模式使用X波段全向天线通信,能提供探测器到地球最低20b/s的数据传输速率。

9.1.5.4 捕获装置

捕获装置包括可伸展的机械臂、一个高强度的储存小行星的容器袋以及捆绑缆线。容器袋伸展开以后呈圆柱形(图9-5),直径为15m、长度为10m。捕获装置的设计会根据目标小行星的大小和尺寸做适当修改。

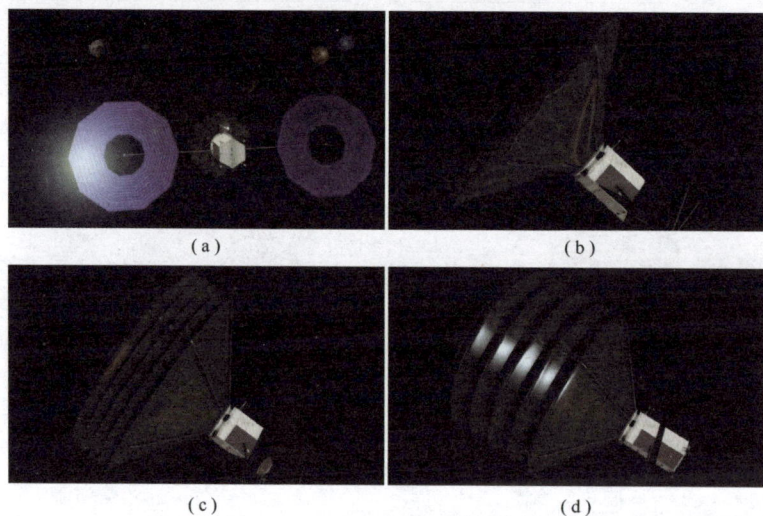

(a) (b) (c) (d)

图9-5 捕获机构展开过程

容器袋的表面抛光材料能够以被动方式保持小行星的表面温度不高于捕获前的温度。

9.1.6 飞行方案

任务设计的关键参数是所需的速度增量 ΔV,飞行时间上限以及目标小行星的质量和尺寸。飞行时间和目标小行星的质量联合决定了SEP系统的功率和所需的推进剂质量。它们最大程度决定了探测器好运载火箭的尺寸。小行星的尺寸、自旋速率、组成成分以及相关不确定性同样会影响捕获装置的设计和所需消旋推进剂的质量。9.1.5节描述的飞行系统能够使用单个不可重复使用的运载火箭(EELV)发射,能够捕获的小行星最大质量为1000t,总飞行时间为6~10年。

如图 9 - 6 所示的整个任务设计,使用了 40kW 的太阳能电力推进系统。一枚宇宙神(Atlas)V511 火箭将探测器发射到低地球轨道(LEO)。随后探测器使用 SEP 系统通过螺旋形轨道进入到高地球轨道,并采用月球引力助推(LGA)将探测器送入地球逃逸轨道,逃逸 C3 大小约为 $2km^2/s^2$,在行星际巡航段采用 SEP 系统。到达小行星后,将会用 90 天的时间对小行星进行观测,以确定它的自转速率,建立精确的形状模型,然后捕获小行星并对其消旋。随后 SEP 系统将小行星返回到地 - 月系统附近,并通过另一次月球引力助推被地 - 月系统引力捕获。引力助推约 4 个半月后,探测器和小行星将会进入稳定的高月球轨道,而无须额外的速度增量。捕获小行星 2008HU4 的轨道及推力方案如图 9 - 7 所示。

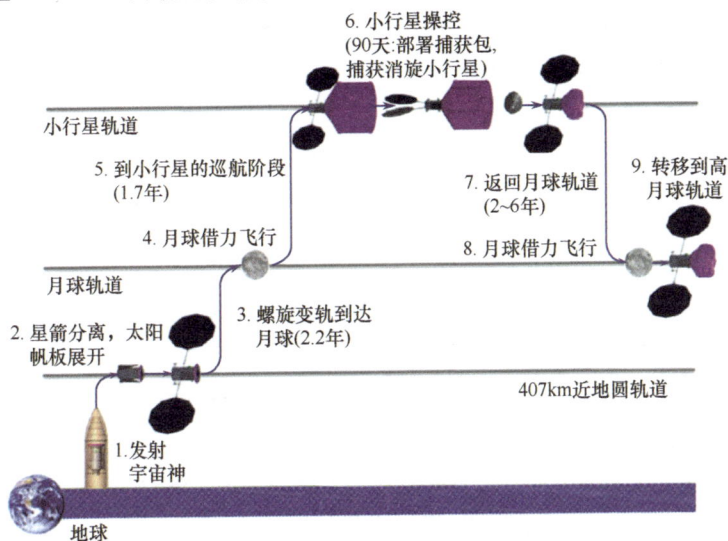

图 9 - 6 小行星捕获任务流程

277

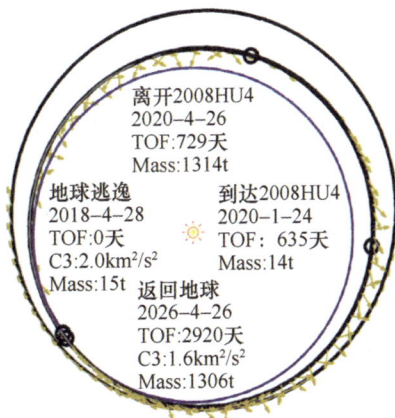

图 9 - 7 捕获小行星 2008HU4 的轨道及推力方案

9.1.6.1 地球逃逸与巡航阶段的操作

候选的目标小行星从已知的 NEA 数据库中选择。首先选择的是离地球最近距离小于 0.2AU、相对速度小于 3km/s 的小行星。最接近的日期可以作为 ACR 探测器取回小行星到地－月系统的初始猜测值。地球逃逸和小行星相遇的初始值是非常粗略的:初始返回质量小于 100t 的求解飞行 300 天时间的兰伯特问题可以收敛,返回更大质量的小行星可以通过调整离开地球和到达小行星的日期延长飞行时间得到。

用于存在许多已知的但是无法获得足够信息的 NEA,有可能找到一些与地球轨道类似的小行星,返回质量可达 1000t。对于额外的约束条件,即潜在目标具备立即可以观测的机会,2008HU4 可以作为一个例子。相关设计参数见表 9-1。估计的 ΔV:从 LEO 到月球引力助推,$\Delta V = 6.6$km/s;日心巡航段,$\Delta V = 2.8$km/s;NEA 返回到月球引力助推,$\Delta V = 160$m/s。由于不知道小行星 2008HU4 的类型,所以它的质量仍然不确定。表 9-2 概括了小行星质量从 250～1300t 的情况。取回 1300t 小行星的详细轨道如图 9-7 所示,只描述了日心巡航段轨道。

表 9-1　系统方案相关设计参数

参数	数值	备注
SEP 功率(EOL)/kW	40	
比冲/s	3000	
EP 系统效率/%	60	
火箭发射:大力神 V511		
发射质量(到达 LEO)/t	18.8	
螺旋飞行时间/年	2.2	
螺旋飞行期间氙用量/t	3.8	从 LEO 到月球引力助推
螺旋飞行 ΔV/(km/s)	6.6	
逃逸地球时质量/t	15.0	
转移至 NEA		
地球逃逸 C3/(km²/s²)	2	月球引力助推
日心 ΔV/(km/s)	2.8	
飞行时间/年	1.7	
氙使用量/t	1.4	
到达 NEA 时质量/t	13.6	
在 NEA 停留时间/天	90	
假设的小行星质量/t	1300	

（续）

参数	数值	备注
转移至地月系统		
逃逸质量(探测器 + NEA)/t	1313.6	
日心 ΔV/(m/s)	0.17	
飞行时间/年	6.0	
氙使用量/t	7.7	
飞越月球时质量/t	1305.9	
逃逸/捕获 C3/(km²/s²)	2	月球引力助推
总的氙使用量/t	12.9	
总飞行时间/年	10.2	

表 9 - 2 不同小行星质量情况下的设计方案

目标小行星	假设小行星质量/t	运载火箭	氙使用量(不包括地球螺旋飞行段)/t	地球逃逸日期	飞行时间(不包括地球螺旋飞行段)/年	到达 C3/(km²/s²)
2008HU4	250	"大力神" V521	5.0	2022 年 4 月 27 日	4.0	1.8
2008HU4	400	"大力神" V521	5.2	2021 年 4 月 27 日	5.0	1.7
2008HU4	650	"大力神" V521		2020 年 4 月 27 日	6.0	1.6
2008HU4	950	"大力神" V551		2019 年 4 月 28 日	7.0	1.6
2008HU4	1300	"大力神" V551		2018 年 4 月 28 日	8.0	1.6
2008HU4	200	"大力神" V551		2017 年 8 月 15 日	8.0	0.0

注:最后一行为返回到日 - 地 L2 点

9.1.6.2 捕获前的操作

由于目标 NEA 直径约为 7m,在与 NEA 交会前很可能需要执行搜索过程。例如,对于 2008HU4,椭圆不确定度是 200000km × 1000000km,假定导航相机与"黎明"号的取景相机类似,NEA 应该在距离 100000 ~ 200000km 处可见。

在交会前 3 个月,使用光学照相和差分单向测距(DDOR)数据获得 NEA 的位置并获得初步信息。探测器的交会点可以定义为 20 ~ 30km 处,残余速度小于 2m/s。

在远距离接近段，探测器将会接近目标小行星，并由地面提供的 SEP 推力配置。从该点到目标天体的距离在几千米左右。使用星上 GNC 敏感器对相对目标位置进行估计。一旦相对状态已知，星上位置保持算法将会使用这些数据执行所需的相对目标运动。

一颗直径 7m 的小行星具有非常小的引力，小于 10^{-6}m/s^2，一个 1km 的距离（盘旋）是比较合适拍照的。完整的观测需要 100m～1km 的距离。环绕这颗 NEA 在理论上是可行的，但是很有可能会超出探测器 ΔV 的能力（需要的 ΔV 太小）。如果执行双曲轨道飞越将会需要飞越前 3～4 天的时间用于计划轨道机动以及处理跟踪数据。

对于快速旋转的物体，需要 1～2Hz 帧频的相机可以分辨旋转速率。对于可能无法观测表面特征而无法进行导航的，可见光照片结合 IR 图像是必须具备的能力。

在中间接近阶段，将会利用相对位置估计执行目标相对轨道，探测器进入到距离目标小行星几百米的距离。在这个阶段是可以利用雷达高度计的。

9.1.6.3 捕获和捕获后操作

概念任务设计分配了至多 90 天时间令探测器观测小行星、捕获以及消旋。

捕获过程必须捕获非合作目标 NEA，必须是高度自主的。制导系统将会使用雷达高度计辅助相对位置估计用于设计轨道。最终的位置距离目标小行星几十米。探测器在这个位置上保持与小行星的表面速度和自转速率保持一致，探测器要足够灵敏能够折叠太阳能帆板，即使偏离太阳指向 85°，它还能产生至少 3.8kW 的功率。

对非合作目标交会的 GNC 算法与地球卫星类似，用于交会和样本捕获的算法已经由 DAPRA 研究，并由地球轨道上的非合作目标进行了验证。在捕获期间，小行星将会进入捕获机构内部，而且小行星和捕获机构的相对残留速度是非常小的。

捕获小行星时对其位置和姿态有限制，以控制小行星的质心。太阳能帆板桅杆上安装有相机用于确定捕获装置是否正确展开，如图 9-8 所示。

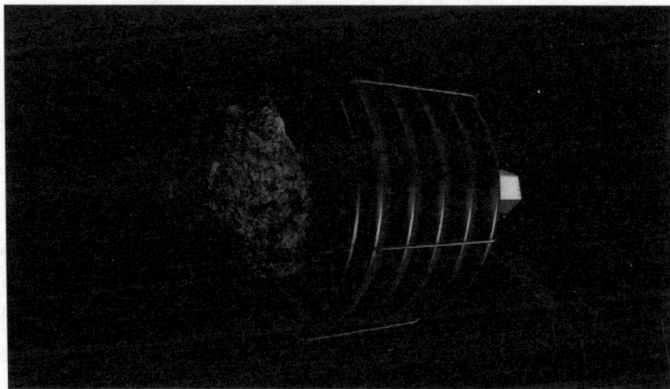

图 9-8 小行星捕获过程探测器的姿态

由于两者之间存在残余的相对速度,因此在捕获时可能会存在撞击现象。由于小行星的质量比探测器大得多,因此可以认为是小行星捕获探测器。不管怎样,一旦探测器和小行星结合在一起,探测器将会令整个结合体消旋,如图 9-9 所示。

图 9-9　探测器对组合体消旋

为了预估消旋的时间和推进剂,假设结合体质量为 1100t,绕主轴旋转速度为 1r/min,圆柱体直径 6m、长度 12m。使用 200N 的 RCS 推力器。结合体的角动量为 $1.7 \times 10^6 \mathrm{N} \cdot \mathrm{ms}$。估计结果:持续点火需要 33min 消旋,消耗燃料需 306kg。

9.1.6.4　到达月球轨道

结合体沿着双曲轨道到达地月系统(图 9-10)具有正的 C3,经过月球引力助推后具有负的 C3,被地-月系统捕获。飞越月球后小行星进入高月球轨道,但是这样的轨道是不稳定的,探测器要被月球捕获必须使用 SEP 系统产生的额外的 ΔV。如图 9-11、图 9-12 所示的序列没有 ΔV。

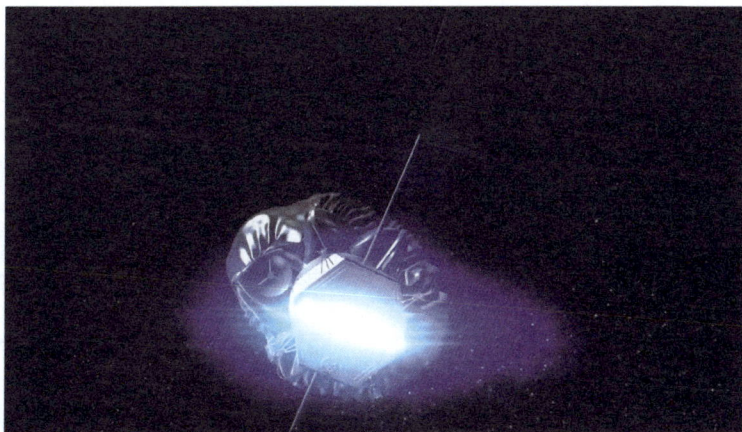

图 9-10　组合体轨道转移

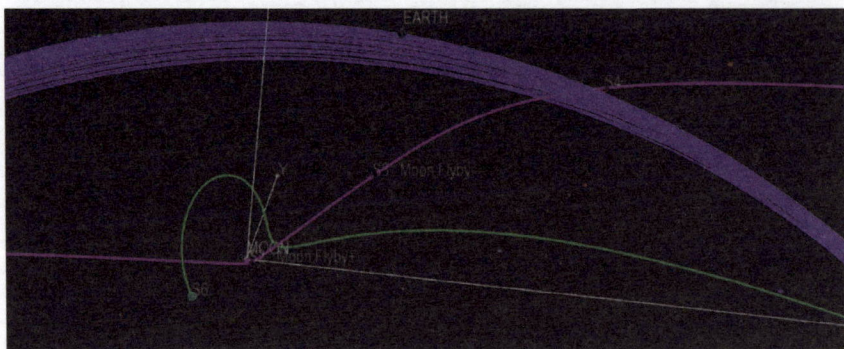

图 9 – 11　组合体被地月系统捕获

图 9 – 12　组合体进入高月球轨道

估计轨道维持的 ΔV 在每年 10m/s 的量级。月球轨道捕获的仿真表明,25N 推力器足够用于进入稳定的月球轨道。它能够将 C3 降低到 $-0.1\text{km}^2/\text{s}^2$。组合体进入稳定的月球轨道如图 9 – 13 所示。

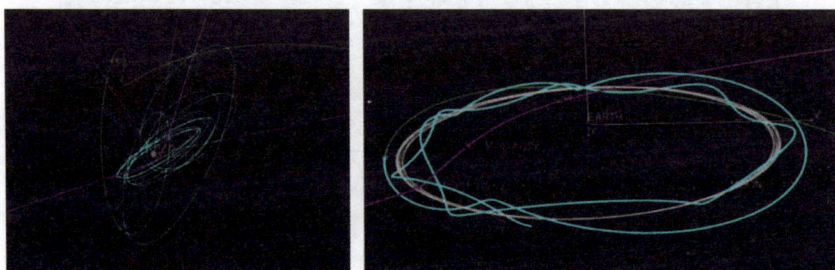

(a)月球坐标系下轨道　　　　　　　　(b)地球坐标系下轨道

图 9 – 13　组合体进入稳定的月球轨道

在小行星进入稳定月球轨道后,在考虑各种摄动力作用下进行轨道递推,仿真结果表明小行星能被捕获 20 年而无须额外的轨道维持,如图 9 – 14 所示。

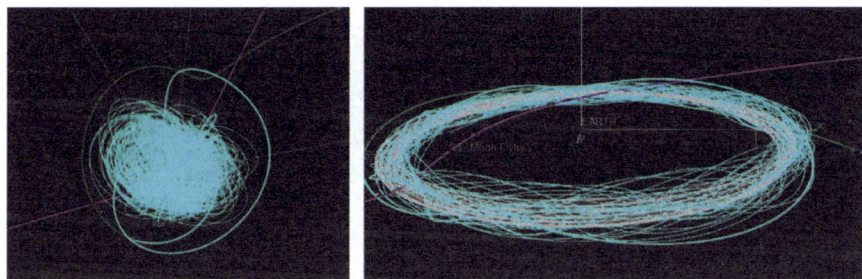

（a）月球坐标系下轨道 　　　　　　（b）地球坐标系下轨道

图 9 – 14　小行星被捕获 20 年内无维持条件下的轨道

9.1.6.5　绕月操作

当 NEA 被放置到绕月轨道后，可以进行多种探测活动。如下探测可以通过机器人或载人登陆实现（图 9 – 15 ~ 图 9 – 17）：

（1）遥感探测，获得各种波长和相位角的图像，用于分析组成成分、形态和整个表面的高分辨率图片。

（2）立体技术和测距仪器能够获得高分辨率数字地形模型用于进一步探测。

（3）通过伽马射线与中子频谱仪获得表面和次表面元素以及可挥发成分，或者使用 X 射线频谱仪。

特殊的表面和次表面操作包括以下内容：

（1）在不同深度采集样本返回地球做更详细测试，与遥感测量数据比较。

（2）通过各种采集手段测试大量样本，为后续采矿技术准备。

（3）测试锚定程序和设备。

（4）验证深空小天体（如火星卫星以及近地小天体）的接近操作程序。

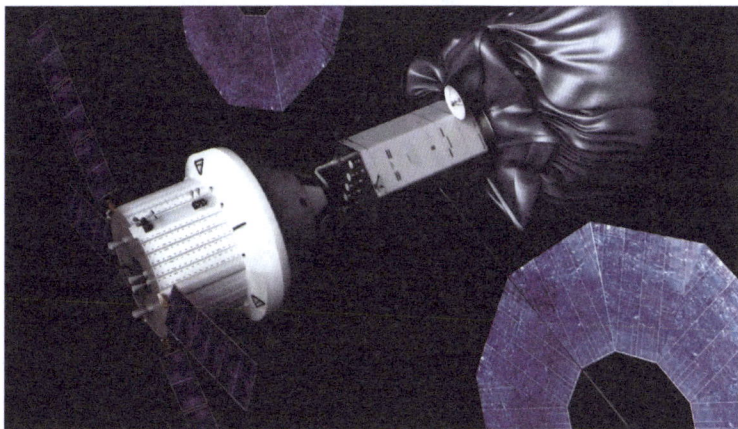

图 9 – 15　载人飞船与 ACR 在月球附近对接

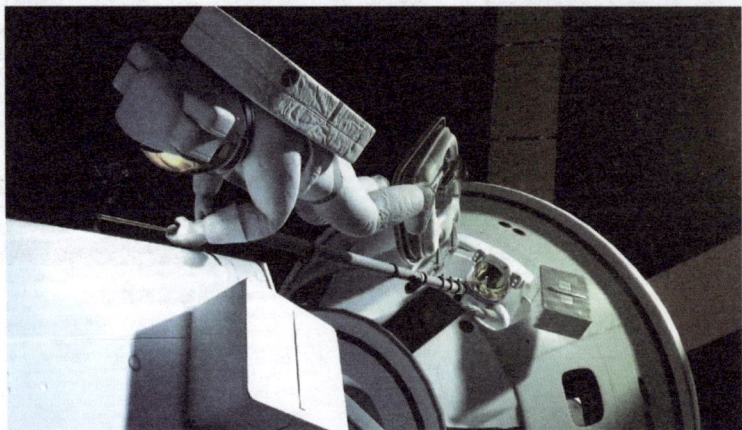

图 9 – 16　航天员移动到小行星捕获探测器

图 9 – 17　航天员登上小行星取样探测

10

载人小天体探测

10.1　美国洛克希德·马丁公司普利茅斯岩石计划

10.1.1　任务概述

美国总统奥巴马在 2010 年 4 月 15 日公布的太空探索新政策中对美国的载人太空探索发展路线图做出了重要调整,取消了重返月球的"星座"计划,将小行星探测作为航空航天局下一步高优先级目标任务,未来载人太空探索的首个"目的地"将定位于近地小行星。

洛克希德·马丁公司基于详细的分析论证,在 2010 年 8 月 30 日召开的美国航空与航天学会 2010 年航天大会上介绍了载人小行星计划——普利茅斯岩石计划(也称为移民石计划),如图 10-1 所示。该计划将搭载两名航天员乘坐猎户座载人飞船飞往近地小行星,整个飞行任务往返用时 6 个月。

该项计划不仅能加强人类遨游外太空所需的硬件系统研究,还可以进一步提升人类长期在月球和火星上逗留的能力和信心,同时,能够帮助人类避免未来太空小行星撞击地球的危险。根据该计划,美国最早将于 2019 年实现两名航天员的近地小行星往返之旅。

10.1.2　探测对象与科学目标

按照在太阳系内的位置,小行星主要分为近地小行星、主带小行星、特洛伊小行星、柯伊伯带小行星、半人马小行星。依照目前的技术水平,近地小行星是可行的备选目标。

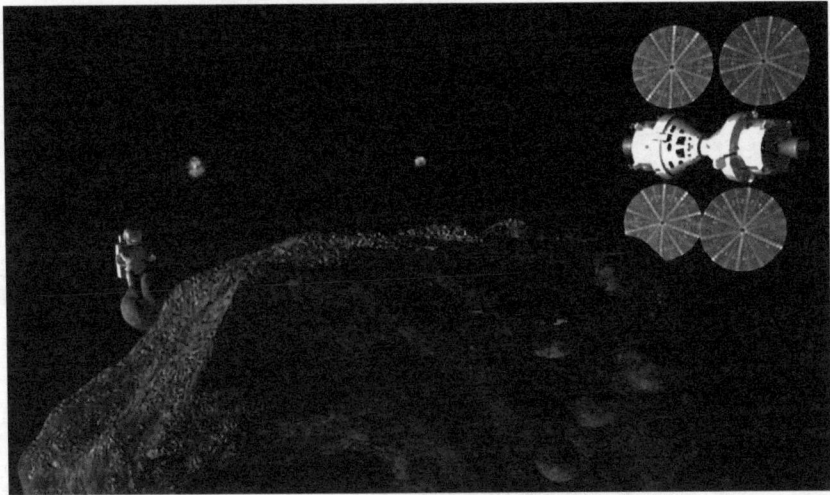

图 10 - 1　普利茅斯岩石计划

目前已知的近地小行星约有 6000 个,其中大多数像小行星 433 号(爱神星)一样,运行轨道是靠近内太阳系的椭圆轨道,距离地球比较近,但运行速度非常快,人类也很难访问。因此,最终只能从轨道与地球轨道相似,距离地球较近,运行速度相对于地球来说也不快的小行星中选择人类较容易实现往返旅程的目标。

目前已经识别了一些小行星候选目的地,如小行星 2008EA9。这些小行星距离地球几百万千米,是月球到地球的距离的几倍,但由于运行比较慢,任务实现的难度与载人登月相当,可以使用为载人月球任务开发的飞船和运载火箭实现。

在该项计划中,航天员须登陆小行星,对其土壤和岩石进行取样,然后将样本带回地球并进行深入分析。该项任务的目标如下:

(1) 加强人类遨游外太空所需的硬件系统的研究,进一步提升人类长期在月球和火星上逗留的能力和信心,遨实现人类在 2035 年左右登陆火星这个终极目标奠定基础。

(2) 通过研究小行星样本,有助于研究太阳系的起源和演变,回答太阳系形成过程中的一些重要科学问题。

(3) 对返回样品的研究有助于确定小行星的内部结构和构成,也有助于评估利用小行星资源的可行性。

(4) 有助于人类未来避免小行星撞击地球的危险,对制定小行星撞击地球防御策略具有重要意义。

10.1.3　基线方案

普利茅斯岩石载人小行星方案总任务周期为 195 天,采用与星座计划相似的路线图,只是把目的地换成了小行星,牵牛星着陆器换成了附属猎户座飞船,乘员由 4 人变成了 2 人。

10.1.3.1　飞行路线

该方案的飞行路线如图 10－2 所示,具体过程如下:

（1）使用战神－5 或其他重型运载火箭发射载货的附属猎户座飞船和脱离地球轨道级（EDS）到达近地轨道。

（2）使用适于载人的德尔它－4 或"战神"－1 火箭发射载人的主猎户座飞船到达近地轨道。

（3）附船和 EDS 组合体与主船在近地轨道交会对接,EDS 将两个猎户座飞船的组合体送向深空,燃料耗尽后丢弃;双船组合体历经 3 个月飞行到达小行星后,附船利用自身服务舱推进系统实施机动,使双船组合体的运行速度与小行星速度相匹配。

（4）一名航天员穿着航天服出舱,借助载人机动装置（Manneel Maneuvering U-nit,MMU）,使用零重力太空行走技术漂浮在小行星上,利用工具采样,另一名航天员在舱内指挥。

（5）航天员至少进行两次出舱活动,完成大约 5 天的小行星任务后丢弃附船（附船可以留轨执行科学观测任务）,利用主船的推进系统返回地球,返程大约 3 个月。

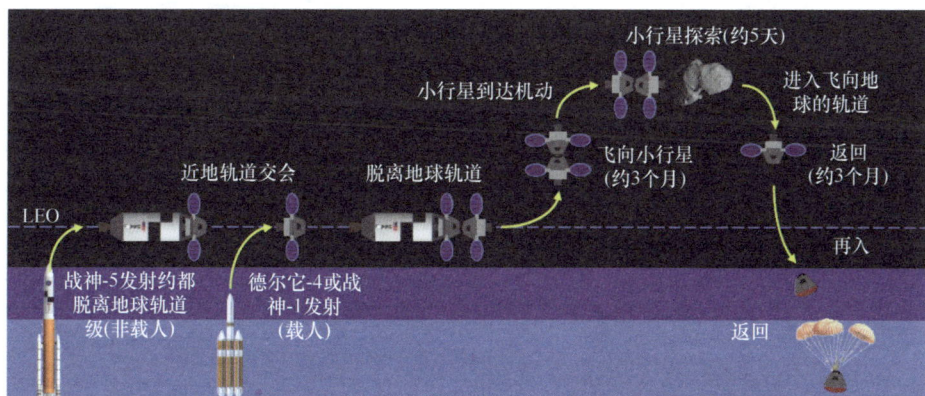

图 10－2　普利茅斯岩石计划的飞行路线

10.1.3.2　登陆任务

由于小行星的引力非常小,实际上航天员是不能实现着陆的,只能借助 MMU 尽可能地接近小行星表面,利用多种工具进行采样和回收,以及科学仪器的部署任务。洛克希德·马丁公司将研制新型 MMU 使航天员机动更加灵活,甚至可以短暂接触小行星上的不同位置,航天员还可以靠近小行星两极（如果小行星旋转运动），并在其旋转时收集样品。航天员至少进行两次出舱活动，将收集并返回 50 ~ 100kg 的小行星地表和地表下的样品。航天员使用多种技术，如鱼叉、黏合剂、绳索，对于含铁类型的小行星甚至可以使用磁铁技术将一系列科学仪器（如阿波罗的月球表面实验包）永久放在小行星上。

10.1.3.3 发射窗口

2015—2030 年至少有 3 次执行载人小行星任务的机会：2019—2020 年、2028 年和 2029 年。最早的发射窗口是 2019 年发射、2020 年到达小行星 2008 EA9 的任务，如图 10 - 3 所示。

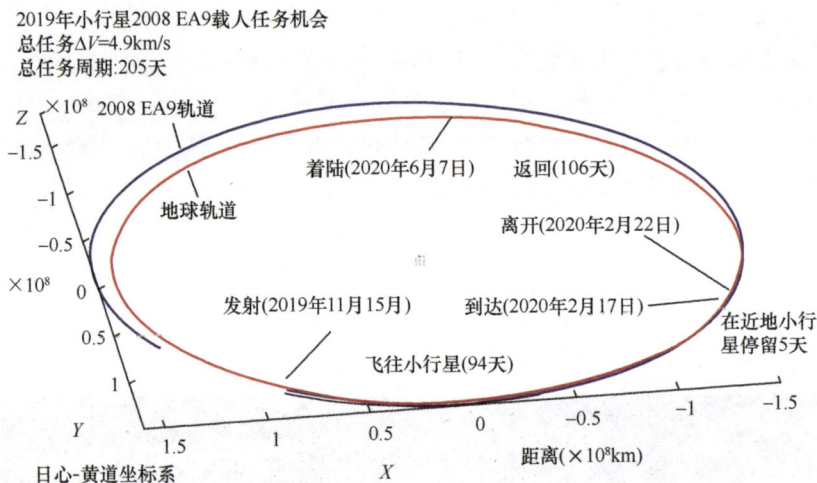

2019年小行星2008 EA9载人任务机会
总任务 ΔV=4.9km/s
总任务周期:205天

图 10 - 3 普利茅斯岩石计划 2019 年窗口任务概况

普利茅斯岩石是欧洲清教徒乘"五月花"号于 1620 年初次登陆美洲的地方，被称为"美国的故乡"。考虑到"普利茅斯岩石"这个名称，任务适合在 2019 年感恩节发射，这样当 2020 年返回时，有可能赶上庆祝英国清教徒移民美国新大陆 400 周年的纪念日。

10.1.3.4 载人飞船

洛克希德·马丁公司进行的初步可行性评估认为猎户座飞船的设计满足小行星任务所需的许多能力，因为小行星任务的要求与月球任务相似，如防辐射、深空通信以及更高速度（相对于近地轨道任务）再入地球大气层的能力。

选择使用两个猎户座飞船对接的双船构型（图 10 - 4）可以提供如下能力：

（1）为两名航天员提供足够的居住空间。

（2）装载两名航天员 180 天任务所需的食物、水和氧气。

（3）装载足够的推进剂以到达最容易到达的小行星。

（4）相对于再设计专门用于载人小行星任务的新型航天器，使用双船的低成

图 10 - 4　载人飞船效果图

本构型可以节省大量的时间和资金。

（5）其中主要装载消耗品的附船也可用作备份,为乘员返回提供冗余能力。

10.1.4　改进方案

基线方案在许多方面都减少冗余度:居住空间比较小;装载的生保物资非常有限;外部存储出舱活动设备,各种科学有效载荷的搭载能力也很有限;系统较低的机动能力限制了可访问小行星的数量。

为此洛克希德·马丁公司研究了用于增强猎户座能力的改进计划,如图 10 - 5 所示。在基本计划中,前船的乘员舱保留了热防护罩、降落伞及其他的着陆系统以提供冗余的返回能力。在改进计划中,附船将被改造为猎户座深空探索航天器,除用于返回的分系统(热防护和着陆系统、乘员座椅等),减轻乘员舱的质量。由于其外部构型不需要考虑气动特性,乘员舱可以增加长度和体积,以提供更大的居住空间,装载更多的生保物资。同时,MMU 等设备、科学有效载荷仪器、核心钻孔工具及采样器可以放在增强型猎户座深空探索航天器的外面,在出舱活动时较易拿取,这样就提高了舱外活动能力。猎户座深空探索航天器提供了经济上可负担的、用于增强普利茅斯岩石能力的方案,但这是以放弃乘员返回冗余能力为代价的。

提高任务性能的另一个途径是改进猎户座服务舱的推进系统,最有效的方法是增加燃料储箱的尺寸及推进剂的装载量。洛克希德·马丁公司考虑了两种方案:一是加长储箱尺寸;二是将现在包括 4 个储箱的服务舱重新设计为装有 6 个更大储箱的服务舱。后一种方案更有效,但服务舱质量的增加超出了战神 - 1 或德尔它 - 4 的运载能力,还需要重新选择运载火箭。

标准"猎户座"飞船乘员舱
20m³的加压体积

"猎户座"深空航天器
使用加长的乘员舱

2个先进的MMU

对接系统

铝合金结构

EVA舱门

MMOD罩

氧贮箱

脐带板

服务舱连接点

EVA设备箱

氮贮箱

加长的"猎户座"飞船乘员舱
直径相同，长度增加，33m³的加压体积

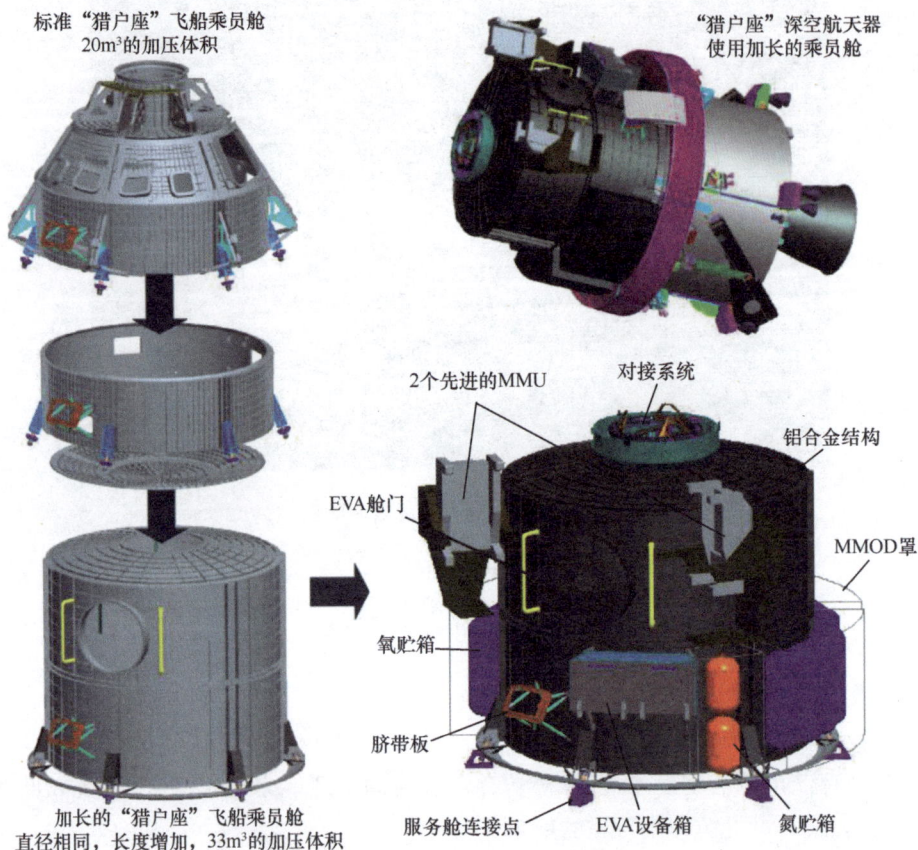

图10-5　改进型猎户座深空探测飞船

10.1.5　可行性与技术难点

　　月球任务体系的猎户座飞船设计标准完全符合小行星任务的需求。而且，由于小行星上的重力极小，所以在探测活动中猎户座飞船将更加节省燃料。因此，将两艘猎户座飞船对接是一种简单的、低耗费的执行小行星任务的方式。这样可以避免对新硬件或小型火星装置的开发进行大量投入。完成基本任务之后，可以逐渐增加对飞行硬件的长期适度改进，以适应越来越多的挑战任务。在火星计划成本、系统复杂性、持续性、补给和辐射暴露没有巨大改进的情况下，可以开发专门技术以供深空探测长期任务的需要。

　　该项任务比到达其他任何已知的小行星任务要简单，飞行的难度系数与登月难度系数持平。由两艘猎户座飞船来完成的"保守"任务不仅可以实现低成本，发射时间提前，而且其安全系数也能提高。

　　洛克希德·马丁公司内部研究认为，采用两艘改进型猎户座飞船的小行星探测任务能够于 2019 年发射,而且只需要比战神 – 5 火箭更小的重型运载火箭。该公司正在讨论用一系列采用同轴或侧装配置助推器的可分离助推火箭来取代已中止的星座计划中的战神 – 1 和战神 – 5 火箭。

猎户座飞船设计的最大任务期为 6 ~ 7 个月,满足总任务时间 195 天的要求,但能够抵御更长时间的辐射是一个技术难点。

10.1.6 未来工作

"普利茅斯岩石"计划目前只进行了初步的评估工作,在验证载人探索小行星领域还有大量的工作要做。未来工作的关键领域应该包括:更详细地评估猎户座飞船的性能及设计修改方案;制定人类在小行星上工作的方案;进一步研究任务轨道;以及更加关注小行星特点的研究等。

10.2 美国阿波菲斯载人登陆计划

随着 NASA 星座计划进入成熟开发阶段,以及奥巴马总统目前计划暂时搁置原定的登月任务,将工作转向 2025 年前的载人近地天体任务(图 10 – 6),人们对于载人近地天体任务又重新焕发了热情。在过去的几年中,美国的小行星偏转研究中心(ADRC)致力于研究面向小行星的载人任务方案。他们选择了 99942 阿波(Apophis)菲斯作为目标小行星,利用星座计划以及其他可能运载火箭类似的架构配置,通过任务分析确定 2028—2029 年为期一年的任务要求,并针对 2036 年阿波菲斯小行星撞击地球的假想场景确定撞击前的相关任务要求。阿波菲斯并不适合作为第一次载人近地天体任务的目标,不过可以用来检验相关设备和程序,从而为将来的载人火星任务奠定基础。

图 10 – 6 阿波菲斯载人登陆计划

10.2.1　探测对象和科学目标

根据目前的研究,目标小行星的选择应满足:低偏心率小于0.5、倾角小于3.0°、能够靠近地球、自转速度慢(周期为10h或更长)以及单个固态天体。受到上述条件的约束,任务需要最小的ΔV,并且任务周期要短,一般来说应小于120天。

然而,处于与地球碰撞轨道上的小行星可能无法满足上述约束条件。因此,美国小行星偏转研究中心一直在开发相关软件,从任务分析的角度帮助确定此类任务的可行性,并确定可能的任务架构。

99942号小行星阿波菲斯就是处于与地球碰撞轨道上的一颗小行星,该星体的偏心率为0.1912,倾角为3.3314°,如果是180天的任务(这是NASA目前进行的载人近地天体研究中,能够实现的最长任务时间),需要总计12km/s的ΔV。如果要缩短任务周期,则须增加的ΔV,反之亦然。这个ΔV远超出了大多数载人近地天体要求的小于7km/s的范围。鉴于近来载人近地天体研究所总结的严格限制条件,ADRC决定研究载人阿波菲斯任务的可行性,并确定可能的任务架构。此任务也可以为第一次载人近地天体任务和火星任务之间搭建桥梁。

对于近地天体返回任务,在地球—小行星相遇之前始终有两个可能的发射窗口:第一个窗口选择在飞行器在地球—阿波菲斯即将相遇时返回,即之前发射,称为较早发射窗口;对于第二个发射敞开,则选择在地球—小行星相遇时发射,小行星远离地球后返回,称为较晚发射窗口。

图10-7示出了早期和晚期发射日所需的总ΔV与任务时长(20~365天)的关系。总体来说,随着任务时间的增加,总ΔV会下降。在任务时长将近180天的情况下,所需的总ΔV有局部最小值。出于补给和最大辐射剂量限制的考虑,目前的载人近地小行星研究将最大任务长度限制为180天。根据对180天任务时长的全面任务分析和发射时间窗口搜索结果,所需的ΔV为10~11km/s。根据可能的任务架构以及ΔV功能,可以缩短总任务时长。

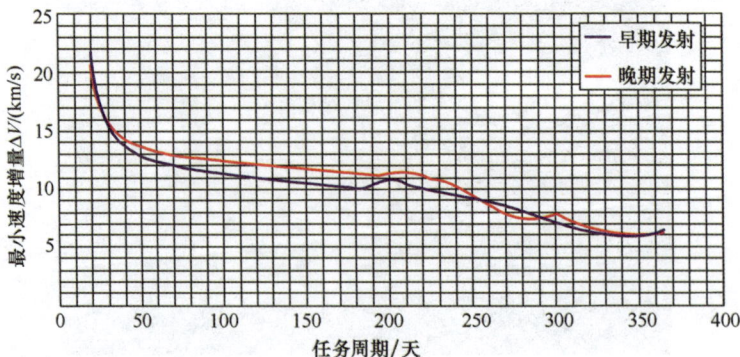

图10-7　任务时间与速度增量需求关系

预计 Apophis2029 年从 30000km 高空飞越地球,地球引力场对其轨道产生影响,并再次与 2036 年接近地球,可能与地球相撞,概率高达 1/37,其威力相当于广岛原子弹的十几万倍。因此,美国选择阿波菲斯作为未来载人登陆的一个目标。通过该次探测任务,研究阿波菲斯小行星的组成,如果阿波菲斯真的在 2029 年经过地球重力场,这些探测数据将变得极为重要。

载人小行星探测的科学目标如下:

(1)通过载人探测获取机器人探测无法获取的知识。目前人类对小行星的探测主要还是通过大型天文望远镜获取的知识,发射探测器去探测近地天体的活动不多,载人探测更是绝无仅有。人类对近地天体的知识的获取相当局限。通过航天员探测近地天体,带回原始的岩石样本,可以更好地有助于研究小行星的形成机理,探索太阳系的起源和演化,寻找新的太阳系原始物质,分析有机成分为地球起源提供证据。

(2)通过载人小行星探测演示论证载人登火技术。载人登月、载人登陆小行星和载人登火在技术上存在一定的继承性。总体而言,载人登火技术难度最大,其次是载人登陆小行星,再者是载人登月。无论是硬件设备,还是航天员系统操作,月球和小行星任务可以对载人登火进行技术演练。在运输系统、乘员健康与性能、表面活动、能源、自主操作和行星保护等方面,小行星载人小行星任务是验证地月轨道之外的最佳演练场。

(3)通过载人小行星探测降低撞击地球的风险。小行星撞击地球已经成为不争的事实。直径在 50m 以上的小天体就可能对人类生存造成影响。类似于 1908 年西伯利亚通古斯卡地区发生的小行星撞击地球的事件,其概率约为每 1000 年 1 次。直径约 1km 的小天体撞击地球的概率为每 50 万年 1 次,直径约 5km 的小天体撞击地球的概率约为每 1 亿年 1 次。通过载人登陆近地天体,能够获取更多的自转周期、轨道、大小、质量以及小行星表面地质特征的知识,给予科学家更多的信息要素,防止小行星撞击地球。

10.2.2　系统方案

10.2.2.1　180 天探测方案

在选择了总任务时长之后,可以通过进一步分析,确定每个发射窗口的日期和长度。在此过程中,可以计算地球与阿波菲斯小行星发生碰撞之前的发射日期的最小发射 ΔV。图 10 - 8 给出了此信息,该图说明了在选定的 180 天任务中,发射日期与所需的总 ΔV 之间的关系。如前面所述,第一个发射日出现在 2029 年 4 月 13 日地球和阿波菲斯小行星接触之前的 180 天左右,而第二个发射日出现在 4 月 13 日。

进一步分析可以看出:该发射窗口可能是实现从阿波菲斯小行星快速返航任

务的最后发射机会。如果要在2029年4月13日发射日之后执行任何载人任务，都可能需要显著增加任务时间，有可能需要在交会之前环绕太阳数周，以便将所需的ΔV降低到可行水平。对于这种时长的任务，可能需要对猎户座进行较大规模的调整，以实现更好的辐射屏蔽功能，并增加运载携带量。对于从阿波菲斯小行星快速返航任务，2029年4月13日是最后一个比较容易实现的发射日期。

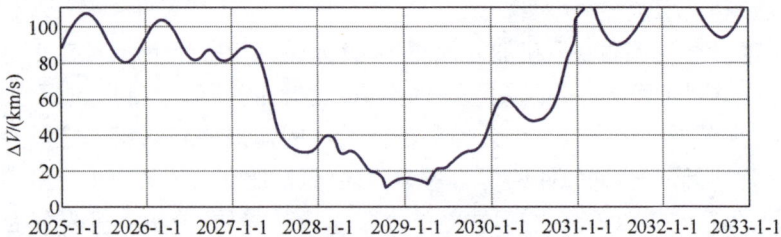

图10-8　不同发射日期对应的最小发射ΔV

如果将允许的最大发射ΔV限制为11.5km/s，可以实现足够大的时间窗口。采用一个$0.5\sim1$km/s的误差容限，可以确定任务所需的最小ΔV能力。将此误差容限加入到允许的最大发射ΔV中，可以得到所需的ΔV能力为$12\sim12.5$km/s。根据上述11.5km/s的限值，可以确定两个发射窗口。如果将图10-8中的曲线限制在2028—2029年时间框架内，则可以得到时间发射窗口。在图10-9中给出了由此得到的曲线，其中包括总ΔV曲线，以及从地球出发、到达阿波菲斯小行星、离开小行星与到达地球各次点火所需的ΔV。从图10-9可以看出：早期发射，其窗口大约为12天，始于2028年10月12日，终于2028年10月24日。晚期发射，其窗口则短得多，只有2天多，从2029年的4月12—14日。

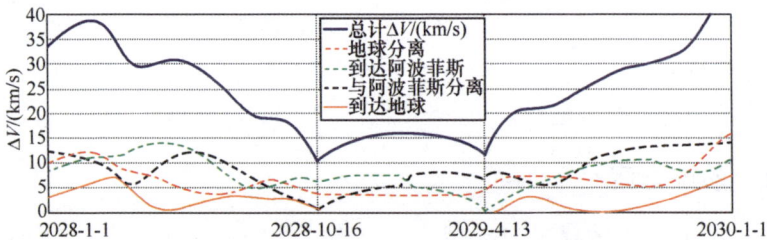

图10-9　2028—2029年时间框架内发射日期对应的最小发射ΔV

表10-1显示了两种发射窗口的标准发射日期，给出了每次机动的日期以及所需的ΔV和C3值，两种发射窗口对应的飞行轨道如图10-10所示。对于早期发射，所有机动（除了离开地球的点火）都是在任务的最后3周进行的。对于早期发射日方案，返回日期就在2029年4月13日地球与阿波菲斯小行星相遇之后。在这种情况下，因为猎户座在它们相遇之前几天离开阿波菲斯小行星，所以返回所需的ΔV较小。对于晚期发射方案，则是相反的情况，在地球与阿波菲斯小行星靠

近期间从地球出发,在离开地球几天后与阿波菲斯小行星交会。整个任务在 2~3 周内完成,剩余时间则用于返航。在猎户座返回地球以后,因为重返大气层的速度小于 12km/s,所以不需要进行点火。

表 10-1 两种发射窗口对应的信息

任务信息	早期发射	晚期发射
离开地球日期	2028 年 10 月 16 日	2029 年 4 月 13 日
C3/(km²/s²)	4.887	30.355
ΔV/(km/s)	3.448	4.528
到达阿波菲斯小行星日期	2029 年 3 月 26 日	2029 年 4 月 19 日
C3/(km²/s²)	34.504	0.136
ΔV/(km/s)	5.874	0.369
离开阿波菲斯小行星日期	2029 年 4 月 5 日	2029 年 4 月 29 日
C3/(km²/s²)	0.113	40.686
ΔV/(km/s)	0.336	6.379
到达地球日期	2029 年 4 月 14 日	2029 年 10 月 10 日
C3/(km²/s²)	30.474	1.896
ΔV/(km/s)	0.391	0.000
重返大气层的速度(180km 高度)	12.000	11.111
总 ΔV(km/s)	10.049	11.276

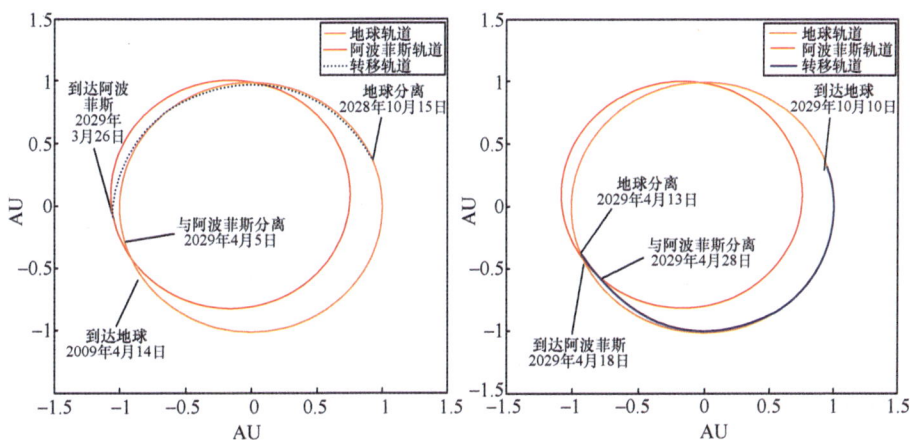

(a)早期发射任务轨道,日心J2000坐标系   (b)晚期发射任务轨道,日心J2000坐标系

图 10-10 两种发射窗口对应的飞行轨道

10.2.2.2　365 天探测方案

从前述的分析可以明显地发现：增加任务时间，ΔV 要求会显著降低。可以看出：将任务长度增加到 1 年，则任务所需的总 ΔV 为 6～7km/s，明显低于 180 天任务所需的 10～12km/s。此任务有可能借助标准的星座计划或类似任务架构来实现。此任务可能作为 2025 年时间框架内的第一次小行星飞行任务与 2035 年时间框架内的第一次火星飞越任务之间的过渡。此任务可以为测试火星飞越或着陆任务所需的系统提供平台，与火星任务相比任务时间更短。

图 10－11 中示出了 2028—2029 年时间框架内执行任务所需的总 ΔV。这表明：早期和晚期发射日方案所需的总 ΔV 略低于 6.5km/s，在这样的条件下，可以发射一次"战神"－5，搭载猎户座飞船可以满足条件。如果将总 ΔV 限制到 7km/s 以下，则可以确定两个发射时间窗口。早期发射窗口长度为 27 天，从 2028 年 4 月 12 日到 5 月 9 日。第二个发射时间窗口略长，为 35 天，从 2029 年 3 月 11 日到 4 月 15 日。

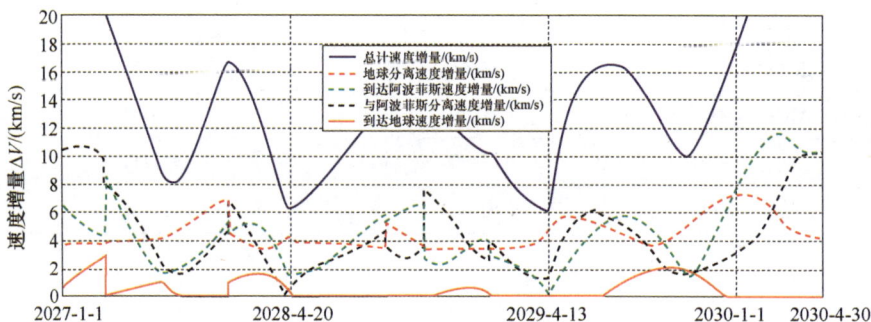

图 10－11　2028—2029 年时间框架内执行任务所需的总 ΔV

表 10－2 中总结了两个标准发射日期，并给出了每种机动的日期以及 ΔV 量级和 C3 值。对于早期发射日方案，所有机动（除了离开地球的点火）都在任务的最后两个月内进行，在 2029 年 4 月 13 日地球与阿波菲斯小行星相遇之后马上就是返回日期。在这种情况下，因为载人探测飞行器在它们相遇之前几天离开阿波菲斯小行星，所以返回所需的 ΔV 较小。对于晚期发射日方案，则是相反的情况，在地球与阿波菲斯小行星靠近期间从地球出发，在离开地球几天后与阿波菲斯小行星交会。整个任务在前 4～5 周内完成，剩余时间则用于返航。在每种情况下，当载人探测飞行器返回到地球时，因为重新进入大气所需的速度等于或小于 12km/s，所以需要进行点火。

表 10-2　两种发射窗口对应的信息

任务信息	第一种发射窗口	第二种发射窗口
离开地球日期	2028 年 4 月 20 日	2029 年 4 月 13 日
C3/(km²/s²)	18.025	30.762
ΔV/(km/s)	4.017	4.545
到达阿波菲斯小行星日期	2029 年 2 月 21 日	2029 年 5 月 11 日
C3/(km²/s²)	2.211	0.065
ΔV/(km/s)	1.487	0.255
离开阿波菲小行星斯日期	2029 年 3 月 3 日	2029 年 5 月 21 日
C3/(km²/s²)	0.546	1.946
ΔV/(km/s)	0.739	1.395
到达地球日期	2029 年 4 月 20 日	2030 年 4 月 13 日
C3/(km²/s²)	24.053	21.269
ΔV/(km/s)	0.129	0.014
重返大气层的速度(180km 高度)	12.000	12.000
ΔV/(km/s)总计	6.373	6.208

10.2.3　关键技术

载人小行星探测和无人小型的探测关键技术有许多不同之处。到了载人阶段,急需解决的关键技术主要是表面居住系统和现场作业,其中包括:深度钻探技术,确定内部结构;不会污染测量结果的生命保障和移动系统;航天服锁定和兼容的出舱服;锚定/绳系(用于移动和采样)系统;可重复使用的兆瓦级太阳系电推进(SEP)系统;在非均匀重力场、旋转体、尘土和卫星、照明条件下进行安全、高效的临近操作;在决策/控制环路中,没有地面操作的情况下实现安全操作等。

主要体现在以下四个方面:

(1)近距离操作:进行表面和亚表面的临近操作,包括保持稳定(悬浮在目标附近区域)、靠近近地天体表面以及在上面安全操作等方面的困难。

(2)获取表面特征:研究目标的特征,包括对表面和地下属性以及内部结构进行预期测量,并进行样本采集和处理。

(3)高度自主性:远离地球的外太空任务所需的自治和稳定任务系统,在任务中几乎或完全无法通过地球操作获取支持、服务或后勤功能。

(4)生保系统:包括所有生命维持系统以及保证人体健康和功能所需克服的困难因素,在任务中几乎或完全无法通过地球操作获取支持、服务或后勤功能,也不能快速返回地球进行医疗救治。

10.2.3.1 近距离操作

近距离操作最关键要考虑未知环境,包括物理环境(有可能是碎石堆或整体岩石结构)、非均匀重力场、尘土的静电特征以及光照。在这些不可预知的条件下,如何保证航天员的安全也是一个非常困难的问题。近距离操作的功能差距主要是航天员如何靠近目标天体,以及如何控制探测器,使其保持在安全的距离。

针对每种近距离操作功能差距所确定的技术开发方案包括:

(1) EVA/机器人操作和锚定:远程遥控机器人;帮助航天员降落到表面的喷气包;自由飞行照明和照相装置,帮助航天员了解情况;用于表面进入的锚定和绳系系统;航天服和机器人信息系统;灰尘减少装置,控制在表面活动所激起的灰尘;有效进行表面活动的 EVA 工具等。

(2) 轨道保持和交会:高效利用燃料为近距离操作提供推进;相对于目标未知进行定轨和定姿;相对于目标进行实时轨道控制;羽流冲击以及对目标的影响;建立与地形相关的导航系统和信息系统;动态磁测量与表面距离的激光雷达、雷达或其他传感器。

10.2.3.2 获取表面特征

获取亚表面和内部结构信息,样本现场分析,取样返回是相当具有挑战性的。科学家们一致认为,对 NEO 进行的科学探测顺利与否很大程度上取决于现场勘察的能力。

技术差距主要包括以下几个方面:

(1) 采样和勘探:获取亚表面样本;在样本获取和送回地球的过程中,保存好挥发性物质;确保从最具价值的地点采集/提取最具价值的样本,样本中需含有代表性成分;样本封装,安全送回地球;使用钻探工具采集地下样本,尤其是保存地层信息;使用传感器获取亚表层特征,确定目标天体的内部结构;采用锚定的方法将有效载荷固定在表面或亚表面,或与其进行物理接触。

(2) 星载科学:星载科学实验室进行现场的样本等级分离;微型低功率的科学仪器对样本进行成分分析;高带宽通信,满足返回所有测量的信息;专家系统协助现场样本评估和筛选;采用清洁装置避免样本在现场测量时或返回地球时受污染。

10.2.3.3 高度自主性

自主性和可靠性是载人 NEO 的关键要素。因为近地天体载人任务以及更远的任务路程遥远,时间较长,还需要采用先进的后勤和冗余。在没有地面支持的操作下,自主性和可靠性非常重要。在没有地面操作后勤支持的情况下,需要采用新的后勤和冗余方法,并且必须针对不可避免的故障采取可靠的措施。

针对自主性方面的差距所确定的技术方案包括:

(1)系统自治、自动化规划和任务操作:采用可以重新配置/调整的系统来提高任务的灵活度和可靠性;使用人工智能来调整系统;采用船载任务规划功能,以适应不可预知的新环境;进行维修诊断,以便能够在飞船上随时了解系统状态;通过及时的培训培养航天员适应新环境的能力。

(2)系统可靠性和维修功能:采用故障检测、隔离和恢复(FDIR)功能,在无法得到地面支持的情况下,应对和修复不可避免的系统故障;采用通用零部件;采用可持续设计方案,通过新的渠道提高可靠性;采用自我维修功能,在没有地面支持的情况下进行自我维修;采用可靠性测试程序,以确保船载系统能达到预期和必要的可靠度;根据需要生产备用部件,以便在远离地球,没有后勤支援的情况下更换备件;采用功能和异类冗余,以降低运输重量和体积。

10.2.3.4 生保系统

生保系统方面的差距是最棘手的。多年来虽然已经采取了多种"抗辐加固"措施,但是始终对辐射比较敏感,因而如何保护宝贵而重要的人力,是难度非常大的一个问题。此外,近地太空系统的生命维持系统重量和功耗较大,在任务后勤方案中占很大比例,如果人类展开外太空活动,必须改变上述情况。NASA 正在着手解决这些问题,但同时也面临着更多的困难。

针对航天员系统功能差距所确定的技术开发方案包括:

(1)辐射防护和警告:采用检测和警告系统,以便为航天员采取合适的预防措施和保护措施;采用预测模型,以便有足够的准备时间;准备好医药救治措施,以便处理不可避免的辐射问题;进行人体放射量测定,以评估航天员承受的辐射量;居住舱采用合理的设计,为航天员提供良好的辐射防护;使用 NEO 屏蔽飞行器,尤其是隔绝太阳活动所产生的辐射;采用辐射防护强化系统,以确保生命维持系统在经受辐射后能一直保持正常操作。

(2)高度可靠的生命维持系统:采用低消耗设备,减少生命维持系统的总质量和功耗;采取系统封闭(气密和水密),以减少长期外太空任务所需的补充空气和水。

10.2.4 飞行流程

10.2.4.1 LEO 准备阶段

在载人小行星任务中,采用在低地轨道组装的方式,将对接后的转移飞行器从低地轨道出发飞往目标小行星。组合后的转移飞行器应具备所有推进、生保系统、探测系统以及地球返回系统,可以完成为期 6~12 个月的近地天体的往返任务。

具体配置如下:

(1)核心舱:包括环境控制和生命支持系统(ECLSS)、动力、后勤存储、医疗设施、科研实验室等。

(2)两个空间探索飞行器:定义为一个双人的自由飞行器,可视效果良好,可以临近近地天体操作,带有交会对接系统和锚定系统、舱外活动系统(太空服,可以方便快速进入近地天体,进行表面操作)、生活区以及用于样本操作和采集的机械臂。

(3)往返于 NEO 的空间推进级。

(4)一个或两个小型地球返回舱。

(5)一个小型高级探测器。

(6)3 名或 4 名航天员。

10.2.4.2 近地天体转移阶段

近地天体转移阶段有两种轨道设计方案:

(1)选择当近地天体靠近地球飞行时出发,远离地球时返回。

(2)选择近地天体远离地球时出发,在靠近地球时返回。

在 2011 年召开的载人小行星探测研讨会上,科学家们建议采用第二种方案,即延长飞向天体的时间段,返回地球的阶段采用较短的时间。航天员将花费 6 个月的时间飞向近地天体,在此过程中进行微重力试验、监控太空环境、测量星际辐射水平和太阳辐射活动、监控探测器系统性能,为近地天体操作进行飞行中培训,并监控航天员生理和心理健康状态。

在进行载人小行星探测之前,会开展一系列无人探测,获取目标天体特征的关键信息。由于发射窗口较窄,小行星探测器可能会在前往目标天体之前飞到另一个天体,并开展环绕探测。

10.2.4.3 NEO 操作阶段

在航天员到达目标天体以后,标志着近地天体载人任务进入工作量最密级的阶段。在经过几个月的飞行之后,航天员在目标附近只停留 14 天,然后开始返回地球。这是因为在近地天体停留的时间越长,返回地球所需的推进能量就越大。近地天体的操作大致可分成载人飞船的操作、出舱活动、科研活动以及机器人操作。

1)载人飞船的操作

载人飞船的操作是航天员最为关键的操作之一。载人行星飞船主要包括以下几个部分:

（1）推进级：一个负责到达小行星时的减速，另一个负责加速返回地球。

（2）返回舱：1～2个返回舱，用于直接返回地球大气层。

（3）核心舱：为航天员提供居住条件，以及探测器的其他必要部件。

（4）空间探索飞行器（SEV）：帮助航天员从推进级（或母舱）转移到小行星表面。此外，还提供EVA的能力

（5）小型机器人：是飞船的补充

航天员将监控飞船所有部件的工作状态，并对其进行日常维护。

在航天员的操纵下，探测器将执行轨道捕获程序，并且与小行星保持一定距离进行伴飞。在那个时候：首要的工作是完成机器人探测；然后根据这些信息了解相关情况，确定危险，并分析资源。

在航天员充分掌握这些信息之后，将引导SEV着陆小行星。当最佳着陆地点选择后，探测器将与小行星进行交会，并启用锚定机构将其固定。如果锚定系统因故无法工作，启动备份操作固定探测器的位置，然后为航天员的EVA做准备。一旦在NEO上的工作完成，SEV离开小行星表面，与母舱对接。

2）EVA操作

在载人小行星任务中，一个重要的内容是让非常专业的科学家尽可能靠近目标进行研究，为此需要进行出舱活动。虽然有机器人辅助，但主要的科研任务都将由航天员完成，他们将接触近地天体的表面。每次出舱活动至少将由两位航天员来执行，并由舱内（IVA）航天员负责监控。

出舱活动航天员将使用移动系统，通过绳索系到小行星或飞行器上。让航天员站在SEV的机械臂上，并将机械臂和航天员置于最佳位置，执行既定任务，如采集样本或部署仪器。另一种方法是将一个绳索网络固定到近地天体，这样航天员可以把自己固定住，并绕着近地天体移动到各个位置执行既定任务。与绳索网络类似的一种方法是只使用一根绳索（类似于衣服绳），帮助航天员在近地天体表面移动。

3）科学载荷操作

出舱活动的大部分时间用于表面科研操作，其中包括安放科研工具包、岩心采样、深度钻孔以及采集大块和选定样本。出舱活动的航天员还将进行技术试验，以评估近地天体的就地资源利用能力，修改近地天体轨道参数，并在近地天体上安放转发器或反射器（标志），以提高未来的跟踪能力。其他活动包括部署在航天员操作过程中和之后要使用的地震传感器。

4）NEO机器人操作

机器人可以由舱内活动航天员来操作，也可以在近地天体航天员离开地球以后从地面远程操作。出舱活动航天员可以使用机器人助手，其包括远程自主出舱机器人摄像机（AERCAM），这样舱内活动航天员就可以参与舱外操作，并监控出舱活动。在安放了科研工具包以后，可以远程操作深度钻孔和就地资源利用试验。

这样,航天员就能执行更多其他时间关键型任务,而不是耗费数小时来钻孔或提取所需的岩心样本。

10.2.4.4 地球返回阶段

返回地球阶段首先要进行地球转移轨道点火并离开近地天体。在地球转移轨道巡航过程中,航天员将操作并监控留在近地天体上的机器人(也可能包括一艘太空探索飞行器),并持续监控其飞行器系统。他们可能会启动尚未进行的地球防御试验,通过冲力、碰撞或重力牵引(后两种操作采用一个已经用过的推进级)更改近地天体的轨道。航天员还会通过科研活动来监控自身的物理和心理状态、所受辐射剂量以及失重反应。

10.2.5 与载人登月、登火的比较

寻求载人小行星和载人登月、载人登火在系统、能力和探测目的之间的相似之处始终是科学家探索的目标。深入理解其中的相似性,能够更有效地帮助科学家梳理载人探索多目的地探索中的投资战略和操作理念。

深入研究载人小行星任务和载人登月、载人登火的目的如下:

(1)载人探测属于高成本、高风险的项目,关注探测体系的共通性研究,可以最大限度提高投资回报。

(2)载人小行星任务可为未来载人火星任务创造良好的前提条件,因此应推动"为火星任务而设计,用于近地天体"的策略。

(3)通过载人小行星的探测,推动国际各方的大力参与,共同促进科研协调以及任务规划和执行。

10.2.5.1 共性

科学家们在深入学习了"火星设计参考任务构型(DRA)5.0"和"载人登月参考构型"以后,认为在载人小行星探测在如下几个方面和载人登火和载人登月存在共同特征:

(1)在任何任务中,减少 EVA 扬起的尘土都是类似的。由于小行星上悬浮的颗粒远多于其他探测天体,可能会在表面上空形成"云雾",因此航天员在目标小行星进行科学探索时,有可能面临最为恶劣的表面环境。

(2)样本采集、存储和处理,以及样本的现场分析在各个目标天体探测中都是类似的。

(3)现场的航天员要对远程机器人进行实时控制,这在目标天体的探测中尤为重要。

(4)航天员必须将时间用于实现任务目标,而不是执行系统维护任务。

(5)完成科学任务的能力具有许多共性特征,如寻找挥发性物质、地质学、等

离子相互作用、尘土、表面加电,以及样本采集和处理等技术。

（6）操作模式完全类似,即完全依赖于移动系统。在移动时,航天员带在表面移动系统中;在到达目的地后,航天员出舱进行现场作业;然后再返回移动系统,前往另一个目的地。整个过程耗用时间不长。

（7）绝大多数技术和能力都有基本生命保障、健康和舒适度的要求（生命和环控系统、热控系统、防辐射系统）,这一点在所有任务中都是类似的。

表 10-3 列出了载人探测在各个阶段共性特征。

表 10-3　载人探测在各个飞行阶段共性特征

任务阶段	共 性 特 征
发射	无论是 NEO 还是火星、月球探测任务,使用通用的运输系统,如重型运载火箭是相当重要的
转移	① 转移居住舱（包括电源、生保系统）都非常相似。在这一点上,ISS 是最好的典型案例。 ② 货物存储能力。 ③ 先进的空间推进和上面级（EDS）。 ④ 发射窗口感应能力。 ⑤ 人员健康和风险管理能力。 ⑥ 辐射监控和保护能力。 ⑦ 核电可以用于 NEO 和为来火星任务。 ⑧ 系统自治操作功能。 ⑨ 需要对航天员进行培训
进入返回及 表面活动	① 无大气星球的表面进入与载人 NEO 十分相似。 ② 科学仪器十分相似。 ③ 就地资源利用系统可能相似。 ④ 操作理念可能相似
	① 载荷部署和取样相似。 ② 自主操作相似
	① 核电。 ② 机器人远距离操作（航天员/地球相互协作）。 ③ 通信、导航和软件
返回地球	再入技术和能力

10.2.5.2　差异

近地天体任务和火星或月球任务之间的一些关键差别:

（1）保持航天员的健康:

① 在火星表面会采取不同的辐射屏蔽和控制措施。

② 在火星的尘土控制措施会有些不同,其原因包括重力、大气效应、全球尘暴,并且火星尘土可能存在生物危险。

③ 火星的生命维持系统(食品、水和氧气)也许能使用大气 ISRU,并且可能需要提前确定资源的位置。

④ 在月球前哨站或火星任务的医疗护理可能需要较长的时间,并且可能需要考虑更多的意外事件。

⑤ 所有三种任务的中止任务轨迹都不一样,可能需要采用不同的任务硬件。

(2) 保持航天员的工作能力:

① 因为在火星会采取不同的尘土控制措施(接触作用方式不同),所以可能需要系统采用更主动的尘土防护方法。

② 在火星和月球上的机器人工具可能有不同的磨损和损耗方式,考虑到在重力环境下机器人系统的特点,很多元件都是不一样的。

③ 人或机器人在重力环境下采集样本的能力可能是不一样的。

④ 在环境中的移动方式是不一样的。因为火星或月球与近地天体的大小不同,所以在火星或月球上移动,比在近地天体上更重要。

(3) 自主操作功能:因为月球比大多数近地天体或火星更靠近地球,所以为安装无人的远程操作系统创造了条件,或者为人力活动提供补充。这些系统不能与近地天体或火星采用相同的操作方式,或者必须采用自动化功能。

(4) 行星保护(尤其是在火星上):

① 在火星环境中样本分级(选择)方式不一样。

② 在火星上,行星保护措施要比在近地天体上严格得多。

结 束 语

迄今为止在太阳系内一共已经发现了约 70 万颗小行星,但这可能仅是所有小行星中的一小部分。小行星和彗星中保存了早期太阳系的原始成分。其中,在火星和木星轨道之间主带碳质 C 型小行星,特别是碳质近地小行星是碳质球粒陨石的发祥地,成为探索地球上的生命来源的重要目标,而富含大量的挥发物活动彗星也是一个值得关注的焦点。

科学家们正在试图通过对小行星和彗星深空探测解答一系列关键的科学问题:如早期小行星中有机物的本质和起源是什么,它们对形成生命起源所必需的分子有何影响;地球上的生命是否来自小行星或彗星;小行星中是否含有太阳星云中的原始物质;在太阳系早期与行星形成同时发生的物理过程是什么;小行星和彗星在地球形成史上的陨击事件的频率和造成的影响如何;未来采取怎样的防范措施来减弱或消除其撞击危害;彗星是如何起源的;彗星尘和恒星际物质之间有什么关联;彗核的真实本质是怎样的;地球海洋的形成和彗星有何联系。

传统地面小天体观测仅可获得基本轨道参数和一些物理特性,对小天体物质成分的分类和形状的解析度则非常有限,而对体积大小、物质组成、内部结构、引力场,磁场等参数的测定几乎是空白。受地面观测的限制,深空探测成为深入探索和全面认知小行星和彗星特性的重要途径。世界各国如美国、欧洲和日本已经开展的对小行星和彗星探测表明,这些任务周期长、风险高、技术难度大。因此未来小天体的探测将呈现出如下特征:

(1) 小行星探测已从飞越和伴飞探测发展到表面软着陆和采样返回探测。在小行星探测早期,由于技术原因,尚不能完成小行星表面着陆及返回探测,只能是进行飞越和伴飞探测。但由于软着陆和采样返回探测能取得更大的科学探测成果,随着技术的发展,逐步实现了表面软着陆和采样返回。除"隼鸟"号探测器外,正在规划中的小行星探测任务也有多个需要采样返回。

(2) 通常一次飞行任务进行多目标探测。为了使探测任务价值最大化,小行星探测通常探测多个目标小行星。有的通过精心设计飞行轨道,使得探测器能够对多颗小行星进行探测,或者是在其他探测任务时,在途中探测一颗或多颗目标小行星。

(3) 从无人探测向载人探测发展。小行星探测由于周期长,所需轨道转移能力要求高,载人探测将面临诸多困难,因此各国都是首先开展无人小行星探测。

2010 年美国提出载人登陆小行星计划，预示着人类正朝载人小行星探测的方向迈进。

（4）小行星探测任务与新技术的演示验证相结合。小行星探测为新技术的验证提供了良好的平台。与新技术的演示验证相结合，小行星探测能兼顾更多技术目标，为后续的深空探测奠定技术基础。因此不论美国、日本还是欧洲都注重新技术的验证，即便是某些时候牺牲了部分科学探测价值。

因此，未来的小天体探测将围绕太阳系起源、地球生命起源和水起源以及地外生命物质存在等重大科学问题，通过对碳质（和其他原始）小行星和富含大量的挥发物活动彗星开展深空探测，将直接取得太阳系原始成分来探索宇宙中原始生命的存在形式和探索地球生命在外太空的适应能力，深化认识太阳系的形成过程和演化历史，勘测利用太阳系天然资源，保护地球和人类安全。

附录 世界各国小天体探测活动编年表

附表 1 历次小天体探测汇总

名称	探测对象	发射时间	国家或组织	探测方式	结果
Vega	金星 哈雷彗星	1984 – 12 – 15 1984 – 12 – 21	苏联	飞越	成功
先驱	哈雷彗星	1985 – 01 – 07	日本	飞越	成功
"行星" – A	哈雷彗星	1985 – 08 – 18	日本	飞越	成功
乔托	哈雷彗星	1985 – 07 – 02	欧洲空间局	飞越	成功
伽利略	木星及其卫星 小行星 Gaspra 小行星 Ida	1989 – 10 – 18	美国	飞越	成功
会合 – 苏梅克号	小行星爱神	1996 – 02 – 17	美国	环绕附着	成功
"深空" 1 号	小行星 Braille 彗星 Borrelly	1998 – 10 – 24	美国	飞越	成功
"星尘" 号	小行星 Annefrank 维尔特二号彗星	1999 – 02 – 07	美国	采样返回	成功
彗核旅行	彗星探测器	2002 – 07 – 03	美国		失败
"隼鸟" 号	小行星糸川	2003 – 05 – 09	日本	采样返回	成功
罗塞塔	小行星 Steins 小行星 Lutetia 彗星 67P/C – G	2004 – 03 – 02	欧洲空间局	环绕附着	成功
深度撞击	彗星探测器	2005 – 01 – 12	美国	撞击	成功
新地平线	冥王星 柯伊伯带	2006 – 01 – 19	美国	飞越	途中
"黎明" 号	灶神星 谷神星	2007 – 09 – 27	美国	环绕	途中
"隼鸟" 2 号	小行星 1999JU3	2014 – 12 – 03	日本	取样返回	途中

注:(1) 美国发射 8 次,成功 5 次、2 次正在飞行途中,其中飞越 3 次、环绕 2 次、附着 1 次、采样返回 1 次;

(2) 欧洲空间局发射 2 次,成功 2 次,其中飞越 1 次、环绕附着 1 次;

(3) 日本发射 3 次,成功 3 次,其中飞越 2 次、环绕附着采样返回 1 次;

(4) 苏联发射 1 次,成功 1 次,为飞越探测

附表 2 未来小天体探测规划

名称	探测对象	预计发射时间	国家或组织	探测方式
"堂吉诃德"小行星防卫计划	小行星 2003 SM84 小行星 Apophis	—	欧洲空间局	伴飞 撞击
源光谱释义资源安全风化层辨认探测器	小行星 1999RQ36	2016	美国	取样返回
马可波罗计划	小行星 1989UQ	—	欧洲空间局	取样返回
中国小行星环绕探测规划	小行星 Apophis 1996FG3	2017	中国	伴飞附着
中国小行星取样探测规划	谷神星	—	中国	取样返回
小行星捕获	小行星 2008HU4	2016	美国	捕获返回
普利茅斯岩石计划	小行星 2008EA9	2019、2028、2029	美国	载人登陆
阿波菲斯载人登陆计划	小行星 Apophis	2028	美国	载人登陆

参 考 文 献

[1] 赵建康,赵忠孝. 近地小行星探测——与地球关系最密切的空间探测. 世界科学, 2007,
(2):29 - 30.

[2] 季江徽. 开展小行星彗星深空探测的科学意义和启示. 国防科技工业, 2011,(4):
54 - 55.

[3] 徐伟彪,赵海斌. 小行星深空探测的科学意义和展望. 地球科学进展, 2005, 20(11):
1183 - 1193.

[4] Meltzer Michael. Mission to Jupiter A History of the Galileo Project[R]. NASA SP - 2007 -
4231, Washington,DC: National Aeronautics and Space Administration NASA History Division
Office of Policy and Plans,2007: 107 - 223.

[5] Vaughan R M, Riedel J E, Davis R P,et al. Optical Navigation for the Galileo Gaspra Encounter.
AIAA paper 92 - 4522, AIAA/AAS Astrodynamics Conference, Hilton Head, South Carolina,
August 1992.

[6] Santo A G,Krimigis S M,Coughlin T B. The NEAR Mission to The Asteroid Eros. 47th Interna-
tional Astronautical Congress,1996.

[7] Dunham David W,McAdams James V,Farquhar Robert W, NEAR Mission Design. Johns Hop-
kins APL Technical Digest,2002,23(1):18 - 23.

[8] Williams Boddy G. Tchenical Challenges and Results for Navigation of NEAR Shoemaker. Johns
Hopkins APL Technical Digest,2002,23(1):34 - 45.

[9] Dunham D W. McAdams J V, Mosher L E,et al. Maneuver Strategy for NEAR's Rendezvous
with 433 Eros. Acta Astronaut,2000(46):519 - 529.

[10] Dunham D W. NEAR Contingency plans for the Eros Rendezvous. SRM - 98 - 114, JHU/APL,
Laurel, MD.

[11] Dunham David W,McAamds James V, Mosher Larry E. Maneuver Strategy for NEAR's Ren-
dezvous With 433 Eros. 48th International Astronautical Congress,1997.

[12] Antreasian P G, Chesley S R, Miller J K,et al. The Design and Navigation of the NEAR Shoe-
maker Landing on Eros. AAS/AIAA Astrodynamics Specialists Conf. ,2001.

[13] Rayman M D,Varghese P, Lehman D H,et al. Results from the Deep Space 1 Technology Vali-
dation Mission. IAA - 99 - IAA. 11. 2. 01, 50th International Astronautical Congress, Amster-
dam, The Netherlands,1999:4 - 8.

[14] McElrath T P, Lewis G D. Ulysses Orbit Determination at High Declinations. Proceedings of the
Flight Mechanics/Estimation Theory Symposium 1995, Greenbelt,Maryland,1995:277 - 287.

[15] Hamilton T W, Melbourne W G. Information Content of a Single Pass of Doppler Data from a

Distant Spacecraft. JPL Space Programs,1996,3:37 - 39.

[16] Wolff P J, Pinto F, Williams B G,et al. Navigation onsiderations for Low – thrust Planetary Missions. AAS/AIAA Space Flight Mechanics Meeting, Monterrey, California,1998.

[17] Bhaskaran S, Desai S D, Dumont P J,et al. Orbit Determination Perforamnce Evaluation of the Deep Space 1 Autonomous Navigation System. AAS/AIAA Space Flight Mechanics Meeting, Monterrey, California,1998.

[18] Coverston Caroll V, Williams S N. Optimal Low Thrust Trajectories Using Differential Inclusion Concepts. AAS/AIAA Spaceflight Mechanics Meeting, Cocoa Beach Florida, 1994.

[19] Riedel J E, Bhaskaran S, Synnott S P,et al. Navigation for the New Millenium: Autonomous Navigation for Deep Space – 1. Proceedings of the 12th International Symposium on Flight Dynamics, Darmstadt, Germany, 1997.

[20] Campbell J K, Jacobson R A, Riedel J E,et al. Voyager Ⅰ and Ⅱ Saturn Encounter Orbit Determination. AIA – 82 – 0419, AIAA 20th Aerospace Sciences Meeting, Orlando, Florida,1992.

[21] Taylor J, Fernández M M, Bolea Alamañac A I,et al. Deep Space 1 Telecommunications, DESCANSO Design and Performance Summary Series. Article 2, Jet Propulsion Laboratory, Pasadena, California,2001.

[22] Bhat R S,Williams K E, Helfrich C E, ct al. Wild2 Approach Maneuver Strategy Used for Stardust Spacecraft. AIAA – 2004 – 5395, 2004.

[23] Lyons Daniel T,Desai Prasun N. Adventure sin Parallel Processing: Entry, Descentand Landing Simulation for the Genesis and Stardust Missions. AAS – 05 – 267,2005.

[24] Desai Prasun N,Lyons Dan T,Tooley Jeff. Entry, Descent, and Landing Operations Analysis for the Stardust Entry Capsule. American Institute of Aeronautics and Astronautics,2007.

[25] Stardust Sample Investigator's guidebook. NASA Lyndon Space Center. Houston, Texas,2006.

[26] Tsou P. Stardust: A Comet Coma Flyby Sample Return IEEE AC paper JHJ1440,Version3, Updated Nov. 3,2008.

[27] Jenniskens Peter. Observations of the Stardust Sample Return Capsule. Entry with a Slitless Echelle Spectrograph. Journal of Spacecraft and Rockets. 2010,47(5).

[28] Introduction: Atmospheric Entry of the Stardust Sample Return Capsule. Journal of Spacecraft and Rockets. 2010,47(5).

[29] 贾贺, 荣伟, 陈旭,等. 典型采样返回探测器的进入减速着陆系统分析. 航天器工程, 2010(9).

[30] Hirstt Edward A,Yen Chen – wan L. Effect of Unbalanced Attitude Control Burns on Stardust Trajectory Design. AIAA 98 – 4189,1998.

[31] Barry R K,Lindler D. Development and Utilization of a Point Spread Function for the Extrasolar Planet Observation and Characterization/Deep Impact Extended Investigation(EPOXI) Mission. Space Telescopes and Instrumentation,2010.

[32] Frauenholz Raymond B. Deep Impact Navigation System Performance Journal of Spacecraft and

Rockets. 2008,45(1).

[33] Hughes Michael P,Deep Impact Attitude Estimator Design And Flight Performance.

[34] Owen W M,Mastrodemos N, Rush B P,et al. Optical Navigation for Deep Impact. 16th Annual AAS/AIAA Space Flight Mechanics Meeting, American Astronautical Society, San Diego, CA,2006.

[35] Chesley S R, Yeomans D K. Comet 9P/Tempel 1 Ephemeris Development for the Deep Impact Mission. 16th Annual AAS/AIAA Space Flight Mechanics Meeting, American Astronautical Society, San Diego, CA,2006.

[36] Hughes M P, Schira C, Kendall L. Deep Impact Attitude Estimator Design and Flight Performance. 29th Annual AAS Rocky Mountain Guidance and Control Conference, American Astronautical Society, San Diego, CA,2006.

[37] Kubitschek D G, Mastrodemos N, Werner R A,et al. Deep Impact Autonomous Navigation: The Trials of Targeting the Unknown. 29th Annual AAS Rocky Mountain Guidance and Control Conference, American Astronautical Society, San Diego, CA,2006.

[38] Lewis Kendall. Turn and burn – Deep Impact Imactor Autonomous Delta – V Maneuver Execution. Paper AAS 06 – 033, Proceedings of the Annual AAS Guidance and Control Conference, 2006.

[39] Dan Kubitschek,et al. Deep Impact Autonomous Navigation: The Trials of Targeting the Unknown. Paper AAS 06 – 081, Advances in the Astronomical Sciences, Proceedings of the Annual AAS Guidance and Control Conference, 2006.

[40] Doug Wiemer. Attitude Determination and Control for the Global Imagig System 2000. AAS 98 – 012.

[41] 徐箐. 新地平线探测器将首探冥王星. 国际太空,2006.

[42] Guo Yanping, Farquhar Robert W. New Horizons Mission Design, Space Sci Rev,2008,140: 49 – 74.

[43] Guo Yanping. Flight Of The New Horizons Spacecraft To Pluto And The Kuiper Belt. IAC – 08 – A3. 6. 14.

[44] Rogers Gabe D. Schwinger Marsha R. New Horizons Guidance and Control System Performance During Early Operations. AIAA 2007 – 6729.

[45] Mastrodemos Nickolaos,Rush Brian,Vaughan Drew,et al. Optical Navigation for DAWN atVesta. AAS 11 – 222.

[46] Whiffen Gregory J. Mystic:Implementation of the Static Dynamic Optimal Control Algorithm for High – Fidelity, Low – Thrust Trajectory Design. AIAA/AAS Astrodynamics Specialist Conference, 2006.

[47] Smith Brett A,Vanelli Charles A,Swenka Edward R. Managing Momentum on the Dawn Low Thrust Mission. IEEEAC Paper#1611,Version 0 Updated,2008.

[48] Rayman Marc D,Patel Keyur C. The Dawn Project's Transition to Mission Operations: on Its Way to Rendezvous with (4)Vesta and (1) Ceres. IAC – 08 – A3. 5. 2.

参考文献

311

[49] Vanelli C Anthony,Swenka Edward,Smith Brett. Verification of Pointing Constraints for the Dawn Spacecraft. AIAA/AAS Astrodynamics Specialist Conference and Exhibit 18 – 21 August 2008, Honolulu, Hawaii. AIAA 2008 – 7085.

[50] Garner Charles E,Rayman Marc D,Brophy John R. In – Flight Operation of the Dawn Ion Propulsion System Through Start of theVesta Cruise Phase. 45th AIAA/ASME/SAE/ ASEE Joint Propulsion Conference & Exhibit 2 – 5 August 2009, Denver, Colorado. AIAA 2009 – 5091.

[51] Garner Charles E,Rayman Marc D,Brophy John R,et al. The Dawn ofVesta Science. The 32nd International Electric Propulsion Conference, Wiesbaden, Germany September 11 – 15, 2011 IEPC – 2011 – 326.

[52] Rayman Marc D,Fraschetti Thomas C,Raymond Carol A,et al. Dawn: A mission in Development for Exploration of Main Belt Asteroids Vesta and Ceres. Sciencedirect, Acta Astronautica, 2006(58):605 – 616.

[53] Thomas Valerie C, Makowski Joseph M,Brown G Mark,et al. The Dawn Spacecraft. Springer Science + Business Media B. V,2011.

[54] Russell C T, Raymond C A. The Dawn Mission toVesta and Ceres. Springer Science + Business Media B. V,2011.

[55] Paul Mahaffy,Joe Veverka, Hass Niemann. An Overview of the Comet Nucleus TOUR Discovery Mission and a Description of Neutral Gas and Ion Measurements Planned. STAR,2002,40(5).

[56] Küppers Michael,Wirth Kristin,Frew David. Gerhard Schwehm, etc. Science Operations Planning of the Rosetta encounter with Comet 67P/Churyumov – Gerasimenko. AIAA 2010 – 2167.

[57] Alexander C,Sweetnam D,Gulkis S,et al. The U. S. Rosetta Project at Its First Science Target: Asteroid (2867) Steins. IEEE Xplore, IEEEAC paper JHJ1250, Version 5, Updated Jan. 6, 2010.

[58] Alexander C, Chmielewski A, Gulkis S,et al. The U. S. Rosetta Project at Its second Science Target: Asteroid (21) Lutetia. IEEEAC paper JHJ1036,Version 3, Updated Jan,2011.

[59] Morley T, Budnik F. Rosetta Navigation at its First Earth Swing – by. The Japan Society for Aeronautical and Space Sciences and ISTS. ISTS 2006 – d – 52.

[60] Budnik Frank,Morley Trevor. Rosetta Navigation at Its Mars Swing – by[C],19th International Symposium on Space Flight Dynamics,Kanazawa,Japan,2006.

[61] Bernard J,Dufour F, Gaudon P,et al. Rosetta Mission Analysis of the Landing Phase on a Comet. AIAA/AAS Astrodynamics Specialist Conference and Exhibit, 5 – 8 August 2002, Monterey, California. AIAA 2002 – 4723.

[62] Wood L J, Mottinger N A, Jordan J F. Radio Metric Orbit Determination for the Giotto Mission to Comet Halley. American Institute of Aeronautics and Astronautics, Aerospace Sciences Meeting, 21st, Reno, NV; United States,1983:10 – 13.

[63] "隼鸟"号,维基百科.

[64] 小行星 25143,维基百科.

[65] Fujiwara Akira, et al. The Rubble – Pile Asteroid Itokawa as Observed by Hayabusa. Science,

2006,312(5778):1330 – 1334.

[66] Kaasalainen M, et al. CCD Photometry and Model of MUSES – C Target (25143) 1998 SF36, Astronomy and Astrophysics,2003,405:L29 – L32.

[67] Scheeres D J,Broschart S, Ostro S J,et al. The Dynamical Environment About Asteroid 25143 Itokawa: Target of the Hayabusa Mission, AIAA/AAS Astrodynamics Specialist Conference and Exhibit 16 – 19 August 2004, Providence, Rhode Island AIAA 2004 – 4864.

[68] Kuninaka Hitoshi,Kawaguchi Jun'ichiro. Deep Space Flight of Hayabusa Asteroid Explorer. Space Exploration Technologies, 2008, 6960:1 – 10.

[69] Kuninaka Hitoshi,Kawaguchi Jun'ichiro. Lessons Learned from round Trip of HAYABUSA Asteroid Explorer in Deep Space.

[70] Nishiyama K. Summary of the 25000 Hour Round – Trip Ion Drive of Hayabusa. 61st International Astronautical Congress, Prague, CZ. IAC – 10 – C4. 4. 3.

[71] Yoshikawa M,Ikeda H,Yano H,et al. Astrodynamics Science about Itokawa, Gravity and Ephemeris. AIAA/AAS Astrodynamics Specialist Conference and Exhibit. 21 – 24 August 2006, Keystone, Colorado. AIAA 2006 – 6658.

[72] Kubota Takashi,Otsuki Masatsugu,Yano Hajime,et al. Descent and Touchdown Dynamics for Sampling in Hayabusa Mission. International Astronautical Congress ,IAC – 06 – C1. 3. 02.

[73] Kubota Takashi,Hashimoto Tatsuaki,Kawaguchi Jun'ichiro,et al. Guidance and Navigation of Hayabusa Spacecraft for Asteroid Exploration and Sample Return Mission. SICE – ICASE International Joint Conference 2006, Oct. 18 – 21, 2006 in Bexco, Busan, Korea.

[74] Kominato Takashi,Matsuoka Masatoshi,Uo Masashi,et al. Optical Hybrid Navigation and Station Keeping around Itokawa. AIAA/AAS Astrodynamics Specialist Conference and Exhibit, 21 – 24 August 2006, Keystone, Colorado. AIAA 2006 – 6535.

[75] Yoshikawa Makoto,Kato Takaji,Ichikawa Tsutomu,et al. Orbit Determination of Hayabusa from the Launch to the Asteroid Arrival. IAC – 05 – C1. 7. 03.

[76] Oshima Takeshi,Kawaguchi Jun'ichiro,Hagino Shinji. The Mission Operations of Hayabusa Asteriod Explorer. IAC – 06 – C1. 6. 06.

[77] Kawaguchi Jun'ichiro,Fujiwara Akira,Uesugi Tono. Hayabusa(Muses – C) – Rendezvous and Proximity Operation. IAC – 05 – A3. 5. A. 01.

[78] Cassell Alan M, Winter Michael W,Allen Gary A,et al. Hayabusa Re – entry: Trajectory Analysis and Observation Mission Design. [C] ,42nd AIAA Thermophysics Conference. 204,Honolulu,HI,United States,ARC – E – DAA – TN3813.

[79] Cano Juan L, Sanchez Mariano, Cornara Stefania. Mission Analysis for the Don Quijote Phase – A Study. Goddard Space Flight Center,2007(24).

[80] Andres Galvez, Jose Gonzalez, Juan Martin – Albo. Paving the Way for an Effective Deflection Mission – State of the Art NEO Precursor Missions. 2004 Planetary Defense Conference: Protecting Earth from Asteroids; Orange County, CA,2004:23 – 26.

[81] Yoshikawa M, Hayabusa – 2 Project Team. Outline of the Next Asteroid Sample Return Mission

参考文献

313

of Japan – Hayaubsa – 2 Outline of the Next Asteroid Sample Return Mission of Japan – Hayaubsa – 2. 28th International Symposium on Space Technology and Science, 2011 – k – 19, 2011.

[82] Tsuda Y, Ogawa N, Morimoto M, et al. Trajectory Design of Hayabusa – 2. JAXA Workshop on Astrodynamics and Flight Mechanics, A – 5, Sagamihara, 2011.

[83] Muller T G, Durech J, Hasegawa S, et al. Thermo – physical Properties of 162173 (1999 JU3), a Potential Flyby and Rendezvous Target for Interplanetary Missions. A&A, Vol. 525, A145, Jan, 2011.

[84] Sawada H, Tachibana S, Okazaki R, et al. The Sampling System of HAYABUSA2 Missions. 63rd International Astronautical Congress, IAC – 12 – A3. 4. 6, Naples, 2012.

[85] Takanao S, Imamura H, Sawada H, et al. Development Status of Small Carry – on Impactor for Hayabusa – 2 Mission. 63rd International Astronautical Congress, IAC – 12 – A3. 4. 8, Naples, 2012.

[86] Kevi Berry, Bria Sutter, Ale May, et al. OSIRIS – REx Touch – And – Go (TAG) Mission Design and Analysis. 36th Annual AAS Guidance and Control Conference, Breckenridge, Colorado, February 1 – February 6, 2013. AAS 13 – 095.

[87] Lauretta D S, Barucci M A, Bierhaus E B, et al. The Osiris – Rex Mission – Sample Acquisitions Strategy and Evidence for the Nature of Regolith on Asteroid (101955) 1999 RQ36. GSFC. ABS. 6358. 2012.

[88] K Sankaran, B Hamming, C Grochowski, etc. Evaluation of Existing Electric Propulsion Systems for the OSIRIS – REx Mission[J]. Journal of Spacecraft and Rockets, 2013, 50(6): 1292 – 1295.

[89] 刘佳, 夏亚茜. 美国洛马公司提出载人登陆小行星计划[J]. 国际太空, 2012, (1): 13 – 17.

[90] 张伟. 深空探测器总体技术[J]. 上海航天, 2012, 29(6):1 – 6.

[91] 金宗耀, 刘永健, 谭春林. 美国小行星俘获任务及其启示[J]. 航天器工程, 2013, (5): 129 – 135.

[92] Abell, Pau. Near – Earth Object Exploration and Marco Polo – R[R]. JSC – CN – 28656.

[93] De León J, Mothé – Diniz T, Licandro J, etc. New observations of asteroid (175706) 1996 FG3, primary target of the ESA Marco Polo – R mission[J]. Astronomy and Astrophysics, 2011, 530, Refs. 32. EIP20112214013201.

[94] Joshua Hopkins, Adam Dissel. Plymouth Rock: An Early Human Mission to Near – Earth Asteroids Using Orion Spacecraft[R]. AIAA SPACE 2010 Conference & Exposition, AIAA 2010 – 8608.

[95] Hopkins Joshua B, Dissel Adam F. Plymouth Rock: Early human missions to near earth asteroids using orion spacecraft[J]. AIAA SPACE Conference and Exposition 2010, Refs. 20.

[96] Sam Wagner, Bong Wie. A Crewed 180 – Day Mission to Asteroid Apophis in 2028 – 2029[C]. 60th International Astronautical Congress 2009, IAC – 09. D2. 8. 7.